无人飞行器编队应用

[俄罗斯]维·谢·莫伊谢耶夫 著
张先剑 谭立国 郑珊珊 译

国防工业出版社
·北京·

内 容 简 介

本书围绕军用和民用无人飞行器（简称“无人机”）编队应用中的组织技术问题展开研究，针对该问题提出并论述以下主要问题及解决思路：明确不同用途的无人机部队编制架构，确定无人机编队执行各类任务时的数量配置，测算无人机编队操作所需控制员规模，解决无人机编队在野外环境下的后勤保障问题，规划无人机编队飞行的组织实施流程，探讨无人机编队飞行的控制问题。同时，本书列举了大量包含计算和图形数据的案例。

本书适合从事无人机研究及应用的专业技术人员，以及在高等院校、研究院从事相关研究与教学工作的教师及研究生阅读。

著作权合同登记 图字：01-2023-5083

图书在版编目（CIP）数据

无人飞行器编队应用 /（俄罗斯）维·谢·莫伊谢耶夫著；张先剑，谭立国，郑珊珊译. -- 北京：国防工业出版社，2025. 9. -- ISBN 978-7-118-13822-1

Ⅰ. V279

中国国家版本馆 CIP 数据核字第 2025S92F68 号

※

国防工业出版社 出版发行
（北京市海淀区紫竹院南路 23 号 邮政编码 100048）
三河市天利华印刷装订有限公司印刷
新华书店经售

*

开本 710×1000 1/16 **印张** 24½ **字数** 453 千字
2025 年 9 月第 1 版第 1 次印刷 **印数** 1—1500 册 **定价** 180.00 元

（本书如有印装错误，我社负责调换）

国防书店：（010）88540777 书店传真：（010）88540776
发行业务：（010）88540717 发行传真：（010）88540762

译者序

随着无人飞行器（简称“无人机”）技术的日新月异，无人机编队的应用领域正以前所未有的速度拓展，从璀璨夺目的大型活动无人机编队表演、高效便捷的物流配送，到实战中的精准运用，无人机编队展现出无限的发展潜力和璀璨前景。在军事领域，无人机编队的广泛应用无疑将大幅提升战场作战效能，其在战场感知、火力打击、战场掩护、运输投送和战场搜救等方面的卓越表现，为现代联合作战注入了新的活力，具有重要的军事战略意义。

本书深入探讨了无人机编队应用的相关问题，介绍了无人机编队的数学模型构建和系统解决方法，不仅涵盖了无人机在不同应用场景下的数量需求计算、操作员数量需求计算、技术保障需求等要素的计算方法，还深入探讨了无人机编队运动控制、单架无人机和无人机编队飞行轨迹规划、无人机编队协同控制方法等重要问题。在无人机编队运动控制和编队协同控制方面，本书提出了每架无人机在其编队应用范围内飞行并以指定编队飞行方式沿着要求的轨迹运动时的编队形成方法。此外，本书附录部分还详细介绍了含积分的非线性方程的数值解法，描述了如何利用起飞助推器模拟无人机的起飞过程，并给出了无人机涡轮喷气发动机在0~4000m高度范围内的高度-速度性能及其近似结果，为读者提供了更为丰富的实践参考。

本书的读者群体广泛，既适合从事无人机研究及应用的专业技术人员，也适合高等院校、研究院所从事相关研究与教学工作的教师及研究生阅读。本书内容由浅入深，循序渐进，为读者深入了解无人机编队的应用问题提供了一定的参考，对无人机装备的研制、无人作战研究及现代无人作战新理论和新技术的探索创新具有一定的指导价值。

在此，我们特别感谢装备综合研究项目对本书出版的资助，正是因为有了这样的资助，我们才能将这部凝聚了无数智慧与心血的著作呈现给读者。当然，由于译者水平有限，书中难免存在疏漏之处，恳请广大读者朋友批评指正，您的宝贵意见将是我们不断进步的动力。

译　者

2025 年 1 月

前言

无人机编队应用是无人机运用的一个重要方向，可用于执行各种军用和民用任务。我们认为，无人机编队适用于下列领域中：

(1) 在最短的时间内完成陆地及地面区域侦察（监视）任务；

(2) 作为航空假目标飞行，最大限度暴露和消耗敌方防空系统设备；

(3) 在较大区域内对敌方通信和控制设备实施干扰与压制；

(4) 通过模拟空天打击兵器的编队袭击，提高防空设备作战人员和战斗机飞行员的训练质量和作战能力；

(5) 提高战斗无人机打击地面和水面目标的作战效能；

(6) 缩短辅助无人机完成作战任务（如施放烟幕、布雷、排雷、运送货物等）的时间。

无人机编队的应用需要综合解决复杂的组织技术问题，其中包括：

(1) 组建不同级别的无人部队并明确其任务、结构及定位；

(2) 制定无人机编队所需数量的计算方法；

(3) 确定无人机编队应用所需的操作人员数量；

(4) 使用无人机编队作战时，制定无人机部队物流保障方案；

(5) 研究特定行动中无人机编队飞行的组织实施理论和方法；

(6) 研究无人机编队的控制方法。

需要指出的是，现有的工作主要围绕解决上述最后一个问题的各种方法展开。

本书详细介绍了上面提出的所有问题。

书中附有大量示例，所有计算均通过 MathCad 软件完成。

特别感谢 L. T. 莫伊谢娃博士在本书书稿整理和计算过程中所做的出色工作。

任何评论和建议您都可通过邮件 cm131@yandex.ru 发送给作者维·谢·莫伊谢耶夫。

作　者

2017 年

目录

第1章 无人机编队应用问题描述

当前，随着无人驾驶航空技术的快速发展，无人飞行器（简称“无人机”）编队应用正成为航空科学和技术领域的一个潜在发展方向。

对该领域现状的分析表明，现有的工作大都致力于研究无人机编队控制的各种问题。尽管这些问题的重要性和复杂性毋庸置疑，但要切实解决无人机编队的应用问题，还需要一种综合的（系统的）方法来解决实践中出现的所有组织、技术、信息通信和管理问题。

本章将有详有略地介绍其中的主要问题。

1.1 无人机编队应用的前提条件

从20世纪50—60年代开始，世界各国广泛使用单架无人机作为空中目标，用于执行侦察任务[1]。当时无人机的使用受到限制，主要原因在于其产量小且飞行控制较为复杂，并且无人机的飞行控制是操作员通过远程地面站进行遥控来实现的。次要原因是，当时小型机载电子设备发展较慢，无法研制有效的无人机运动程序控制设备。由2名操作员分别控制2架无人机进行联合飞行，便是当时无人机编队应用的最高水平。

20世纪80—90年代，微电子技术、光电技术、雷达和计算机技术飞速发展，用于制造无人机的新材料和新技术出现。此外，军用领域和民用领域也出现了无人机使用需求。这些原因促使世界上20多个国家开始积极研制和大量生产不同类型的无人机和相应的地面设备[2]。

军用领域和民用领域在使用无人机的同时，也制定了无人机有效应用的要求。无人机有效应用的主要标准如下[2]：

- 借助无人机，花费最少的时间完成指定任务；

- 执行目标任务的成功率最大化；
- 在行动中使用最少的无人机。

本书中未提到的附加标准还包括简化空中无人机的控制过程。

在执行军用任务和民用任务时，无人机编队应用作为无人飞行器未来的使用方向，应该满足上述标准。

根据文献［3］中给出的分类，现代无人机分类如图 1－1 所示。

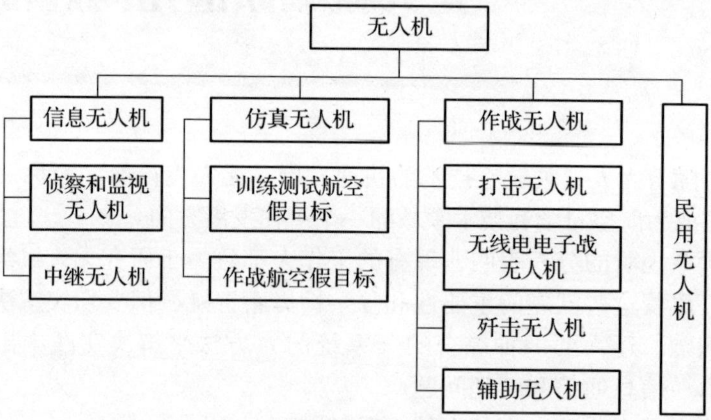

图 1－1　现代无人机的分类

在文献［4］中，除了无线电技术侦察无人机和无人机中继器外，还介绍了当前使用最广泛的信息无人机的用途、组成和功能。在拟定的分类中，能够模仿真实空中目标的飞行技术性能和反射特性的仿真无人机，可作为航空假目标使用[5]。

同时，用于训练防空人员和测试新型空中设备的训练测试航空假目标应该仿造国外的飞机，而用于空军作战的战斗航空假目标应该仿造国产飞机和直升机。

作战无人机是一种相对较新且发展迅速的无人机。文献［3］中总结了该领域的经验和发展前景，将作战无人机分为以下几种类型：

- 打击无人机，使用航空杀伤武器打击地面目标；
- 无线电电子战无人机，使敌方的地面和空中通信及控制设备出现故障；
- 歼击无人机，用于打击无人机和有人驾驶飞机；
- 辅助无人机，旨在实现某些功能，保障地面部队的作战行动。

值得一提的是，民用无人机作为无人航空技术设备的其中一种类型，目前还处于起步阶段。

此类无人机的主要任务有[3]：

(1) 监视（监控）下垫面、大气层、基础设施和其他目标；

(2) 无线电信号中继；

(3) 运输和投放货物。

民用无人机可能应用的领域有[3]：

(1) 燃料能源综合系统（监测油气管道、电力线等的状态）；

(2) 应急服务（监测技术工程和自然灾害，保障救援行动等）；

(3) 安全服务（监控越境行为，寻找越境者等）；

(4) 航运（搜索和发现遇险船只、偷渡者，边境管控与渔业法规监管等）；

(5) 农业（监测土地状况并确定土壤特性，施肥料，喷杀虫剂等）；

(6) 海洋领域（监测空气和水资源、结冰状况等）；

(7) 气象学（监测水文气象条件、生态等）；

(8) 地质勘探（在人类难以到达的区域搜索矿物，进行地下探测等）。

从上面列出的民用无人机应用领域可以看出，这些任务主要是军用无人机执行的一系列任务的特殊情况。

文献［3］对现代的先进无人机进行了详细分类。

目前，图 1－1 中所示的无人机编队执行的主要任务有：

- 监视和电子侦察，为毁伤设备（包括打击无人机）提供目标指示；
- 辐射、生物和化学侦察；
- 信号中继；
- 模拟空袭兵器的袭击；
- 电子对抗；
- 摧毁地面和空中目标并监测结果；
- 目标和领土保护与防御；
- 货物运输；
- 布雷和排雷；
- 搜救行动；
- 大面积的灭火、去污、除气和消毒。

为了执行这些任务，应该研制不同类型的、配备相应目标载荷的无人机，并开发确定无人机所需数量及无人机编队飞行控制的信息技术。

我们认为，如果不在实践中运用无人机自动设计工具，各类无人机的样式就不可能大幅增加。在通过无人机自动设计系统[3]创建此类工具之前，应先制定无人飞行器领域的统一术语，以及无人机加速设计方法。

这一方向的前沿成果可以参考文献［2－3，6－7］。

无人机在各个军用领域和民用领域的大规模编队应用意味着，无人机从单一生产开始转向批量生产。

为了对现有无人机样本进行改装和生产新型无人机，无人机生产应具备快速转产能力。为提高产品的竞争力，俄罗斯和其他国外技术领先国家纷纷开始研究和改进无人机生产技术。

1.2 无人机编队应用的基本任务

对无人机编队应用问题研究现状的分析表明，大部分研究致力于解决无人机编队控制问题。同时，解决这个问题需要使用综合（系统）方法，这种方法实际上是当前解决无人航空技术设备应用问题所缺乏的。文献［2］首次提出了这种方法。

无人机编队实际应用中必须解决的主要组织问题是，组建不同类型的军用和民用无人机编队。文献［2］中提到，这些编队可以是：

- 军用无人机编队：无人航空兵大队、无人航空兵团和无人航空旅；
- 民用无人机编队：由一定数量的无人航空编队组成的无人航空中队。

民用无人机亟待解决的关键问题是完善相关的法律体系，确保无人机可在俄罗斯联邦统一空域内飞行。

无人机编队应用的另一个重要任务是选择有效开展每项具体行动所需的无人机数量。在实践中，通常由行动的决策者做出这种选择。为了支持决策过程，需要开发能够考虑所有“干扰”因素（无人机故障、防空设备作用的损耗等）选择无人机最优数量的模型、方法和程序系统。

目前缺少确保无人机全自动完成飞行任务的方法和设备[3]。这个问题与确定无人机编队控制操作员所需的数量紧密相关。由此可知，计算所需的无人机编队地面（空中）控制站数量也同样重要。因为这些控制站是构成无人航空兵大队的无人航空系统的一部分[3]，所以基于不同类型的无人航空兵大队的构成，可以确定所需的无人航空编队的数量。正如任意组织系统一样，这里还面临着物流问题，以确保无人机编队在其使用过程中的功能运行。

无人机编队应用的重要任务是优化其发射装置的放置点，确保编队的每架无人机飞抵飞行任务起点所耗费的时间最短。

在实践中，多种无人机的编队飞行是可能实现的。为使之系统化，如图1-2所示，对无人机编队在执行指定任务过程中的编队飞行方式进行分类。

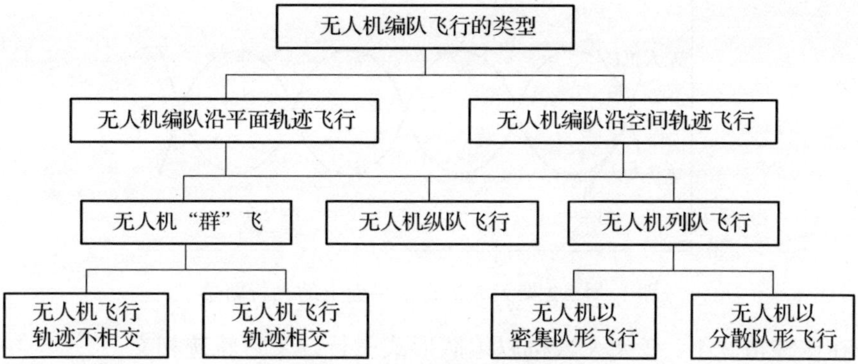

图1-2　无人机编队飞行的类型

下面列举分析了一些无人机编队运动轨迹的类型。

图1-3所示为由4架打击无人机组成的无人机编队的平面运动轨迹。无人机在机动坐标系 $Mxyz$ 的水平面上，以相应的速度 $V^{(k)}(k=1,2,3,4)$ 在高度 h（h 为常数）上飞行。

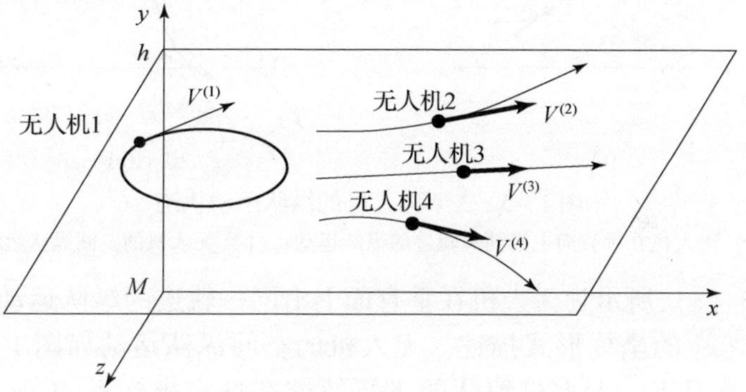

图1-3　无人机编队的平面运动轨迹

此时，无人机2、无人机3和无人机4向攻击目标方向移动，而无人机1处于巡逻模式，用于补充攻击未被摧毁的目标。

如果无人机1是位于高空的中继无人机[3]，无人机2、无人机3和无人机4是在不同飞行高度对某地区进行侦察（补充探测）的信息无人机，则无人机编队沿空间轨迹运动。

我们注意到，在任何情况下，无人机编队都是“成群结队”地飞行，在其执行飞行任务的过程中轨迹独立不相交。

图1-4为2架无人机（航空假目标）在水平面上以“双螺旋”模式飞行的平面轨迹。

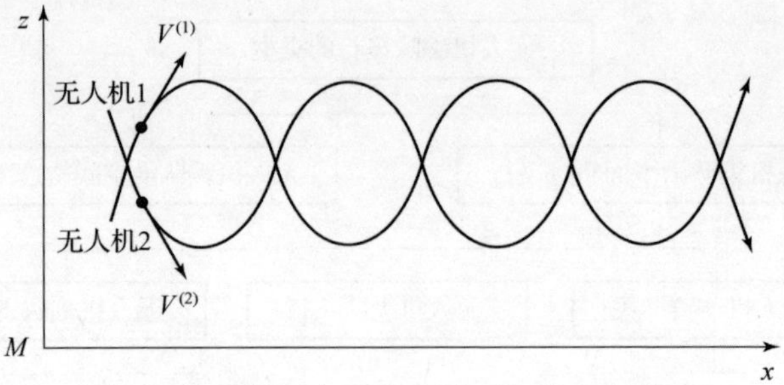

图 1-4　2 架无人机在水平面上的飞行轨迹

在这种情况下，2 架无人机以编队形式飞行，飞行轨迹相交。

图 1-5 所示为 3 架无人机的纵队运动轨迹。

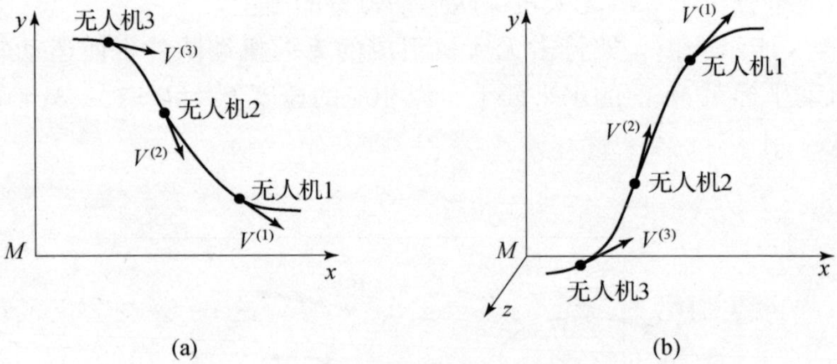

图 1-5　3 架无人机的纵队运动轨迹

（a）无人机在垂直面上沿同一轨迹的纵队运动；（b）无人机的空间纵队运动。

图 1-5（a）所示为无人机在垂直面上沿同一轨迹的纵队运动，该轨迹可用函数 $y=y(x)$ 的坐标形式描述。无人机的空间纵队运动如图 1-5（b）所示。在这种情况下，无人机编队的飞行轨迹在选定坐标系 $Mxyz$ 中可用参数表示：

$$x=x(t),y=y(t),z=z(t)$$

我们注意到，这种无人机编队飞行的典型特点是，相邻无人机纵队在运动过程中严格保持相应的距离。

3 架无人机编队的平面飞行示意图如图 1-6 所示。

上述分类为无人机编队控制典型方法的设计与优化提供了依据。具体方法如下：

（1）编队中每架无人机的程序控制方法。

（2）当无人机编队全部飞行计划遭到破坏时，自动校正无人机运动轨迹的方法。

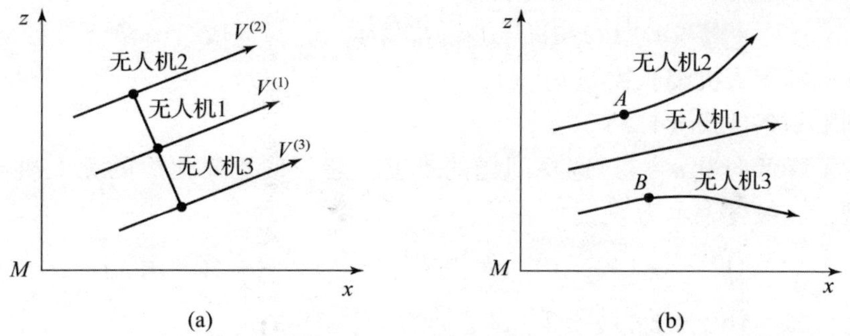

图 1-6　3 架无人机编队的平面飞行示意图

（a）无人机编队以密集队形完成飞行任务的情况；

（b）描述了飞行任务分散在点 A 和点 B 上时无人机编队完成飞行任务的情况。

（3）控制站操作员手动控制单架无人机的方法。

对编队中第 k 架无人机实施程序控制的任务，$k=1,2,\cdots,N$。

在无人机控制论中，我们对下列运动模式进行了研究[3]：

（1）无人机的程序运动。

（2）无人机的无线电指令运动。

（3）自制导模式下的无人机运动。

前两种运动模式使用了图 1-1 中所示的各种无人机。

对于航空假目标，第三种运动模式在其规避截击机的情况下出现；对于歼击无人机，第三种运动模式适用于目标拦截过程中。

在执行无人机程序控制任务时，我们将使用飞行器可控运动的通用模型，该模型的向量形式可写作[3]：

$$\begin{cases}\dot{\boldsymbol{x}}^{(k)}=\boldsymbol{f}_k(\boldsymbol{x}^{(k)},\boldsymbol{u}^{(k)},t), & t\in[t_0^{(k)},t_K^{(k)}]\\ \boldsymbol{x}^{(k)}(t_0^{(k)})=x_0^{(k)}, & k=1,2,\cdots,N\end{cases} \tag{1.1}$$

式中　$\boldsymbol{x}^{(k)}=(x_1^{(k)},x_2^{(k)},\cdots,x_n^{(k)})$——状态向量，即第 k 架无人机的相位坐标向量；

$\boldsymbol{u}^{(k)}=(u_1^{(k)},u_2^{(k)},\cdots,u_n^{(k)})$——控制向量；

$\boldsymbol{f}_k=(f_1^{(k)},f_2^{(k)},\cdots,f_n^{(k)})$——自变量的向量函数；

$[t_0^{(k)},t_K^{(k)}]$——编队中第 k 架无人机的飞行时间区间 t。

N 架无人机编队飞行意味着对其相位坐标施加一定的限制，通常写为

$$\boldsymbol{R}(x^{(1)},x^{(2)},x^{(3)},\cdots,x^{(N)})=0 \tag{1.2}$$

式中　$\boldsymbol{R}$——某向量函数。

第 k 架无人机的控制受到限制：

$$u_{\min}^{(k)} \leqslant \boldsymbol{u}^{(k)}(t) \leqslant u_{\max}^{(k)}, t \in [t_0^{(k)}, t_K^{(k)}], \quad k=1,2,\cdots,N$$

在选择无人机编队控制 $u^{(1)}(t)$，$u^{(2)}(t)$，$u^{(3)}(t)$，…，$u^{(N)}(t)$时，必须考虑到限制条件式（1.2）。

为了降低向量 $\boldsymbol{u}^{(k)}(t)$选择问题的难度，建议使用简化后的无人机质心运动模型，一般可表示为[3]

$$\begin{cases}\dot{V}^{(k)} = f_1(V^{(k)}, \theta^{(k)}, \psi^{(k)}, y^{(k)}, u^{(k)}), \quad t \in [t_0^{(k)}, t_k^{(k)}] \\ \dot{\theta}^{(k)} = f_2(V^{(k)}, \theta^{(k)}, \psi^{(k)}, y^{(k)}, u^{(k)}) \\ \dot{\psi} = f_3(V^{(k)}, \theta^{(k)}, \psi^{(k)}, y^{(k)}, u^{(k)})\end{cases} \tag{1.3}$$

$$\begin{cases}\dot{x}^{(k)} = V^{(k)}\cos\theta^{(k)}\cos\psi^{(k)} \\ \dot{y}^{(k)} = V^{(k)}\sin\theta^{(k)} \\ \dot{z} = V^{(k)}\cos\theta^{(k)}\sin\psi^{(k)}\end{cases} \tag{1.4}$$

式中　$V^{(k)} = V^{(k)}(t)$——第 k 架无人机在 $t \in [t_0^{(k)}, t_K^{(k)}]$时刻的速度；

$\theta^{(k)} = \theta^{(k)}(t)$——第 k 架无人机在这一时刻的倾斜角；

$\psi^{(k)} = \psi^{(k)}(t)$——第 k 架无人机在这一时刻的旋转角；

$x^{(k)} = x^{(k)}(t)$、$y^{(k)} = y^{(k)}(t)$、$z^{(k)} = z^{(k)}(t)$——编队第 k 架无人机在选定的机动坐标系中的坐标，该坐标系的原点在相应无人航空系统机动地面控制站的位置。对比式（1.1）、式（1.3）和式（1.4），我们发现，编队中第 k 架无人机的相位向量由坐标 $V^{(k)}$，$\theta^{(k)}$，$\psi^{(k)}$，$x^{(k)}$，$y^{(k)}$，$z^{(k)}$（$k=1,2,\cdots,N$）组成。

式（1.3）和式（1.4）的初始条件为

$$V^{(k)}(t_0^{(k)}) = V_0^{(k)}, \quad \theta^{(k)}(t_0^{(k)}) = \theta_0^{(k)}, \quad \psi^{(k)}(t_0^{(k)}) = \psi_0^{(k)} \tag{1.5}$$

$$x^{(k)}(t_0^{(k)}) = x_0^{(k)}, \quad y^{(k)}(t_0^{(k)}) = y_0^{(k)}, \quad z^{(k)}(t_0^{(k)}) = z_0^{(k)} \tag{1.6}$$

我们发现，将无人机运动动态方程式（1.3）的右边部分具体化，适用于各类无人机及其运动阶段。

我们对约束条件式（1.2）的一些局部示例进行了分析。

图 1－3 中所示的无人机 1 的坐标应满足等式：

$$(x^{(1)} - x_0^{(1)})^2 + (z^{(1)} - z_0^{(1)})^2 - r^2 = 0$$

该等式用半径为 r、原点坐标为$(x_0^{(1)}, z_0^{(1)})$的圆周方程描述了无人机的巡逻轨迹。

当由 3 架无人机组成的编队直线纵队飞行［图 1－5（a）］时，其限制条件如下：

$$\begin{cases} a_1x^{(1)}+b_1z^{(1)}+c_1=0 \\ a_2x^{(1)}+b_2z^{(1)}+c_2=0 \\ a_3x^{(1)}+b_3z^{(1)}+c_3=0 \\ V^{(1)}-V^{(2)}=0,\quad V^{(2)}-V^{(3)}=0 \end{cases}$$

式中　a_i、b_i、c_i——描述编队中每架无人机运动轨迹的直线方程坐标，其中 $i=1$，2，3。

在构建无人机运动的动态方程式（1.3）时，可使用飞行器飞行动力学中通用的坐标系[3]：

（1）速度坐标系 $x_{ck}y_{ck}z_{ck}$，其原点位于无人机的质心，质心轴 x_{ck} 指向无人机的速度向量方向，质心轴 y_{ck}——垂直向上，质心轴 z_{ck}——在左侧，构成左坐标系。

（2）耦合坐标系 $x_{cv}y_{cv}z_{cv}$，其质心轴 x_{cv} 与无人机的水平基准轴重合，而质心轴 y_{cv} 和 z_{cv} 与无人机的水平基准轴正交，并构成左坐标系。

（3）与无人机耦合的地球左坐标系 xyz，其轴与无人机运动方程式（1.4）中使用的坐标轴平行。

之所以使用左坐标系，是因为无人机用户要求在其任务中使用正坐标值 z。

对于不同类型的无人机运动，式（1.3）、式（1.4）的具体形式将在第 5 章阐述。

编队每架无人机的程序控制分两步进行：

（1）利用式（1.3）~式（1.6）求出第 k 架无人机的间接控制向量 $\boldsymbol{u}^{(k)}(t)$。

（2）生成第 k 架无人机的直接控制向量 $\boldsymbol{\Delta}^{(k)}(t)$，该向量描述其控制机构的位置变化规律。位置变化规律可通过向量值 $\boldsymbol{u}^{(k)}(t)$，相位坐标值 $V^{(k)}(t)$、$\theta^{(k)}(t)$、$\psi^{(k)}(t)$、$x^{(k)}(t)$、$y^{(k)}(t)$、$z^{(k)}(t)$，具体无人机的力矩和结构特点计算得出。

对于飞机构型无人机而言，间接控制向量不由其结构布局决定，一般情况下可写作：

$$\boldsymbol{u}^{(k)}(t)=(P^{(k)}(t),\alpha^{(k)}(t),\beta^{(k)}(t),\gamma^{(k)}(t)) \tag{1.7}$$

式中　$P^{(k)}(t)$——第 k 架无人机的发动机推力；

$\alpha^{(k)}(t)$、$\beta^{(k)}(t)$、$\gamma^{(k)}(t)$——该无人机在 $t\in[t_0^{(k)},t_k^{(k)}]$ 时刻的攻击角、滑动角和倾斜角。

经典飞行构型无人机的直接控制向量可表示为

$$\boldsymbol{\Delta}^{(k)}(t)=(\delta_{\mathrm{P}}^{(k)}(t),\delta_{\mathrm{V}}^{(k)}(t),\delta_{\mathrm{N}}^{(k)}(t),\delta_{\mathrm{E}}^{(k)}(t)) \tag{1.8}$$

式中 $\delta_{P}^{(k)}(t)$——第 k 架无人机的动力装置控制机构的位置变化规律；

$\delta_{V}^{(k)}(t)$、$\delta_{N}^{(k)}(t)$、$\delta_{E}^{(k)}(t)$——该无人机在 $t \in [t_0^{(k)}, t_K^{(k)}]$ 时刻的升降舵、方向舵和副翼偏转规律。

直接控制向量［式（1.8）］的分量可使用下列关系式计算：

$$\begin{cases} \delta_{P}^{(k)}(t) = \boldsymbol{\Psi}_1(P^{(k)}(t), V^{(k)}(t), \gamma^{(k)}(t)) \\ \delta_{\hat{a}}^{(k)}(t) = \boldsymbol{\Psi}_2(\boldsymbol{\alpha}^{(k)}(t), \boldsymbol{\beta}^{(k)}(t), \boldsymbol{\gamma}^{(k)}(t), \boldsymbol{m}^{(k)}, \boldsymbol{p}^{(k)}) \\ \delta_{i}^{(k)}(t) = \boldsymbol{\Psi}_3(\boldsymbol{\alpha}^{(k)}(t), \boldsymbol{\beta}^{(k)}(t), \boldsymbol{\gamma}^{(k)}(t), \boldsymbol{m}^{(k)}, \boldsymbol{p}^{(k)}) \\ \delta_{y'}^{(k)}(t) = \boldsymbol{\Psi}_4(\boldsymbol{\alpha}^{(k)}(t), \boldsymbol{\beta}^{(k)}(t), \boldsymbol{\gamma}^{(k)}(t), \boldsymbol{m}^{(k)}, \boldsymbol{p}^{(k)}), \quad k = 1, 2, \cdots, N \end{cases} \tag{1.9}$$

式中 $\boldsymbol{m}^{(k)}$——第 k 架无人机的力矩系数向量；

$\boldsymbol{p}^{(k)}$——该样机的结构性能向量，$k = 1, 2, \cdots, N$。

式（1.9）的构建方法将在第 9 章进行分析。对于非典型构型的无人机（“鸭式”“无尾式”“飞行翼”及其他构型的无人机），可使用式（1.7）类型的不变向量 $\boldsymbol{u}^{(k)}(t)$ 和向量 $\boldsymbol{\Delta}^{(k)}(t)$，向量 $\boldsymbol{\Delta}^{(k)}(t)$ 的分量描述无人机空气动力控制机构的偏转规律。

需注意的是，利用一定方法生成的向量 $\boldsymbol{u}^{(k)}(t)$ 可代入式（1.3）和式（1.4）中进行估算，并在给定初始条件式（1.5）和式（1.6）的情况下通过数值积分来模拟 N 架无人机编队的运动。

这里面临着一个复杂的计算问题：同时求解 N 个差分方程组，并检查每个步骤是否满足条件式（1.2）。

在做出完全符合可编程飞行任务的决策后，计算第 k 架无人机直接控制向量 $\boldsymbol{\Delta}^{(k)}(t)$ 的分量，而在无人机飞行前准备阶段，这些分量在自动控制系统的机载数字计算机中进行描述。

无人机飞行控制的指挥模式在无人机运行中发挥重要作用，这在现有文献中几乎没有记录。

如上所述，在给定的限制范围内，无人机相位坐标与预定程序值的偏差应通过无人机自动控制系统中的自动驾驶仪来消除。

在偏差值较大的情况下，应使用第二种编队法来控制无人机。这些方法旨在生成校正间接控制向量 $\Delta\boldsymbol{u}^{(k)}(t)$ 和直接控制向量 $\boldsymbol{\Delta}^{(k)}(t)$，确保第 k 架无人机的相位坐标值在转换过程耗时最少的情况下回归程序值。

图 1－7 所示为通过无人机自动驾驶仪和程序控制校正，消除编队无人机当前水平飞行高度的偏差。

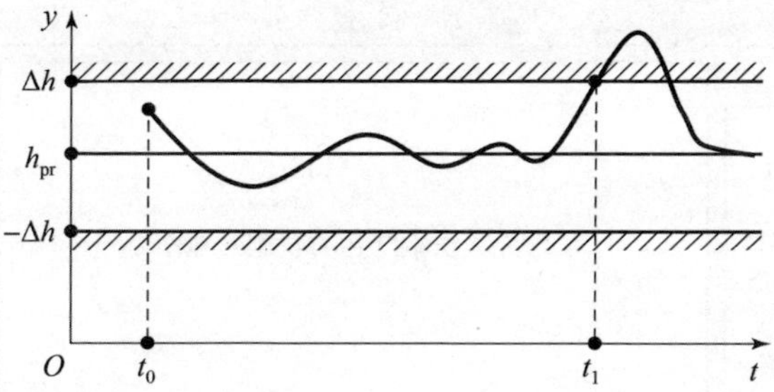

图 1-7　通过无人机自动驾驶仪和程序控制校正消除无人机当前水平飞行高度的偏差

图 1-7 中，h_{pr}是指该无人机的程序高度；$\pm\Delta h$ 是指无人驾驶仪的性能，决定了无人机给定飞行高度的稳定精度；t_0 和 t_1 分别表示该无人机高度自动稳定过程的开始时间和使用程序控制校正的时间。

如在无人机编队执行飞行任务的某个时间区间内单架无人机采用远程控制模式，并且此时程序控制自动校正方法不能给出所需的结果，则可以采用手动控制方法控制编队内的单架无人机。

在第一种情况下，应当在相位坐标容许的偏差范围内对无人机进行手动控制，随后借助自动驾驶仪稳定相位坐标值（图 1-7）。

在第二种情况下，强大的外部扰动和无人机飞行程序的错误使无人机编队在空中面临着碰撞的风险，并且需要重复编队中特定无人机轨迹的某些重要部分。

在对话模式下，单架无人机的手动控制可通过相应无人航空系统机动控制站中的控制操作员自动工作站实现。

图 1-8 所示为操作员在操纵由 n 架无人机组成的编队时所用屏幕的主视图。

操作员自动工作站的监控屏幕中央清楚地显示地图，地图上由 N 架无人机组成的编队正在执行行动计划。地图上绘制了每架无人机飞行所需的程序轨迹，并用白色的移动小圆圈表示无人机在每个时刻的位置。

对于由具体的操作员控制的 n 架无人机组成的编队，屏幕左侧会定期展示无人机飞行参数的程序计算值和实际值（无人机在空间中的速度、高度、推力、方位角，飞行时间等）。这些参数值在相应窗口中显示，使用相同的颜色（如黑色）。如果某些参数值出现较大的偏差，则用红色表示。同时，在无人机的飞行轨迹上，白色小圆圈也会变成红色。

在屏幕的下方区域可以看到 n 架无人机的当前状态信息。如果无人机的所有参数处于正常状态，则代表“无人机 No1”“无人机 No2”……“无人机 Non”

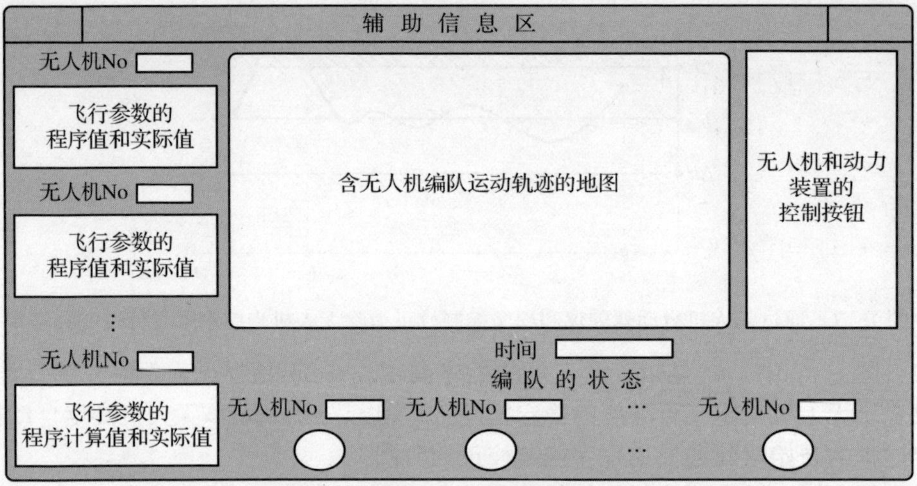

图 1-8 操作员屏幕的主视图

的所有小圆圈是同一个颜色（白色、绿色）。如果某架无人机的参数违反限制条件，则代表该架无人机的白色小圆圈会变成红色。当这些参数回归正常后，小圆圈变成最初的颜色。

如果“红色”无人机的飞行程序自动校正方法不能给出所需的结果，则操作员通过使用其自动工作站监视器右区的控制板来消除相应的偏差。这个区域安装了操作员操作按钮，按钮上带有无人机控制机构及其发动机，以及“增/降速”“增/减高度”“放大/缩小航向角”等相应模式的助记图。

辅助信息区有一些电子按钮，如“日志”“教学”“训练”等。

我们注意到，编队的无人机结束飞行任务后，视频的左边和下方中关于该无人机的相关信息会被删除，并且地图上的无人机编队运动轨迹也会被删除。我们认为，这种方法可以减少操作员控制无人机编队的工作量。

在值 N 和 n 较大的情况下，可使用带有多个屏幕的自动工作站，以便显示关于 n 架无人机及其控制机构状态的详细信息。

为了实现对无人机编队的控制，每位控制操作员会在自动工作站中使用相关的功能软件，这些功能软件构成程序系统，包括下列应用模块：

- 带有编队无人机程序和实际航迹的地图显像模块；
- 无人机当前程序和实际飞行参数值输出模块；
- 编队无人机状态的显像模块；
- 带有无人机及其动力装置控制按钮的操作员工作模块；
- 具有辅助信息的操作员工作模块；

● 配备情报指挥无线电线路设备的通信模块，以获得机载信息和实现操作员对 n 架无人机组成的编队的控制指令。

无人机控制操作员程序系统的主要模块完成以下任务：

● 操作员登录系统必须检查输入密码；

● 将 n 架无人机的随航编号输入无人机编队控制站班组指挥员自动工作站的程序系统中，该无人机编队由登录的操作员控制；

● 对于完成飞行任务的无人机，删除操作员监视器屏幕上无人机的状态显示过程；

● 控制程序系统应用模块的执行过程；

● 记录无人机编队的状态和操作员控制具体无人机及其动力装置的行为，并在“日志”中记录信息。

无人机编队控制操作员综合程序的结构如图 1－9 所示。

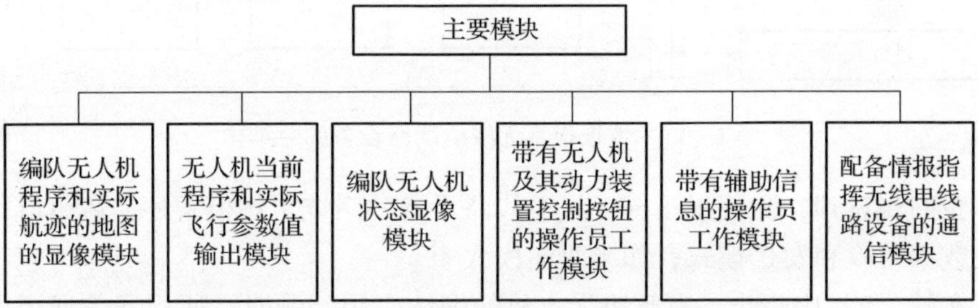

图 1－9　无人机编队控制操作员综合程序的结构

配备情报指挥无线电线路设备的通信模块与空中无人机直接相互作用。数据接收和传输可通过控制员和空中无人机的相互作用结构实现，如图 1－10 所示。

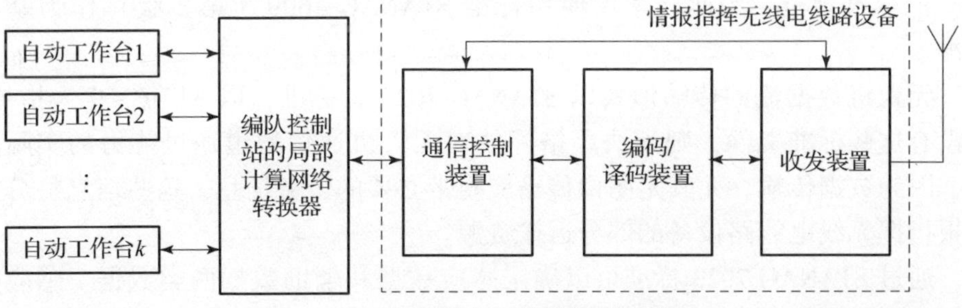

图 1－10　数据接收和传输结构示意图

我们注意到，除了无人机控制操作员的自动工作台，编队控制站中还包括无人机目标载荷控制操作员自动工作台、编队领航员自动工作台、通信操作员自动工作台、系统管理人员（程序设计员[3]）的自动工作台和班组指挥员自动工作台。这些工作台都连接控制站的局部计算网络，并借助该网络的转换器与情报指挥无线电线路设备进行交互。

通信控制模块确保在选定频段、固定或重调的伪随机工作频率模式下的简化数字无线电通信。

情报指挥无线电线路设备的编码/译码模块确保对通过无线电线路发送和接收的数据进行保护。情报指挥无线电线路设备的总结构如图 1-11 所示。

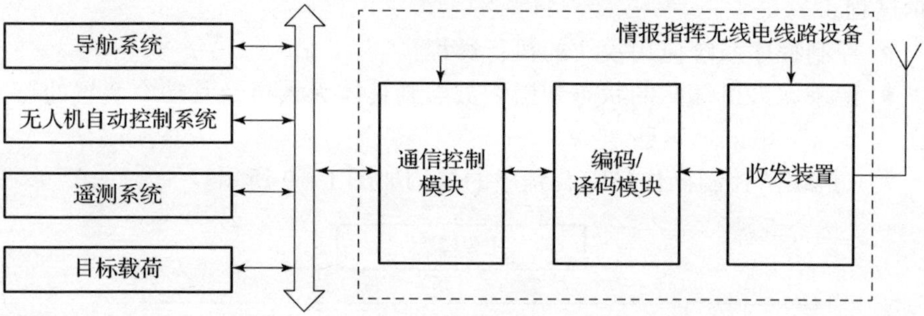

图 1-11　情报指挥无线电线路设备的总结构

我们注意到，除情报指挥无线电线路设备的系统工作模式外，还可以使用其他数据接收和发送模式，如半双向模式[8]。

文献［9］中指出，在解决无人机的编队应用问题时，所用通信通道的统一标准问题也亟待解决。

目前，国内外仍在努力解决这一问题。因此，根据文献［9］，我们提出了对无人机通信通道的总要求，并指出其最有可能实现这些要求的途径。

文献［9］提出信息无人机数字多媒体图像传输系统（电视、雷达及其他）的标准规范。为此，建议使用标准 STANAG 4609（第 2 版）作为基本标准。

无人机数据流的传输形式以 STANAG 7023 为标准，以 AEDP-9 为指导。若没有这些标准文件，则无法严格评估对无人机通信通道通过能力的实际要求，因为数据传输，尤其是图像传输应附带必要的公务信息，这些信息将分散情报指挥无线电线路设备的部分运输资源。

通过 STANAG 7023 标准可以确定感应数据和辅助数据两类数据。感应数据进入机载监视设备，利用合成孔径雷达、红外和电视摄像机等设备生成视频图像。

该标准规定最多可用 64 个生成图像的机载传感器进行数字化信息传输。

这些视频流附带辅助数据，其中包括关于视频数据格式、处理算法的信息。

此外，在这些数据中包括由别的机载设备（如导航设备、自动控制系统、遥测综合系统）生成的数据（图 1-11）。无人机总共可载 256 个不同的数据源。

所有的感应数据和辅助数据都被编译为单独的文件。每个文件具有自己独特的文件名，包括源地址（1B，256 个不同的地址）和接收者的地址（4B）。利用这 5B 命名了 240 个不同类型的文件。至于感应数据，其文件格式取决于与之相关的辅助数据文件。

机载和地面数据以数据包的形式通过情报指挥无线电线路设备传输，数据包的结构如图 1-12 所示。数据包包括同步序列（10B）、标题（32B）和数据文件（达 4000MB）。

数据包		
同步序列	标题	数据文件
10B	32B	1B~4000MB

图 1-12　数据包的结构

数据包受循环冗余校验（CRC）和保护，这对于标题和数据文件来说是必要的。标题决定了数据文件的长度、源地址和接收者的地址，以及一系列补充参数，如 CRC 数据文件。源地址明确地指明了数据类型——飞行任务数据、目标数据、遥测数据、感应数据等。如果接收者不能得到或正确地解码程序包，他可能以同样的标题再次发出。

数据包分为多个程序段（图 1-13），程序段生成记录。

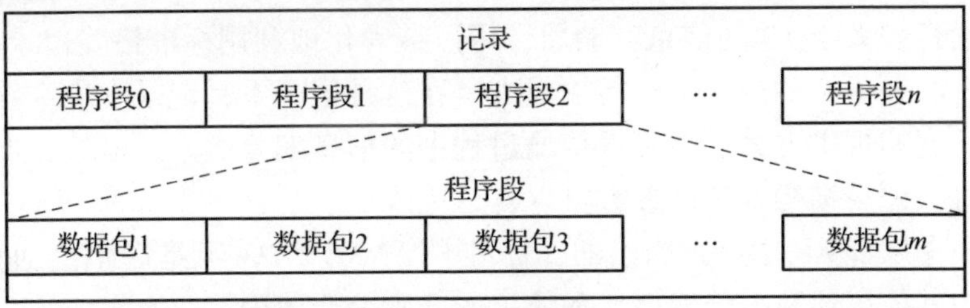

图 1-13　程序段

记录的结构如图 1-14 所示。在单独的程序段中，数据包直接相连，没有分隔符。除数据程序包外，程序段可能还包含序言、终端标记和程序段结束标记。通常，单独的程序段反映的是特定无人机各个感应组在飞行期间的状态。

记录						
序言	数据程序段	终端标记	数据程序段	终端标记	数据程序段	终端标记
程序段 0	程序段1		程序段2		程序段3	

图 1-14　记录的结构

连续的程序段构成记录。在标准 STANAG 7023 的术语中，记录是无人机执行其飞行任务过程中连续的程序段。标准 STANAG 7023 允许多次写入（即多个独立的数据流），但在目前现有的第四次修订中，只描述了一次写入操作。记录的结构包括序言和一组用结束标记（终端标记）分隔的程序段。记录以记录末端标记结束。初始程序段和零程序段都是序言。

序言是一组辅助数据，出现在第一个信息程序段之前，使得控制站能够处理下一个信息数据流。比如，序言中可能包含目标信息、任务细节、传感器的工作模式（类型、格式、编码方法等）。序言通常出现在任务或任务阶段正式启动之前。

终端标记是数据程序段后的一组辅助文件。它可能包含重复序言、索引文件、事件表格、导航信息等。终端标记数据应足以确定编队中每架无人机的位置和状态、其传感器的工作模式，以及先前感应数据流。终端标记不是程序段必需的要素。

总之，对北大西洋公约组织（北约）无线电线路中用于与无人机通信的数据流结构进行分析，可以得出结论，在逐帧传输高清晰度或增强清晰度的图像时，辅助原数据的存在对无线电线路的通过能力要求影响极小。信息无人机机上配置容积大于4B 的信息存储器，可以最大化地利用标准格式记录的资源，尽量减少已经很小的内务信息传输成本。在这种情况下，记录中应选择程序段数值和长度的折中方案，并降低传输过程中的信息偏差概率。显然，出现的干扰环境时，记录结构要素的参数可以自适应改变。

正如文献［9］中特别指出的，标准 STANAG 7023 不是远距离通信协议。它与北约其他描述数据传输格式和协议的准则综合使用。

在限定无人机机上数据传输的北约开放标准中，有一项标准 STANAG 4607/AEDP-7。这项标准明确了从地面运动目标探测雷达获取的数据内容和格式。鉴于通信通道的通过能力，标准中描述的地面运动目标显示（GMTI）格式只可传递运动目标信息，抑或具有高分辨率的伴随雷达图像。数据通过 65535B 大小的程序包来转播，可以以高距离分辨率传输 80 个目标及其轨迹的相关信息，或以一般模式传递 4300 个目标及其航迹的信息。

与战术设备通用数据链（common data link，CDL）/战术通用数据链（tactical common data link，TCDL）兼容的无人机通信无线电线路要求用北约封闭标准 STANAG 7085 描述。另一个标准 STANAG 4660 规定了无人机高防护数据交换通道“可互操作的指挥和控制数据链路”（IC2DL）的所有层面。这个通道向地面传输作战（遥测）数据，向无人机传输无人机及其设备控制指令。文件中描述了频率、信号带宽、信息收发站之间的距离、传输速度及其他许多特殊参数。目前，试行标准位于结束期，但是其中仍然存在不一致的地方，需要修正。其中大部分不一致的地方与频率资源的可用性问题有关。预计未来几年将大量引进新型无人机并配备具有高分辨率的监视设备，这使情况变得复杂。因此，对频率带宽和数据传输速度的要求也不断提高。

关于无人机和地面控制站兼容性的关键文件是标准 STANAG 4586。该文件第 2 版形成了对数据格式和交换协议的要求，同时明确了 5 个可能的无人机和控制站兼容度中的其中一个。采用该标准的优点是无须为各种类型的无人机部署单独的控制站。已解决的问题包括在地面控制站综合设备中引进支持具体无人机的车辆专用模块（VSM）。2008 年，第 3 版 STANAG 4586 标准修订完成。该版本改进并明确了（收缩）频率带宽和数据交换接口领域新技术成果的使用规则。

至于保障无人机无线电通信的方法，国外专家认为，在使用作用半径为 10km 的战术无人机的情况下，优先选择分米波段内基于直接（无线电中继）通信线路的通信。在这种情况下，无人机控制站中应使用指向无人机飞行方向的定向天线。在不能直接看见的情况下，为了组织与战略无人机通信，应合理使用卫星通信线路。为此，可以基于无人机中继器和无线电波的电离层传输来组织通信通道。在最后一种方案中，选择安装在无人机上的分米波天线装置可能比较困难。

控制站工作人员和无人机编队之间的信息交互，可通过相应自动工作站软件中配备情报指挥无线电线路设备的通信模块实现（图 1－9）。这些模块生成发送给机载情报指挥无线电线路设备的数据文件，其标题中会注明无人机－接收者的机载编号。使用一个空中无人机编队控制站的情况下，源地址是固定的。标题中也会给出传输数据的长度、类型及校验和。

通过类似的方式，生成发送给控制站的数据，但要注明无人机－提供者的编号。

生成的数据以数据包的形式传输至情报指挥无线电线路设备。

控制站传输和接收的数据很多时，数据包可合并为数据程序段（图1－13），由此可得到相应的记录（图1－14）。

存在多种任务时，一般由不同类型的无人机编队负责执行任务，上文描述的标准可以作为指导资料，用于组织控制站工作人员与执行飞行任务的无人机进行有效交互。

第2章 无人机编队所需数量的计算方法

确定具体行动所需的无人机数量，是无人机编队应用最重要的任务之一。这个问题的解决结果会对空中无人机编队控制设备和控制方法、无人作战分队的组建方式及其后勤保障方式的选择产生重要影响。

值得一提的是，在现有的文献中几乎没有关于不同用途无人机编队所需数量问题的阐述。

本章和文献[2]将阐述和解决无人机编队的数量优化问题。

2.1 随机请求流下编队中无人机最优数量的选择

我们以信息无人机为例对这个问题进行分析[4]。本书划分了信息无人驾驶航空系统的类型，其中一种信息无人驾驶航空系统借助其中的侦察和监视无人机来收集某区域地面（水上）和空中的情况，然后将获取的信息传输至对其感兴趣的组织（部门）。这些侦察和监视无人机在监视（侦察）特定地区的过程中根据飞行申请书定期飞行，或在需确认（补充探测）获得的信息时随时起飞。

实践表明，侦察和监视无人机完成飞行任务的基本时间是随机变量，因为需要重复飞越某些监测区，以获得更加可靠的信息。

这些前提条件使得能够利用排队论[10-11]的结果来优化无人机的数量，并将无人机视为服务相关组织（部门）申请随机流的设备（通道）[2]。

我们注意到，在现有文献中，还没有关于随机应用请求流中无人机编队所需数量优化问题的研究。

问题描述：假设具有 m 个组织（部门），在随机时间 T_1 请求相应的信息无人航空系统编队，以使用无人航空系统中的 N 架侦察和监视无人机对某地区进行监视（侦察、补充探测）。

我们假设无人机完成收到的请求需要花费随机时间 T_2。在这种情况下，每架无人机在完成指定的请求并做好飞行准备后，将处理下一个待处理的请求或者转变为地面待机模式，等待新的请求进入无人航空系统。

假设，根据相应的指数定律分配随机变量 T_1 和 T_2[11]。此时，监视（侦察、补充探测）请求输入流和无人机维修输入流的密度可根据下式求出：

$$\lambda = \bar{T}_1^{-1}, \quad \mu = \bar{T}_2^{-1} \tag{2.1}$$

式中　$\bar{T}_1$、$\bar{T}_2$——相应随机变量的数学期望值。

需注意的是，如果给定从第 j 个组织（部门）输入的请求流密度 λ_j，则进入 N 架侦察和监视无人机的输入请求流的总密度可计算得出[11]：

$$\lambda = \sum_{j=1}^{m} \lambda_j$$

当 $N < m$ 时，可将上面所述的系统（信息无人驾驶航空系统）看成在稳定模式下工作，且有 m 个请求源的 N 通道封闭排队系统[24-25]，我们将下列特征作为其工作指标：

- 待处理申请的平均数 $\bar{L}$；
- 闲置无人机的平均数量 $\bar{n}$。

编队中使用的未知无人机数量 N 要使这些指标值最小。

根据文献［10］，这一要求可用下列目标函数表示，即

$$k_1(N) = \frac{\bar{L}(N)}{m} \to \frac{\min}{N \in (1, m-1)} \tag{2.2}$$

$$k_2(N) = \frac{\bar{n}(N)}{N} \to \frac{\min}{N \in (1, m-1)} \tag{2.3}$$

这里的 k_1 和 k_2 是编队无人机的请求服务和停机的期望值系数，$k_1 = (0,1)$，$k_2 = (0,1)$。式（2.2）和式（2.3）中的关系式 $\bar{L}(N)$和 $\bar{n}(N)$如下[2]：

$$\bar{L}(N) = m - \rho^{-1}(1+\rho)\bar{Z}(N) \tag{2.4}$$

$$\bar{n}(N) = N - \bar{Z}(N) \tag{2.5}$$

式中　$\rho = \lambda/\mu$；

$\bar{Z}$——服务申请占用的无人机平均数，计算方式如下：

$$\bar{Z}(N) = \sum_{j=1}^{N-1} jp_j + N\left(1 - \sum_{j=0}^{N-1} p_j\right) \tag{2.6}$$

使用式（2.6）时，将使用该系统状态概率的下列值[11]：

$$\begin{cases} p_0(N) = \left(1 + \sum\limits_{S=1}^{N} \dfrac{\rho^S}{S!} + \dfrac{1}{N!}\sum\limits_{l=N+1}^{m} \dfrac{\rho^l}{N^{l-1}}\right)^{-1} \\ p_j(N) = \begin{cases} \dfrac{\rho^j}{j!}p_0(N), & j = 1,2,\cdots,N \\ \dfrac{\rho^j}{N!N^{j-N}}p_0(N), & j = N+1,N+2,\cdots,m \end{cases} \end{cases} \tag{2.7}$$

如果在实践中请求源的数量是不确定的，那么为了优化用于服务的编队无人机数量，可将无人航空系统看作 N 通道开路排队系统[10]。在这种情况下，考虑到上述符号，相应的优化问题可写作[2]：

$$\bar{L}(N) = \frac{N^N \rho^{N+1}}{N!\ (1-\rho)^2} p_0(N) \to \min_{N \in (1,2,3,\cdots)} \tag{2.8}$$

$$\bar{n}(N) = (1-\rho)N \to \min_{N \in (1,2,3,\cdots)} \tag{2.9}$$

式中　$p_0(N)$——无人机没有使用请求的概率，可用下式计算出：

$$p_0(N) = \left[\frac{N^N \rho^N}{N!(1-\rho)} + \sum_{j=0}^{N-1} \frac{N^j \rho^j}{j!}\right]^{-1} \tag{2.10}$$

上面的问题可以借助数值法来解决，该方法考虑到了这个问题的以下特点：

（1）计算难度大。需求取未知变量 N 的整数，且式（2.6）~式（2.10）较为复杂。

（2）这些问题没有唯一解，因为随着数量 N 的增加，式（2.2）和式（2.8）的标准值会缩小，而式（2.3）和式（2.9）的标准值会增大。

第 2 个特点使得只能得到这些问题的均衡（帕累托最优）解[12]。为了得出问题式（2.2）~式（2.7）的均衡解，我们将以式（2.2）和式（2.3）线性卷积的形式构建标量目标函数[12-13]：

$$S(\alpha,N) = \alpha k_1(N) + (1-\alpha)k_2(N) \to \min_{N \in (1,2,\cdots,m-1)} \tag{2.11}$$

式中　$\alpha \in (0,1)$——卷积参数。

在卷积参数值 α 固定的情况下，函数 $S(\alpha,N)$ 存在最小值确保函数 $k_1(N)$ 和 $k_2(N)$ 满足上述特点。

对于问题式（2.8）~式（2.10），其标准线性卷积可写作：

$$S(\alpha,N)=\alpha\bar{L}(N)+(1-\alpha)\bar{n}(N)\rightarrow\min_{N\in(1,2,3,\cdots)} \tag{2.12}$$

利用目标函数式（2.11）和式（2.12），以及卷积参数值网格：

$$0<\alpha_1<\alpha_2<\cdots<\alpha_i<\alpha_k<1 \tag{2.13}$$

生成问题式（2.2）~式（2.7）和式（2.8）~式（2.10）的帕累托最优方案集，并求解下列标量参数优化问题：

$$S(\alpha_i,N)\rightarrow\min_N,\quad i=1,2,\cdots,k \tag{2.14}$$

用数值法解决上述问题，有以下几个步骤：

（1）给定参数 k 和式（2.13）形式的参数值网 α。

（2）假设 $i=1$。

（3）假设 $N=1$。

（4）计算并记住函数值 $S(\alpha_i,N)$。

（5）为了求解问题式（2.14），假设 $N=N+1$，并跳转至第（4）步，直到值 $N=N^{(i)}$ 满足以下条件：

$$S(\alpha_i,N^{(i)}-1)>S(\alpha_i,N^{(i)}),\quad S(\alpha_i,N^{(i)}+1)>S(\alpha_i,N^{(i)})$$

（6）记录解 $N^{(i)}$ 并利用式（2.2）~式（2.7）或式（2.8）~式（2.10）计算优化标准值 $k_1(N^{(i)})$、$k_2(N^{(i)})$ 或 $\bar{L}(N^{(i)})$、$\bar{n}(N^{(i)})$。

（7）假设 $i=i+1$ 并跳转至第（3）步，直到 $i\leqslant k$。

（8）决策者得到非重复值集 $\{N^{(i)},k_1(N^{(i)}),k_2(N^{(i)}),i\in(1,2,\cdots,k)\}$ 或 $\{N^{(i)},\bar{L}(N^{(i)}),\bar{n}(N^{(i)}),i\in(1,2,\cdots,k)\}$，以便在编队中选择所需无人机数量的均衡值。

信息无人机的实际操作实践表明，无人航空系统机载和地面设备的故障及敌方防空设备的火力，会导致信息无人机的数量减少。

为了计算作战无人机的损耗，引入离散随机变量 R，该值可用下列概率分布描述：

$$Q_r=P\{R=r\},\quad r=0,1,\cdots,N \tag{2.15}$$

此时，参与监视（侦察、补充探测）过程的无人机编队的实际数量将用具有分布规律的式（2.15）的随机变量 $N_R=N-R$ 描述。

使用这种方法时，将上述优化标准看作无人机的随机变量函数 N_R。在这种情况下，数值 N 的优化问题属于目前研究较少的离散随机编程多准则问题。

我们以问题式（2.2）~式（2.7）为例说明新目标函数生成过程，同时考虑到无人机的损耗问题。

根据数值 N_R 的类型，优化式（2.2）和式（2.3）可以看作假定数学期望值[14]：

$$\begin{cases} k_1(N_R) = M\left[\dfrac{\bar{L}(N-R)}{m} \Big/ R=r\right] \\ k_2(N_R) = M\left[\dfrac{\bar{n}(N-R)}{N} \Big/ R=r\right] \end{cases}$$

这时，建议使用函数 $k_1(N_R)$ 和 $k_2(N_R)$ 的绝对数学期望值作为新目标函数，考虑到分布规律式（2.15），函数的绝对数学期望值可用下列公式计算，即

$$K_1(N) = \frac{1}{m}\sum_{r=0}^{N} Q_r \bar{L}(N-r) \to \underset{N \in (1,2,\cdots,m-1)}{\min} \tag{2.16}$$

$$K_2(N) = \frac{1}{N}\sum_{r=0}^{N} Q_r \bar{n}(N-r) \to \underset{N \in (1,2,\cdots,m-1)}{\min} \tag{2.17}$$

在使这些关系式具体化时，可以使用随机变量 R 的二项式分布律，即

$$Q_r = P_N(r) = \frac{N!\ q^r(1-q)^{N-r}}{r!\ (N-r)!},\quad r=0,1,\cdots,N \tag{2.18}$$

式中　q——一架无人机在执行飞行任务过程中的损耗概率。此外，在式（2.4）~式（2.7）中，用值 $N-r$ 代替参数 N。接下来将对标准式（2.16）和式（2.17）进行卷积，并使用上面所述的数值法解决面临的优化问题。

在确定民用和军用信息侦察和监视无人机的最佳数量时，用实例说明问题式（2.2）~式（2.7）和式（2.16）~式（2.18）、式（2.4）~式（2.7）的应用。

例 2.1

假设需要确定燃料动力综合公司（由 $m=7$ 个机构组成）用于监视难以到达区域的输油管紧急（备急）技术状况的无人机数量。此时，假设 $\bar{T}_1=240\text{min}$ 和 $\bar{T}_2=600\text{min}$，则根据式（2.1）可以求得无人机使用申请及处理这些请求输入流的密度：

$$\lambda=0.042\text{min}^{-1},\quad \mu=0.0017\text{min}^{-1}$$

利用数值法求得问题式（2.2）~式（2.7）的妥协方案集见表 2-1。

表2-1 妥协方案集（一）

妥协解方案的序号（No）	编队中无人机的最优数量 N	请求等待系数 k_1	无人机停机系数 k_2
1	2	0.62	0.06
2	3	0.54	0.23
3	4	0.51	0.39
4	5	0.50	0.51

假设决策者做出的决策为：$N=3$，$k_1=0.54$，$k_2=0.23$。这表示，当公司航空大队使用3架无人机时，排队等待的平均请求百分比等于54%，现有的无人机中平均有23%处于闲置状态。

当无人机在飞行中的故障概率 $q=0.05$ 时，问题（2.16）~问题（2.18）、问题（2.4）~问题（2.7）的解决方案见表2-2。

表2-1和表2-2中所得的结果几乎没有变化，因为民用无人航空系统的可靠度足够高（$q=5\%$）。因此，在解决民用无人航空系统的此类问题时，可以仅使用模型式（2.2）~式（2.7）。

表2-2 妥协方案集（二）

妥协解方案的序号（No）	编队中无人机的最优数量 N	请求等待系数 k_1	无人机闲置系数 k_2
1	2	0.64	0.05
2	3	0.55	0.20
3	4	0.52	0.35
4	5	0.51	0.46

例2.2

文献［15］对炮兵单位使用无人侦察校正直升机等此类信息无人机的问题进行了研究。需要注意的是，目前还没有方法确定不同类型炮兵部队的无人机数量。

假设借助无人侦察校正直升机执行侦察和目标指示任务的单位是 $m=7$ 个炮兵部队。我们假设无人机完成侦察、目标指示和火力校正飞行的平均耗费时间 $\bar{T}_2=30\text{min}$。这时，根据式（2.1）得出 $\mu=0.0333\text{min}^{-1}$。

重现战术链炮兵激烈作战行动的演习实践表明，当 $\bar{T}=13.33\text{min}$ 时，使用有人驾驶侦察和目标指示直升机的请求流密度 $\lambda=0.0750\text{min}^{-1}$。当一架无人侦察校正直升机的敌方毁伤概率 $q=0$ 和 $q=0.28$ 时，问题式（2.2）~式（2.7）、式（2.16）~式（2.18）和式（2.4）~式（2.7）的求解结果分别如表2-3和表2-4所列。

表2-3　妥协方案集（一）

妥协解方案的序号(No)	编队中无人机的最优数量 N	请求等待系数 k_1	无人机停概率 k_2
1	2	0.62	0.08
2	3	0.56	0.28
3	4	0.54	0.44

表2-4　妥协方案集（二）

妥协解方案的序号(No)	编队中无人机的最优数量 N	请求等待系数 k_1	无人机停概率 k_2
1	2	0.72	0.04
2	3	0.64	0.13
3	4	0.59	0.22
4	5	0.56	0.29
5	6	0.55	0.35

计算实验表明，概率值 q 从0.28增加到0.56，需要增大帕累托最优（均衡）解集中无人机的最大数量，将无人侦察校正直升机数量由6架增加至8架。

在解决这个问题时，必须制定空中无人机服务最佳准则。该问题的解决方法之一见文献［2］的3.1节。

我们注意到，上述方法由于其通用性可以用于确定战区打击和辅助无人机编队的数量。

2.2　确定编队中的最佳无人机数量

假设有 n 个目标，据此安排使用打击无人机。发射阵地现有 m 架无人机，每架无人机可能只“服务”部分目标。原因在于，无人机的作用半径及其无线电视距范围不够，在其飞向目标的轨迹上可能存在强大的防空系统、山地、雷暴锋面等。

从 m 架无人机中选出能使无人机编队在最短的时间内摧毁全部（n 个）目标的最少无人机数[2]。我们将该问题简化为“最小覆盖问题”[16]。

m 架无人机飞向 n 个目标可用矩阵 $\boldsymbol{A}=[a_{ij}]_{m\times n}$ 表示，如果第 i 架无人机能够到达第 j 个目标，则 $a_{ij}=1$；反之 $a_{ij}=0$。

用以下实例说明矩阵 $\boldsymbol{A}$ 的构建过程，并将无人机的作用半径作为无人机使用的限制条件。

例 2.3

假设有 $n=8$ 个目标和 $m=3$ 架无人机，无人机的作用半径为 r_i，其中 $i=1,2,3$。

假设第 i 架无人机将从第 i 个发射阵地（SP_i）沿最短直线飞向第 j 个目标（T_1），其中 $i=1,2,3$；$j=1,2,\cdots,8$。

图 2-1 所示为发射阵地 SP_1、SP_2、SP_3，目标 T_1、T_2……T_8 和现有无人机的作用半径 r_1、r_2、r_3 及其飞行轨迹。

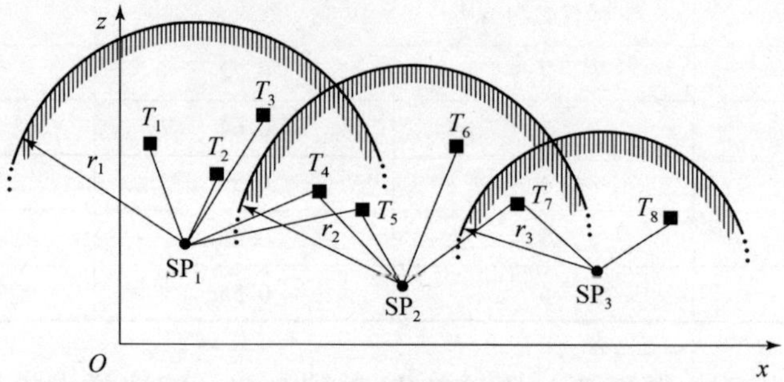

图 2-1　发射阵地、目标和现有无人机的作用半径

由图 2-1 可知，目标可达性矩阵 $\boldsymbol{A}$ 将有如下形式：

$$\boldsymbol{A}=\begin{array}{c} \\ T_1\\T_2\\T_3\\T_4\\T_5\\T_6\\T_7\\T_8\end{array}\begin{array}{c}\begin{array}{ccc}\scriptstyle\text{UAV1}&\scriptstyle\text{UAV2}&\scriptstyle\text{UAV3}\end{array}\\ \begin{bmatrix}1&0&0\\1&0&0\\1&0&0\\1&1&0\\1&1&0\\0&1&0\\0&1&1\\0&0&1\end{bmatrix}\end{array}$$

为了选择组成编队的最小无人机数量，我们引入布尔变量 $x_1, x_2, \cdots, x_m$，这些变量明确了使用特定无人机来毁伤选定目标的事实。

假设每个目标必须被至少一架无人机攻击，这一条件可用不等式表示：

$$\sum_{i=1}^{m} a_{ij} x_i \geqslant 1, \quad j = 1,2,\cdots,n \tag{2.19}$$

该问题中所用变量值的范围可写作：

$$x_i \in (0,1), \quad i = 1,2,\cdots,m \tag{2.20}$$

考虑到这些限制条件，参与计划行动的无人机总数可用下式表示：

$$N = \sum_{i=1}^{m} x_i \to \min \tag{2.21}$$

这个问题的阐述如下：

“在满足限制条件式（2.19）和式（2.20）的情况下，求出使优化标准式（2.21）达到最小值的变量 $x_1, x_2, \cdots, x_m$。”

该问题是一个单一标准离散（布尔）程序设计[27]，为了解决这一问题尝试了大量的数值法［树枝和极限法、切割（戈莫里）法等］。

对上述问题进行扩展，可以引入一个补充标准，将无人机编队在作战行动上花费的总时间考虑在内。

给定时间耗费矩阵 $\boldsymbol{\tau} = [\tau_{ij}]_{m \times n}$，其矩阵元素如下：

$$\tau_{ij} = \begin{cases} \tau_{ij}^{(\mathrm{DT})}, \text{第 } i \text{ 架无人机能抵达第 } j \text{ 个目标处} \\ \infty, \text{第 } i \text{ 架无人机不能抵达第 } j \text{ 个目标处} \end{cases}$$

式中　$\tau_{ij}^{(\mathrm{DT})}$——第 i 架无人机从发射阵地到第 j 个目标所处位置的飞行时间，其中 $i = 1,2,\cdots,m$；$j = 1,2,\cdots,n$。

引入参数：

$$t_i = \max_{j=1,2,\cdots,n} \{\tau_{ij}^{(\mathrm{DT})}\}, \quad i = 1,2,\cdots,m \tag{2.22}$$

该参数表示每架无人机飞至可达目标处所耗费的最大时间。

该表达式右边部分的值可用下式计算：

$$\tau_{ij}^{(\mathrm{DT})} = \frac{1}{V_i}\sqrt{(x_i - x_j)^2 + (z_i - z_j)^2} \tag{2.23}$$

式中　V_i——第 i 架无人机的飞行速度；

(x_j, z_j)——第 j 个目标的坐标（图 2-1）。

这时，利用式（2.22）和式（2.23），第二个优化标准可以写作：

$$T = \sum_{i=1}^{m} t_i x_i \to \min \tag{2.24}$$

在参数值 $\alpha \in (0,1)$ 不同的情况下，双准则问题式（2.19）~式（2.21）

和式（2.24）的帕累托最优解可以通过使卷积函数最小化得到：

$$L = (\alpha, x_1, x_2, \cdots, x_m) = \alpha \sum_{i=1}^{m} x_i + (1-\alpha) \sum_{i=1}^{m} t_i x_i$$

例 2.4

假设有 $n=34$ 个目标和 $m=10$ 架可能组成无人机打击编队的无人机。这些无人机的目标可达性矩阵 $\boldsymbol{A}$ 如表 2－5 所列。

表 2－5　无人机的目标可达性矩阵 $\boldsymbol{A}$

目标	无人机									
	1	2	3	4	5	6	7	8	9	10
1	1	1		1						
2	1	1		1						
3	1	1								
4	1	1	1							
5	1	1	1							
6	1	1	1							
7	1	1	1		1	1				
8	1	1	1	1	1	1				
9	1	1	1	1	1	1				
10			1	1	1	1				
11			1	1	1	1				
12			1	1	1	1				
13			1	1	1	1				
14			1	1	1	1		1		
15			1	1	1	1		1		
16				1	1	1	1	1	1	1
17				1	1		1	1	1	1
18					1	1	1	1	1	1

续表

目标	无人机									
	1	2	3	4	5	6	7	8	9	10
19					1	1	1	1	1	1
20					1	1	1	1	1	1
21									1	1
22									1	1
23					1	1	1	1	1	1
24					1	1	1	1	1	1
25	1	1					1	1	1	1
26	1	1					1	1	1	1
27	1	1	1		1	1	1	1	1	1
28	1	1	1		1	1				
29			1		1	1		1	1	
30			1		1	1		1	1	
31			1						1	1
32			1	1	1	1			1	1
33			1	1	1	1			1	1
34			1	1	1	1			1	1

为了组建无人机编队，我们将求解带有目标函数式（2.21）的单一标准问题，这个问题可具体表示为

$$N = x_1 + x_2 + \cdots + x_{10} \rightarrow \min$$

删除等价表达式后，式（2.20）和式（2.19）的限制条件可写作：

$$x_1 + x_2 + x_4 \geqslant 1, x_1 + x_2 \geqslant 1, x_1 + x_2 + x_3 \geqslant 1, x_1 + x_2 + x_3 + x_5 + x_6 \geqslant 1$$

$$x_1 + x_2 + x_3 + x_4 + x_5 + x_6 \geqslant 1, x_3 + x_4 + x_5 + x_6 \geqslant 1$$

$$x_3 + x_4 + x_5 + x_6 + x_8 \geqslant 1, x_4 + x_5 + x_6 + x_7 + x_8 + x_9 + x_{10} \geqslant 1$$

$$x_5 + x_6 + x_7 + x_8 + x_9 + x_{10} \geqslant 1, x_9 + x_{10} \geqslant 1, x_1 + x_2 + x_7 + x_8 + x_9 + x_{10} \geqslant 1$$

$$x_1+x_2+x_3+x_4+x_5+x_6+x_7+x_8+x_9+x_{10}\geqslant 1,\quad x_1+x_2+x_3+x_5+x_6\geqslant 1$$

$$x_3+x_5+x_6+x_8+x_9\geqslant 1,\quad x_3+x_9+x_{10}\geqslant 1,\quad x_3+x_4+x_5+x_6+x_9+x_{10}\geqslant 1$$

$$x_1\in(0,1),x_2\in(0,1),\cdots,x_{10}\in(0,1)$$

使用著名的戈莫里法解决该问题，可以得到以下结果：

$$x_1^0=1,\quad x_2^0=0,\quad x_3^0=1,\quad x_4^0=0,\quad x_5^0=0$$

$$x_6^0=0,\quad x_7^0=0,\quad x_8^0=0,\quad x_9^0=1,\quad x_{10}^0=0,\quad N^0=3$$

因此，为了攻击 34 个目标，可以使用由 3 架无人机（编号分别为 1、3、9）组成的无人机编队。

2.3 优化编队中的无人机数量

我们分析了一种情况，即所有暴露的侦察目标对现有打击无人机来说是可达到的，并且给定 n 个目标中第 j 个目标的火力损伤时间区间为 $[\tau_j^H,\tau_j^K]$，其中 τ_j^H 为第 j 个目标的攻击开始时刻，τ_j^K 为对第 j 个目标的攻击结束时刻。

假设在作战行动中，无人机编队执行火力任务的时间区间重叠，那么对于某些目标 $j,s\in(1,2,\cdots,n)$；$j\neq s$ 而言，存在条件：

$$[\tau_j^H,\tau_j^K]\cap[\tau_s^H,\tau_s^K]\neq\varnothing \tag{2.25}$$

式中 ∩、∅——集合相交和空集。

图 2-2 所示为上述问题所给条件的图解说明。

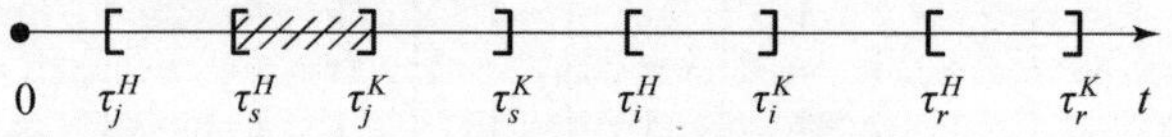

图 2-2　式（2.25）的图解说明

由图 2-2 可知，如果对于编号为 j 和 s 的目标，存在不等式

$$\tau_s^H<\tau_j^K;\quad s,j\in(1,2,\cdots,n)$$

则式（2.25）成立。

需注意的是，对于序号为 i 和 r 的目标，式（2.25）不成立。

当存在这样的条件用于确定攻击所有暴露目标的无人机编队最小无人机数量时，可以借鉴经典的顶点“着色”问题[16]。

“着色”问题的实质是将给定无向图 G 的每个顶点打上标记，即标上“颜色”，因此，与另一个顶点相连的任意一个顶点（两个顶点中的其中一个）都有不同的标记（“着色”）。

所用“颜色”的最小数量叫作图像 G 的色数，并用 $\gamma(G)$ 标记。

正是这个值决定了在指定时间区间 $[\tau_j^H, \tau_j^K]$ $(j=1,2,\cdots,n)$ 内用于作战的无人机编队的最佳数量。

我们对非定向图 G 进行分析，其顶点是被打击无人机摧毁的 n 个目标。图 G 的第 j 个和第 s 个顶点与其他顶点相连，前提是这些顶点满足条件式（2.25）。根据文献［17］，最少“颜色”（无人机）选择问题可用下列线性布尔程序设计问题表示：

$$
\begin{cases}
\Theta = \sum_{s=1}^{n}\sum_{j=1}^{n}\rho_s\zeta_{js} \to \min \\
\sum_{s=1}^{n}\zeta_{js} = 1, \quad j = 1,2,\cdots,n \\
\sum_{j=1}^{n} b_{sk}\zeta_{is} \leqslant 1, \quad k = 1,2,\cdots,r; \quad s = 1,2,\cdots,n \\
\zeta_{js} \in \{0;1\}, \quad j = 1,2,\cdots,n; \quad s = 1,2,\cdots,n
\end{cases}
\tag{2.26}
$$

式中　ζ_{is}——决定以第 s 种颜色给第 j 个顶点“着色”这一事实的布尔变量；

ρ_s——基于以下规则选择的第 s 种颜色的“罚款”参数：

$$\rho_{s+1} > n\rho_s, \quad s=1,2,\cdots,n-1; \quad \rho_1 = 1$$

b_{sk}——图 G 的关联矩阵元素，如果第 s 个顶点是图中第 k 个弧线的起（终）点，则 $b_{sk}=1$，反之 $b_{sk}=0$。这些元素可利用式（2.25）生成。

我们发现，问题（2.26）在图 G 的顶点数量较少时，可以使用著名的数值法解决[13]；当图 G 的顶点数量较多时，使用专业的精确近似（探试）算法给图形“着色”，参阅文献［17］。

书中给出了最少“颜色”数 $\gamma(G)$ 的上方和下方估值。摧毁 n 个目标所需的无人机数的初步估值可以利用布鲁克斯公式表示[16]：

$$\gamma(G) \leqslant 1 + \max_{j=1,2,\cdots,n}[d(j)+1] \tag{2.27}$$

式中　$d(j)$——图 G 中第 j 个顶点的次数，由基于该顶点的弧线数量决定，其中 $j=1$，2，…，n。

例 2.5

用于攻击 14 个目标的无人机编队最佳数量的选择问题的初始数据如表 2－6 所列。在此基础上，利用式（2.25）绘制的图 G 如图 2－3 所示。

表 2-6 初始数据

目标序号	攻击时间区间	$T=10.00$h 时的攻击时间区间
2	$[t-0.29, t-0.25]$	[9h31min, 9h35min]
3	$[t-0.185, t-0.15]$	[9h42min, 9h45min]
5	$[t-0.22, t-0.18]$	[9h38min, 9h40min]
7	$[t-0.25, t-0.21]$	[9h35min, 9h39min]
8	$[t-0.30, t-0.28]$	[9h30min, 9h32min]
10	$[t-0.28, t-0.24]$	[9h32min, 9h36min]
11	$[t-0.175, t-0.15]$	[9h43min, 9h45min]
13	$[t-0.21, t-0.18]$	[9h39min, 9h43min]
14	$[t-0.30, t-0.28]$	[9h30min, 9h32min]
16	$[t-0.24, t-0.20]$	[9h36min, 9h40min]
17	$[t-0.30, t-0.28]$	[9h30min, 9h32min]
19	$[t-0.28, t-0.24]$	[9h32min, 9h36min]
23	$[t-0.20, t-0.16]$	[9h40min, 9h44min]
24	$[t-0.24, t-0.20]$	[9h36min, 9h40min]

使用著名的探试法解决给图形顶点着色这一问题得出，无人机编队所需的最小无人机数为4。同时确定，无人机 No1 的目标攻击顺序为 NoNo2、5、3；无人机 No2——NoNo17、7、13、11；无人机 No3——NoNo8、10、16、23；无人机 No4——NoNo14、19、24。

如图 2-3 所示，针对每个目标都给出了无人机实施进攻的序号，以及进行相应攻击的时间区间。

例如，无人机 No1 在时间区间[9h31min,9h35min]内攻击目标 No2，在时间区间[9h38min,9h40min]内攻击目标 No5，在时间区间[9h42min,9h45min]内攻击目标 No3。

根据式（2.27）计算图形色数 γ 的上方估值，如图 2-3 所示，该图中顶点的幂值如下：

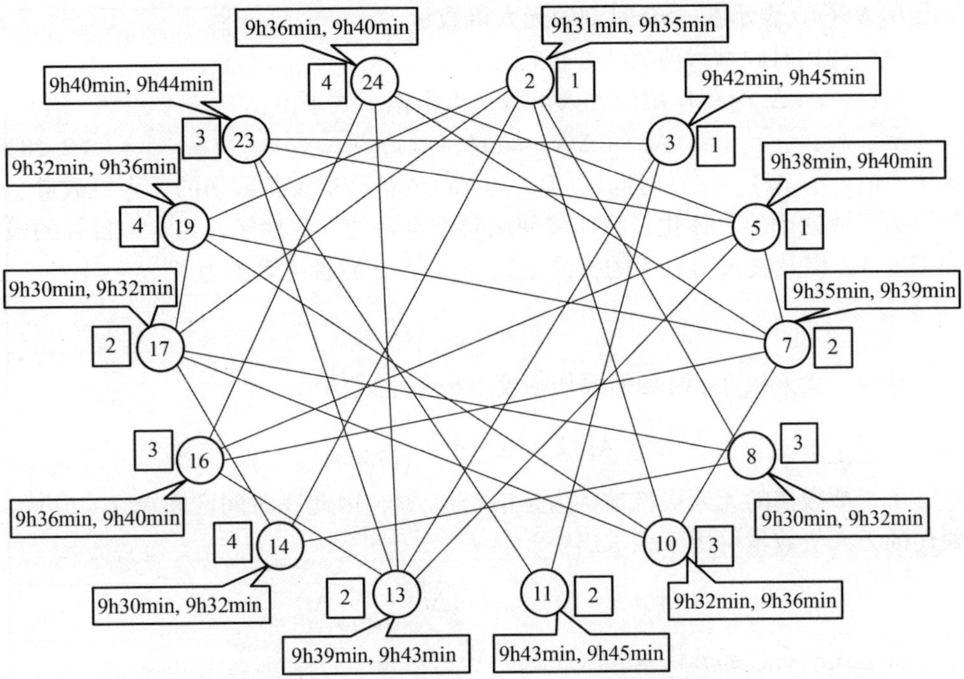

图 2 - 3　利用式（2.25）绘制的图 G

$$d(2)=5,\quad d(3)=3,\quad d(5)=5,\quad d(7)=5,\quad d(8)=3$$
$$d(10)=4,\quad d(11)=2,\quad d(13)=5,\quad d(14)=3,\quad d(16)=3$$
$$d(17)=5,\quad d(19)=4,\quad d(23)=4,\quad d(24)=4$$

将这些值代入式（2.27）中，可得以下不等式：

$$\gamma(G)\leqslant 7$$

这意味着，最多可以使用 7 种"颜色"（无人机）给图形"着色"。

我们发现，得出的无人机编队最佳无人机数量为 4，满足这个不等式。

2.4　防空设备作用时无人机编队的数量变化

假设由 N_0 架无人机组成的编队应在某一区域内完成指定任务。众所周知，该地区部署了 K_{ADS} 个防空导弹综合系统，其防空设备具备的性能请参阅文献［5］。

当这些设备作用时，作战时使用的无人机数量将减少。

为此，需要确定无人机编队数量变化过程的动态特点。

用 $N(t)$ 表示在 $t \geqslant 0$ 时刻的无人机数量。

我们使用时间增量值 $\Delta t > 0$ 进行分析。

对此，$t + \Delta t$ 时刻作用的无人机数量可根据下式求出：

$$N(t+\Delta t) = N(t) - n(t, t+\Delta t) \tag{2.28}$$

式中 $n(t, t+\Delta t)$——在时间区间 $(t, t+\Delta t)$ 内被防空设备毁伤的无人机数量。

为了使这个值具体化，我们将使用防空设备的一些性能，如空中目标的毁伤强度 λ，以及其火力效率的折减系数 $\alpha(t)$[5]，后者可表示为

$$\alpha(t) = \frac{1}{N(t)}$$

这时，无人机在 t 时刻的毁伤强度可根据下式求出：

$$\lambda(t) = \alpha(t)\lambda = \frac{\lambda}{N(t)}$$

由于被毁伤的无人机流被认为是泊松流[11]，因此在时间区间 $(t, t+\Delta t)$ 内毁伤的无人机数量可用下式求出：

$$n(t, t+\Delta t) = \lambda(t)\Delta t = \frac{\lambda}{N(t)}\Delta t$$

将上式的右边部分代入式（2.28）中，可得

$$N(t, t+\Delta t) = N(t) - \frac{\lambda}{N(t)}\Delta t$$

将这个关系式转换为

$$\frac{N(t, t+\Delta t) - N(t)}{\Delta t} = -\frac{\lambda}{N(t)}$$

考虑到时间 t 的连续函数 $N(t)$ 并在 $\Delta t \to 0$ 时取该等式两边的极限值，得到一个普通的微分方程，如下：

$$\frac{\mathrm{d}N}{\mathrm{d}t} = -\frac{\lambda}{N} \tag{2.29}$$

该方程描述了无人机编队数量 $N = N(t)$ 的时间变化过程。

式（2.29）的初始条件为

$$N(0) = N_0 \tag{2.30}$$

基于文献［3］的分类形成的式（2.29）是一个含有可分离变量的微分方程。

为了求解这个方程，可将其表示为

$$N\mathrm{d}N = -\lambda \mathrm{d}t$$

对该等式的两边求积分，得到的等式如下：

$$0.5N^2 = -\lambda t + C \tag{2.31}$$

积分常数 C 可根据初始条件式（2.30）求出：

$$0.5N^2 = -\lambda \times 0 + C$$

将所得常数 C 代入式（2.31），可得

$$0.5N^2 = -\lambda t + 0.5N_0^2$$

为了方便进一步使用，可将该关系写作以下形式：

$$N^2(t) = -2\lambda t + N_0^2 \tag{2.32}$$

因此，无人机编队总数的时间变化规律可用下式表示：

$$N(t) = \sqrt{N_0^2 - 2\lambda t} \tag{2.33}$$

我们注意到，该函数的存在区域是时间区间 $[0,T]$，其中数值 T 是方程 $N_0^2 - 2\lambda t = 0$ 的解，可按下式求出：

$$T = \frac{N_0^2}{2\lambda} \tag{2.34}$$

由此，性能 T 可以称为无人机编队的存在时间。

无人机编队数量的变化过程还具有其他特点。

当作战无人机的数量等于 N_1 时（$N_1 < N_0$），确定时刻 $\tau_1 < T$。

将值 $t = \tau_1$ 代入式（2.32），有

$$N^2(\tau_1) = -2\lambda\tau_1 + N_0^2$$

将值 $N(\tau_1)$ 替换成给定值 N_1，由该关系式可得

$$\tau_1 = \frac{N_0^2 - N_1^2}{2\lambda} \tag{2.35}$$

根据待解决问题的实质，函数 $N(t)$，$t \in [0,T]$ 应具有整数值：N_0，$N_0 - 1$，$N_0 - 2$，…，2，1，0。

为了得到这些值，可将式（2.33）转换为

$$N(t) = \mathrm{ent}\sqrt{N_0^2 - 2\lambda t}, \quad t \in [0,T] \tag{2.36}$$

式中　$\mathrm{ent}(\cdot)$——数值（·）的整数部分。

为了确保 $t = \tau_2$ 时刻作战无人机数量等于 $N(\tau_2) = N_2$，我们将计算所需的无人机编队初始数量 $N_{0,\mathrm{need}}$。

使用式（2.32）可得

$$N_2^2 = -2\lambda\tau_2 + N_{0,\mathrm{need}}^2$$

由此可得

$$N_{0,\mathrm{need}} = [\sqrt{N_2^2 + 2\lambda\tau_2}] \tag{2.37}$$

式中　$[(\cdot)]$——舍入取整运算。

根据运算条件，作战无人机在时间区间$[0,T]$内的数量应为常数并且等于N_0。

这可以通过用新的无人机替换被毁伤的无人机补充编队实现。

我们用$\Delta N(t)$表示在$t\in[0,T]$时编队中的无人机数量。

利用式（2.36）可将上述条件写作：

$$\text{ent}\sqrt{N_0^2-2\lambda t}+\Delta N(t)=N_0,\quad t\in[0,T]$$

由此可得，使用新无人机补充编队的规律可表示为

$$\Delta N(t)=N_0-\text{ent}\sqrt{N_0^2-2\lambda t},\quad t\in[0,T] \tag{2.38}$$

例 2.6

由10架无人机组成的编队（$N_0=10$）在5min内必须完成指定任务，在某地区进行相应的作战活动。

假设该地区部署了具有如下性能的防空设备：

$$K_{\text{ADS}}=3\text{ 个系统},\quad \lambda=9\text{min}^{-1}$$

根据式（2.34）计算编队的存在时间：

$$T=\frac{10^2}{2\times 9}=5.555\text{min}=5\text{min}33\text{s}$$

这意味着，在$t=T$时刻，该编队中的最后一架无人机将被摧毁。

使用式（2.35），可以求出作战无人机的数量减少一半时的时间点τ_1，即$N_1=5$架无人机：

$$\tau_1=\frac{10^2-5^2}{2\times 9}=4.166\text{min}=4\text{min}10\text{s}$$

该无人机编队在时间区间［0，5.5］min（时间间隔为0.5min）内的数量变化可利用式（2.23）和式（2.36）计算，如表2－7所列。

表2－7　无人机编队在时间区间［0，5.5］min内的数量变化

t/min	0	0.5	1.0	1.5	2.0	2.5	3.0	3.5	4.0	4.5	5.0	5.5
$N(t)$	10	9.54	9.06	8.54	8.00	7.42	6.78	6.08	5.29	4.36	3.16	1.0
ent$N(t)$/架	10	9	9	8	8	7	6	6	5	4	3	1
$\Delta N(t)$/架	0	1	1	2	2	3	4	4	5	6	7	—

下列函数的示意图如图2－4所示。

$$N(t)=\sqrt{100-18t}$$

其中，$t\in[0,T]=[0,5.555]$min。由此得出，$N(T)=0.1$和$\text{ent}N(T)=0$。

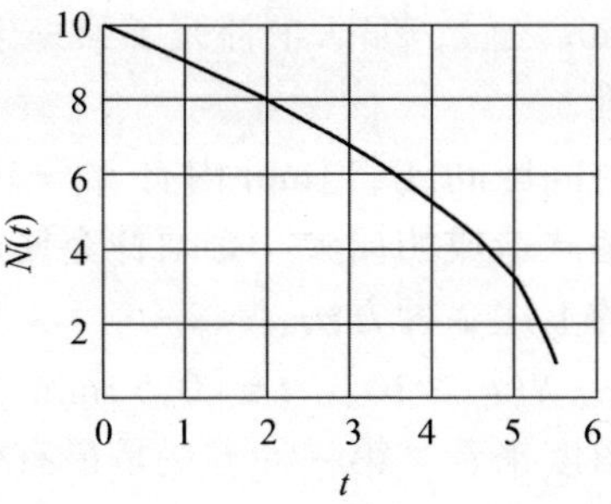

图 2-4　函数 $N(t)=\sqrt{100-18t}$的示意图

为了确保在 $\tau_2=5$ 时无人机编队有 $N(5)=N_2=10$ 架无人机，我们计算所需无人机编队的初始数量。

使用式（2.37），得出：

$$N_{0,\text{need}}=[\sqrt{10^2+2\times9\times5}]=[13.78]=14$$

在这种编队初始数量的情况下，作战无人机的数量变化如表 2-8 所列。

表 2-8　作战无人机的数量变化

t/min	0	0.5	1.0	1.5	2.0	2.5	3.0	3.5	4.0	4.5	5.0
$N(t)$	14	13.68	13.34	13	12.65	12.29	11.92	11.53	11.14	10.72	10.29
ent$N(t)$/架	14	13	13	13	12	12	11	11	11	10	10

由以上结果可知，从 $t=4.5$min 时起，初始值 $N_0=14$ 架无人机能满足上面所述的要求。

当值 $N_0=\text{ent}(13.78)=13$ 时，计算试验表明，$N_5=\text{ent}(8.88)=8$。这证明了式（2.37）的正确性。

新无人机编队的补充规律保证满足条件：

$$N(t)=10,\quad t\in[0,5]\text{min}$$

该规律是由式（2.38）生成，见表 2-7 中的最后一行。

因此，在这个表格中存在重复元素，新的表格如表 2-9 所列。

表 2-9　当 $N(t)=10$ 时，作战无人机的数量变化

t/min	0	1.0	2.0	2.5	3.0	4.0	4.5	5.0
$N(t)$	10	9	8	7.5	6	5	4	3
ent$N(t)$/架	0	1	2	3	4	5	6	7

由表2-9可知，1min之后，编队中补充了第一架无人机，2min后补充了第二架无人机，以此类推。

因此，为了确保在时间区间[0,5]min内有 $N_0=10$ 架无人机，以补偿由于防空设备作用对无人机编队造成的损失，必须补充使用7架无人机。

对比满足以下条件的上述2种方法：

$$N(t)\geqslant 10,\quad t\in[0,5]\,\mathrm{min}$$

可以确定，从组织角度来看，第一种方法是最有效的，需要补充使用4架无人机。

2.5 确定紧急情况下所需无人机编队的数量

目前，无人机在民用领域的应用问题亟待解决，这在文献［3］中有详细描述。

但是，无人机在民用领域的应用，如使用无人机解决民用问题的理论及无人机在国家和商业组织事务中的直接应用，几乎没有任何进展。不过，目前无人机公司开始根据客户订单使用单架无人机对有限区域进行航空摄影。

我们认为，民用无人机最重要的应用方向是消除灾难和监测紧急情况。

自然灾害和技术工程紧急情况可能对国民经济造成巨大的损失，并且可能导致大量的人员伤亡。通过监测紧急情况的范围及其时空发展，可使其引发的后果最小化。

目前，为了实现这些目标，通常使用越野车、各种水上交通工具和有人驾驶飞行器（飞机和直升机）。空中侦察设备是目前公认的用于救灾和紧急事故中最有效的设备。但是，由于飞机和直升机的运行成本较高，因此无法在紧急情况区域大规模使用。

使用有人驾驶飞机的另一个缺点是所收集信息的客观性及信息传输至决策机构的可操作性不够。这是因为，有人驾驶飞机通过目视方式进行侦察，而飞机上收集到的地图和线路图数据会在飞机着陆后传输至指定机构。

消除这些缺点最有效的方式之一是，广泛使用信息无人机编队[18]，为其配备日间和夜间监控机载设备，并将收集的信息实时传输给相关的决策机构。

使用一定数量的信息无人机可以对当前环境进行更详细的侦察，防止紧急情况造成的损失扩大（突破防护堤、大火接近居民区、石油和天然气管道泄漏等）。

我们发现，在现有文献中，对于这类无人机所需数量的计算问题几乎没有相关的研究。文献［3，18］对这个问题进行了分析，但文献中提到的解决方法需要大量的源数据。

案例 2.1 中补充研究了最简单的无人机最优数量问题，以便使因某一紧急情况导致的资金损失降到最低。

用 N 表示单一类型的信息无人机数量，这些无人机用于监测紧急情况。引入下列价值指标：

$Z_1(N)$——无人机购置和运行的费用；

$Z_2(N)$——紧急情况影响导致的损失。

假设 $Z_1(N)$ 的费用与使用的无人机数量成正比，而 $Z_2(N)$ 与同时用于侦察当前紧急情况和预期结果的无人机数量成反比。

这些函数可用方程形式表示：

$$Z_1(N)=(c+e)N \tag{2.39}$$

$$Z_2(N)=U/N \tag{2.40}$$

式中　c——一架无人机的价值（价格）；

e——一架无人机的运行费用；

U——该紧急情况造成的最大损耗预测值。

为了消除紧急情况，将通过求解下列优化任务确定无人机编队的数量：

$$Z(N)=Z_1(N)+Z_2(N)=(c+e)N+\frac{U}{N}\to\min_N \tag{2.41}$$

$$N\in(1,2,3,\cdots) \tag{2.42}$$

为了求解该问题，不考虑整数条件式（2.42），并且假设 N 是连续变量。使用式（2.41）的必要极值条件[19]，可以将方程写为

$$\frac{\mathrm{d}z}{\mathrm{d}N}=(c+e)-\frac{U}{N^2}=0$$

求解这个关于未知变量的方程，可以得到下式，用于确定所需无人机的最优数量：

$$N_0=\sqrt{\frac{U}{c+e}} \tag{2.43}$$

如图 2-5 所示，式（2.41）在这个点上具有最小值。使用函数 $Z(N)$ 的极值充分条件[19]，具体如下：

$$\frac{\mathrm{d}^2Z}{\mathrm{d}N^2}=\frac{2U}{N_0^3}>0$$

我们发现，在使用满足条件式（2.42）和式（2.43）时，其结果应四舍五入为最接近的整数。因此，问题式（2.41）和式（2.42）的最终解可以表示为

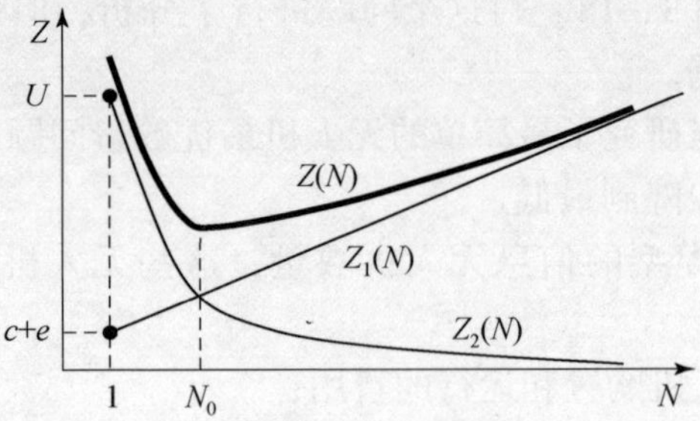

图 2-5　函数 $Z(N)$ 的极值充分条件

$$N_0 = \mathrm{ent}\left(\sqrt{\frac{U}{c+e}}\right) + 1 \tag{2.44}$$

式中　ent(·)——数值（·）取整运算。

式（2.44）中一架无人机的运行费用指标可根据下式计算：

$$e = sT \tag{2.45}$$

式中　s——无人机飞行 1h 的费用；

T——在该任务中一架无人机的使用（飞行）时长（h）。

将式（2.51）代入式（2.49）中，得出使用无人机消除紧急情况时总费用的最小值：

$$Z_{\min} = (c+e)N_0 + \frac{U}{N_0} = \frac{(c+e)N_0^2 + U}{N_0} \tag{2.46}$$

使用租赁无人机时，式（2.44）和式（2.46）中会发生下列变化：

（1）参数 c 应等于 0；

（2）s 表示租赁一架无人机 1h 的价格。

我们注意到，紧急情况区域监测轨迹的主要形式如文献［3，20］所述。下面是这种方法的应用示例。

例 2.7

假设需要创建无人机编队，以便有效监控大范围区域内森林和草原火灾的势头。

假设由此可能造成的最大损失值为

$$U = 1 \text{ 亿卢布}$$

为了监控当前环境需要选择无人机的类型，这些无人机安装具备下列性能的热视设备：

$$c = 70 \text{ 万卢布}, \quad s = 1 \text{ 万卢布/h}$$

假设需要 5 天全天候进行监控，即 $T = 120\text{h}$。

这时，根据式（2. 45）可得出一架无人机的运行费用：

$$e = 1 \times 120 = 120(\text{万卢布})$$

无人机编队的最优数量可根据式（2. 44）求出：

$$N_0 = \left(\sqrt{\frac{100}{0.7 + 1.2}}\right) + 1 = \mathrm{ent}(7.254) + 1 = 8$$

根据式（2. 54）求出使用无人机的总费用，即

$$Z_{\min} = \frac{1.9 \times 8^2 + 100}{8} = 27.7(\text{百万卢布})$$

其中 $1.9 \times 8^2 \div 8 = 15.2$ 百万卢布用于购买和维护无人机，$100 \div 8 = 12.5$ 百万卢布是无人机编队使用过程中因火灾导致的潜在损耗评估。

例 2. 8

使用文献［41］中示例的初始数据，求用于监控天然气管道的无人机编队的最优数量。监控对象的初始数据如下：

- $l = 150000\text{km}$——巡逻管道的长度；
- $u_1 = 4000\text{m}^3/\text{h}$——发生事故时平均每小时损耗的天然气；
- $u_2 = 0.1$ 美元——1km 管道上损失 1m^3 天然气的价值；
- $t = 12\text{h}$——消除事故所用的平均时间。

天然气管道全线因事故导致的天然气损耗最大预测值为

$$U = u_1 \cdot u_2 \cdot t \cdot l = 40000 \times 0.1 \times 12 \times 150000 = 7.2 \times 10^9(\text{美元})$$

所选监测无人机的初始数据如下：

- $c = 10000$ 美元——一架无人机的价值（价格）；
- $s = 160$ 美元——一无人机飞行 1h 的成本；
- $T = 3000\text{h}$——一架无人机一年的平均飞行时间。

此时，根据式（2. 45），一架无人机一年的运行费用为

$$e = 160 \times 3000 = 4.8 \times 10^5(\text{美元})$$

根据式（2. 44）可计算出最佳无人机数量为

$$N_0 = \mathrm{ent}\left(\sqrt{\frac{7.2 \times 10^9}{10000 + 4.8 \times 10^5}}\right) + 1 = \mathrm{ent}(146.939) + 1 = 147$$

我们注意到，在文献［41］中，基于更复杂的方法可以得出其阶值，等于 150 架无人机。

根据式（2. 46），计算使用无人机监控天然气管道的最低费用为

$$Z_{\min} = 147 \times (10000 + 4.8 \times 10^5) + 7.2 \times 10^9 \div 147$$
$$\approx 121010000\ \text{美元} = 12101(\text{万美元})$$

其中，7203 万美元是购买和运行无人机的费用，4898 万美元是使用由 147 架

无人机组成的无人机编队进行监控时，天然气管道事故每年造成的潜在损耗。

2.6　计算编队中备用无人机的数量

使用2.1节到2.5节中描述的方法，求取在T小时的作战行动中所需的无人机数量N。

假设作战中使用的无人机的故障率λ（$\lambda=\frac{1}{T_1}$，其中T_1表示平均故障间隔时间）是已知的。

无人机发生故障的主要原因是：

- 在飞行前检查中发现的、在作业程序中无法排除的无人机机载系统和综合体故障；
- 无人机在起飞和着陆时严重损坏，导致无法再次使用。

无人机在完成飞行任务前发生故障可能对实现作战目标产生不利影响。由此产生了确定备用无人机数量ΔN的问题，备用无人机可以与原计划的N架无人机一起实现这些目标的概率为P_{tp}。

假设在完成作战行动的过程中，出现故障的每架无人机都可以使用剩余的$N+\Delta N$架无人机中的一架快速（“瞬间”）替换。“瞬间”恢复系统的工作能力可以理解为，与其平均无故障工作时间（$1/\lambda$）相比，故障搜索时间和系统组件修理（替换）时间可忽略不计[11]。此时，作战行动的成功率将取决于时间区间$(0,T)$内无人机可用数量的充足性。

如果假设无人机的随机故障流是密度为λ的固定泊松流，那么根据文献［11］，有足够的无人机数量（$N+\Delta N$）完成计划行动的概率Q_z可用下式计算：

$$Q_z(\Delta N)=\sum_{n=0}^{N+\Delta N}\frac{(\lambda T)^n}{n!}e^{-\lambda T}\tag{2.47}$$

要使未知数$\Delta N\in(0,1,2,\cdots)$，需满足条件：

$$Q_z(\Delta N)\geqslant P_{tp}\tag{2.48}$$

式（2.47）可写作：

$$Q_z(\Delta N)=e^{-\lambda T}\sum_{n=0}^{N}\frac{(\lambda T)^n}{n!}+e^{-\lambda T}\sum_{k=0}^{\Delta N}\frac{(\lambda T)^k}{k!}$$

将该表达式代入式（2.48）中并进行简单转换，可以得到下式，求取ΔN的值：

$$\sum_{k=0}^{\Delta N} \frac{(\lambda T)^k}{k!} \geqslant P_{\text{tp}} e^{\lambda T} - \sum_{n=0}^{N} \frac{(\lambda T)^n}{n!} \tag{2.49}$$

求解该不等式的难点在于，未知数值 ΔN 是求和的上限。这些问题的解决方式通常是将式（2.49）的左侧值按顺序列表，直至不等式成立。

为了简化计算，我们引入了整数自变量函数：

$$\varphi(\Delta N) = \sum_{k=0}^{\Delta N} \frac{(\lambda T)^k}{k!} \tag{2.50}$$

以及参数：

$$a = P_{\text{tp}} e^{\lambda T} - \sum_{n=0}^{N} \frac{(\lambda T)^n}{n!} \tag{2.51}$$

这时，不等式（2.49）可以写为

$$\varphi(\Delta N) \geqslant a \tag{2.52}$$

求解该不等式的计算流程包括，根据式（2.51）预先求出参数值 a，然后在 $\Delta N = 0$，$\Delta N = 1$，$\Delta N = 2$，…的情况下计算式（2.50）的值，直至满足式（2.52）。

这个过程中使用的参数值 λ 可通过现有方法得出[21]，即处理一个时段内无人机故障的统计数据。

该参数值的近似估值可用下式计算[21]：

$$\lambda = \frac{M}{\tau} \tag{2.53}$$

式中　M——无人机在时长 τ 的前次行动中的故障次数。

设想无人机的随机故障数遵循泊松定律[11]，由此可以根据下式求出其在 T 时长作业期间的平均（期望）数：

$$m_{\Delta N} = \lambda T \tag{2.54}$$

例 2.9

假设使用由 $N = 4$ 架无人机组成的编队在 $T = 8\text{h}$ 内进行作业。在上一次持续时间 $\tau = 4\text{h}$ 的行动中，有 $M = 2$ 架无人机出现故障。这时，根据式（2.53）求出的参数 λ 为

$$\lambda = 0.5\ \text{h}^{-1}$$

根据式（2.54）计算在计划行动期间可能出现故障的无人机期望（平均）数为

$$m_{\Delta N} = 0.5 \times 8 = 4(\text{架})$$

再计算确保无人机以不低于 $P_{\text{tp}} = 0.95$ 的概率 Q_z，成功完成计划行动的备用无人机数量。

由式（2.51）计算参数 a 为

$$a=17.535$$

列出式（2.50）的值，得到：

$$\Delta N=0\text{ 架},\quad \varphi(0)=1<a$$

$$\Delta N=1\text{ 架},\quad \varphi(1)=5<a$$

$$\Delta N=2\text{ 架},\quad \varphi(2)=13<a$$

$$\Delta N=3\text{ 架},\quad \varphi(3)=23.667>a$$

$$\Delta N=4\text{ 架},\quad \varphi(4)=34.333>a$$

由此得出结论，在计划行动中，备用无人机的数量应满足条件：

$$\Delta N\geqslant 3\text{ 架}$$

计算试验表明，值 $P_{\text{tp}}=0.98$ 和 $a=19.173$ 满足这一条件。

当行动时间 T 延长至 12h 时，对于值 $P_{\text{tp}}=0.95$ 和 $P_{\text{tp}}=0.98$，存在条件：

$$\Delta N\geqslant 7\text{ 架}$$

此时无人机的期望故障数为

$$m_{\Delta N}=0.5\times 12=6(\text{架})$$

由上述结论可知，参数值 $m_{\Delta N}$ 可以看作备用无人机数的近似估值。

为了使用无人机进行相应的作业，需要继续深入研究所需无人机数量的计算问题，对此需要详细考虑下列因素：

- 无人机编队的目标和作战环境；
- 无人机的相应飞行技术性能；
- 每架无人机的目标载荷性能；
- 无人机编队可能的驻地。

本章资料可看作这些研究工作的初始阶段。

第3章 无人机编队控制操作员的数量优化

在确定组成无人机编队所需的无人机数量后，下一个任务应是解决无人机的控制问题，确保实现作战目标。由相应的无人航空系统控制站的控制操作员实施的无人机无线电指令控制在这里具有重要意义[3]。

本章提出了人机系统“控制站操作员 - 无人机”的数学模型及无人机编队控制需要的操作员最优数量的求取方法，这对于实现无人机航空系统的重要理论和实践方向，如不同用途无人机的编队应用，是非常重要的[22-33]。

除文献［2，5］外，关于一位操作员控制的最佳无人机数量的计算方法以及控制 N 架无人机编队所需操作员数量的计算方法，在现有的文献中还没有相关的研究。

3.1 问题描述

目前，几乎所有用于无人机控制的无人航空系统中都使用了机动地面控制站。文献［5］中指出，空中控制站的应用是无人技术的未来发展方向，旨在控制不同用途的无人机编队。

假设这种控制站操作员借助相应的程序系统和界面（图1-7）对 N 架无人机的飞行实施跟踪（监测和校正当前的飞行参数值），无人机根据先前输入其自动化控制系统的飞行任务实现自动飞行。

如果在无人机飞行期间，由一位操作员控制的 $n \leqslant N$ 架无人机出现突发情况（机载设备故障、大幅偏离既定飞行轨迹、防空设备作用等），操作员单独或与班组指挥员一起做出相应的决策，并通过控制站的无线电通信通道发送指令，实施这些决策。

无人机地面机动控制站的应用实践表明，这些情况在无人机的实际飞行中随机出现，并且形成“请求”控制操作员“服务”（处理）的随机流。由于不能精确预测每个“请求”的内容，在一般情况下需要对随机花费时间进行情况分析和做出处理（服务）决策。

假设某架无人机发送了服务请求，而此时操作员忙于服务之前进入的一架无人机的请求，后进入的请求将在其自动工作站排队等待。后者在“编队状态”区中以视频形式显示，如图1－7所示。

操作员与空中无人机协同动作的上述特点，使得能够使用排队论模型和方法来描述这个过程[10－11]。

3.2 控制操作员与无人机编队协同动作过程的数学模型

已知控制站操作员（服务装置）与 n 架无人机（请求源）协同动作。这种系统可能属于 $M/M/1/n$ 类型的封闭性多用户服务系统[10]。这意味着，系统受 n 个请求源泊松请求流的影响，它拥有一台服务设备，并根据指数定律分配的随机时间提供服务。

“控制站操作员－无人机”系统结构如图3－1所示。

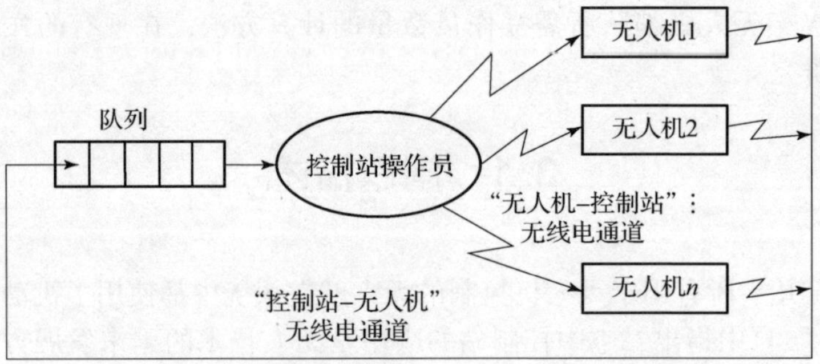

图3－1 “控制站操作员－无人机”系统结构

图3－1中，“控制站操作员”单元通过自动化工作站和“无人机－控制站”指令无线电线路设备处理进入的无人机控制请求。“无人机 $i(i=1,2,\cdots,n)$”单元包括飞行中的无人机和“控制站－无人机”指令无线电线路的机载部分。“队列”单元是自动工作站的硬件和软件，用于储存输入的无人机控制请求并将其发送给控制站操作员。

系统随时可能处于以下状态集合：

E_0——操作员空闲，因为没有收到无人机请求；

E_1——操作员忙于处理 1 架无人机发出的请求；

E_2——收到 2 架无人机的请求，操作员正在处理其中 1 架无人机的请求，另一架无人机的请求排队等候。

⋮

E_n——收到所有无人机的请求，操作员正在处理其中 1 架无人机的请求，其他请求排队等候。

状态 E_0，E_1，E_2，…，E_n 的关系图如图 3－2 所示[11]。

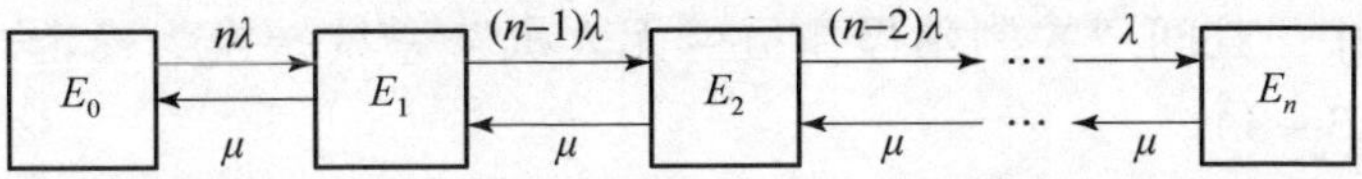

图 3－2　状态 E_0，E_1，E_2，…，E_n 的关系图

图 3－2 中的参数 λ 为服务 1 架无人机的请求流密度，μ 为请求控制站操作员服务的密度。同时假设系统中包含的所有无人机是同一类型的，而其服务强度不取决于排队的请求数量。

对 $t \in [0, T]$（其中 T 为该无人机编队的作业时间）时刻系统处于状态 $E_i(i=0,1,\cdots,n)$ 的概率 $p_i(t)$ 进行分析。

根据图 3－2 建立的描述这些概率变化动态的微分方程组如下[10]：

$$\begin{cases} \dot{p}_0 = -n\lambda p_0(t) + \mu p_1(t) \\ \dot{p}_1 = -[(n-1)\lambda + \mu]p_1(t) + n\lambda p_0(t) + \mu p_2(t) \\ \dot{p}_2 = -[(n-2)\lambda + \mu]p_2(t) + (n-1)\lambda p_1(t) + \mu p_3(t) \\ \vdots \\ \dot{p}_i = -[(n-i)\lambda + \mu]p_i(t) + (n-i+1)\lambda p_{i-1}(t) + \mu p_{i+1}(t) \\ \vdots \\ \dot{p}_n = -np_n(t) + \lambda p_{n-1}(t) \end{cases} \tag{3.1}$$

该方程组的初始条件为

$$p_0(0) = 1, \quad p_i(0) = 0, \quad i = 1, 2, \cdots, n \tag{3.2}$$

通过求解科西问题式（3.1）、式（3.2）得到的概率 $p_i(t)$ 应满足条件：

$$\sum_{i=0}^{n} p_i(t) = 1, \quad t \in [0, T] \tag{3.3}$$

这意味着，系统在任何时刻都应处于状态 $E_i(i=1,2,\cdots,n)$ 中。

该系统可能有以下作用模式：

（1）用数学模型式（3.1）~式（3.3）描述的不稳定模式；

（2）表征全部导数 $\dot{p}_i(t)=0$ 和 $\lim\limits_{t\to\infty}p_i(t)=p_i^*(i=0,1,\cdots,n)$ 的稳定模式。

通过将式（3.1）的左边部分归零并将 $p_i(t)$ 替换成 $p_i^*(i=0,1,\cdots,n)$，可得到第二种模式的数学模型。式（3.3）中进行类似的替换。

运用这个模型，则状态未知概率的稳定值 p_i^* 可用下式计算[11]：

$$p_1^*=n\rho p_0^*,\quad p_2^*=n(n-1)\rho^2p_0^*,\quad \cdots,\quad p_n^*=n!\ \rho^n p_0^* \tag{3.4}$$

式中 $\rho=(\lambda/\mu)$——系统的负荷系数。概率 p_0^* 根据下式确定：

$$p_0^*=[1+n\rho+n(n-1)\rho^2+\cdots+n!\ \rho^n]^{-1} \tag{3.5}$$

我们注意到，式（3.4）和式（3.5）可能应用于一种情况，即无人机长时间位于空中，其间“控制站操作员－无人机”系统转换为稳定（固定）作用模式（图3－3）。

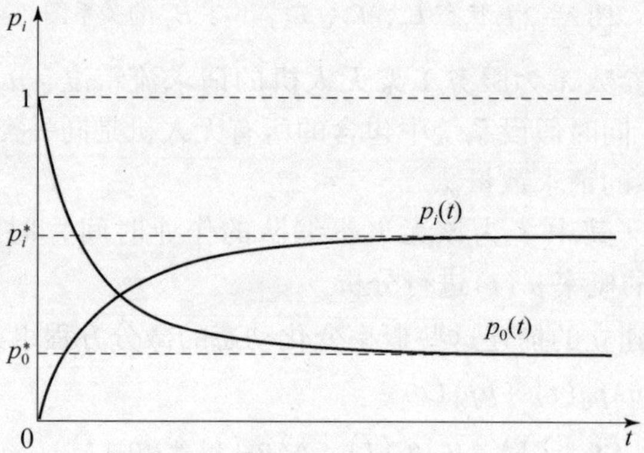

图3－3 状态未知概率稳定值 p_i^* 和概率 p_0^* 的应用

该模型在实际应用时，必须设置合适的 n 值，根据相关的统计数据确定参数 λ 和 μ，求解问题式（3.1）~式（3.3），并确定系统过渡到稳定作用模式的时间估计值。如果这个估计值远少于无人机编队的作业时间 T，那么可以通过式（3.4）和式（3.5）开展进一步研究和进行“控制站操作员－无人机”系统优化。

由于控制站操作员在控制过程中可能出现错误，对此需要为空中无人机提供二次服务。

为了考虑操作员在既定作用模式下的工作特征，可以使用文献［11］中描述的大众服务系统形式（带有“误差”和“急速”服务设备）。

假设，来自无人机的每个请求全部由操作员以某概率（$0\leqslant q\leqslant 1$）进行处理。

根据图3-1，在一般情况下，正确服务无人机的概率值计算方式如下：

$$q = q_{o} + q_{a} - q_{o}q_{a} \tag{3.6}$$

式中　q_o——操作员作出正确决策的概率；

q_a——无线电通道设备在与无人机进行信息交换的过程中无故障运行的概率。

求解式（3.6）时，使用了著名的联合随机事件概率加法定理[14,34]。

具有“误差”的封闭性大众服务系统的特点在于，每个概率为 $1-q$ 的待处理服务请求都在排队等候，这会增加系统的负荷。

具有“误差”的系统状态关系图如图3-4所示。

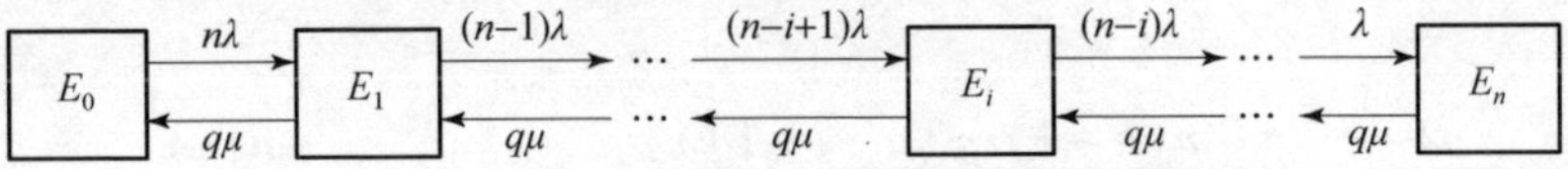

图3-4　具有“误差”的系统状态关系图

文献［11］中指出，在这种大众服务系统中，误差的存在导致请求的服务强度减少了 q 值。后者的意思是，为了描述该系统的运行情况，式（3.1）、式（3.4）和式（3.5）中的参数 μ 必须替换成乘积 $q\mu$，其中的 q 可根据式（3.6）计算出。

在缺乏时间的系统中，系统的工作模式是一个非常重要的因素，队列长度增加会导致服务设备（控制站操作员）开始“着急”处理请求。

这样做会导致请求服务的强度和操作员作出错误决策的概率增加。

假设有 r 架无人机排队等待控制操作员处理。$\mu(r)$ 和 $q(r)$ 分别表示当队列中存在 r 个请求时请求处理强度和作出错误决策的概率。

在这种情况下，服务过程的强度为

$$\bar{\mu}(r) = \mu(r)q(r), \quad r = 0,1,\cdots,n-1 \tag{3.7}$$

该表达式是离散变量 r 的函数。

控制操作员在“匆忙”和失误的情况下，无人机请求服务过程的状态关系图如图3-5所示。

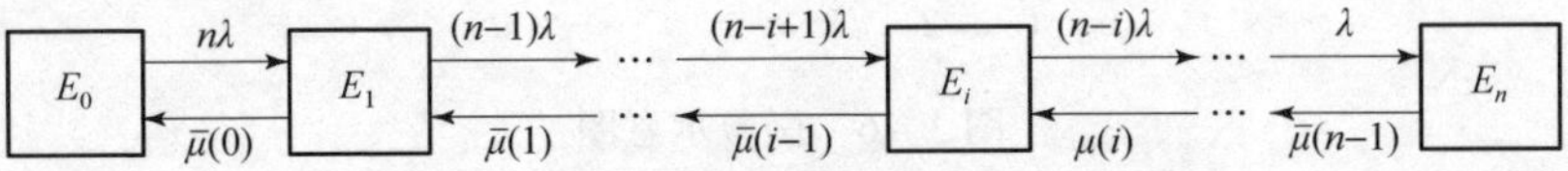

图3-5　无人机请求服务过程的状态关系图

将式（3.4）和式（3.5）进行转换，考虑到：

$$\bar{\rho}(r) = \frac{\lambda}{\bar{\mu}(r)}, \quad r = 0,1,\cdots,n-1$$

得出下式用于计算状态 E_0，E_1，E_2，…，E_n 的稳定概率值：

$$\begin{cases} \bar{\rho}_1 = \dfrac{n\lambda}{\bar{\mu}(0)}\bar{p}(0) \\ \vdots \\ \bar{\rho}_i = \dfrac{n(n-1)\cdots(n-i+1)\lambda^i}{\bar{\mu}(0)\bar{\mu}(1)\cdots\bar{\mu}(i-1)}\bar{p}_0 \\ \vdots \\ \bar{\rho}_n = \dfrac{n(n-1)\cdots 2\lambda^n}{\bar{\mu}(0)\bar{\mu}(1)\cdots\bar{\mu}(n-1)}\bar{p}_0 \end{cases}$$

其中：

$$\bar{p}_0 = \left[1 + \frac{n\lambda}{\bar{\mu}(0)} + \cdots + \frac{n(n-1)\cdots(n-i+1)\lambda^i}{\bar{\mu}(0)\bar{\mu}(1)\cdots\bar{\mu}(i-1)} + \cdots + \frac{n!\,\lambda^n}{\bar{\mu}(0)\bar{\mu}(1)\cdots\bar{\mu}(n-1)}\right]^{-1}$$

这里，关系式 $\bar{\mu}(r)$ 可根据式（3.7）求出。

我们将对 $\mu(r)$ 和 $q(r)$ 的可能形式进行分析，这在文献［11］中没有提及。按基本性来说，这些函数可使用含离散变量的单调关系式描述，并且当队列长度值 r 较大时，其值应显著增大[$\mu(r)$]和减少[$q(r)$]。这些函数的示意图，如图 3－6 所示。

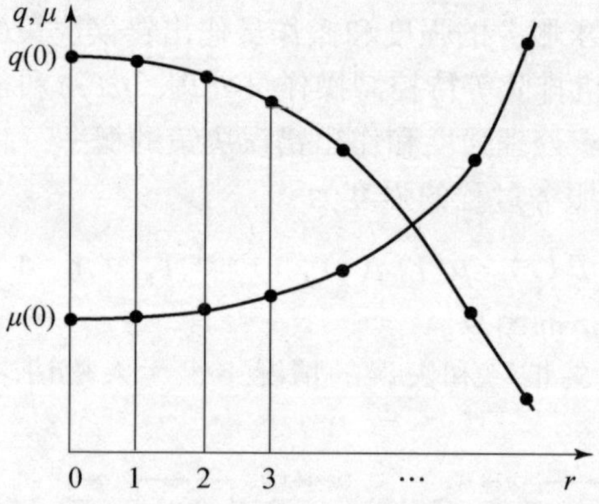

图 3－6　函数示意图

显然，当 n 值较小时，这些函数可以用线性关系式描述，其参数利用人因工程学方法确定[35]。

解决稳定作用模式下“控制站操作员－无人机”系统的分析问题时，建议使用下列效能特征[11]：

(1) 控制站操作员在当前时刻忙于处理请求的概率，可根据下式求出：

$$P_z = 1 - p_0 \tag{3.8}$$

(2) 系统的绝对通过能力：

$$A = (1 - p_0)\mu \tag{3.9}$$

(3) 当前时刻需要服务的无人机的平均数量：

$$\bar{W} = n - \frac{1 - p_0}{\rho} \tag{3.10}$$

(4) 等待操作员处理的无人机的平均数量（平均队列长度）：

$$\bar{r} = n - \frac{(1 - p_0)(1 + \rho)}{\rho} \tag{3.11}$$

(5) 无人机等待控制站操作员服务的期望系数：

$$K = \frac{\bar{r}}{n} \tag{3.12}$$

为了对系统工作进行分析，必须利用已有参数值 n、λ 和控制站操作员的请求处理强度值 μ、$\bar{\mu}(r)$，其中 $r = 0, 1, \cdots, n-1$，求出效率指标值[式（3.8）~式（3.12）]。为此，计算两种系统运行方案的效率指标：

- 控制站操作员做出正确的决策（$q_{op} = 1$），且“控制站操作员－无人机”指令无线电线路无故障运行（$q_{ark} = 1$）；
- 在出现很长的请求队列时，操作员存在失误并且加快工作。

需注意的是，分析无人机数量不同的系统时，需使用根据式（3.12）计算的系数值 K。

在进行分析计算时，建议使用固定参数值 λ，并在系统动态和稳定运行模式下更改参数值 n 和 μ。

我们注意到，在开发上述方法时，必须使用更复杂的大众服务系统[10]和数学统计方法[14]，以估算无人机编队的输入请求流及其服务时间。

3.3　中短航时无人机编队控制操作员的数量优化

假设对于中短航时的无人机编队，“控制站操作员－无人机”系统在不稳定（动态）模式下运行。

在固定参数值 λ 和 μ 下，我们将对由一位操作员控制的无人机编队的最佳数量 $n_0 \leqslant N$ 选择问题进行分析。

当“控制站操作员 - 无人机”系统在动态模式［使用式（3.1）~式（3.3）描述］下运行时，根据文献［36］的分类，该系统属于不稳定服务系统。

值得一提的是，文献［36］并未对封闭性不稳定服务系统的优化问题进行研究。

假设$(0,T)$是由 n 架无人机组成的无人机编队作业的时间区间。根据文献［36］中的方法，使用下列表达式作为参数选择最优准则：

$$\bar{\rho}(n) = \frac{1}{T}\oint_0^T p_0(t,n)\,\mathrm{d}t \rightarrow \min \tag{3.13}$$

$$\bar{r}(n) = \max_{0\leqslant t\leqslant T}\sum_{i=1}^{n} ip_i(t,n) \rightarrow \min \tag{3.14}$$

其中，第一个准则确定控制站操作员无须服务空中无人机的时间平均概率，第二个准则表示在时间区间（0，T）内无人机服务队列的平均最大长度。

式（3.13）和式（3.14）中的函数 $p_i(t,n)(i=0,1,\cdots,n)$是微分方程组（3.1)的解，该解是在一名操作员控制的无人机数量 n 固定的情况下，根据式（3.2）和式（3.3）计算得出的。

式（3.13)、式（3.14）和式（3.1）~式（3.3）是动态系统最优控制的双准则问题[36]，该问题将微分方程组（3.1）右部包含的未知参数 n 作为控制。

该问题通过下列方式进行表述：“需要确定离散控制参数值 $n_0 \in (2,3,\cdots,N)$，该参数在满足式（3.1）~式（3.3）的情况下使目标函数式（3.13)、式（3.14）为最小值。”

为了求出该问题的帕累托最优解，使其准则的线性卷积[12]最小化：

$$L(\alpha,n) = \alpha\,\bar{p}_0(n) + (1-\alpha)\,\bar{r}(n) \rightarrow \min_n \tag{3.15}$$

式中　$\alpha \in (0,1)$——卷积参数。

该函数存在最小值是因为，对于任意值 $\alpha \in$（0，1），随着值 n 的增大，第一个加数减小，第二个加数增大。

为了解决这个问题，将模型式（3.1）~式（3.3）变形。

式（3.3）可写为

$$p_n(t) = 1 - \sum_{i=0}^{n-1} p_i(t) \tag{3.16}$$

然后，去掉方程组（3.1）的最后一个方程，在其剩下的方程组中用该等式的右部替代概率 p_n。

在这种情况下，式（3.1）和式（3.2）可写为

$$\begin{cases}\dot{\bar{p}}_0 = -n\lambda p_0 + \mu p_1 \\ \dot{\bar{p}}_1 = -[(n-1)\lambda + \mu]p_1 + n\lambda p_0 + \mu p_2 \\ \vdots \\ \dot{\bar{p}}_i = -[(n-i)\lambda + \mu]p_i + (n-i+1)\lambda p_{i-1} + \mu p_{i+1} \\ \vdots \\ \dot{\bar{p}}_{n-1} = -(\lambda + \mu)p_{n-1} + 2\lambda p_{n-2} + \mu\left(1 - \sum_{i=0}^{n-1} p_i(t)\right)\end{cases} \tag{3.17}$$

$$p_0(0) = 1,\quad p_i(0) = 0,\quad i = 1,2,\cdots,n-1 \tag{3.18}$$

我们注意到，在参数值 n 固定的情况下，可使用一种数值法，如欧拉方法，来解决科西问题[3]。

与此类似，根据其求解结果，使用其中一种数值法（矩形法、梯形法）计算出式（3.13）中的积分[40]。

对于每个固定值 $\alpha \in (0, 1)$，通过依次增大值 $n \geqslant 2$ 直至满足式（3.15）的最小值条件，求取值 n_0：

$$L(\alpha, n_0 - 1) < L(\alpha, n_0) < L(\alpha, n_0 + 1),\quad \alpha \in (0,1) \tag{3.19}$$

同时，值 α 以一定的间距 h 变化。考虑到这些特点，建议使用下列算法求解问题式（3.13）、式（3.14）和式（3.16）~式（3.18）：

（1）输入值 h、μ、T。

（2）假设 $\alpha = \alpha_{\min} > 0$。

（3）假设 $n = 2$。

（4）科西问题式（3.17）、式（3.18）在时间区间 $(0, T)$ 内的数值解。

（5）当 $t \in (0, T)$ 时，根据式（3.16）计算函数 $p_n(t)$ 的值。

（6）数值计算目标函数式（3.13）和式（3.14）的值。

（7）利用式（3.15）计算函数 $L(\alpha, n)$ 的值。

（8）假设 $n = n + 1$ 并跳转至第（4）步。

（9）验证是否满足式（3.19）条件。若满足条件，输出值 α、n_0、$\bar{p}(n_0)$、$\bar{r}(n_0)$ 并跳转至第（10）步。若不满足条件，则返回第（8）步。

（10）假设 $\alpha = \alpha + h$ 并跳转至第（3）步，直到 $\alpha \leqslant \alpha_{\max} < 1$。反之，则结束算法。

在这个算法中，$[\alpha_{\min},\alpha_{\max}]\subset(0,1)$是间距为 h 的卷积参数 α 的变化区间。

步骤（9）中得到的帕累托最优解以表格和图片形式发送给决策者，以便从具体控制站的角度出发，选择由一位控制站操作员控制 n_0 架无人机。

在形式上，该问题的唯一解 n_0 可以基于所构建的帕累托最优解集，使用“理想点”方法（在文献［4］中有提及）求出：

$$R=\sqrt{\left(\frac{\bar{p}_0-\bar{p}_i}{\bar{p}_0^{-\max}}\right)^2+\left(\frac{\bar{r}-\bar{r}_i}{\bar{r}^{\max}}\right)^2}\quad\rightarrow\min \tag{3.20}$$

在这个问题中，可以使用点$(\bar{p}_i,\bar{r}_i)=(0,0)$作为“理想点”。

在根据下式计算由 N 架无人机组成的编队的控制操作员最佳数量时，可以使用决策者选择的或通过求解问题式（3.20）得到的 n_0：

$$m_{\text{o}}=\left[\frac{N}{n_0}\right] \tag{3.21}$$

3.4 长航时无人机编队控制操作员的数量优化

无人机编队航行（作业）时间 T 较长时，“控制站操作员 - 无人机”系统在稳定模式下运行。假设这些模式用式（3.4）、式（3.5）和式（3.8）~式（3.12）描述。

在固定参数值 λ 和 μ 下，求解“控制站操作员 - 无人机”系统稳定运行时的值 $n_0\in(2,3,\cdots,N)$。

n_0 的最优值要使系统的绝对通过能力［式（3.9）］达到最大值，并使无人机平均队列长度［式（3.11）］达到最小值。

在形式上，“控制站操作员 - 无人机”系统的这些相互矛盾的要求可用下列双准则离散优化问题表示：

$$\begin{cases}A(n)\rightarrow\max\limits_n\\ \bar{r}\ (n)\rightarrow\min\limits_n\\ n\in(2,3,\cdots,N)\end{cases} \tag{3.22}$$

其中，目标函数可具化为式（3.9）和式（3.11）。

对式（3.9）的分析表明，当操作员无须处理 n 架无人机请求的概率值 p_0 最小时，A 将达到最大值。

这时，问题式（3.22）可写作以下形式：

$$p_0(n) \to \min_n \tag{3.23}$$

$$\bar{r}(n) \to \min_n \tag{3.24}$$

$$n \in (2,3,\cdots,N) \tag{3.25}$$

其中，目标函数式（3.23）可通过式（3.5）求出。

由式（3.5）和式（3.11）可知，准则式（3.23）和式（3.24）相互矛盾，因为随着 n 的增大，概率 p_0 减小，而平均队列长度 $\bar{r}$ 增大。问题式（3.23）~式（3.25）的目标函数定性行为如图 3－7 所示。

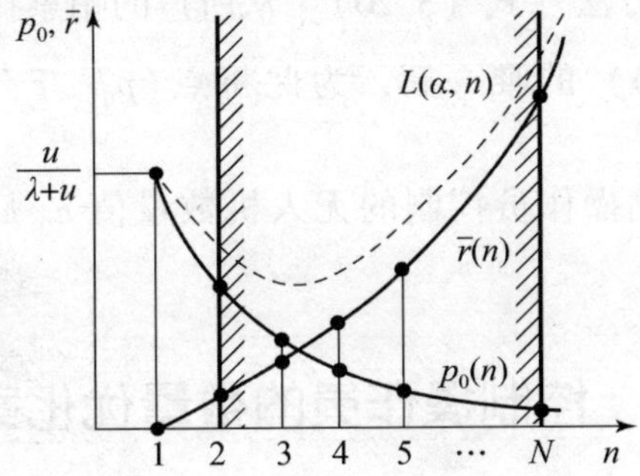

图 3－7　目标函数定性行为

该问题的帕累托最优解将通过单一准则参数优化问题的多倍解求出：

$$L(\alpha,n) = \alpha p_0(n) + (1-\alpha)\,\bar{r}(n) \to \min_n \tag{3.26}$$

$$n \in (2,3,\cdots,N) \tag{3.27}$$

卷积函数式（3.26）存在最小值，如图 3－7 所示。

为了进行相应的计算，我们将问题式（3.23）~式（3.25）中的关系式 $p_0(n)$ 和 $\bar{r}(n)$ 具体化。

式（3.5）一般可表示为

$$p_0(n) = \frac{1}{1 + \sum_{k=1}^{n} \frac{n!\rho^k}{(n-k)!}} \tag{3.28}$$

将所得结果代入式（3.11）中，得到：

$$\bar{r}(n) = n - \frac{1+\rho}{\rho}\left[1 - \frac{1}{1 + \sum_{k=1}^{n} \frac{n!\rho^k}{(n-k)!}}\right]$$

进行简单的转换，可以得到准则式（3.24）的最终表达式：

$$\bar{r}(n) = n - \frac{1+\rho}{\rho}\left[1 - \frac{\sum_{k=1}^{n} \frac{n!\rho^k}{(n-k)!}}{1 + \sum_{k=1}^{n} \frac{n!\rho^k}{(n-k)!}}\right] \tag{3.29}$$

由于这些表达式中包含了未知变量 n 的阶乘，且 n 为较小实数值，因此当参数 α 固定时，可通过直接枚举法求解该问题。可根据约束条件［式（3.27）］确定 n 的可能取值范围，逐一代入取值，直至满足式（3.19）。

通过更换给定步长的参数值 α 得出的无人机数量帕累托最优方案，以及相应的目标函数值 p_0 和 $\bar{r}$，将发送给决策者，用于选择实际值 n_0。作为补充，可以使用“理想点”方法［式（3.20）］从所得的帕累托最优解集中找出问题式（3.23）~式（3.25）的唯一解，为此将点 $(p_0^*, \bar{r}^*) = (0,0)$ 作为“理想点”。

得出由一名控制站操作员控制的无人机数量值 n_0 后，可根据式（3.21）计算其最优数量。

3.5　控制操作员的数量优化案例

本节将举例说明上述无人机编队控制操作员数量优化方法[5]。

例 3.1

为了确定无人机请求流及其服务流的强度，可使用下列表达式[11]：

$$\lambda = \frac{1}{T_1},\quad \mu = \frac{1}{T_2}$$

式中　T_1——完成自动程序飞行的无人机在控制过程中需要控制站操作员干预的平均时间；

T_2——空中无人机一次控制的平均时间。

这些数值可以通过计算或试验方式得到。比如，对于一种类型的无人机，根据靶场试验和使用的结果可知，平均每隔 $T_1 = 12\text{min}$ 空中无人机需要机动地面控制站控制操作员的干预。同时，操作员对出现的情况进行分析、作出决策和实施决策的平均时间 $T_1 = 1.5\text{min}$。

当这些特征值不同并且由一位操作员同时控制 $n = 2$，4，6 架无人机时，对式（3.1）~式（3.3）的特性进行研究，如图 3－8 所示。

当方案的初始数据如图 3－8（e）所示时，该系统过渡到稳定模式的飞行时间及此时系统中无人机控制的平均请求数如表 3－1 所列。

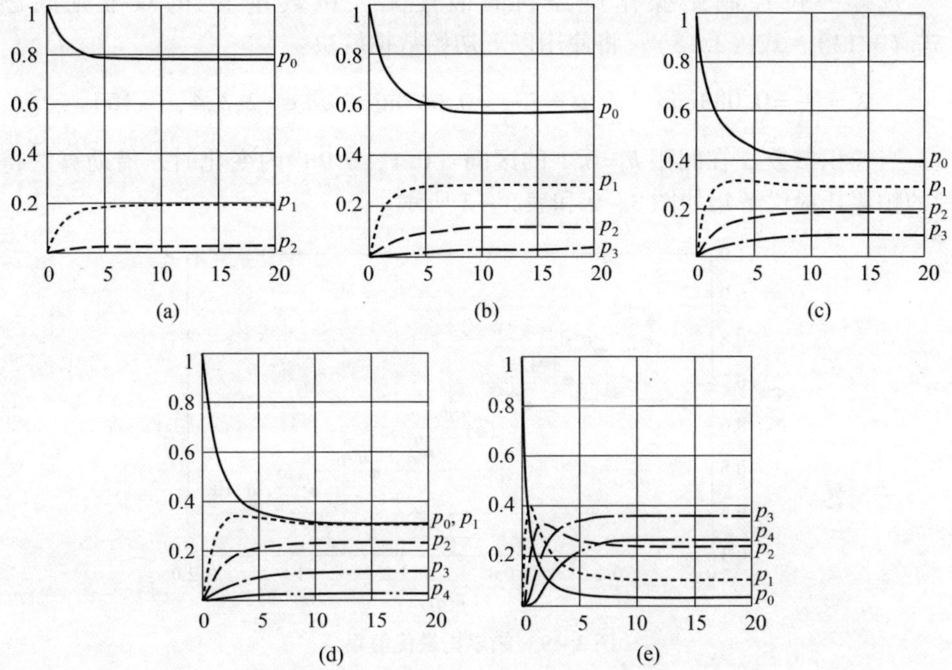

图 3-8　式（3.1）~式（3.3）的特性

（a）$n=2$，$T_1=12\text{min}$，$T_2=1.5\text{min}$；（b）$n=4$，$T_1=12\text{min}$，$T_2=1.5\text{min}$；
（c）$n=6$，$T_1=12\text{min}$，$T_2=1.5\text{min}$；（d）$n=4$，$T_1=6\text{min}$，$T_2=1.5\text{min}$；
（e）$n=4$，$T_1=2\text{min}$，$T_2=1.5\text{min}$。

表 3-1　无人机控制的平均请求数

系统中的平均请求数	系统进入稳态工作模式的时间/min
0	0
1	0.7
2	1.8
3	10.3
4	12.4

当操作时间 $T=5\text{min}21\text{s}$ 时，确定编队控制操作员的最佳数量。

根据图 3-8（b）和图 3-8（c），假设“控制站操作员-无人机”系统在时间区间$[0,T]$内稳定运行。

选择一位控制站操作员控制的最佳无人机数量 n_0 的双准则问题［式（3.13）~式（3.18）］将使用以下初始数据解决：

$$\lambda=\frac{1}{12}=0.083\text{min}^{-1},\quad \mu=\frac{1}{1.5}=0.667\text{min}^{-1},n\in(2,3,4,\cdots,10)$$

当卷积参数 α 在间距 $h=0.1$ 的区间［0.1，0.9］内变化时，借助算法得到的帕累托最优解集如图 3－9 和表 3－2 所示。

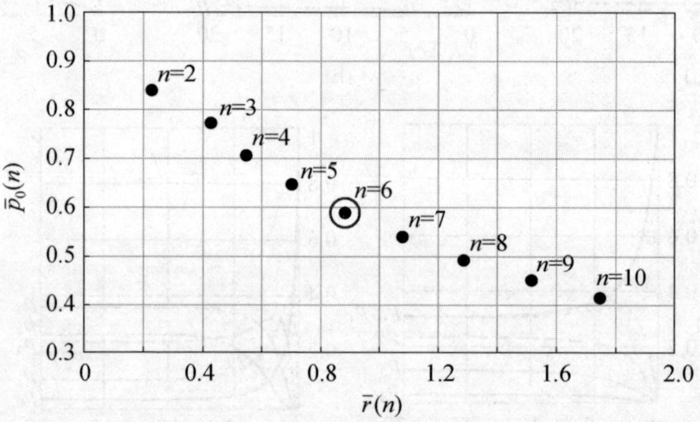

图 3－9　帕累托最优解集

表 3－2　帕累托最优解集

操作员控制的无人机数量 n	操作员空闲的概率 $\bar{p}_0(n)$	无人机队列的平均长度 $\bar{r}(n)$
2	0.842	0.231
3	0.771	0.424
4	0.705	0.542
5	0.645	0.700
6	**0.585**	**0.88**
7	0.539	1.076
8	0.493	1.286
9	0.451	1.509
10	0.414	1.744

根据这个集合，使用“理想点”方法可以得到唯一解：

$$n=6,\quad \bar{p}_0(6)=0.585,\quad \bar{r}(6)=0.88$$

这意味着，当操作员在每个时刻的空闲概率为0.585，且等待处理的无人机队列的平均长度为0.88时，由一位控制站操作员控制的无人机的最佳数量是6架。

由此，根据式（3.21），为了在 $T=5\text{min}21\text{s}$ 内使用 $N=10$ 架无人机组成的编队进行作业，需要的控制操作员数量如下：

$$m_{\text{op}}=\left[\frac{10}{6}\right]=[1.666]=2(\text{名})$$

例3.2

当“控制站操作员－无人机”系统在稳定模式下运行时，求操作员数量优化问题。其初始数据和例3.1的初始数据相同，运行时间为 $T=16\text{min}0.3\text{s}$。

使用式（3.28）和式（3.29），则问题式（3.23）~式（3.25）可具体化为

$$p_0(n)=\frac{1}{1+n!\sum_{k=1}^{n}\frac{0.125^k}{(n-k)!}}\rightarrow\min_n \tag{3.30}$$

$$\bar{r}(n)=n-9\left[\frac{n!\sum_{k=1}^{n}\frac{0.125^k}{(n-K)!}}{1+n!\sum_{k=1}^{n}\frac{0.125^k}{(n-k)!}}\right]\rightarrow\min_n \tag{3.31}$$

$$n\in(2,3,\cdots,10) \tag{3.32}$$

为了研究这个问题的特性，我们绘制了式（3.30）和式（3.31）与无人机数量 n 的表格，这些无人机由一位控制站操作员控制，$n\in(1,2,3,\cdots,10)$。

由图3－10可知，随着 n 的增加，概率 $p_0(n)$ 几乎呈线性减小，而无人机队列的平均长度 $\bar{r}(n)$ 增加。对于这种初始数据，只有在 $n\geqslant8$ 时，才可以在队列中找到一架以上的无人机，而这些曲线的交点分布在区间［5，6］内。

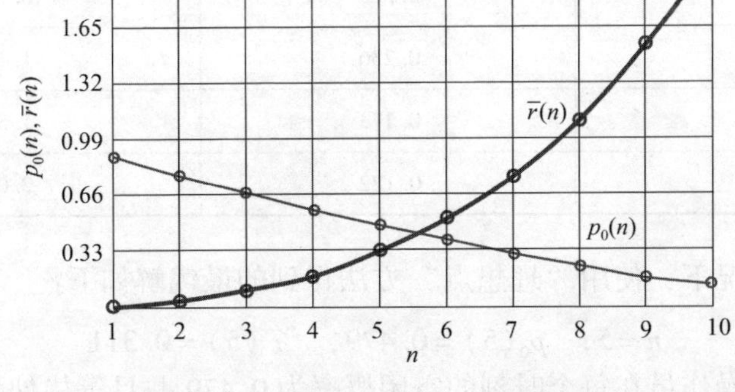

图3－10　无人机数量 n 与队列平均长度 $\bar{r}(n)$ 和概率 $p_0(n)$ 的关系图

当卷积参数 $\alpha \in (0,1)$ 的值在 0.1 ~ 0.9（间距 0.1）的范围内变化时，通过将问题式（3.30）~ 式（3.32）简化为式（3.26）、式（3.27），可以得到帕累托最优解集，如图 3－11 和表 3－3 所示。

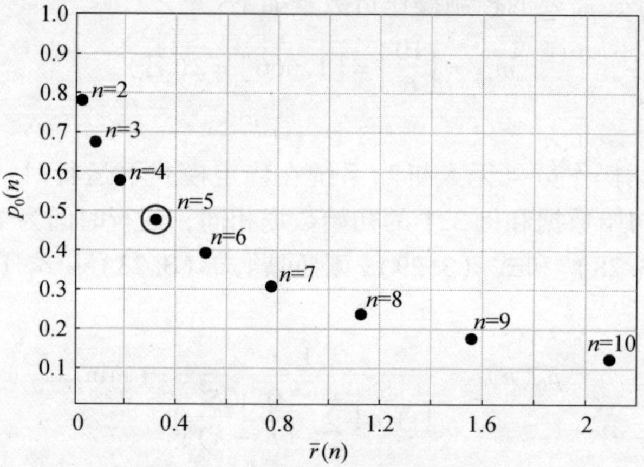

图 3－11　帕累托最优解集示意图

表 3－3　帕累托最优解集

一位操作员控制的无人机数量 n	操作员的空闲概率 $p_0(n)$	无人机的平均队列长度 $\bar{r}(n)$
2	0.78	0.024
3	0.675	0.079
4	0.575	0.172
5	**0.479**	**0.311**
6	0.39	0.508
7	0.308	0.773
8	0.236	1.120
9	0.173	1.558
10	0.122	2.095

在这种情况下，使用“理想点”方法得到的最优解如下：

$$n=5,\quad p_0(5)=0.479,\quad \bar{r}(5)=0.311$$

这意味着，当操作员在每个时刻的空闲概率为 0.479 并且等待处理的无人机平均队列长度为 0.311 时，由一位控制站操作员控制的无人机最佳数量为 5 架。

根据式（3.21），在 $T = 16\text{min}0.3\text{s}$ 内控制 $N = 10$ 架无人机编队所需的操作员数量为

$$m_{\text{op}} = \left[\frac{10}{5}\right] = 2(\text{名})$$

总之，本章的问题可以看作解决大型无人机编队所需的控制操作员数量和最优数量问题的第一步。未来，随着无人机智能控制方法和工具的广泛发展，还将需要其他计算此类专业人员数量的方法。

第4章 无人机编队的后勤保障

大型无人机编队应用的后勤保障问题是现代无人航空技术有效应用的未解难题之一[2]。主要原因在于，先前的军用和民用无人机编队基本只有 1 架或 2 架无人机同时飞行。

我们发现，本章研究的问题在已有文献中几乎没有提到。文献［2］在无人机有效使用理论的框架内提到了无人机的一些后勤保障问题。

毫无疑问，无人机在编队应用中的后勤保障问题有待进一步研究，以便为物流计算自动化系统的研究人员开发具体的算法，以及为无人航空分队的相关人员制定实际应用方法。

4.1 无人机编队后勤保障的定义和基本原则

现今，术语“后勤”开始广泛应用于不同的社会组织活动领域[37]。“无人机后勤保障”概念也随之出现了，这个概念是指使用无人机向需用部门运送各种货物，这可以说是一个非常特殊的后勤问题。

现有大量专著、教材和文章对这个知识领域进行了解释说明，如关于物资和信息流组织运动过程的通用科学。根据文献［37］，我们将简要介绍后勤的特征。

组织经济科学中的术语“后勤”源于法语的一个单词“loger”（部署、营房分配），在军事术语中是指军用物资的运输、贮存和分配，以及军事单位的部署和营房分配。

现在，术语“后勤”被广泛应用，定义了原材料、材料、生产资料、劳动资源、财政资源和成品从其源头向消费者流动的理论和实践。

1974 年，相关文献和实践中给出了后勤的定义：后勤是规划、管理和监控不同系统中的物资、信息和财政资源流动的科学。

尽管后勤有着深远的历史渊源，但它仍是一门相当年轻的科学。它在第二次世界大战期间得到了蓬勃发展，当时被用于解决国防工业、后勤、供应基地和运输业的战略和精准协作任务，以便及时向盟军提供武器、燃料和食品。渐渐地，物流的概念和方法开始从军事领域转向民用领域，一开始是作为合理控制流通领域中物资流运动的新科学方向，然后被应用到生产领域。

20 世纪末，后勤成为一门包括采购物流、供应物流、生产过程物流、销售或分配物流、运输物流、信息或计算机物流等一系列物流的学科。

后勤的对象是系统中全部物资和非物资流的综合管理。

在组织系统管理中，后勤是指生产和消费过程中物资货物运输问题的系统（综合）方法。后勤系统一般应包含和协调产品的生产、采购和分配过程，它也是产品的战略计划和预测的基础。

后勤保障活动基于以下 3 个基本要素来组织的：

- 技术设备是跟踪物资流的全部技术手段和设备的总称；
- 信息是系统中物资和非物资流运输的统计和动态信息的统称；
- 组织（企业）的基础设施。

因此，一般情况下，后勤领域中的专家应善于根据后勤的经典规则计划和控制生产销售过程，这些规则是指按照前面提到的要素以及所交付产品的名称、质量、数量、时间、地点和价格交付产品。

由后勤的上述特征可知，将这种科学方法应用到无人航空分队等组织系统中，需要对确保这些系统有效运行的后勤问题进行具体分析。

我们给无人机编队后勤下了一个定义。

这个定义包括做出有效组织和控制决策的任务和方法，以确保无人机编队在行动过程中的有效运行。

无人机编队的主要后勤任务如图 4－1 所示。

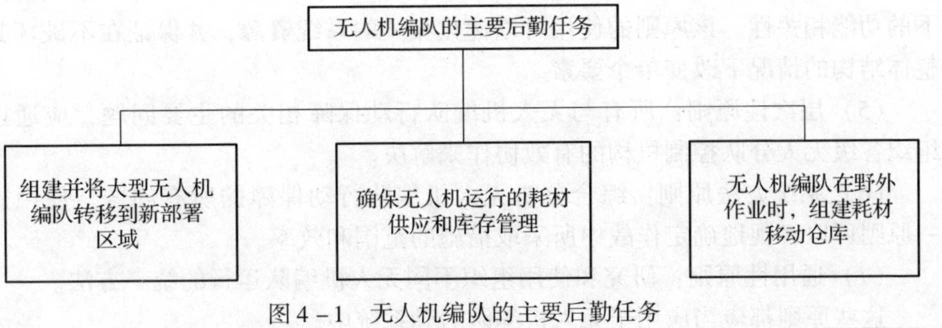

图 4－1　无人机编队的主要后勤任务

需指出的是，与企业和组织的一般后勤保障不同，无人机编队的后勤保障不包括生产过程，也不包括信息后勤。后者是无人机编队自动化控制系统的研制和使用对象，其任务包括无人机编队的上述物流任务。同时，为了保障无人机编队人员的生命安全，可以使用现有的军事物流方法和设备[38]。

我们将借助本书介绍无人机编队后勤保障的基本原则。

在现代的解释中，军事后勤就是不间断地为作战部队提供弹药、军事装备、制服、食品、医药和燃油并控制其转移的系统，确保部队在军事行动中取得胜利。

军事后勤系统是规模最大的系统之一，汇聚了所有的典型问题：

- 层次性；
- 地域分支性；
- 名录繁多；
- 武器和军事技术装备备件的成本高。

考虑到后勤系统要求的矛盾性，这些问题在遵循部队保障原则的情况下可以实现，这些原则可分为主要原则（及时性、完备性和可靠性原则）和附加原则（稳定性原则、信息安全性原则、经济性原则、完整性原则、层次性原则、系统方法原则、通用性原则）。

我们将这些原则应用于无人机编队的后勤保障中。

（1）及时性、完备性和可靠性原则：这些原则要求通过有保障的供应机制，根据无人机作战编队的实际需要，在规定时限内为其提供保障。这些原则的应用是无人机完成指定任务的必要充分条件。

（2）稳定性原则：该原则要求，物流系统为无人机编队提供相应的资源，并且要求可能出现的故障导致的损失最小。

（3）经济性原则：该原则主要体现在寻找使用较低成本完成物流任务的方法上。

（4）完整性原则：无人机编队的后勤系统要素在其内部结构不相关情况下的功能相关性。该原则的使用可以优化相关的系统资源，并保证在不破坏其整体结构的情况下改变单个要素。

（5）层次性原则：所有与无人机编队行动保障相关的主要问题，应通过组织各级无人分队控制机构的有效协作来解决。

（6）系统方法原则：综合分析无人机编队行动保障的所有问题。使用这一原则可以客观地确定作战中所采取措施的范围和效率。

（7）通用性原则：研究和使用组织不同无人机编队运行的统一方法。

这些原则都应当应用于无人机编队后勤系统中。

4.2　无人机编队的转场组织问题

在规划未来战争（使用 N 架无人机，见第 2 章）的过程中，必须组建无人作战部队，并将其转移到作战行动区域。

假设这些部队的主要组织单元是无人航空兵大队，由一定数量的无人航空系统组成。我们注意到，为了加强相应无人航空兵大队使用的无人机编队，可以从其他分队中补充额外的无人航空系统。因此，未来我们将无人航空系统看作移动式无人航空兵大队不可分割的一部分。

下面我们将分析无人航空系统的最优转场问题，其地面组件包括机动式地面控制站、机动式发射装置、运输装填车辆、加油车、修理和技术保养车辆[2]。

无人航空系统远距离转场时，可以合理使用连接原部署区域和新部署区域的公路。无人航空系统组件以大于崎岖地面行驶速度的速度在公路上运动，这能够缩短无人机编队作战准备的总时间。

公路转移无人航空系统的战术要求见下文[2]。

转移基地的无人航空系统以最大可能的速度纵队行进。如图 4－2 所示，一开始由于运动速度和条件的关系，各组件（如机动式地面控制站、机动控制站、装弹运输车、加油车及修理和技术保养车）间距可能为 25～50m 甚至更大。

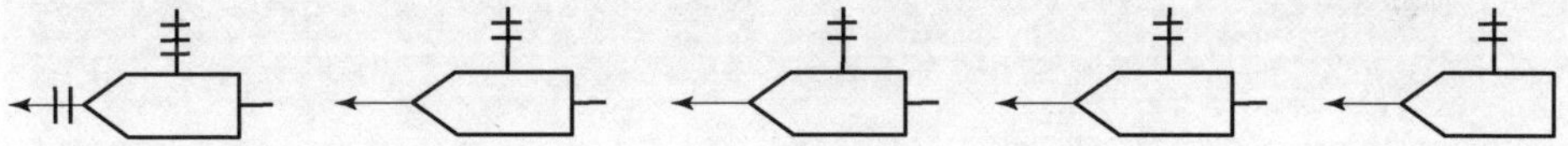

图 4－2　无人航空系统基地转移示意图

纵队的平均移动速度取决于一天行进距离与行进总时间（不包括休息时间）的比。无人航空系统汽车纵队的平均速度为 25～30km/h 及以上，一天行进 300km。

行进开始前和行进中，以及在对无人航空系统纵队的运动速度进行调整前，会指出移动的起点和终点，以及中间点和行进时间。

利用公路网络转移无人航空系统时，通过确定路线中间点的组成进行优化，这样可以确保无人航空系统重新部署花费的时间最少。

解决这个问题的理论基础是在给定图中找到“最短”路径的经典问题[17]。

这样的路线是指长度最短的路线、物体转场时间最短的路线、成本最低的路线等。

为了运用已知的和制定好的方法来解决该问题，必须使用“公路图”。公路图是应用格洛纳斯系统（GLONASS）/全球定位系统（GPS）的现代地理信息系统和导航仪的组成要素之一。

公路图——数字向量地图，由拓扑相关的弧和节点组成，它们的位置和特征以指定精度和完整性传输至地面运输机构[2]。公路图示例如图 4－3 所示。

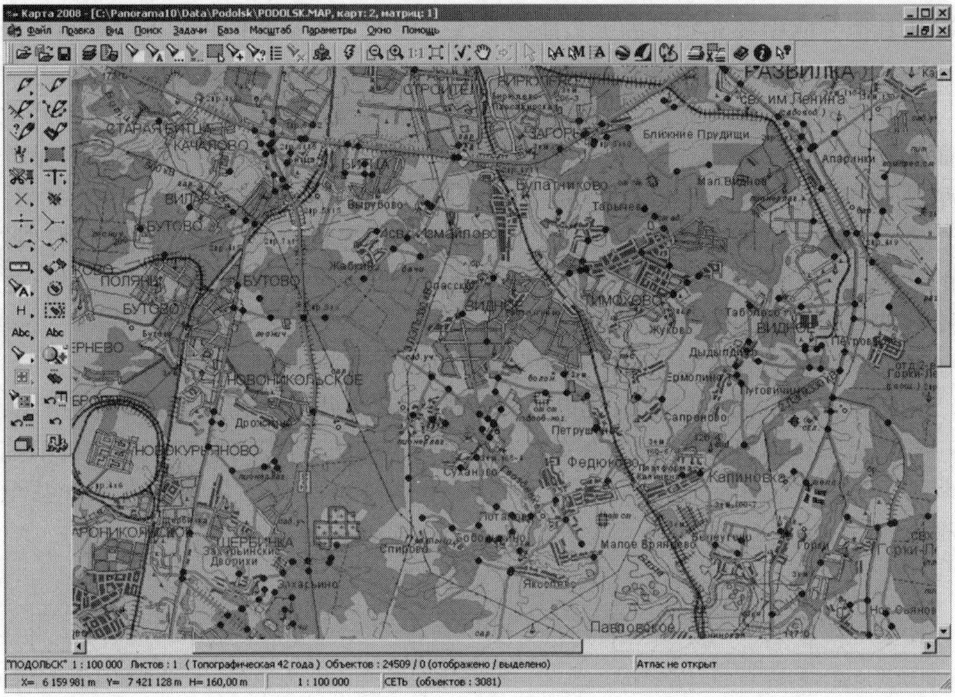

图 4－3　公路图示例

公路图的要素可用于图上任意给定点之间的路线自动绘算任务中。

公路图是根据道路网的选定对象创建的，是带有弧（边）和节点（顶点）的用户地图。

搜索节点（如居民点）之间的最短路径需要考虑道路网弧线记录的所有特征（道路类型、移动速度、行车数量）。最短路线可以根据路径的最短长度或最少行进时间找出。在搜索最短路径时，某些弧可以排除在外，如应急路段。搜索结果以无人航空系统运动路线的形式显示在地图上。

道路图的弧可分为两种类型：双边运动型和单边运动型。道路图的弧一般根据道路和道路建筑的轴线来绘制，确保布局在交叉点上。单边弧的方向应与该弧的运动方向一致。双边运动的弧上可以不指出方向。

节点可以依次连接两条具有不同特征的弧，或者在交叉点、分叉点连接几条弧。如果道路穿过不同海拔（隧道、栈桥等）的一个地形段，那么在地图上道路的交点处不存在节点。使用一组单边与双边弧和节点，可以明确描述不同类型的交叉点、单级和多级交点。如果道路的十字路口禁止转弯，则可以在该位置标记平行的单边弧线，该弧线只与那些相交弧线有节点，在这些相交弧线上可以改变车道。

道路图是数字导航地图的基本要素[2]。

数字导航地图是具有导航信息的数字化道路地图，导航信息可以为运输工具提供自动定位，并根据路标信息计算运输工具可用的公路路线。

基于道路图的地图上采用的坐标系是地心坐标系，该坐标系在该系统所用接收器的精度范围内与 GLONASS/GPS 测量明显相关。

数字导航地图中的道路图是一组拓扑和度量相关的弧。每条弧表示一个路段，带有坐标描述和该路段的交通条件信息。

数字导航地图中含有禁止从一条弧线转换到另一条弧线的信息，使用路标标记。

如上所述，可以通过卫星导航系统的接收器定位道路轴线的坐标，从而绘制道路图。道路图中弧的计划位置精度应不低于 GLONASS/GPS - 接收器的坐标确定精度。

基础数字导航地图的道路图中包含各级交通部门管理的所有公用公路（俄罗斯联邦主体道路、市政道路等）。

数字制图衬底实现地面运输卫星导航系统中的辅助功能，在具有可视化工具的导航装置和系统中，结合道路图来直观反映位置。

在建立数字制图衬底的过程中，基于相应比例的数字地形图，根据目录表以向量图的形式创建数字制图衬底。

为了避免道路图信息重复，删除数字制图衬底中的公路信息。数字制图衬底地形对象的计划位置应与道路图对象的位置一致。

下面将形象地描述道路图 G 和两（给定）点之间最短路线的选择算法。

图形 G 由顶点集合 $A=\{a_1,a_2,\cdots,a_n\}$ 决定，其中包括居民点和十字交叉路口，还取决于描述给定顶点之间道路段的边的集合 $U=\{u_1,u_2,\cdots,u_m\}$。

由此，图形 G 的每个边 $U_k\in U$ 可通过其顶点求出，方式如下：

$$u_k=(a_i,a_j),\quad i,j\in(1,2,\cdots,n);\quad k=1,2,\cdots,m \tag{4.1}$$

道路图 G 的典型特点是在 GLONASS/GPS 中给定了每个顶点 $a_i \in A$ 的大地测量坐标 (x_i, y_i)，其中 $i=1,2,\cdots,n$。

根据已知的公式，可以粗略求出图形 G 的边长：

$$d_k = d_{ij} = \sqrt{(x_i - x_j)^2 + (y_i - y_j)^2}, \quad k=1,2,\cdots,m; \quad i,j \in (1,2,\cdots,n) \tag{4.2}$$

图形 G 的边长称为“权重”，而图形 G 叫作“加权”图。根据图形 G 中求解的问题，边的“权重”可以是设备的各种花费或移动时间、某些随机事件的发生概率等。

假设在图 G 中给定某个起点 $a_{\mathrm{s}} \in A$ 和终点 $a_{\mathrm{r}} \in A$。

连接这些顶点的路线集合可表示为

$$M_{\mathrm{sr}} = \{(a_{\mathrm{s}}, a_1), (a_1, a_p), \cdots, (a_q, a_{\mathrm{r}})\} \tag{4.3}$$

这时，最短路线的顶点 a_{s}，a_p，…，a_q 通过求解最小化问题来确定：

$$D_{\mathrm{sr}} = \sum_{(a_i, a_j) \in M_{\mathrm{sr}}} d_{ij} \to \min \tag{4.4}$$

其中，d_{ij}的值可根据式（4.2）计算。

在实践中，这个问题通过了丹齐格算法求解[17]。

我们对图形 G 给出了该算法的简化表示，其中 $a_{\mathrm{s}}=1$，$a_i=i$，$a_{\mathrm{r}}=n$。为了简化算法本质的描述，我们省略了式（4.4）中的下标 s 和 r。

用 D_j 表示顶点 1 和 j 之间的最短距离，其中 $j=1$，2，…，n。计算该值的一般公式如下：

$$D_j = \min_i \{D_i + d_{ij}\}, \quad D_1 = 0 \tag{4.5}$$

由式（4.5）可知，只有确定到上一个顶点 i（边与顶点 j 相连）的最短距离，才能计算出到顶点 j 的最短距离 D_j。

下面我们将利用实例说明该算法。

例 4.1

假设需要将无人航空系统从假定点 No1 转移到假定点 No7。

无人航空系统可能运动路线的加权道路图 G 如图 4－4 所示。该图形边的“权重”是第 i 个和第 j 个顶点（点）之间的距离，其中 $i,j \in (1,2,\cdots,7)$。

根据丹齐格算法，对于顶点 No1 可以只计算 D_2 和 D_3 的值。尽管顶点 No4 与顶点 No1 边连接，但在得出 D_2 和 D_3 的值之前，无法计算相应的值 D_4。使用式（4.5）的计算算法分为以下步骤：

（1）假设 $D_1 = 0\mathrm{km}$；

（2）计算出 D_2 和 D_3：

$$D_2 = D_1 + d_{12} = 0 + 2 = 2(\mathrm{km})$$

$$D_3 = D_1 + d_{13} = 0 + 4 = 4(\mathrm{km})$$

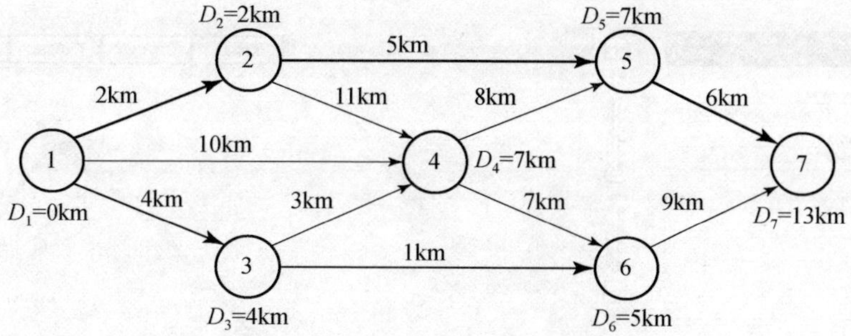

图 4-4　无人航空系统可能运动路线的加权道路图 G

（3）求 D_4 的值：

$$D_4 = \min\{D_1 + d_{14}, D_2 + d_{24}, D_3 + d_{34}\}$$
$$= \min\{0 + 10, 2 + 11, 4 + 3\} = 7(\text{km})$$

（4）计算出 D_5 和 D_6：

$$D_5 = \min\{D_2 + d_{25}, D_4 + d_{45}\}$$
$$= \min\{2 + 5, 7 + 8\} = 7(\text{km})$$
$$D_6 = \min\{D_3 + d_{36}, D_4 + d_{46}\}$$
$$= \min\{4 + 1, 7 + 7\} = 5(\text{km})$$

（5）求出 D_7：

$$D_7 = \min\{D_5 + d_{57}, D_6 + d_{67}\}$$
$$= \min\{7 + 6, 5 + 9\} = 13(\text{km})$$

顶点 No1 和 No7 之间的最小距离为 13km，并且无人航空系统的最优运动路线在图 4-4 中用加粗线条表示。路线经过点“No1、No2、No5、No7”。上述算法步骤使顶点 No1 至图形 G 中其他顶点的距离最短。

值得一提的是，在现代地理信息系统和自动导航仪中，为了选择最佳路线，可以使用丹齐格算法。

分析表明，自动规划汽车运输路线的现有信息系统输出大量补充数据，这些数据对无人航空系统沿现有公路转移到新部署区是有利的[39]。

例 4.2

在选择无人航空系统从先前部署地区［泽列诺多利斯克市郊（鞑靼斯坦共和国）］转移到新作战区［维亚特卡波利亚纳（基洛夫区）市郊］的最佳路线时，我们使用了其中一个系统[2]。在给出路线的起点和终点并从位置任务单中选定“最快的路线”后，系统输出如图 4-5 所示的视频。视频中列出了经过该区域最大居民点的最佳路线。

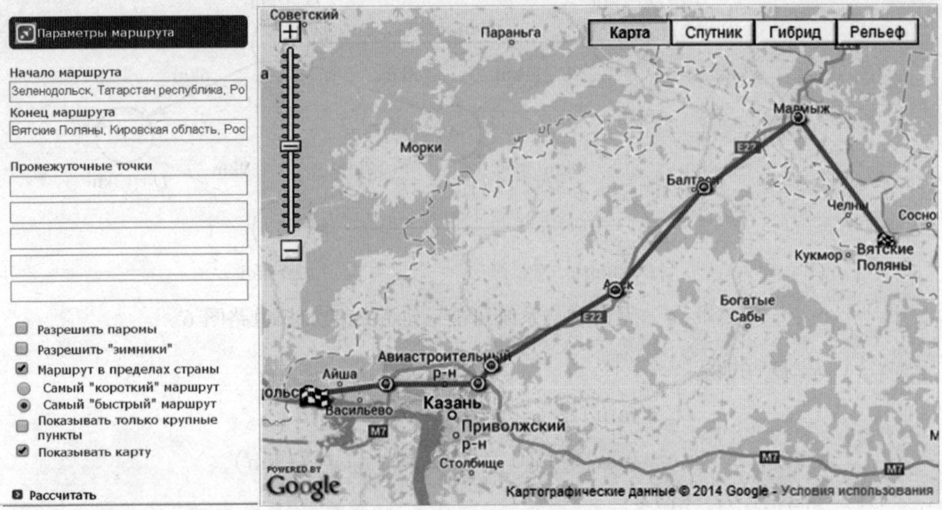

图 4－5　系统输出视频截图

图 4－6 所示为无人航空系统沿选定路线运动过程的补充信息。系统用线性距离［式（4.2）］除以每个路段的最大速度来计算路上的行驶时间。

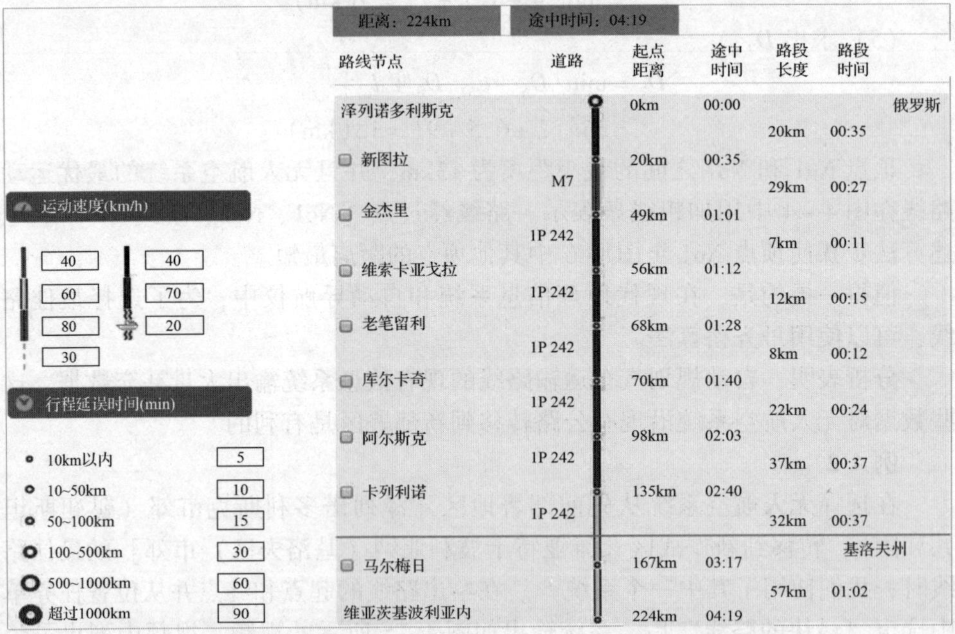

图 4－6　无人航空系统沿选定路线运动过程的补充信息

在实际解决本节研究的问题时，无人航空系统指挥员的自动工作站软件中必须包含系统重新部署最佳路线的选择工具，其功能与文献［39］中系统的功能类似。

无人航空兵大队以纵队形式转场时，无人航空兵大队参谋长在其自动工作站解决该问题，随后与无人航空兵大队指挥官协商路线。

正如文献［2］所述，大型无人机编队的应用是使用无人航空技术设备执行军用和民用任务的未来方向。这种编队的应用示例见文献［3］。

假设为了执行某项任务，需要组建一支无人机编队，无人机编队由部署在偏远地区的专用无人航空兵大队组成。比如，该编队由3个打击无人机航空兵大队、1个信息（侦察）无人机大队、2个无线电电子战大队和2个战斗航空假目标大队组成。

一般采用下列方法将无人航空兵大队转移到作战地区[2]：

（1）纵队行军；

（2）铁路运输；

（3）内河运输；

（4）海运；

（5）空运（飞机、直升机）。

与纵队行军［方法（1）］相比，远距离铁路运输无人航空兵大队可以保存其人员力量，防止设备损伤，节约无人机发动机寿命。此外，这种运输方式可确保无人航空兵大队转移速度相对较快，不受时间、天气状态、气候条件和人员身体情况的限制。

无人航空兵大队的运输列车包含以下几类车厢（平车）：

- 乘客车厢；
- 平车；
- 货物车厢。

考虑到卸货顺序，这些车厢首先装载无人航空系统车辆和无人航空兵大队的指挥车、燃料及其他物资。

设备、燃料和物资装载完后，出发前10min，无人航空系统和指挥车的人员上车（船、飞机、直升机）。

设备在平台上的放置要求及人员在火车车厢上的一般要求，在相应的标准文件中有说明。

使用方法（2）~方法（5）装卸无人航空兵大队时，指明了火车站、码头（港口）或飞机场（平台）。装载前，无人航空兵大队应位于等待区，卸载后移到集结区，集结区距离装卸区3~5km（空运情况下达10~15km）。

无人航空兵大队的纵队行军转移［方法（1）］要求在本节已经进行了说明。

我们将无人机编队转移到行动区域所耗费的时间和成本指标作为编队组建过程的优化准则。需注意，第二准则在民用无人机领域非常重要。

下面将介绍待解决的问题。

假设无人机编队由 n 个无人航空兵大队组成，无人航空兵大队部署在坐标为$(x_i^{(H)},y_i^{(H)})$的地区，现需转移到坐标为$(x_i^{(K)},y_i^{(K)})(i=1,2,\cdots,n)$的地区。

为了将无人航空兵大队转移到这些区域，可以从上面列举的方法中选择 m 种转移方法。比如，当 $m=5$ 时，可以使用全部方法；当 $m=3$ 时，选择方法（1）、方法（2）和方法（5）。

假设给定的指标值 t_{ij} 和 c_{ij} 分别表示使用第 j 种方法转移第 i 个无人航空兵大队的时间和成本，其中 $i=1,2,\cdots,n$；$j=1,2,\cdots,m$。

如果在转移第 i 个无人航空兵大队时，不能使用第 j 种方法，则相应的值 t_{ij} 和 c_{ij} 被假定为无穷大。

引入布尔变量 ζ_{ij}，其值如下：

$$\zeta_{ij}=\begin{cases}1, & \text{第 } i \text{ 个无人航空兵大队选择第 } j \text{ 种转移方法}\\ 0, & \text{其他}\end{cases} \tag{4.6}$$

使用这些变量的前提是仅以 m 种方式中的一种转移各个无人航空兵大队，可写作：

$$\sum_{j=1}^{m}\zeta_{ij}=1,\quad i=1,2,\cdots,n \tag{4.7}$$

在这种情况下，几个无人航空兵大队可以使用相同的转移方式。

需指出的是，在考虑下述限制条件时，该等式才有意义：

$$\zeta_{ij}=\{0,1\},\quad i=1,2,\cdots,n;\quad j=1,2,\cdots,m \tag{4.8}$$

利用式（4.7）和式（4.8）得出优化准则的表达式：

$$T=\sum_{i=1}^{n}\sum_{j=1}^{m}t_{ij}\zeta_{ij}\to\min \tag{4.9}$$

$$C=\sum_{i=1}^{n}\sum_{j=1}^{m}c_{ij}\zeta_{ij}\to\min \tag{4.10}$$

这些准则是自相矛盾的，因为在总转移时间 T 减少的情况下，其成本 C 一般增加，反之亦然。在实际计算中，系数 $t_{ij}=\infty$ 和 $c_{ij}=\infty$ 可用任意值替换，可以是无人航空兵大队最大转移时间和成本的好几倍。

下面我们将分析无人航空兵大队的转移时间和成本指标的主要计算特点。

通过纵队行进方式转移第 i 个无人航空兵大队时，可根据通用公式计算转移时间：

$$t_{i1}=t_{\mathrm{PM}}+\frac{L_{i1}}{V_{i1}}+t_{\mathrm{p}},\quad i=1,2,\cdots,n$$

式中　t_{PM}——无人航空兵大队中全部无人航空系统的行军准备时间；

L_{i1}——第 i 个无人航空兵大队纵队的路线长度；

V_{i1}——纵队的平均移动速度；

t_{p}——将所有无人航空系统转移到新部署区域的时间。

我们发现，值 L_{i1} 是公路图 G 中坐标点 $(x_i^{(H)},y_i^{(H)})$ 和坐标点 $(x_i^{(K)},y_i^{(K)})$ 之间最短路径的长度。

为了确定 t_{p} 的值，可以使用文献［2］所述的方法。

通过铁路运输转移第 i 个无人航空兵大队所花费的时间如下：

$$t_{i2}=t_{ipo}+t_{\mathrm{b}}+\frac{L_{i2}}{V_{i2}}+t_r+t_{\mathrm{p}},\quad i=1,2,\cdots,n$$

式中　t_{ipo}——第 i 个无人航空兵大队到达等待区所需的时间；

t_{b}——无人航空兵大队的列车装载时间；

L_{i2}——第 i 个无人航空兵大队从起点站到终点站的运输路线长度；

V_{i2}——装有第 i 个无人航空兵大队的列车的平均速度；

t_{p}——全部无人航空系统和货物的卸载时间。

L_{i2} 可以根据铁路图中的最短路径，使用丹齐格算法求出。该铁路图的示例如图 4 – 7 所示。

通过内河运输和空中运输的方式转移第 i 个无人航空兵大队时，花费的时间可用与上面类似的公式求取。

其中，L_{i3} 和 L_{i4} 表示货船和运输飞机（直升机）的最佳运动路线。为了确定 L_{i3} 的值，将使用通航河流图，其示例如图 4 – 8 所示。L_{i4} 的值可以看作无人航空系统（属于第 i 个无人航空兵大队）的装载点和卸载点之间飞机（直升机）直飞路线的长度。

一般情况下，无人航空兵大队的转移成本指标可用下式描述：

$$c_{ij}=c_{ij}(L_{ij},V_{ij},P_j),\quad i=1,2,\cdots,n;\quad j=1,2,\cdots,m$$

式中　p_j——描述第 j 种运输工具使用特点的参数。

这些参数中包括下列指标：

- 一辆无人航空系统车辆每行驶 1km 的油耗；
- 一架运输飞机飞行 1km 的油耗；
- 一架运输直升机飞行 1km 的油耗；

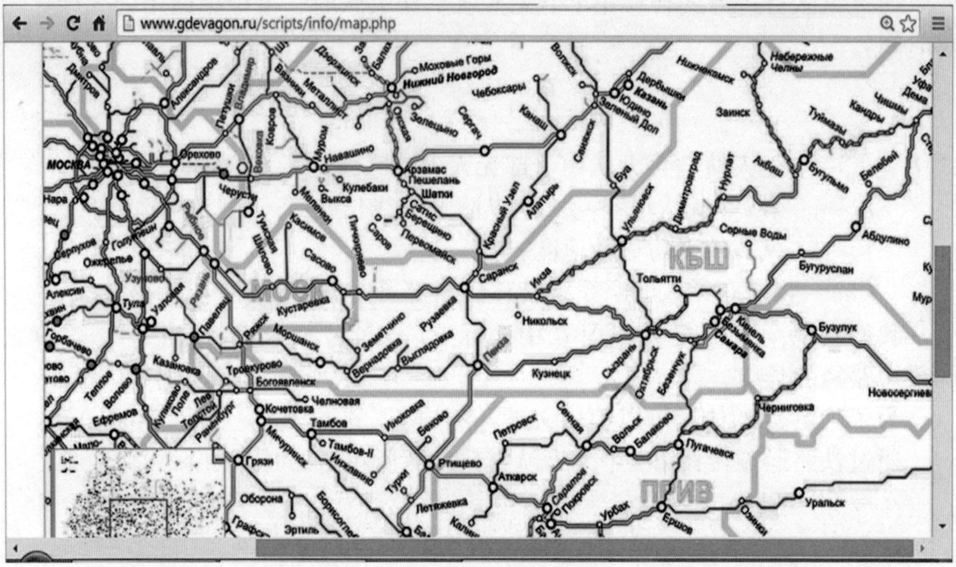

图 4－7　铁路图示例

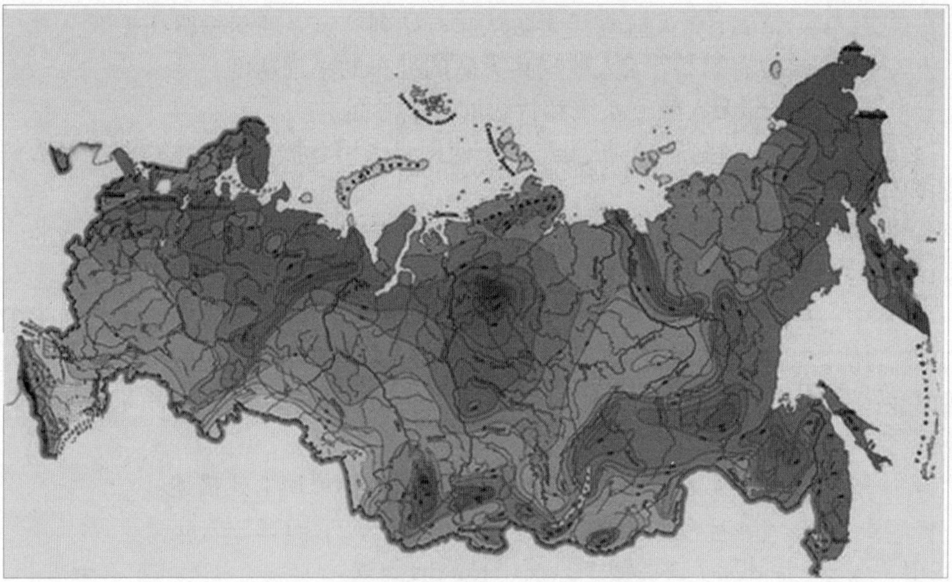

图 4－8　通航河流示例图

- 无人航空系统车辆 1 升燃油的成本；
- 采用铁路和内河运输方式，1t 货物 1km 的运输成本；
- 飞机和直升机每吨燃油的成本。

可通过汽车运输经济学、铁路运输经济学、水路运输经济学、空中运输经济学、军事交通经济学这些学科中的计算方法，以及无人航空系统转移时辅助工作的完成标准，使上述用于计算无人航空兵大队转移时间和成本指标的关系式详细化。

无人航空系统编队组建过程的优化问题可通过以下方式描述：

“求取变量 $\zeta_{ij}(i=1,2,\cdots,n;j=1,2,\cdots,m)$ 的值，该变量在满足式（4.7）和式（4.8）的情况下使目标函数式（4.9）和式（4.10）达到最小值。”

该问题是双标准的布尔线性程序设计问题[13,16]，当其标准卷积时，可以使用戈莫里方法、分支限界法等数值法解决该问题。

我们发现，限制条件式（4.7）的存在使得可以使用下列更简单的求解方法。

下面将分析单一标准问题式（4.9）、式（4.7）和式（4.8），并论证以下论点。

论点 1：问题式（4.9）、式（4.7）和式（4.8）存在最优解。

任何优化问题的解的存在取决于其中是否存在非空的可行解集（可从中选择最优解），以及目标函数（最优准则）的有限值集。

对于式（4.7）和式（4.8），可以以任意矩阵 $[\zeta_{ij}]_{n\times m}$（由 0 和 1 组成）形式给出问题的可行解，矩阵的每行有且仅有一个 1。解的存在说明可行解集不是空集。

假设 t^* 和 t^{**} 分别表示值 t_{ij} 中的最小值和最大值，其中 $i=1,2,\cdots,n$；$j=1,2,\cdots,m$。

运用式（4.9）中的这些值，可以得出下列不等式：

$$T=\sum_{i=1}^{n}\sum_{j=1}^{m}t_{ij}\zeta_{ij}\geqslant t^*\sum_{i=1}^{n}\sum_{j=1}^{m}\zeta_{ij}$$

$$T=\sum_{i=1}^{n}\sum_{j=1}^{m}t_{ij}\zeta_{ij}\leqslant t^{**}\sum_{i=1}^{n}\sum_{j=1}^{m}\zeta_{ij}$$

在这些表达式中用式（4.7）的右部替换内部总和，并对其进行外部求和，得到一个总的不等式：

$$nt^*\leqslant T\leqslant nt^{**}\tag{4.11}$$

表示问题式（4.9）、式（4.7）和式（4.8）的目标函数的上下限制。

我们发现，式（4.11）可以在不解决问题的情况下确定无人航空系统编队组建过程中耗费的总时间。

对于目标函数式（4.10），可以得出类似的估值：

$$nc^* \leqslant C \leqslant nc^{**} \tag{4.12}$$

式中　c^*、c^{**}——值 $c_{ij}(i=1,2,\cdots,n;j=1,2,\cdots,m)$ 中无人航空兵大队转场成本的最小值和最大值。

问题式（4.9）、式（4.7）和式（4.8）的数值解法包括以下步骤：

(1) 创建维度为 $n\times m$ 的数值表 t_{ij}。

(2) 记录无人航空兵大队的序号 i。

(3) 找出表格第 i 行中的最小时间值 t_{ij}^0，并记录与该时间值对应的列号 j。

(4) 根据式（4.6）给第 i 个无人航空兵大队指定第 j 种转移方法。

(5) 对所有的 i（变化范围在 $1\sim n$）执行步骤（2）~步骤（4）。

(6) 根据下式计算目标函数式（4.9）的最优值：

$$T^0 = \sum_{i=1}^{n} \sum_{j\in(1,2,\cdots,m)} t_{ij}^0 \tag{4.13}$$

T^0 的值应满足式（4.11）。

例 4.3

假设无人航空系统的编队由 $n=3$ 个无人航空兵大队组成，可能有 $m=4$ 种组合方式。利用选定方法转移无人航空兵大队所需的时间数据（以小时为单位）见表 4-1。

表 4-1　利用选定方法转移无人航空兵大队所需的时间

单位：h

无人航空兵大队 i	方法 j			
	1	2	3	4
1	20.5	10.2	36.4	8.2
2	12.6	8.2	22.5	4.1
3	24.8	12.3	29.1	13.2

下面我们将具体地说明转移无人航空兵大队所花费的总时间估值。

由表 4-1 可知，$t^*=4.1\text{h}$ 且 $t^{**}=36.4\text{h}$。此时，根据式（4.11）可得

$$12.3\text{h} \leqslant T \leqslant 109.2\text{h} \tag{4.14}$$

由式（4.14）可得出结论，依次转移无人航空兵大队所花费的总时间在区间 $[12.3, 109.2]$h 内。

在表 4-1 中使用上述数值法，可以得到以下结果：

$$t_{14}^0=8.2\text{h},\quad t_{24}^0=4.1\text{h},\quad t_{32}^0=12.3\text{h}$$

由此可得出结论，可使用第 4 种方法转移第 1 个和第 2 个无人航空兵大队，而第 3 个无人航空兵大队使用第 2 种方法转移。

同时，根据式（6.18）得出，转移无人航空兵大队所花费的最佳时间为

$$T^0 = t_{14}^0 + t_{24}^0 + t_{32}^0 = 8.2 + 4.1 + 12.3 = 24.6(\mathrm{h})$$

我们发现，所得值在式（4.14）的区间内。

解决单标准优化问题式（4.10）、式（4.7）和式（4.8）时，可以使用上述数值解法，该方法将数值表 $t_{ij}(i=1,2,\cdots,n;j=1,2,\cdots,m)$ 换成了成本表 $c_{ij}(i=1,2,\cdots,n;j=1,2,\cdots,m)$。

将该方法应用于这个表格，我们可以在表格的每一行找出转移第 i 个无人航空兵大队的最小成本值 c_{ij}^0，据此，以及上面所述，选出第 j 种转移方法，其中 $i=1,2,\cdots,n;j=1,2,\cdots,m$。

目标函数式（4.10）的最优值计算方式如下：

$$C^0 = \sum_{i=1}^{n} \sum_{j=1,2,\cdots,m} c_{ij}^0 \tag{4.15}$$

例 4.4

假设当 $n=3$ 和 $m=4$ 时，转移无人航空兵大队的假定成本如表 4－2 所列。

表 4－2　转移无人航空兵大队的假定成本

单位：千卢布

无人航空兵大队 i	方法 j			
	1	2	3	4
1	28.3	80.2	16.5	98.7
2	13.8	60.4	20.4	102.1
3	30.6	78.6	18.6	121.5

由表 4－2 可知，$c^* = 13.8$ 千卢布且 $c^{**} = 121.5$ 千卢布。

在这种情况下，根据式（4.12）得

$$41.4 \text{ 千卢布} \leqslant C \leqslant 364.5 \text{ 千卢布}$$

确定表 4－2 中每行的最小元素如下：

$$c_{13}^0 = 16.5 \text{ 千卢布}，\quad c_{21}^0 = 13.8 \text{ 千卢布}，\quad c_{33}^0 = 18.6 \text{ 千卢布}$$

由此可知，应使用第 3 种方法转移第 1 个无人航空兵大队，使用第 1 种方法转移第 2 个无人航空兵大队，使用第 3 种方法转移第 3 个无人航空兵大队。

根据式（4.15）得出，转移所有无人航空兵大队的最优总成本为

$$C^0 = c_{13}^0 + c_{21}^0 + c_{33}^0 = 16.5 + 13.8 + 18.6 = 48.9(\text{千卢布})$$

所得值位于目标函数值的变化范围内，用区间［41.4，364.5］千卢布描述。

在解决双标准问题式(4.8)～式(4.10)时，建议使用“理想点”数值法[2]。

记录指标 i 的值，并使用下列方式确定任务标准空间内“理想点”的坐标 (T_i^0, C_i^0)：

$$T_i^0 = \min_{1 \leqslant j \leqslant m} t_{ij}, \quad C_i^0 = \min_{1 \leqslant j \leqslant m} c_{ij}, \quad i = 1,2,\cdots,n \tag{4.16}$$

在记录 i 点的值时，我们将坐标为 (t_{ij}, c_{ij}) $(j = 1,2,\cdots,m)$ 的点看作该空间的点。

在记录指数 i 的值时，我们将利用下列公式计算出该点到“理想点”的距离：

$$\rho_{ij} = \sqrt{(t_{ij} - T_i^0)^2 + (c_{ij} - C_i^0)^2}, \quad j = 1,2,\cdots,m \tag{4.17}$$

此时，对于所有的 i 和 j 值，未知变量 $\zeta_{ij}^0 = 1$，当所有的 $i = 1,2,\cdots,n$ 和 $j = 1,2,\cdots,m$ 时，式（4.17）的值取最小值。

这个过程如图 4－9 所示。

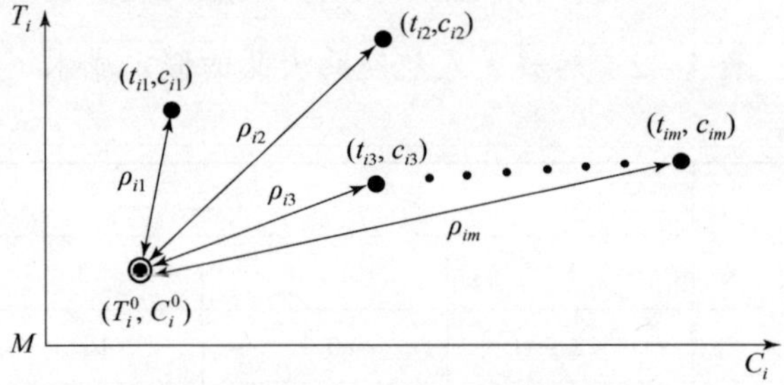

图 4－9 “理想点”数值法的求取过程示意图

例 4.5

本案例使用表 4－1 和表 4－2 作为初始数据。

令 $i = 1$。此时式（4.16）可具体写为

$$T_1^0 = 8.2, \quad C_1^0 = 16.5$$

运用式（4.17），得出：

$$\begin{cases} \rho_{11} = \sqrt{(20.5 - 8.2)^2 + (28.5 - 16.5)^2} = 17.184 \\ \rho_{12} = \sqrt{(10.5 - 8.2)^2 + (80.2 - 16.5)^2} = 63.742 \\ \rho_{13} = \sqrt{(36.4 - 8.2)^2 + (16.5 - 16.5)^2} = 28.2 \\ \rho_{14} = \sqrt{(8.2 - 8.2)^2 + (98.7 - 16.5)^2} = 82.2 \end{cases}$$

这些距离的最小值为

$$\rho_{11}=\min\{\rho_{11},\rho_{12},\rho_{13},\rho_{14}\}=17.184$$

对应值 $j=1$。这表示，应使用第 1 种方法转移第一个无人航空兵大队。

令 $i=2$，"理想点"的坐标为 $T_2^0=4.1$ 和 $C_2^0=13.8$。

从该点到其余所有点的距离计算方式如下：

$$\begin{cases}\rho_{21}=\sqrt{(12.6-4.1)^2+(13.8-13.8)^2}=8.5\\ \rho_{22}=\sqrt{(8.2-4.1)^2+(60.4-13.8)^2}=46.78\\ \rho_{23}=\sqrt{(22.5-4.1)^2+(20.4-13.8)^2}=19.548\\ \rho_{24}=\sqrt{(4.1-4.1)^2+(102.1-13.8)^2}=88.3\end{cases}$$

由所得的值可知：

$$\rho_{21}=\min\{\rho_{21},\rho_{22},\rho_{23},\rho_{24}\}=8.5$$

由此可得出结论，第二个无人航空兵大队也可以使用第 1 种方法转移。

当 $i=3$ 时，有 $T_3^0=12.3$ 和 $C_3^0=18.6$。

使用式（4.17），可得

$$\begin{cases}\rho_{31}=\sqrt{(24.8-12.3)^2+(30.6-18.6)^2}=17.328\\ \rho_{32}=\sqrt{(12.3-12.3)^2+(78.6-18.6)^2}=60\\ \rho_{33}=\sqrt{(29.1-12.3)^2+(18.6-18.6)^2}=16.8\\ \rho_{34}=\sqrt{(13.2-12.3)^2+(121.5-18.6)^2}=102.904\end{cases}$$

这些距离中最短的是

$$\rho_{33}=\min\{\rho_{31},\rho_{32},\rho_{33},\rho_{34}\}=16.8$$

这表示，第三个无人航空兵大队应使用第 3 种方法转移。

因此，未知变量在待解决问题中可取下列值：

$$\zeta_{11}^0=\zeta_{21}^0=\zeta_{33}^0=1,\quad \zeta_{ij}^0=0,\quad i=1,2,3;\quad j=1,3$$

可以通过表 4－1 和表 4－2 中的数据和下列值，计算目标函数式（4.9）和式（4.10）的最优值：

$$T^0=\sum_{i=1}^{3}\sum_{j=1}^{4}t_{ij}\zeta_{ij}^0=20.5+12.6+29.1=62.2(\text{h})$$

$$C^0=\sum_{i=1}^{3}\sum_{j=1}^{4}c_{ij}\zeta_{ij}^0=28.3+13.8+18.6=60.7(\text{千卢布})$$

将所得的解与使用第 1 种方法转移全部无人航空兵大队的可行解进行比较。在这种情况下，目标函数式（4.9）和式（4.10）的值分别为

$$\bar{T}=20.5+12.6+24.8=57.9(\mathrm{h})$$

$$\bar{C}=28.3+13.8+30.6=72.7(\text{千卢布})$$

通过对比值 T^0、$\bar{T}$ 和 C^0、$\bar{C}$ 可知，在总转移时间缩短 4.3h 的情况下，这一过程的成本增加了 1.2 万卢布，换言之，如果标准值式（4.9）改进较小，那么最优标准式（4.10）的值就会恶化。这表明，用上面介绍的方法求得的解 $\zeta_{ij}^0(i=1,2,3;j=1,2,3,4)$ 是这个问题的帕累托最优解[12]。

值得一提的是，式（4.9）形式的优化标准的应用意味着，可以使用选定的方法依次转移 n 个无人航空兵大队。

当组建无人机编队所需的所有无人航空兵大队同时开始转移时，所需转移时间的最优标准将用下式描述：

$$T=\max_{1\leqslant i\leqslant n}\left\{\sum_{j=1}^{m}t_{ij}\zeta_{ij}\right\}\rightarrow\min \tag{4.18}$$

我们将验证下列论点。

论点 2：问题式（4.7）、式（4.8）和式（4.18）存在最优解。

由于这些问题的限制条件与问题式（4.7）、式（4.8）和式（4.9）的限制条件一致，因此可以确定，它具有非空可行解集。

在这个集合中，目标函数式（4.18）是有限的。

令 t^* 和 t^{**} 分别是参数 $t_{ij}(i=1,2,\cdots,n;j=1,2,\cdots,m)$ 的最小值和最大值。将这些值应用于式（4.18）中，可以得：

$$\begin{cases}T=\max\limits_{1\leqslant i\leqslant n}\left\{\sum\limits_{j=1}^{m}t_{ij}\zeta_{ij}\right\}\geqslant t^*\max\limits_{1\leqslant i\leqslant n}\left\{\sum\limits_{j=1}^{m}\zeta_{ij}\right\}\\T=\max\limits_{1\leqslant i\leqslant n}\left\{\sum\limits_{j=1}^{m}t_{ij}\zeta_{ij}\right\}\leqslant t^{**}\max\limits_{1\leqslant i\leqslant n}\left\{\sum\limits_{j=1}^{m}\zeta_{ij}\right\}\end{cases}$$

替换式（4.7）右边括号中的式子，并将这些不等式合并为一个关系式，可以得到的估值如下：

$$t^*\leqslant T\leqslant t^{**} \tag{4.19}$$

这是目标函数式（4.18）在该问题的可行解集中的限制条件。

在组建无人航空系统编队的同时，开始转移无人航空兵大队可以大大缩短无人航空编队的部署时间。对比式（4.11）和式（4.19）可以得出这一点。

单标准和双标准问题式（4.18）、式（4.10）、式（4.7）和式（4.8）中可以使用上述方法。

计算表明，对于例 4.3 的初始数据而言，转移全部无人航空兵大队所需的

总时间 $\max\{t_{14}^0, t_{24}^0, t_{32}^0\} = 12.3\text{h}$，而非 $T^0 = 24.6\text{h}$。通过例 4.5 中的标准式（4.18）给定转移时间，等于 $\max\{20.5, 12.6, 29.1\} = 29.1\text{h}$，所得的值远小于值 $T^0 = 62.2\text{h}$。

总之，无人航空兵大队的最优转场计划问题应当在组建的无人航空系统编队参谋长的自动工作站中解决。该问题的解决方案会上报给编队指挥官，编队指挥官会根据每个无人航空兵大队的转移方法和时间作出最终决策。

4.3　无人机编队耗材库存管理系统

无人机编队在运行过程中会使用大量的一次性产品和原料，用于确保其起飞、执行飞行任务和着陆。这些产品包括启动加速器、弹射弹、降落伞、减震器、备件和备用工具、燃料、润滑油、航空杀伤兵器等。此外，无人航空系统地面组件运行时也会使用一系列一次性材料和短期材料。

我们将无人航空系统运行时使用的组件、材料和液体称为系统耗材。显然，当计划使用无人机编队执行任务时，应计算其所需的耗材。正如上面提到的，行动过程中无人机编队的任务可能发生变化，这就需要调整无人机的使用数量，因此需要调整耗材数量。

这些变化具有随机性，可能导致某些耗材不足，从而导致无人机飞行中断，即无法完成特定的行动任务。因此，需要重视无人分队（无人航空兵大队、无人航空兵团、无人机支队）的耗材库存管理问题。这个问题由后勤保障部副司令负责解决。

下面是对现有库存管理系统创建方法的简要说明。

在经典文献［40］中曾提出过广义的库存管理模型，其中未知变量是储存货物的订购量和订货时间。我们发现，订购量可能随时间根据货物需求而变化。订货时间取决于所用的库存管理系统的类型，包括：

（1）库存状态定期监测系统；

（2）库存状态持续监测系统。

如果系统按照规定的间隔时间定期监测库存状态，那么新的订货时间通常与每个时间区间的起点一致。在库存状态持续监测系统中，订货时间通常取决于必须进行订购的库存水平。这种库存水平叫作订购点[40]。我们发现，对于第一类系统，订购量是变量，而订购周期是固定的。第二类系统的特点在于订购时间是变化的，而其订购量往往等于填补库存的货物数量，直到货物量达到固定值。

在库存管理实践中，企业和组织的物流建议使用下列库存水平（类型）：

（1）最大所需库存：它决定了管理系统经济上所能承受的库存水平；

（2）当前库存：对应任意统计时刻的库存级；

（3）库存阈值：用于确定下一次订购时间；

（4）保障库存：旨在确保企业和组织在需求急剧变化或未能按期交货时无亏损运行；

（5）积压库存：由于需求不足和货物质量恶化导致长期未使用的货物库存。

在研究可调整每种货物库存等级的库存管理系统时，考虑了库存“保险”附加量的确定问题，以保护系统在需求急剧变化期间免受库存短缺的影响。根据统计数据用确定的分配定律描述附加需求的情况下，可确定对这些附加量的需求。库存管理理论中分析了需求和库存补充时间是符合指定分布律的随机变量时的问题。

值得一提的是，目前这个课题的研究工作主要基于经典理论展开。

下面我们会介绍无人机编队运行时所用耗材库存管理系统的一般结构和功能。我们发现，该系统应该是文献［2］中所述无人机编队机动分配自动化控制系统的子系统。

根据物流系统的分层原则，该系统应包括 3 个耗材库存管理级。其组成和相互作用如图 4－10 所示。

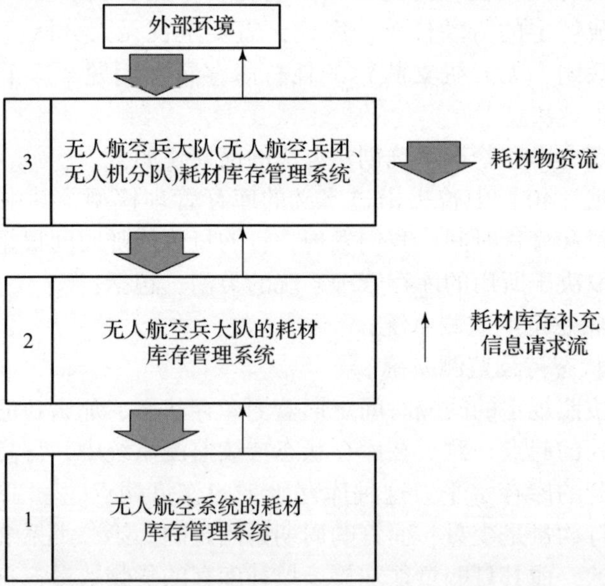

图 4－10　耗材库存管理系统层级的组成和相互作用

在行动中使用大量的无人机编队（如无人航空兵旅或无人航空兵团）时，系统中出现了第 4 个耗材库存管理级，它与无人航空兵团的库存管理系统协同作用。

无人机编队耗材库存管理系统的主要单元是这些物资的各级储存设备（图 4－10）。

第 1 个库存级中使用修理和技术保养车辆作为储存设备，这些车辆可用于运输和存储每个无人航空系统正常工作所需的耗材。

在第 2 级和第 3 级系统中，储存设备是无人航空兵大队和兵团的机动仓库（在厢式越野车的基础上实现）。

物资流和信息流正是在这些系统单元之间流动，如图 4－10 所示。

在第 2 级和第 3 级库存管理系统中，系统工作人员是保障无人航空兵大队和分队活动的后勤保障决策人及执行决策的机动仓库班组人员。在第 1 级库存管理系统中，决策人是无人航空系统修理和技术保养车辆的班组指挥员。

通过系统工作人员的自动化工作站（安装相应的活动编程软件和信息软件），可以解决无人机编队的耗材库存管理问题。

这些软件可自动规划、计算和调整系统中下列耗材的库存量（级）：

• 每种耗材的安全库存量，在持续 T 个单位时间的作战行动中，确保满足由 N 架无人机组成的编队的所有需求。

• 每种消耗物资的阈级库存，当库存达到阈值时，应形成高层级请求，以便补充库存级使其达到保障库存水平。

• 每种耗材的当前库存量，它根据无人机编队行动过程中的随机消耗量而变化。

• 积压耗材库存，是无人机编队在之前的行动及技术修理过程中未使用的物资。

无人机编队耗材库存管理系统的功能如下：

（1）规划无人机编队（由 N 架无人机组成）在持续 T 个单位时间内成功执行作战任务所需的每种耗材的保障库存和阈级库存量。

（2）计算积压的耗材库存量及作战行动过程中当前库存的变化。

（3）向上级库存管理系统提交补充耗材库存的申请。

系统第一个功能也是最重要的功能的实现，需要使用现有的方法并制定新的数学方法和算法来处理之前行动中耗材消耗的统计数据，预测当前耗材库存量的动态并计算所有耗材的保障和阈级库存，以确保所有无人机在行动期间顺利运行。

系统的第二个功能和第三个功能可通过广泛用于现有自动控制系统中的设备来实现，比如数据库管理系统和文本编辑器。

4.4　无人机编队作战时消耗物资的库存和阈级库存量规划

假设无人机编队在时间区间$[t_0, t_0+T]$内的作战行动中使用了由 E 个无人航空兵大队（一般是不同用途的）组成的无人分队。

假设第 i 个无人航空兵大队中有 B_i 个无人航空系统，其中 $i=1,2,\cdots,E$。

为了进行作战，第 i 个无人航空兵大队中的第 j 个无人航空系统应拨出 N_{ij} 架无人机，其中 $j=1,2,\cdots,B_i$；$i=1,2,\cdots,E$。

拨出无人机的数量由无人航空系统的特点和作战目标决定。

在时间区间$[t_0, t_0+T]$内所用的无人机的总数量应满足下列条件：

$$\sum_{i=1}^{E}\sum_{j=1}^{B_i} N_{ij} = N \tag{4.20}$$

式中　T——无人机运行时间；

N——作战所需的无人机编队的总数量。

假设，无人机和无人航空系统、无人航空兵大队和无人分队的地面设备在运行时，编队使用了 K 种耗材，它们被保存在不同级别的库存管理系统（图 4-10）中，即无人航空系统的修理和技术保养车辆、无人航空兵大队的机动仓库及无人分队的机动仓库。

从第一主级系统开始计算作战行动开始时刻 t_0 耗材的安全库存量和阈级库存量。

用 $\lambda_k^{(1)}$ 表示一架无人机在飞行前和飞行后准备时使用第 k 种耗材的需求强度。

我们发现，这些值具有单位时间内使用的第 k 种耗材的平均组（单位）数的维度，$k=(1,2,\cdots,K)$。

这些需求流其实是由无人机组件出现故障和损坏引起的随机流。

假设这些流是泊松流[34]，每个流都是持续变量 $t\geqslant 0$ 的离散随机函数 $Y_k^{(1)}(t)(k=1,2,\cdots,K)$。

该函数描述了在时间区间（0，t）内使用的第 k 种耗材的数量。t 时刻将消耗 s 套第 k 种耗材的概率，可根据下列公式计算[34]：

$$P\{Y_k^{(1)}(t)=s\} = \frac{(\lambda_k^{(1)})^s}{s!}\mathrm{e}^{-\lambda_k^{(1)}t},\quad s=0,1,2,\cdots \tag{4.21}$$

函数 $Y_k^{(1)}(t)$的数学期望值和离散差计算方式如下[34]：

$$M(Y_k^{(1)}(t)) = (DY_k^{(1)}(t)) = \lambda_k^{(1)}t \tag{4.22}$$

为了计算第 k 种耗材的安全库存量，下面将使用著名的“三西格玛定律”[34]。该准则证明，具有随机分布律、概率接近 1 的每个随机变量 R 都位于区间$[M(R)-3\sigma(R),M(R)+3\sigma(R)]$内，其中 $\sigma(R)$ 为值 R 的均方差，$\sigma(R)=\sqrt{D(R)}$。

根据这一定律和式（4.22），在持续时间为 T 的未来行动中，1 架无人机所需的第 k 种耗材的安全库存量可根据下列公式求出：

$$y_k^{(1)}(T)=[(\lambda_k^{(1)}T+3\sqrt{\lambda_k^{(1)}T})],\quad k=1,2,\cdots,K \tag{4.23}$$

式中　$[(\cdot)]$——取整数运算。

第 k 种耗材的阈级库存量可用下式计算：

$$x_k^{(1)}(T)=0.5\mathrm{ent}(\lambda_k^{(1)}T),\quad k=1,2,\cdots,K \tag{4.24}$$

我们将用下面的案例说明“三西格玛”法则及相关公式的正确性。

例 4.6

在作战时间 T 内，第 k 种耗材安全库存量充足的概率将等于该耗材当前需求量为 0，1，2，3，…，$y_k^{(1)}(T)$的概率的总和。

当 $t=T$ 时，利用式（4.21），这个概率可根据下列公式求出：

$$Q_k(T)=\sum_{s=0}^{y_k^{(1)}(T)}P\{Y_k^{(1)}(T)=s\}=\mathrm{e}^{-\lambda_k^{(1)}T}\sum_{s=0}^{y_k^{(1)}(T)}\frac{(\lambda_k^{(1)}T)^s}{s!} \tag{4.25}$$

对于不同的 $\lambda_k^{(1)}$ 和 T，式（4.23）~式（4.25）的计算结果如下：

（1）$\lambda_k^{(1)}=0.5$ 套/h，$T=8\mathrm{h}$，$y_k^{(1)}(8)=[10]$套，$x_k^{(1)}(8)=0.5\mathrm{ent}(4)=2$ 套，$Q_k(8)=0.997$。

（2）$\lambda_k^{(1)}=0.05$ 套/h，$T=8\mathrm{h}$，$y_k^{(1)}(8)=[2.297]=3$ 套，$x_k^{(1)}(8)=0.5\mathrm{ent}(0.4)=0$ 套，$Q_k(8)=0.999$。

（3）$\lambda_k^{(1)}=0.005$ 套/h，$T=8\mathrm{h}$，$y_k^{(1)}(8)=[0.64]=1$ 套，$x_k^{(1)}(8)=0.5\mathrm{ent}(0.04)=0$ 套，$Q_k(8)=0.999$。

（4）$\lambda_k^{(1)}=0.001$ 套/h，$T=4\mathrm{h}$，$y_k^{(1)}(4)=[0.194]=1$ 套，$x_k^{(1)}(4)=0.5\mathrm{ent}(0.004)=0$ 套，$Q_k(4)=1.000$。

我们发现，在第 2 种、第 3 种和第 4 种方案中得到的阈级库存的零值 x_k 实际上表示，当这些耗材的安全库存耗尽时，必须立即从相应无人航空兵大队的机动仓库补充库存至 $y_k^{(1)}(T)$级。

利用多个来源的随机流累加（求和）原则[34]，从 N_{ij} 架无人机到第 j 个无人航空兵大队的修理和技术保养车辆，第 k 种耗材的总需求强度将等于：

$$\Lambda_{ijk}^{(1)}=N_{ij}\lambda_k^{(1)} \tag{4.26}$$

此时，在第 j 个无人航空系统的修理和技术保养车辆中第 k 种耗材的安全库存量和阈级库存量可根据下式求出：

$$\begin{cases} y_{ijk}^{(1)}(T)=[\Lambda_{ijk}^{(1)}(T)+3\sqrt{\Lambda_{ijk}^{(1)}(T)}] \\ x_{ijk}^{(1)}(T)=0.5\mathrm{ent}(\Lambda_{ijk}^{(1)}T), \quad i=1,2,\cdots,E; \quad j=1,2,\cdots,B_i; \quad k=1,2,\cdots,K \end{cases} \tag{4.27}$$

由与式（4.23）和式（4.24）类似的公式，可以确定这类耗材的安全库存和阈级库存，确保编队每个无人航空系统地面设施的正常运行。

无人机运行过程中耗材消耗过程的随机性导致系统中存在之前准备和行动时未被使用的积压库存。因此，必须将计算得出的 $y_{ijk}^{(1)}(T)$ 与 $z_{ijk}^{(1)}(T)$ 进行对比，其中 $z_{ijk}^{(1)}(T)$ 为在下一次行动开始时刻 t_0，无人机编队在第 i 个无人航空兵大队第 j 个无人航空系统的修理和技术保养车辆中存储的第 k 种耗材的积压库存量。

如果第 k 种耗材符合条件：

$$y_{ijk}^{(1)}(T)>z_{ijk}^{(1)}(t_0), \quad k=1,2,\cdots,K$$

那么在行动开始前，请求为第 i 个无人航空兵大队第 j 个无人航空系统的机动仓库补充库存：

$$\Delta_{ijk}^{(1)}(t_0)=y_{ijk}^{(1)}(T)-z_{ijk}^{(1)}(t_0), \quad k=1,2,\cdots,K$$

当下列不等式成立时：

$$y_{ijk}^{(1)}(T)\leqslant z_{ijk}^{(1)}(t_0), \quad k=1,2,\cdots,K$$

则认为，修理和技术保养车辆中现有的积压库存在作战行动期间可以满足无人机编队对这类耗材的需求。

选出那些可以向第 i 个无人航空兵大队的机动仓库请求补充第 k 种耗材库存的无人航空系统的序号集，即

$$J_{ik}=\{j=1,2,\cdots,B_i)\mid\Delta_{ijk}^{(1)}(t_0)>0\}, \quad i=1,2,\cdots,E; \quad k=1,2,\cdots,K$$

此时，从这个机动仓库补充的第 k 种耗材的总量为

$$\Delta_{ijk}^{(2)}(t_0) = \sum_{j\in J_{ik}}\Delta_{ijk}^{(1)}(t_0)$$

假设第 i 个无人航空兵大队的机动仓库中有第 k 种耗材的积压库存，积压量为 $z_{ijk}^{(2)}(t_0)$。此时如果满足条件：

$$\Delta_{ijk}^{(2)}(t_0)\leqslant z_{ijk}^{(2)}(t_0), \quad k=1,2,\cdots,K$$

则说明该无人航空兵大队的机动仓库可以满足航空兵大队全部无人航空系统对第 k 种耗材的需求；否则，第 i 个无人航空兵大队向无人分队的中央机动仓库请求补充第 k 种耗材的库存：

$$\Delta_{ik}^{(2)}(t_0)=\Delta_{ik}^{(2)}(t_0)-z_{ijk}^{(2)}(t_0),\quad k=1,2,\cdots,K$$

向无人分队中央机动仓库提出这种请求的无人航空兵大队的序号集写为

$$J_k=\{i=1,2,\cdots,E)\mid\Delta_{ik}^{(1)}(t_0)>0\},\quad k=1,2,\cdots,K$$

无人航空兵大队申请的第 k 种耗材的总量可根据下式求出：

$$\Delta_k^{(3)}(t_0)=\sum_{i\in J_k}\Delta_{ik}^{(2)}(t_0),\quad k=1,2,\cdots,K$$

将这些值与无人分队中央机动仓库中第 k 种耗材的积压库存量 $z_k^{(3)}(t_0)$ 进行比较。

当满足条件：

$$\Delta_k^{(3)}(t_0)>z_k^{(3)}(t_0),\quad k=1,2,\cdots,K$$

时，无人分队将向外部环境请求补充第 k 种耗材的库存，库存补充量为

$$\Delta_k^{(W)}(t_0)>\Delta_k^{(3)}(t_0)-z_k^{(3)}(t_0),\quad k=1,2,\cdots,K$$

存在下列关系式的情况下：

$$\Delta_k^{(3)}(t_0)\leqslant z_k^{(3)}(t_0),\quad k=1,2,\cdots,K$$

无人分队的中央机动仓库可以满足无人航空兵大队的请求。

补充耗材库存的上述计算和措施到无人机编队后续行动准备阶段结束。

在作战行动过程中，无人机组件、无人航空系统、无人航空兵大队和无人分队地面设施由于故障和损坏，会随机消耗这些物资。

在这些情况下，会使用储存在各级库存管理系统中的耗材库存。耗材当前库存级达到阈值时，从系统的高层级仓库中补充库存，使其达到安全库存水平。

在无人机编队无人航空系统层面，这个过程如图 4－11 所示。

第 $k(k=1,2,\cdots,K)$ 种耗材在 $t_1^{(k)}$ 和 $t_2^{(k)}$ 时刻的当前库存量 $w_{ijk}^{(1)}$ 到安全库存级 $y_{ijk}^{(1)}(T)$ 的变化过程如图 4－10（a）所示。

库存补充可通过无人航空兵大队的机动仓库实现。

一些耗材的安全库存可能不在作战行动期间使用［图 4－10（b）］或只消耗一部分［图 4－10（c）］。在这种情况下，基于此形成某种耗材的积压库存。

我们将对无人航空兵大队机动仓库和无人分队中央机动仓库中耗材安全库存量的计算方法进行分析，确保这些耗材库存在作战行动过程中满足无人航空系统的全部库存补充请求。

我们用 $\Lambda_{ik}^{(2)}$ 表示进入第 i 个无人航空兵大队机动仓库的所有无人航空系统请求补充第 k 种耗材安全库存的泊松请求流的总强度。在这种情况下，我们认为，每个请求都包含输出一定数量的第 k 种耗材的要求。

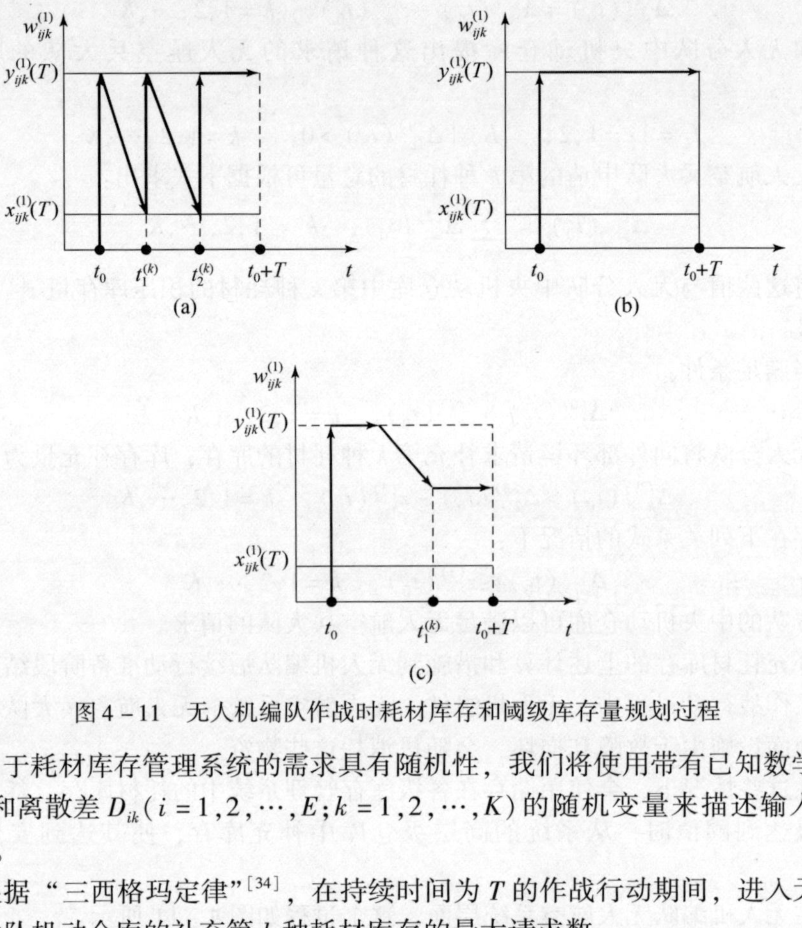

图 4-11　无人机编队作战时耗材库存和阈级库存量规划过程

由于耗材库存管理系统的需求具有随机性，我们将使用带有已知数学期望值 m_{ik} 和离散差 $D_{ik}(i=1,2,\cdots,E;k=1,2,\cdots,K)$ 的随机变量来描述输入的要求 Θ_{ik}。

根据“三西格玛定律”[34]，在持续时间为 T 的作战行动期间，进入无人航空兵大队机动仓库的补充第 k 种耗材库存的最大请求数：

$$n_{ik}(T)=[\Lambda_{ik}^{(2)}T+3\sqrt{\Lambda_{ik}^{(2)}T}] \tag{4.28}$$

此时，在作战行动期间，从第 i 个无人航空兵大队的机动仓库请求第 k 种耗材的单位（系统）的最大数量将用随机变量 Y_{ik} 描述，计算方式如下：

$$Y_{ik}=n_{ik}(T)\Theta_{ik} \tag{4.29}$$

该值的数学期望值、离散差和均方差分别为[34]

$$\begin{cases}M(Y_{ik})=n_{ik}(T)m_{ik}\\D(Y_{ik})=n_{ik}^2(T)D_{ik}\\\sigma(Y_{ik})=n_{ik}(T)\sqrt{D_{ik}}\end{cases} \tag{4.30}$$

将“三西格玛定律”应用于随机变量式（4.29）中，并且考虑到式（4.30），我们得出，其最大值可能取第 i 个无人航空兵大队机动仓库中第 k 种耗材的安全库存量：

$$y_{ik}^{(2)}(T)=[M(Y_{ik})+3\sigma(Y_{ik})],\quad k=1,2,\cdots,K$$

将式（4.30）和式（4.28）的右部代入该公式中，在简单变形后我们可以得到最终的计算公式：

$$y_{ik}^{(2)}(T)=[\Lambda_{ik}^{(2)}T+3\sigma\sqrt{\Lambda_{ik}^{(2)}T}][m_{ik}+3\sqrt{D_{ik}}],\quad i=1,2,\cdots,E;\quad k=1,2,\cdots,K \tag{4.31}$$

在第 i 个无人航空兵大队的机动仓库中，第 k 种耗材的阈级库存水平是其在 T 时间内平均消耗量的一半，我们用下列方式计算：

$$x_{ik}^{(2)}(T)=0.5\mathrm{ent}(\Lambda_{ik}^{(2)}m_{ik}T),\quad i=1,2,\cdots,E;\quad k=1,2,\cdots,K \tag{4.32}$$

根据式（4.31）计算的耗材安全库存量，必须与无人航空兵大队的机动仓库中存放的积压库存量进行对比。

我们用 $\hat{z}_{ik}^{(2)}(t_0)$ 表示在行动准备和作战行动过程中，第 i 个无人航空兵大队的机动仓库在满足其下属无人航空系统的需求后，第 k 种耗材的库存量。

如果该机动仓库中的第 k 种耗材满足下列不等式：

$$y_{ik}^{(2)}(T)>\hat{z}_{ik}^{(2)}(t_0)$$

则向中央机动仓库发出补充库存的请求，补充量如下：

$$\hat{\Delta}_{ik}^{(2)}(t_0,T)=y_{ik}^{(2)}(T)-\hat{z}_{ik}^{(2)}(t_0),\quad i=1,2,\cdots,E;\quad k=1,2,\cdots,K$$

反之，第 i 个无人航空兵大队不会向无人分队的中央机动仓库请求补充第 k 种耗材。

如果我们对作战行动期间从全部 E 个无人航空兵大队进入无人分队中央机动仓库的第 k 种耗材的泊松请求流总强度 $\Lambda_k^{(3)}$ 和描述其要求数量的随机变量 Θ_k（该值具有数值特性 m_k 和 D_k，其中 $k=1,2,\cdots,K$）进行分析，则通过类似的计算可以得出该仓库中第 k 种耗材的安全库存量为

$$y_k^{(3)}(T)=[\Lambda_k^{(3)}T+3\sqrt{\Lambda_k^{(3)}T}][m_k+3\sqrt{D_k}],\quad k=1,2,\cdots,K \tag{4.33}$$

与式（4.32）类似，第 k 种耗材的阈级库存水平将根据下列公式计算：

$$x_k^{(3)}(T)=0.5\mathrm{ent}(\Lambda_k^{(3)}m_kT),\quad k=1,2,\cdots,K \tag{4.34}$$

令 $\hat{z}_k^{(3)}(t_0)$——行动开始前给全部无人航空系统和无人航空兵大队提供物资后，无人分队的中央机动仓库中第 k 种耗材的积压库存量，其中 $k=1,2,\cdots,K$。

这时，如果满足条件：

$$y_k^{(3)}(T)>\hat{z}_k^{(3)}(t_0)$$

则向外部请求补充第 k 种耗材的库存，补充量为

$$\Delta_k^{(W)}(t_0,T)=y_k^{(3)}(T)-\hat{z}_k^{(3)}(t_0),\quad k=1,2,\cdots,K$$

反之不发出请求。

我们发现，式（4.31）~式（4.34）类型的计算公式可用于求取无人机运行时所用耗材的相关值 $y_{ijk}^{(1)}(T)$ 和 $x_{ijk}^{(1)}(T)$，耗材消耗量可用随机变量 $\Theta_{ijk}(k=1,2,\cdots,K;j=1,2,\cdots,B_i;i=1,2,\cdots,E)$ 来描述。

基于无人机编队耗材库存管理系统作用过程中收集的统计数据，我们将介绍式（4.27）和式（4.31）~式（4.34）中参数的计算方法。

基于对系统中每种耗材请求流的泊松性设想，请求流的强度将等于进入无人航空系统修理和技术保养车辆、无人航空兵大队机动仓库及无人分队中央机动仓库的两个相邻请求进入时刻的时间间隔的数学期望值的倒数[1]。

以式（4.23）和式（4.24）中的强度 $\lambda_k^{(1)}$ 为例，我们将说明上述方法的实质。其计算公式如下[11]：

$$\lambda_k^{(1)}=\frac{1}{\bar{\tau}_k^{(1)}},\quad k=1,2,\cdots,K \tag{4.35}$$

式中 $\bar{\tau}_k^{(1)}$——一架无人机运行时使用第 k 种耗材的两个请求进入的时间间隔的数学期望值。

假设这些请求进入无人航空系统修理和车辆技术保养的时刻为 $t_1^{(k)}$，$t_2^{(k)}$，…，$t_r^{(k)}$，…，$t_s^{(k)}$，如图 4-12 所示。

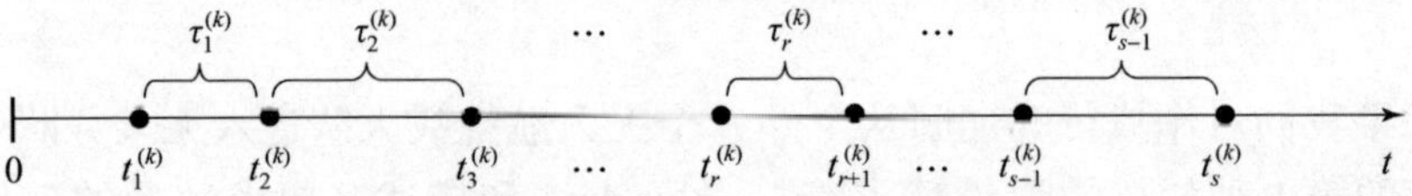

图 4-12　耗材请求流进入无人航空系统修理和车辆技术保养的时间示意图

其中，$\tau_1^{(k)}$，$\tau_2^{(k)}$，…，$\tau_r^{(k)}$，…，$\tau_{s-1}^{(k)}$——按指数定律分布的随机变量。

此时，利用图 4-12 可计算数学期望值的估值[37]，如下：

$$\bar{\tau}_k^{(1)}=\frac{1}{s-1}\sum_{r=1}^{s-1}\left(t_{r+1}^{(k)}-t_r^{(k)}\right),\quad k=1,2,\cdots,K \tag{4.36}$$

根据类似于式（4.35）和式（4.36）的表达式，基于第 i 个无人航空兵大队的机动仓库和无人分队中央机动仓库中收集的相应数据，可以计算出式（4.31）和式（4.34）中强度 $\Lambda_{ik}^{(2)}$ 和 $\Lambda_{ik}^{(3)}$ 的估值，其中 $i=1,2,\cdots,E$；$k=1,2,\cdots,K$。

在式（4.35）和式（4.36）中，随机变量 Θ_{ik} 和 Θ_k 的数学期望值与方差用的是估计值，这些估计值通过数理统计的已知公式计算得出[14]。

假设第 i 个无人航空兵大队的机动仓库收集到第 k 种耗材数量的统计数据

$\theta_1^{(ik)}$，$\theta_2^{(ik)}$，…，$\theta_r^{(ik)}$，其中 $k=1,2,\cdots,K$。此时，随机变量数值特性的未知估值计算方式如下：

$$m_{ik} = \frac{1}{r}\sum_{l=1}^{r}\theta_l^{(ik)}$$
$$D_{ik} = \frac{1}{r-1}\sum_{l=1}^{r}(\theta_l^{(ik)} - m_{ik})^2,\quad i=1,2,\cdots,E;\quad k=1,2,\cdots,K \tag{4.37}$$

根据类似的公式，但没有无人航空兵大队的编号，可求取估值 m_k 和 D_k，其中 $k=1,2,\cdots,K$。

需注意，耗材库存管理系统运行时，所需的统计数据应保存在其分布式数据库中，由修理和技术保养车辆、无人航空兵大队的机动仓库和无人分队的中央机动仓库的人员定期更新补充。补充相应的数据文件后，可根据与式（4.35）~式（4.37）类似的表达式对数据进行处理。

4.5　系统移动仓库中的材料消耗量预测

正如4.3节所述，预测功能是无人机编队库存管理系统的重要功能之一。

下面我们将介绍无人机编队在行动过程中第 k 种耗材安全库存量［根据式（4.31）和式（4.33）求出］的其中一种变化预测方法。

假设某机动仓库会定期核算每种耗材的数据，现有 K 个随机变量样本：

$$\bar{Y}_k = \{\bar{y}_{k0}, \bar{y}_{k1}, \bar{y}_{k2}, \cdots, \bar{y}_{kr}\},\quad i=(1,2,\cdots,K) \tag{4.38}$$

式中　$\bar{y}_{kl}$——第 l 个行动阶段第 k 种耗材的余量，其中 $k=1,2,\cdots,K$；$l=1,2,\cdots,r$。假设已知第 k 种耗材的阈级库存量 $x_k(T)(k=1,2,\cdots,K)$［可根据式（4.32）或式（4.34）求出］。

我们为每种耗材构建一组线性回归关系式，如下：

$$\bar{y}_k(t) = d_k - u_k t,\quad k=1,2,\cdots,K \tag{4.39}$$

如图4-13所示，系数 u_k 和 d_k 将利用最小二乘法[34]求出，如下：

$$u_k = \frac{r\sum_{l=0}^{r}t_l\,\bar{y}_{kl} - \sum_{l=0}^{r}t_l\sum_{l=0}^{r}\bar{y}_{kl}}{\left(\sum_{l=0}^{r}t_l\right)^2 - r\sum_{l=0}^{r}t_l^2},\quad d_k = \frac{\sum_{l=0}^{r}\bar{y}_{kl} + u_k\sum_{l=0}^{r}t_l}{T} \tag{4.40}$$

式中　t_l——核算仓库现有耗材的第 l 个时间点，其中 $l=1,2,\cdots,r$；$k=1,2,\cdots,K$。

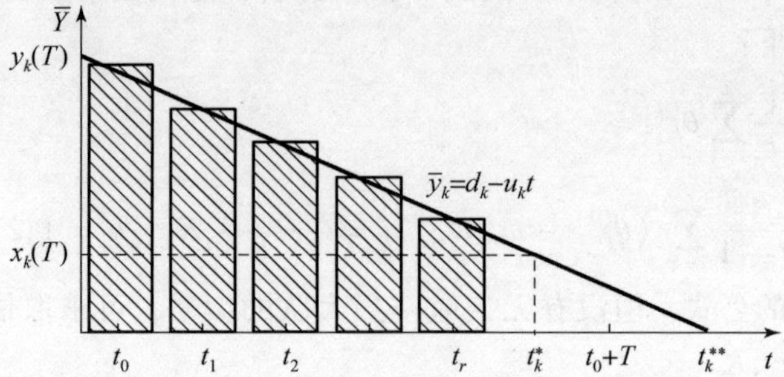

图 4-13　线性回归关系式 $\overline{y}_k = d_k - u_k t$

根据条件式 $\overline{y}_k(t) = x_k(T)$ 和式（4.39），计算每种耗材的安全库存余量达到其阈级水平的预测时间点，即

$$t_k^* = \frac{d_k - x_k(T)}{u_k}, \quad k = 1, 2, \cdots, K \tag{4.41}$$

确定变量集合 $\{t_1^*, t_2^*, \cdots, t_k^*\}$ 中的最小值和最大值：

$$\begin{cases} t_p^* = \min\limits_{1 \leqslant k \leqslant K} \{t_k^*\} \\ t_q^* = \min\limits_{1 \leqslant k \leqslant K} \{t_k^*\} \end{cases} \tag{4.42}$$

式（4.42）中，第一个公式表示，第 p 种耗材的库存量达到阈值水平，第二个公式表示第 q 种耗材的库存量达到阈值水平，$p, q \in (1, 2, \cdots, K)$。

将预测值 t_p^* 与行动结束时刻的值 $t_0 + T$ 相比较。如果满足下列条件：

$$t_p^* \geqslant t_0 + T$$

则认为，该仓库中耗材的阈级库存足以保障当前的作战行动。

反之，对计算值 $x_k(T)(k = 1, 2, \cdots, K)$ 的充分性进行分析，并在必要时增大该值。

安全库存量 $y_k(T)(k = 1, 2, \cdots, K)$ 在行动期间完全耗尽的预测时间点可利用式（4.41）计算，假设 $x_k(T) = 0$。

在这种情况下，第 k 种耗材库存完全耗尽的预测时间点 t_k^{**} 计算方式如下：

$$t_k^{**} = \frac{d_k}{u_k}, \quad k = 1, 2, \cdots, K \tag{4.43}$$

如上所述，必须将这些值与值 $t_0 + T$ 进行比较。

如果满足不等式：

$$t_k^{**} > t_0 + T, \quad k = 1,2,\cdots,K \tag{4.44}$$

则认为，该仓库中耗材的库存足以支撑当前的作战行动。

如果对于某个 $k \in (1,2,\cdots,K)$，这些条件都不满足，则必须在 $t = t_r$ 时刻及时补充其安全库存量。

耗材库存消耗量的预测算法包括以下基本步骤：

（1）定期收集和储存每种耗材剩余量的核算数据［式（4.38）］。

（2）根据式（4.40）处理这些数据，构建每种耗材运动趋势模型式（4.39）。

（3）根据式（4.41）和式（4.43）计算每种耗材当前库存量耗尽的预期时刻 t_k^* 和 t_k^{**}。

（4）定期监测每种耗材是否满足条件式（4.44）。如果满足条件，则向上级仓库订购相应数量的第 k 种耗材。如果当前 r 时刻结束时，没有一种耗材符合条件式（4.44），则跳转到算法步骤（1）。

下面我们将分析计算预测时刻的可靠性问题。

预测库存水平时，t_l 时刻每种耗材预测库存量的绝对误差为

$$\Delta_k(t_l) = \bar{y}_k(t_l) - \bar{y}_k^{\mathrm{pr}}(t_l), \quad k = 1,2,\cdots,K \tag{4.45}$$

式中　$\bar{y}_k(t_l)$ ——第 l 种耗材剩余量的核算值；

$\bar{y}_k^{\mathrm{pr}}(t_l)$ ——在 $t = t_l$，$l = 1,2,\cdots,r$ 的情况下这种耗材剩余量的预测值。

相对预测误差用下式表示：

$$\zeta_k(t_l) = \left|\frac{\bar{y}_k(t_l) - \bar{y}_k^{\mathrm{pr}}(t_l)}{\bar{y}_k(t_l)}\right| \times 100\%, \quad k = 1,2,\cdots,K \tag{4.46}$$

实践表明，如果第 k 种耗材在时间区间［t_0，t_r］内的剩余库存的平均相对预测误差：

$$\zeta_k^{\mathrm{ave}} = \frac{1}{r}\sum_{l=1}^{r}\zeta_k(t_l), \quad k = 1,2,\cdots,K \tag{4.47}$$

小于 5%，则说明这个耗材运动趋势模型适用于长期预测；如果误差大于 5% 且小于 10%，那么模型适用于短期预测；如果平均相对误差大于 10%，那么模型不适用于预测。

因此，如果线性模型式（4.39）无法达到趋势分析所需的准确性，则必须使用非线性模型：

$$\bar{y}_k = f_k(t, u_1, u_2, \cdots, u_s), \quad k = 1,2,\cdots,K$$

例 4.7

假设无人机编队在时间区间 [1, 16]h 内展开作战行动。k1 型耗材的阈级库存水平 $x_{k1}(16)=597$，而 k2 型耗材的阈级库存水平 $x_{k2}(16)=300$。这些耗材的安全库存水平分别为 $y_{k1}(16)=6805$，$y_{k2}(16)=4307$。

在 $r=8$h 的作战行动后，上述耗材的当前库存量 [式 (4.38)] 具体如下：

$$\begin{cases}\bar{Y}_1=\{6805,6805,6790,6705,6581,6494,6234,5550\}\\ \bar{Y}_2=\{4307,4307,4296,4224,4065,3977,3761,3598\}\end{cases}$$

基于这些核算数据构建的线性和非线性回归关系式如下：

$$\begin{cases}\bar{y}_{1k}(t)=d_{1k}-u_{1k}t, \quad \bar{y}_{2k}(t)=d_{2k}t^{u_{2k}}\\ \bar{y}_{3k}(t)=d_{3k}u_{3k}^{t}, \quad k=1,2\end{cases} \tag{4.48}$$

耗材 k1 和 k2 剩余量变化趋势方程的系数可通过最小二乘法求出[34]，其值如下：

$$u_{11}=150.62, d_{11}=7173.29; u_{12}=104.87, d_{12}=4538.79$$
$$u_{21}=-0.07, d_{21}=7105.21; u_{22}=-0.08, d_{22}=4507.25$$
$$u_{31}=-0.976, d_{31}=7222.12; u_{32}=0.974, d_{32}=4568.04$$

此时，预测方程式 (4.48) 可具体写为

$$\begin{aligned}&\bar{y}_{11}^{*}(t)=7173.29-150.62t, &&\bar{y}_{12}^{*}(t)=4538.79-104.87t\\ &\bar{y}_{21}^{*}(t)=7105.21t^{-0.07}, &&\bar{y}_{22}^{*}(t)=4507.25t^{-0.08}\\ &\bar{y}_{31}^{*}(t)=7222.12\times 0.976^{t}, &&\bar{y}_{32}^{*}(t)=4568.04\times 0.974^{t}\end{aligned} \tag{4.49}$$

k1 型和 k2 型耗材剩余库存量在相应时刻的计算值 $\bar{y}_{k1}^{*}$ 和 $\bar{y}_{k2}^{*}$ [由式 (4.48) 求得]，及其绝对预测误差 Δ 和相对预测误差 ζ [通过式 (4.45) 和式 (4.46) 求得] 分别如表 4-3 和表 4-4 所列。上述耗材运动趋势模型的图形表示见图 4-14 和图 4-15。

表 4-3　k1 型耗材剩余库存量在相应时刻的计算值及其绝对预测误差 Δ 和相对预测误差 ζ

t_l	$\bar{y}_{1l}$	$\bar{y}_{11l}^{pr}$	Δ_{11l}	ζ_{11l}	$\bar{y}_{21l}^{pr}$	Δ_{21l}	ζ_{21l}	$\bar{y}_{31l}^{pr}$	Δ_{31l}	ζ_{31l}
1	6805	7022.67	-217.67	0.032	7105.20	-300.20	0.044	7048.79	-243.79	0.036

续表

t_l	$\overline{y}_{1l}$	$\overline{y}_{11l}^{pr}$	Δ_{11l}	ζ_{11l}	$\overline{y}_{21l}^{pr}$	Δ_{21l}	ζ_{21l}	$\overline{y}_{31l}^{pr}$	Δ_{31l}	ζ_{31l}
2	6805	6872.05	−67.05	0.010	6772.32	32.68	0.005	6879.62	−74.62	0.011
3	6790	6721.43	65.87	0.010	6584.87	205.13	0.030	6714.51	75.49	0.011
4	6705	6570.81	134.19	0.020	6455.03	249.97	0.037	6553.36	151.64	0.023
5	6581	6420.19	160.81	0.024	6356.08	224.92	0.034	6396.08	184.92	0.028
6	6494	6429.57	224.43	0.035	6276.36	217.64	0.034	6242.57	251.43	0.039
7	6234	6118.95	115.05	0.018	6209.74	24.26	0.004	6092.75	141.25	0.023
8	5550	5968.33	−418.33	0.075	6152.60	−602.60	0.109	5946.52	−396.52	0.071

表4－4　k2型耗材剩余库存量在相应时刻的计算值及其绝对预测误差Δ和相对预测误差ζ

t_l	$\overline{y}_{2l}$	$\overline{y}_{12l}^{pr}$	Δ_{12l}	ζ_{12l}	$\overline{y}_{22l}^{pr}$	Δ_{22l}	ζ_{22l}	$\overline{y}_{32l}^{pr}$	Δ_{32l}	ζ_{32l}
1	4307	4433.92	−126.92	0.029	4507.25	−200.25	0.046	4449.27	−142.27	0.033
2	4307	4329.05	−22.05	0.005	4266.86	40.14	0.009	4333.59	−26.59	0.006
3	4296	4224.18	71.82	0.017	4132.23	163.77	0.038	4220.92	75.08	0.017
4	4224	4119.31	104.69	0.025	4039.29	184.71	0.044	4111.17	112.83	0.027
5	4065	4014.44	50.56	0.012	3968.64	96.36	0.024	4004.28	60.72	0.015
6	3977	3909.57	67.43	0.017	3911.83	65.17	0.016	3900.17	76.83	0.019
7	3761	3804.70	−43.70	0.012	3864.44	−103.44	0.028	3798.77	−37.77	0.010
8	3598	3699.83	−101.83	0.028	3823.85	−225.85	0.063	3700.00	−102.00	0.028

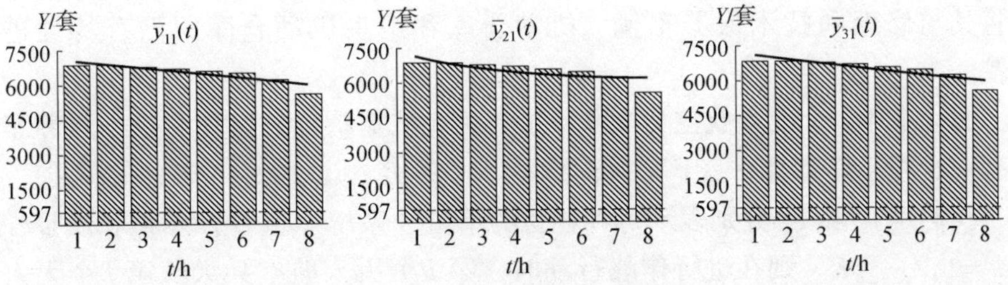

图4－14　k1型耗材运动趋势模型

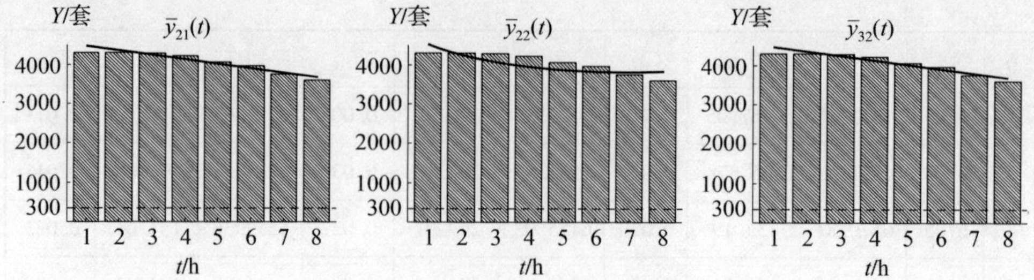

图 4-15　k2 型耗材运动趋势模型

当 $T=16\text{h}$ 时，对于式（4.48），耗材 k1 和 k2 库存量的平均相对预测误差可通过式（4.47）计算得出：

$$\zeta_{11}^{\text{ave}}=2.8\%,\quad \zeta_{21}^{\text{ave}}=3.7\%,\quad \zeta_{31}^{\text{ave}}=3\%$$

因此，对于这两种耗材而言，最准确的模型是用式（4.39）描述的耗材库存运动趋势线性模型。

对于研究的每种耗材，当前库存量的预期耗尽时刻可通过式（4.43）计算：

$$t_1^{**}=44\text{h},\quad t_2^{**}=40\text{h}$$

当 $t_0+T=17\text{h}$ 时，由式（4.44）可知，作战行动期间无须补充该种耗材的库存。

4.6　无人机编队耗材库存管理系统的仓库管理

正如前面所述，N 架无人机组成的无人机编队在执行时长为 T 的任务时，所需的耗材库存都保存在无人航空系统的修理和技术保养车辆、无人大队的机动仓库和分队的中央机动仓库中。在作战行动开始前，生成所需的耗材库存量。由此产生了耗材装载库存的体积和重量特性估算问题，此外，还需将其与修理和技术保养车辆、机动仓库和中央机动仓库的已有特性进行比较。

假设在第 i 个无人航空兵大队第 j 个无人航空系统的修理和技术保养车辆中有一个用于储存耗材（V_{ij}^*，其中 $j=1,2,\cdots,B_i$；$i=1,2,\cdots,E$）的隔舱。

我们用 v_k 和 g_k 分别表示每种耗材的单位（系统、包装）体积和质量，其中 $k=1,2,\cdots,K$。则在进行作战行动时，第 i 个无人航空兵大队第 j 个无人航空系统的修理和技术保养车辆中，所需耗材安全库存的体积如下：

$$V_{ij}(T) = \sum_{k=1}^{K} v_k y_{ijk}(T), \quad j = 1,2,\cdots,B_i; \quad i = 1,2,\cdots,E$$

式中　$y_{ijk}(T)$——第 k 种耗材相应的安全库存，可以根据式（4.27）中的第一个公式计算得出。

将所得的值与 V_{ij}^* $(j=1,2,\cdots,B_i; i=1,2,\cdots,E)$ 进行比较，如果满足下列关系式：

$$V_{ij} > V_{ij}^*, \quad j=1,2,\cdots,B_i; \quad i=1,2,\cdots,E$$

则减少修理和技术保养车辆中第 k 种耗材的数量，其中 $k=1,2,\cdots,K$。

系统仓库设备的主要单元是越野卡车上具有相应容量和载重量的机动仓库。这种卡车结构示意图如图 4-16 所示。

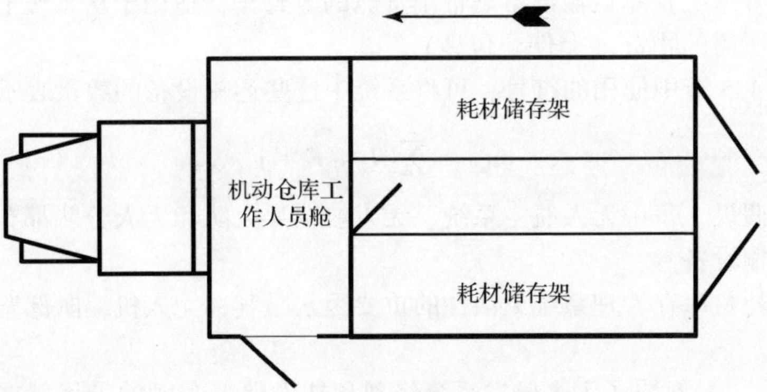

图 4-16　卡车结构示意图

机动仓库工作人员舱中除了一些生命保障设备以外，还放置了仓库主管和仓库管理员的自动工作站，工作站可以访问无人机编队机动分布式自动控制系统的通信网络[2]。

假设载重量为 G^* 的经典机动仓库配备容积为 V^* 的耗材储存舱。

第 i 个无人航空兵大队行动所需的耗材安全库存的体积和质量可根据下列公式计算：

$$V_i(T) = \sum_{k=1}^{K} v_k y_{ik}(T), \quad G_i(T) = \sum_{k=1}^{K} g_k y_{ik}(T), \quad i = 1,2,\cdots,E$$

式中　$y_{ik}(T)$——第 k 种耗材的安全库存，根据式（4.31）计算。

对于第 i 个无人航空兵大队，所需的机动仓库数量计算方式如下：

$$m_i = \max\left\{\left[\frac{V_i(T)}{V^*}\right],\left[\frac{G_i(T)}{G^*}\right]\right\}, \quad i=1,2,\cdots,E \tag{4.50}$$

和前面一样，$[(\cdot)]$表示四舍五入取整运算。

耗材库存的体积和重量以及所需的机动仓库数量可根据下式求出：

$$\begin{cases} V(T) = \sum_{k=1}^{K} v_k y_k(T), \quad G(T) = \sum_{k=1}^{K} g_k y_k(T) \\ m_z = \max\left\{\left[\dfrac{V(T)}{V^*}\right]\cdot\left[\dfrac{G(T)}{G^*}\right]\right\} \end{cases} \tag{4.51}$$

式中 $y_k(T)$——根据式（4.33）计算得出的第 k 种耗材的安全库存。

因此，耗材库存管理系统的总仓库数为

$$M_{ck} = \sum_{i=1}^{E} m_i + m_t \tag{4.52}$$

式（4.52）中的参数可通过式（4.50）和式（4.51）计算。

另一种系统仓库运输设备是带小货舱的越野车，适用于从系统上级仓库中灵活运送所需的物资（套件、包裹）。

利用4.5节中使用的符号，可将系统中这些运输设备的数量表示为

$$m_{ts} = \sum_{i=1}^{E} B_i + E + 1$$

这里假设，每个无人航空系统、无人航空兵大队和无人分队都有一个这样的辅助运输设备。

影响耗材库存管理系统灵活性的重要因素是其在无人机编队部署区存储位置的优化。

文献［2］解决了无人航空系统修理和技术保养车辆的最优部署问题，以确保修理和技术保养车辆与其服务的系统组件保持最短距离。

下面我们将研究无人飞行大队机动仓库和分队中央机动仓库的最佳部署问题。

对于第 i 个无人航空兵大队中系统的第 j 辆修理和技术保养车辆，在大地测量坐标系中给定其坐标(x_{ij}, y_{ij})，其中 $j=1,2,\cdots,B_i$；$i=1,2,\cdots,E$。

需要确定在该无人航空兵大队中，距离第 B_i 辆修理和技术保养车辆部署点最近的机动仓库的部署坐标$(x_{i,\mathrm{MC}}, y_{i,\mathrm{MC}})$，其中 $i=1,2,\cdots,E$。

为了便于解决问题，我们省略无人航空兵大队的编号"i"，并将点(x_j, y_j)和点$(x_{\mathrm{MC}}, y_{\mathrm{MC}})$之间的距离的二次方之和作为机动仓库部署的最佳准则，即

$$f = \sum_{j=1}^{B} [(x_j - x_{\mathrm{MC}})^2 + (y_j - z_{\mathrm{MC}})^2] \to \min \tag{4.53}$$

E 个无人航空兵大队中每个大队的这种简化任务陈述如图4－17所示，其中 R_j 为第 j 个无人航空系统部署区域（$j=1,2,\cdots,B$）。

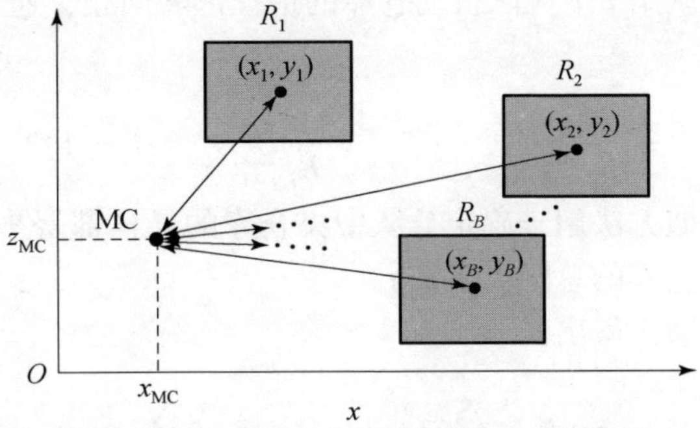

图 4-17　无人飞行大队机动仓库最佳部署问题图示

函数 $f(x_{MC}, y_{MC})$[19] 的极值必要条件如下：

$$\begin{cases} \dfrac{\partial f}{\partial x_{MC}} = -2\sum_{j=1}^{B}(x_j - x_{MC}) = 0 \\ \dfrac{\partial f}{\partial z_{MC}} = -2\sum_{j=1}^{B}(y_j - z_{MC}) = 0 \end{cases} \tag{4.54}$$

将这些方程进行相应的转换，得到下列表达式：

$$\begin{cases} \sum_{j=1}^{B} x_j - Bx_{MC} = 0 \\ \sum_{j=1}^{B} x_j - Bz_{MC} = 0 \end{cases} \tag{4.55}$$

由此可以得到问题式（4.53）的未知解：

$$x_{MC}^0 = \frac{1}{B}\sum_{j=1}^{B} x_j, \quad y_{MC}^0 = \frac{1}{B}\sum_{i=1}^{B} y_j \tag{4.56}$$

例 4.8

假设某个无人航空兵大队由 $B=5$ 个无人航空系统组成。

修理和技术保养车辆的部署位置为

$$(x_1, y_1) = (80, 60)\text{km}, \quad (x_2, y_2) = (20, 40)\text{km}$$

$$(x_3, y_3) = (60, 30)\text{km}, \quad (x_4, y_4) = (40, 10)\text{km}$$

$$(x_5, y_5) = (70, 10)\text{km}$$

根据式（4.56），该大队“服务”无人航空系统全部修理和技术保养车辆的机动仓库的部署坐标为

$$x_{MC}^0 = \frac{1}{5}\sum_{j=1}^{5} x_j = 54\text{km}, \quad y_{MC}^0 = \frac{1}{5}\sum_{j=1}^{5} y_j = 30\text{km}$$

回到无人分队第 i 个大队机动仓库的最佳部署问题，通过式（4.56）可将其一般解写作：

$$x_{\mathrm{MC},i}^{0} = \frac{1}{B_i}\sum_{j=1}^{B_i} x_{ij}, \quad y_{\mathrm{MC},i}^{0} = \frac{1}{B_i}\sum_{j=1}^{B_i} y_{ij}, \quad i = 1,2,\cdots,E \tag{4.57}$$

我们还将类似方法用于确定分队中央仓库的最佳部署坐标（x_{C}^{0}，y_{C}^{0}）（到所有大队的机动仓库的总距离最短）。

使用上述方法，得出：

$$x_{\mathrm{C}}^{0} = \frac{1}{E}\sum_{i=1}^{B_i} x_{\mathrm{MC},i}^{0}, \quad y_{\mathrm{C}}^{0} = \frac{1}{E}\sum_{i=1}^{E} y_{\mathrm{MC},i}^{0} \tag{4.58}$$

值得一提的是，式（4.57）和式（4.58）的应用意味着，在无人机编队部署地区使用 GLONASS/GPS 卫星导航系统设备部署修理和技术保养车辆、无人航空系统、无人航空兵大队机动仓库和无人分队中央机动仓库。

总之，我们发现，国内外文献中几乎没有关于大型无人机编队应用物流问题的相关研究，这个问题是非常重要的，为此需要进行更深入的研究。

第 5 章 单架无人机运动的数学模型

无人机编队应用最重要的任务无疑是使用无人机运动数学模型生成每架无人机的飞行程序。

根据1.2节，本章将具体说明适用于飞机构型无人机的运动方程式（1.3）和式（1.4）。同时，讨论飞机作为固体的通用运动方程，并基于这些方程和必要的设想推导无人机质心控制运动简化方程的求取方法，这种简化方程不仅适用于这种构型的无人机，还适用于各类经典的无人机，如“鸭”式无人机、“飞行翼”式无人机和“无尾”式无人机。

对于这些构型的无人机，一般将式（1.7）类型的向量作为间接控制 $\boldsymbol{u}(t)$ 的向量，然后将向量式（1.7）变换为式（1.8）描述的经典式无人机的直接控制向量 $\boldsymbol{\Delta}(t)$。

我们注意到，出于简写的需要，式（1.3）~式（1.9）中省略了表示编队中无人机编号的下标“k”。

本章基于构建的无人机空间飞行模型，创建了垂直面和水平面局部运动模型，并得出其中使用的间接控制向量 $\boldsymbol{u}(t)$ 的具体形式。

本章的一手资料是无人机在地理坐标系（经度、维度、高度）中的运动模型。这种模型用于为无人机的远程和超远程飞行及海上飞行进行程序设计。本章还会介绍无人机稳定飞行模型，这在现有的文献中没有相关的描述。

接下来的几章由于使用了大量的公式，因此公式的序号采用三重编号。

5.1 无人机空间运动模型

在关于飞行动态的现有文献（文献［3］中列举了详细的清单）中，飞行器被看作有6个自由度的固体，可实现3种质心平移运动和3种相对质心的旋转运动。

在速度坐标系中，无人机质心动态运动方程为[3]

$$m\dot{V} = \sum F_x \tag{5.1.1}$$

$$mV\omega_z = \sum F_y \tag{5.1.2}$$

$$mV\cos\theta\omega_y = \sum F_z \tag{5.1.3}$$

式中　m——无人机的质量；

$V = \boldsymbol{V}(t)$——无人机在 t 时刻的速度；

$\dot{V} = \dot{V}(t)$——无人机速度的时间导数（无人机在 t 时刻的加速度）；

$\theta = \theta(t)$——无人机轨迹的倾斜角；

$\sum F_x$、$\sum F_y$、$\sum F_z$——作用于无人机的全部力在速度坐标系的轴（Z_x）、（Z_y）和（Z_z）上的投影总和；

ω_x、ω_y、ω_z——无人机相对耦合坐标系相应轴的旋转角速度。

耦合坐标系中无人机绕其质心旋转的动态方程为

$$\begin{cases} \boldsymbol{J}_x\dot{\omega}_x + (\boldsymbol{J}_z - \boldsymbol{J}_y)\omega_y\omega_z = \boldsymbol{M}_x \\ \boldsymbol{J}_y\dot{\omega}_y + (\boldsymbol{J}_x - \boldsymbol{J}_z)\omega_x\omega_z = \boldsymbol{M}_y \\ \boldsymbol{J}_z\dot{\omega}_z + (\boldsymbol{J}_y - \boldsymbol{J}_x)\omega_y\omega_x = \boldsymbol{M}_z \end{cases} \tag{5.1.4}$$

式中　$\boldsymbol{M}_x$、$\boldsymbol{M}_y$、$\boldsymbol{M}_z$——相对于质心作用在无人机上的全部力在这些轴上的力矩投影总和；

$\boldsymbol{J}_x$、$\boldsymbol{J}_y$、$\boldsymbol{J}_z$——无人机相对于耦合坐标系轴的主要中心惯性矩。

在描述无人机的运动时，为了与所用的坐标系保持一致，可使用下列方程[3]：

$$\begin{cases} \dot{\psi} = \dfrac{1}{\cos\vartheta}(\omega_y\cos\gamma - \omega_z\sin\gamma) \\ \dot{\vartheta} = \omega_y\sin\gamma - \omega_z\cos\gamma \\ \dot{\gamma} = \omega_x - \mathrm{tg}\vartheta(\omega_y\cos\gamma - \omega_z\sin\gamma) \end{cases} \tag{5.1.5}$$

$$\begin{cases} \sin\theta = \cos\alpha\cos\beta\sin\vartheta - (\sin\alpha\cos\beta\cos\gamma + \sin\beta\sin\gamma)\cos\vartheta \\ \sin\psi\cos\theta = \cos\alpha\cos\beta\sin\psi\cos\vartheta \\ \qquad + \sin\alpha\cos\beta(\cos\psi\sin\gamma + \sin\psi\sin\vartheta\cos\gamma) \\ \qquad - \sin\beta(\cos\psi\cos\gamma - \sin\psi\sin\vartheta\sin\gamma) \\ \sin\gamma_c\cos\theta = \cos\alpha\sin\beta\sin\vartheta \\ \qquad - \cos\vartheta(\sin\alpha\sin\beta\cos\gamma - \cos\beta\sin\gamma) \end{cases} \tag{5.1.6}$$

$$\begin{cases}\dot{x} = V\cos\theta\cos\psi \\ \dot{y} = V\sin\theta \\ \dot{z} = V\cos\theta\sin\psi\end{cases} \tag{5.1.7}$$

式中　ψ、ϑ、γ——无人机的偏航角、俯仰角和倾斜角；

Ψ——无人机轨迹的旋转角；

α、β——无人机的迎角和滑动角；

x、y、z——无人机在地面坐标系（M_{xyz}）中的坐标，详见文献［3］所述。

包含 15 个方程式的方程组（5.1.1）~方程组（5.1.7），用于描述无人机相对地面坐标轴无控制飞行的空间运动。

该坐标系是封闭式坐标系，即未知函数 $V(t)$、$\theta(t)$、$\Psi(t)$、$\alpha(t)$、$\beta(t)$、$\gamma_c(t)$、$\omega_x(t)$、$\omega_z(t)$、$\vartheta(t)$、$\psi(t)$、$\gamma(t)$、$x(t)$、$y(t)$、$z(t)$ 的数量与其维数一致。

为了实现无人机的控制飞行，必须在这些方程的基础上添加直接控制装置的偏转角方程［见式（1.9）］，借此可以改变式（5.1.1）~式（5.1.7）右部的值，从而改变无人机在空间中的位置。

图 5－1 所示为经典构型无人机的空气动力飞行控制装置[3]。

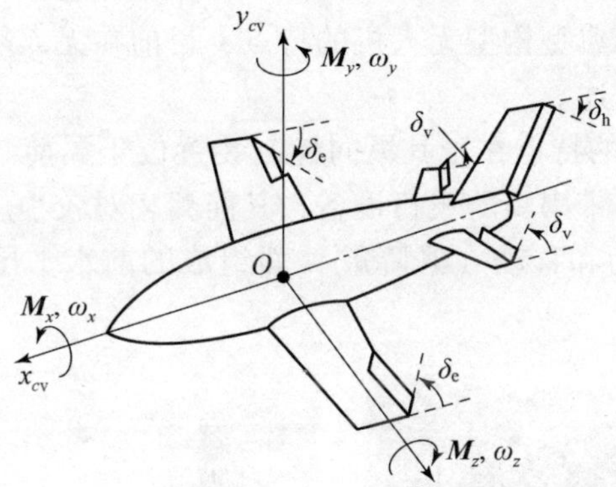

图 5－1　经典构型无人机的空气动力飞行控制装置

这些装置可以改变无人机的运动参数：

- 升降舵偏转角 δ_v，改变俯仰角 ϑ、力矩 M_z 和角速度 ω_z；
- 方向舵偏转角 δ_h，借助该装置可改变偏航角 ψ、力矩 M_y 和速度 ω_y；
- 影响倾斜角 γ 变化的副翼偏转角 δ_e，倾斜角的变化会导致参数 M_x、ω_x、M_y 和 ω_y 发生变化。

在这种情况下认为，当相关的控制装置向下偏转时，δ_v 和 δ_e 为正，而当舵往右偏转时，δ_h 为正。

选择值 $\delta_v=\delta_v(t)$，$\delta_h=\delta_h(t)$，$\delta_e=\delta_e(t)$ 随时间的变化规律，可以得到不同类型的运动方式，如无人机质心运动，以及相对其质心的运动，可用式（5.1.1）~式（5.1.7）描述。

我们发现，不同构型的无人机，其控制装置的组成也是不同的。例如，“鸭”式无人机使用前稳定器的旋转角作为 δ_v，而“飞行翼”式无人机使用差动副翼的旋转角作为 δ_v。

图 5-2 所示为“丹”经典飞机构型无人机[3]。

图 5-2 “丹”经典飞机构型无人机

下面简要介绍非典型构型无人机的特点，目前在无人航空技术相关文献中几乎找不到这样的描述。

“鸭”式无人机的特点在于其纵向控制装置位于翼前（图 5-3）。这种构型的无人机可以看作带串翼的飞行设备，其前翼相对较小。在这种情况下，一般由固定（稳定）面和移动（升降舵）面组成的前水平尾翼，携带大部分的空气动力载荷。

图 5-3 “鸭”式无人机

为了简化无人机的结构，无人机的前水平尾翼一般是全动的。与其他类型的飞行器相比，这种无人机既有优点也有缺点。这种结构的主要优点是可以提高无人机的机动性。此外，“鸭”式无人机还有一个优点，即机翼单位面积的载重量增加。后者是由于前水平尾翼升力与主翼升力的方向一致。这种结构的主要缺点是前水平尾翼流分离导致飞行器纵向不稳定，这会导致飞行器前部的升力损失，从而使飞行器纵向失去平衡。

“无尾”式结构的特点是，没有独立于机翼的水平控制面（图5-4）。

图5-4 “无尾”式无人机

为了控制这种无人机的飞行，使用被称为“升降副翼”的平面，它们在机翼后沿呈对称分布，在控制倾角时发挥副翼和升降舵的作用。为了控制无人机的倾斜角，副翼采用差动偏转方式：向右偏转时，右副翼上偏、左副翼下偏；向左偏转时则相反，左副翼上偏、右副翼下偏。

由于没有机身尾部和尾翼的空气动力表面，“无尾”式无人机的结构质量、空气动力阻力和成本显著降低，这是“无尾”式无人机的优点。

“无尾”式无人机的主要缺点是其纵向运动的不稳定性，并且机翼趋向于相对自身横轴旋转。“无尾”式无人机的另一个缺点是俯仰控制面的力臂短。因此，传统的平衡装置——升降舵距离质心非常近（对于直翼“无尾”式飞机而言），其效率随着这些控制面力臂值的减少而显著降低。后者意味着，为了生成所需的操纵力，升降舵需要偏转较大的角度。

“飞行翼”式无人机如图5-5所示。

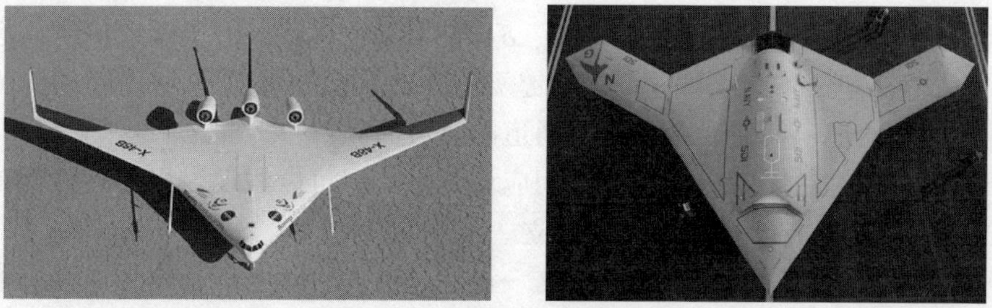

图5-5 “飞行翼”式无人机

相比传统构型的飞行器，这种飞行器有很多优点。由于没有机身和空气动力尾翼面，“飞行翼”式无人机的结构质量、空气动力阻力和成本显著降低。此外，由于惯性较小，无人机的纵向和航向机动性提高。大多数“飞行翼”无人机的动力装置和目标载荷要么位于机翼，要么位于较普通飞行器缩短的机身上。近年来，在设计用于军事目的的无人机时，尤其会关注这些特征，如有效散射面积（表征物体散射电磁波的特性）。无人机有效散射面积的增加意味着雷达的可见度较大。因此，“飞行翼”方案最适合制造有效散射面积小的无人机。与传统无人机相比，“飞行翼”空气动力方案的特点是其能够在同等延长机翼时达到更高的巡航飞行空气动力特性值，并且有效载荷提高25%~30%。

“飞行翼”结构的缺点是水平和垂直尾翼安装位置难以选择，因此，存在确保无人机纵向与航向稳定性与操纵性的可行性问题（与飞行器在纵轴和法线轴上的紧凑性相关）及稳定和控制装置相对质心的力臂较短的问题。此外，对于此类无人机而言，还需要使用很高的底盘，以创造足以安全起飞和滑跑着陆的迎角，而这会导致无人机的结构质量增加。

“飞行翼”式无人机还有一个缺点，即为了部署目标负荷和组件而又不会使无人机总体尺寸显著增大，无人机中心截面会使用相对较厚的机翼剖面，因此该型无人机的飞行马赫临界数较小。

和“无尾”式无人机一样，此类无人机的主要控制装置也是安装在机翼尾端或者中央部分的升降副翼。“飞行翼”式无人机没有水平控制装置。大型无人机可以使用可分裂闸板形式的气闸。

模型式（5.1.1）~式（5.1.7）对于求解15次非线性微分方程和超越方程组是非常复杂的，它不适用于对野外使用条件下的无人机编队进行飞行程序设计。

为了实际实现这一过程，需要简化上述模型。

正如文献［3］所述，为了解决航迹问题，可以将无人机看作质量为 m 的质点，其运动可用式（5.1.1）、式（5.1.3）和式（5.1.7）描述。

假设在无人机飞行程序设计时对式（5.1.4）和式（5.1.6）不予考虑[3]。

在实际飞行中，舵面偏转 $\delta_v \neq 0$、$\delta_e \neq 0$ 和 $\delta_h \neq 0$ 后，由于无人机绕质心摆动，角 α、β 和 γ 不会立即建立，而是要过一段时间才稳定，这段时间称为无人机沿俯仰通道、偏航通道和倾斜通道的过渡时间。

为了有效控制无人机，过渡时间应该足够小，可以假设，当无人机控制装置的位置变化时，α、β 和 γ 瞬间建立。

关于无人机控制系统理想性的这一设想，可以将无人机看作无惯性旋转对象，为此满足条件[3]：

$$J_x = J_y = J_z = 0$$

因此，由式（5.1.4）可得

$$M_x = M_y = M_z = 0 \tag{5.1.8}$$

后者意味着，当控制作用的值变化时，α、β 和 γ 瞬间取值，此时这些时间等于0。在这种情况下假设，无人机是一个平衡稳定的物体，并且在整个飞行期间满足式（5.1.8）。

模型式（5.1.1）~式（5.1.3）具有实际应用的可能性，因为无人机的质心运动具有很大的惯性，而其绕质心的摆动引起的飞行轨迹偏离相对较小[3]。

假设角速度 $\omega_z = \dot{\theta}$ 和 $\omega_y = \dot{\Psi}$，则这些方程可写为

$$\begin{cases} m\dot{V} = \sum F_x \\ mV\dot{\theta} = \sum F_y \\ mV\cos\theta \cdot \dot{\Psi} = \sum F_z \end{cases} \tag{5.1.9}$$

我们将所得方程的右部具体化。已知，有以下力作用于飞行中的无人机：G 为无人机的重力，$G = mg$；P 为无人机发动机的推力；X 为正面阻力；Y 为升力；Z 为侧力[3]。

图 5-6 所示为这些力在速度坐标系（$Ox_{ck}y_{ck}$）、耦合坐标系（$Ox_{cv}y_{cv}$）及地面坐标系（Oxy）平面上的位置。

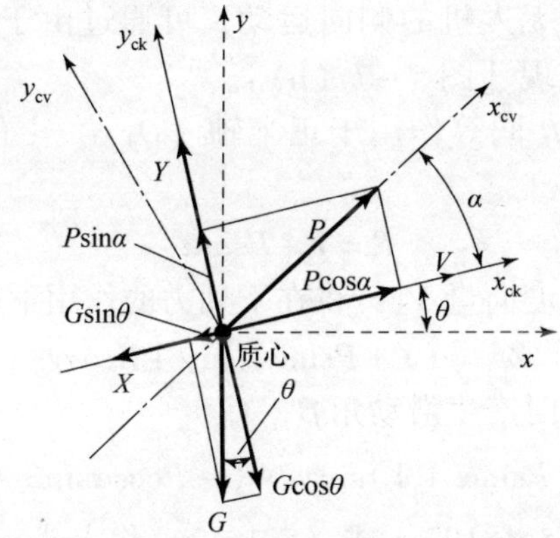

图 5-6　这些力在不同坐标系平面上的位置

由图 5-6 可知，这些力在轴（Ox_{ck}）上的投影和为

$$\sum F_x = P\cos\alpha - X - G\sin\theta \tag{5.1.10}$$

相应地，力在轴（Oy_{ck}）上的投影和根据下列公式计算：

$$\sum F_x = P\cos\alpha - X - G\sin\theta \tag{5.1.11}$$

力的总和式（5.1.10）确保改变无人机的飞行速度 V（t）的向量值。第二个力和式（5.1.11）使速度向量 $\boldsymbol{V}(t)$绕质心转动 θ 度（地面和速度坐标系之间的夹角）。

我们分析了和 $\sum F_z$ 中包含的力，力和 $\sum F_z$ 确保速度向量 $\boldsymbol{V}(t)$绕轴（Oy_{ck}）转动 Ψ 度［轴（Ox）和（Ox_{ck}）间的夹角］。确保无人机这样转动的方法如图 5－7 所示。

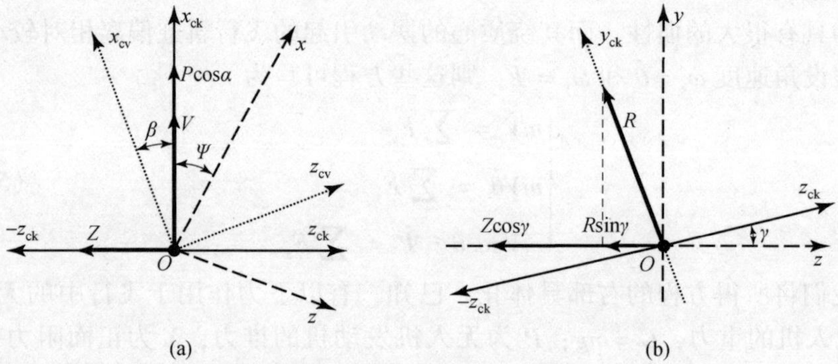

图 5－7　无人机机动方法示意图

无人机在固定飞行高度上的侧向机动，可通过方向舵转动角 δ_{h} 和由此产生的侧向空气动力 Z 来实现［图 5－7（a）］。

在第二种方法中，无人机的侧向运动，可通过由于副翼偏离相应角度 δ_{e} 而产生的倾斜角 γ 来实现［图 5－7（b）］。

在图 5－7 中，力 R 同等作用于正半轴（Oy_{ck}）上的全部力（图 5－6），计算方式如下：

$$R = Y + P\sin\alpha$$

在这种情况下，速度向量 $\boldsymbol{V}(t)$将在下列力的作用下旋转角度 Ψ：

$$Z^* = (Y + P\sin\alpha)\sin\gamma + Z\cos\gamma$$

因此，无人机倾斜时产生滑动角 β，有

$$\sum F_Z = (P\sin\alpha + Y)\sin\gamma + (-P\cos\alpha\sin\beta + Z)\cos\gamma \qquad (5.1.12)$$

这样一来，将式（5.1.10）~式（5.1.12）代入式（5.1.9）之后得到：

$$\begin{cases} m\dot{V} = P\cos\alpha\cos\beta - X - mg\sin\theta \\ m\dot{V}\theta = (P\sin\alpha + Y)\cos\gamma \\ \qquad -(Z - P\cos\alpha\sin\beta)\sin\gamma - mg\cos\theta \\ mV\cos\theta \cdot \dot{\psi} = (P\sin\alpha + Y)\sin\gamma \\ \qquad + (Z - P\cos\alpha\sin\beta)\cos\gamma \end{cases} \qquad (5.1.13)$$

无人机的实际飞行实践表明，在这些方程中的角度 α 和 β 不会超过 20°。

由于 $\sin 20° = 0.342$，$\cos 20° = 0.940$，因此可以认为

$$\sin\alpha \approx \alpha, \quad \sin\beta \approx \beta$$

这种误差不大于 2%。

替换可得

$$\cos\alpha \approx 1, \quad \cos\beta \approx 1$$

此时，误差不超过 6%[3]。

这种误差在工程计算中是被允许的，因此式（5.1.13）可以简化为

$$\begin{cases} m\dot{V} = P - X - mg\sin\theta \\ mV\dot{\theta} = (P\alpha + Y)\cos\gamma - (Z - P\beta)\sin\gamma - mg\cos\theta \\ mV\cos\theta \cdot \dot{\psi} = (P\alpha + Y)\sin\gamma + (Z - P\beta)\cos\gamma \end{cases}$$

根据常微分方程[3]理论中采用的正常书写方式，这一方程组可写作：

$$\begin{cases} \dot{V} = \dfrac{P - X}{m} - g\sin\theta, \quad t \in [t_0, t_K] \\ \dot{\theta} = \dfrac{(P\alpha + Y)\cos\gamma - (Z - P\beta)\sin\gamma}{mV} - \dfrac{g}{V}\cos\theta \\ \dot{\Psi} = \dfrac{(P\alpha + Y)\sin\gamma + (Z - P\beta)\cos\gamma}{mV\cos\theta} \end{cases} \tag{5.1.14}$$

对于该模型而言，可使用向量式（1.7）作为间接控制 $\boldsymbol{u}(t)$ 的向量。

利用文献［3］的结果，可对所得方程作进一步简化。

其中指出，无人机的第一种侧向机动方法（倾斜角 $\gamma = 0$ 情况下的平面转向）较少应用于实践中，因为 β 角较小时，大部分无人机的机身和面积较小的垂直尾翼无法生成足够大的侧向空气动力 Z。

对于机动性不高的无人机，假设式（5.1.14）中的角 $\gamma = 0$，得到以下模型：

$$\begin{cases} \dot{V} = \dfrac{P - X}{m} - g\sin\theta, \quad t \in [t_0, t_K] \\ \dot{\theta} = \dfrac{P(\alpha + \varphi_{\text{db}}) + Y}{mV} - \dfrac{g}{V}\cos\theta \\ \dot{\Psi} = \dfrac{Z - P\beta}{mV\cos\theta} \end{cases} \tag{5.1.15}$$

我们发现，该模型中引入了发动机安装角 φ_{db}，该角等于发动机轴线与无人机基准轴线之间的夹角。在设计无人机时，为了确保无人机的纵向稳定性，所选的该角度的值较小。

对于模型式（5.1.15），间接控制向量有

$$u(t)=(P(t),\alpha(t),\beta(t))$$

角 φ_{db} 应作为因子（$\alpha+\varphi_{db}$）放入式（5.1.14）的第二个方程和第三个方程中。此外，为了得到动态方程式（5.1.14）和式（5.1.15）完整的无人机运动模型，应该添加式（5.1.17）形式的运动方程。

第二种侧向机动方法在倾斜角 $\gamma\neq0$ 时产生需要的侧向力，该方法在实践中的应用最为广泛。在这种情况下，假设 $\beta=0$ 和 $Z=0$。

利用这个假设，通过式（5.1.14）和式（5.1.7）可得到无人机在时间区间 $[t_0,t_K]$ 内的空间运动模型：

$$\dot{V}=\frac{P-X}{m}-g\sin\theta,\quad t\in[t_0,t_K] \tag{5.1.16}$$

$$\dot{\theta}=\frac{[P(\alpha+\varphi_{db})+Y]\cos\gamma}{mV}-\frac{g}{V}\cos\theta \tag{5.1.17}$$

$$\dot{\Psi}=\frac{[P(\alpha+\varphi_{db})+Y]\sin\gamma}{mV\cos\theta} \tag{5.1.18}$$

$$\dot{x}=V\cos\theta\cos\Psi \tag{5.1.19}$$

$$\dot{y}=V\sin\theta \tag{5.1.20}$$

$$\dot{z}=V\cos\theta\sin\Psi \tag{5.1.21}$$

该模型在生成无人机控制时用作基础模型。

该微分方程组的初始条件给定了无人机在空间中初始位置的特征，可以写为

$$V(t_0)=V_0,\quad \theta(t_0)=\theta_0,\quad \Psi(t_0)=\Psi_0 \tag{5.1.22}$$

$$x(t_0)=x_0,\quad y(t_0)=y_0,\quad z(t_0)=z_0 \tag{5.1.23}$$

值得一提的是，模型式（5.1.14）、式（5.1.7）和式（5.1.15）、式（5.1.7）中也使用了这种初始条件。

式（5.1.16）~式（5.1.21）中有 6 个方程和 9 个未知函数：$V(t)$、$\theta(t)$、$\Psi(t)$、$x(t)$、$y(t)$、$z(t)$、$P(t)$、$\alpha(t)$ 和 $\gamma(t)$。

选择相应的推力 $P=P(t)$、迎角 $\alpha=\alpha(t)$ 和倾斜角 $\gamma=\gamma(t),t\in[t_0,t_K]$ 控制定律，以确保无人机沿所需的轨迹运动。

将这些函数代入式（5.1.16）~式（5.1.18）的右部，并且可使用文献［3］所述的数值法之一在初始条件式（5.1.21）和式（5.1.23）下对所得的封闭式（5.1.16）~式（5.1.21）求积分。

在满足相应限制条件的给定间接控制向量 $\boldsymbol{u}(t)=(P(t),\alpha(t),\gamma(t))$ 下，科西问题式（5.1.16）~式（5.1.23）的求解过程可以看作模拟无人机在时间区间 $[t_0,t_K]$ 内的控制运动。

我们通过作用在无人机上的过载来编写动态方程式（5.1.16）~式（5.1.18）。

无人机过载向量 $\boldsymbol{n}=(n_x,n_y,n_z)$ 的分量可表示为

$$n_x=\frac{P-X}{mg},\quad n_y=\frac{P(\alpha+\varphi_{\text{db}})+Y}{mg},\quad n_z=\frac{Z-P\beta}{mg} \tag{5.1.24}$$

借此将式（5.1.14）改写为无量纲形式，如下：

$$\begin{cases}\dot{V}=(n_x-\sin\theta)g\\ \dot{\theta}=\dfrac{(n_y\cos\gamma-n_z\sin\gamma-\cos\theta)g}{V}\\ \dot{\Psi}=\dfrac{(n_y\sin\gamma+n_z\cos\gamma)g}{V\cos\theta}\end{cases} \tag{5.1.25}$$

根据式（5.1.24），模型式（5.1.15）可写作：

$$\begin{cases}\dot{V}=(n_x-\sin\theta)g\\ \dot{\theta}=\dfrac{(n_y-\cos\theta)g}{V}\\ \dot{\Psi}=\dfrac{n_z g}{V\cos\theta}\end{cases} \tag{5.1.26}$$

在过载情况下，式（5.1.16）~式（5.1.18）可用下列表达式表示：

$$\dot{V}=(n_x-\sin\theta)g \tag{5.1.27}$$

$$\dot{\theta}=(n_y\cos\gamma-\cos\theta)\frac{g}{V} \tag{5.1.28}$$

$$\dot{\Psi}=\frac{gn_y\sin\gamma}{V\cos\theta} \tag{5.1.29}$$

某些使用无人机控制飞行模型的理论性文献，将运动方程式（5.1.25）~式（5.1.29）中的向量 $\boldsymbol{u}(t)=(n_x(t),n_y(t),n_z(t))$ 和 $\boldsymbol{u}(t)=(n_x(t),n_y(t),\gamma(t))$ 用作控制向量。

需注意，上文所得的无人机运动模型是第1章中用式（1.3）和式（1.4）表示的总模型的具体形式。

式（5.1.14）~式（5.1.18）中的空气动力 X、Y 和 Z，在无人机飞行过程中可用下列表达式表示：

$$\begin{cases}X=0.5c_x\rho(y)V^2S\\ Y=0.5c_y\rho(y)V^2S\\ Z=0.5c_z\rho(y)V^2S\end{cases} \tag{5.1.30}$$

式中 c_x、c_y、c_z——无人机正面阻力、升力和侧力的无量纲系数；

$\rho(y)$——高度 y 上的空气密度，其值可从标准大气压表格中选择，或者根据下列近似公式计算[3]：

$$\rho(y)=\rho_0 e^{-ky},\quad y\geqslant 0 \tag{5.1.31}$$

式中 $\rho_0=1.2250\text{kg/m}^3$——$y=0$ 和经验系数 $k=0.0001$ 时的空气密度。

此外，式（5.1.30）中包含无人机的飞行速度 V 和机翼面积 S。

式（5.1.30）是计算力 X、Y 和 Z 的近似公式，因为该公式没有考虑空气的压缩性及其在无人机机身上的摩擦力。为了解决亚声速无人机在实践中最普遍的飞行动力学航迹问题，这种假设是可行的[3]。

我们把式（5.1.30）中的关系式 $c_x=c_x(\alpha,V)$、$c_y=c_y(\alpha,V)$ 和 $c_z=c_z(\alpha,V)$ 具体化。

值得一提的是，在研究无人机和飞行器飞行建模问题的现有文献（参阅文献［3］的图书索引）中，适用于具体无人机的这种关系式的构建问题并未提及。

我们根据具体无人机样机的风洞试验结果，介绍这些关系式[3]的形成方法。

无人机的升力系数可表示为

$$c_y=c_y^{\alpha}(\alpha,\alpha_0) \tag{5.1.32}$$

式中 c_y^{α}——c_y 相对迎角 α 的导数；

$\alpha_0<0$——迎角的阻尼值。

使用具体的角度值 α_0 时，由该公式得出：

$$c_y=c_y^{\alpha}\alpha_0+c_y^{\alpha}\alpha \tag{5.1.33}$$

当 $\alpha=0$ 时，系数 c_y 的值 c_{y0} 计算方式如下：

$$c_{y0}=c_y^{\alpha}\alpha_0 \tag{5.1.34}$$

假设由无人机的风洞试验结果可得到导数 c_y^{α} 与马赫数（Ma）的试验关系，用下列形式表示：

$$(Ma_i,c_{yi}^{\alpha}),i=1,2,\cdots,k$$

我们通过线性关系式、二次方关系式和立方关系式来求取这些近似数据：

$$\begin{cases}c_y^{\alpha}(Ma)=d_0+d_1Ma\\c_y^{\alpha}(Ma)=d_0+d_1Ma+d_2Ma^2\\c_y^{\alpha}(Ma)=d_0+d_1Ma+d_2Ma^2+d_3Ma^3\end{cases} \tag{5.1.35}$$

并从中选取最全面的试验数据。

在式（5.1.35）中，d_i 是通过最小二乘法计算的相应近似函数的系数[34]。

接下来我们将使用最简单的一次关系式。

在这种情况下，原始式（5.1.33）和式（5.1.34）可具体表示为

$$\begin{cases} c_y(\alpha, Ma) = (d_0 + d_1 Ma)(\alpha + \alpha_0) \\ c_{y0}(\alpha, Ma) = \alpha_0(d_0 + d_1 Ma) = b_0 + b_1 Ma \end{cases} \tag{5.1.36}$$

用下列公式可计算无人机的正面阻力系数：

$$c_x = c_{x0} + Ac_y^2 \tag{5.1.37}$$

式中　c_{x0}——该系数在零升力情况下的值。系数 A 取决于无人机机翼的几何特性。

当 $c_y = 0$ 且数值 Ma 不同时，由无人机极线图得到的试验值 $c_{x0}(Ma)$ 具有下列数值组：

$$(Ma_j, c_{x0j}),\quad j = 1, 2, \cdots, r$$

这些数据的线性近似值可写作：

$$c_{x0}(Ma) = c_0 + c_1 Ma$$

式中　c_0、c_1——通过上述方法算出的近似系数。

根据文献［3］，系数 A 根据下列公式计算：

$$A = \frac{1}{\pi\lambda_{\text{ef}}} \tag{5.1.38}$$

其中，无人机机翼的有效展弦比根据下列表达式计算：

$$\lambda_{\text{ef}} = \frac{1}{1 + (\pi\lambda/100\cos^2\chi)} \tag{5.1.39}$$

式中　χ——机翼后掠角。

该表达式中包含的无人机机翼的几何展弦比计算方式如下：

$$\lambda = l/b_{\text{A}} \tag{5.1.40}$$

式中　b_{A}——平均气动翼弦；

l——无人机机翼的翼展。

根据系数 c_{x0}、c_y 和数值 A 的关系式，式（5.1.37）可以写为

$$c_x(\alpha, Ma) = (c_0 + c_1 Ma) + A\,(d_0 + d_1 Ma)^2\,(\alpha + \alpha_0)^2$$

将关系式 $c_x(\alpha, Ma)$ 和 $c_y(\alpha, Ma)$ 看作飞行速度 V 的函数。已知 $Ma = V/a$，其中 a 为高度 y 上的声速，$a = a(y)$。

此时，c_y 和 c_x 的关系式用于使式（5.1.30）具体化，它们将采用下列形式：

$$\begin{cases} c_y(\alpha, V) = c_{y0}(V) + c_y^{\alpha}(V)\alpha \\ \qquad = \left(b_0 + \dfrac{b_1}{a}V\right) + \left(d_0 + \dfrac{d_1}{a}V\right)\alpha \\ c_x(\alpha, V) = \left(c_0 + \dfrac{c_1}{a}V\right) + A\,\left(d_0 + \dfrac{d_1}{a}V\right)^2(\alpha + \alpha_0)2 \end{cases} \tag{5.1.41}$$

如果无人机采取高度变化较大的飞行方式，那么在式（5.1.41）中必须使用声速与高度的关系式 $a=a\ (y)$，或者使用近似公式[3]：

$$a(y)=340-0.004y \tag{5.1.42}$$

为了进一步使用式（5.1.30），我们将式（5.1.41）以更紧凑的方式书写：

$$c(a,V)=B(V,a)+D(V,a)\alpha \tag{5.1.43}$$

$$c_x(a,V)=E(V,a)+K(V,a)(\alpha+\alpha_0)^2 \tag{5.1.44}$$

辅助函数取决于这些关系式中的无人机速度和声速，可以写为

$$\begin{cases} B(V,a)=b_0+\dfrac{b_1}{a}V, \quad D(V,a)=d_0+\dfrac{d_1}{a}V \\ E(V,a)=c_0+\dfrac{c_1}{a}V, \quad K(V,a)=AD^2(V,\alpha) \end{cases} \tag{5.1.45}$$

式中　b_0、b_1、c_0、c_1、d_0、d_1——在无人机研制阶段处理风洞试验结果时得到的经验系数。

式（5.1.30）中的系数 c_z 可表示为

$$c_z=c_z^{\beta}\beta \tag{5.1.46}$$

式中　c_z^{β}——滑动角 β 导数，根据无人机风洞试验结果确定。

例 5.1

我们计算了其中一种无人机的气动特性，该无人机的参数如表 5-1 所列。当 $\alpha_0=-0.007°$ 时，式（5.1.32）可具体表示为

$$c_y=0.007c_y^{\alpha}+c_y^{\alpha}\alpha$$

表 5-1　无人机的参数

无人机的参数	参数值
无人机的质量	$m=350\text{kg}$
机翼面积	$s=1.4\text{m}^2$
机翼的后掠角	$\chi=0\text{rad}$
翼展	$l=2.64\text{m}$
机翼的平均气动翼弦	$b_{\text{A}}=0.546\text{m}$
无人机发动机的安装角	$\varphi_{\text{d}}=-3.5\text{rad}$
巡航发动机的推力范围	$P_{\min}=58.86\text{N}$ $P_{\max}=1208.65\text{N}$

续表

无人机的参数	参数值
可容许迎角的范围	$\alpha_{\min} = -6\text{rad}$ $\alpha_{\max} = 14\text{rad}$
倾斜角的变化范围	$\pm 65\text{rad}$
滑动角的变化范围	$\pm 10\text{rad}$
最大使用过载	$n_y^{\max} = (-3 \sim 9)g$
飞行速度范围	$V_{\min} = 80.55\text{m/s}$ $V_{\max} = 200\text{m/s}$
中心惯性矩	$\boldsymbol{J}_x = 2.1\text{kg}\cdot\text{m}\cdot\text{s}^2$ $\boldsymbol{J}_y = 31\text{kg}\cdot\text{m}\cdot\text{s}^2$ $\boldsymbol{J}_z = 30\text{kg}\cdot\text{m}\cdot\text{s}^2$
平衡迎角	$\alpha_0 = -0.4°$
飞行高度范围	$h_{\min} = 300\text{m}$ $h_{\max} = 9000\text{m}$

在这种情况下，计算 c_{y0} 值的式（5.1.34）如下：

$$c_{y0} = 0.007c_y^{\alpha}$$

根据无人机风洞试验的结果得出的导数 c_y^{α} 与马赫数（Ma）的试验关系见表 5－2。

表 5－2　导数 c_y^{α} 与马赫数（Ma）的试验关系

Ma	0.13	0.35	0.5	0.6	0.7	0.74	0.78	0.82
$c_y^{\alpha}/\text{rad}^{-1}$	4.5	4.75	4.92	5.02	5.23	5.43	5.43	5.18

当 $Ma \in [0.13, 0.82]$ 时，利用 MathCAD 软件，通过线性、二次方和三次方关系式（5.1.35）求取这些数据的近似值，得到：

$$\begin{cases} c_y^{\alpha}(Ma) = 4.312 + 1.291Ma \\ c_y^{\alpha}(Ma) = 4.322 + 1.233Ma + 0.06Ma^2 \\ c_y^{\alpha}(Ma) = 4.657 - 2.064Ma + 8.102Ma^2 - 5.61Ma^3 \end{cases}$$

接下来我们将使用最简单的一次关系式。

在这种情况下，式（5.1.36）可具体表示为

$$\begin{cases} c_{y0}(Ma) = -0.007(4.312 + 1.291Ma) = -0.03018 - 0.009Ma \\ c_{y0}(\alpha, Ma) = (4.312 + 1.291Ma)(\alpha + 0.007) \end{cases} \tag{5.1.47}$$

当 $c_y = 0$ 和 $Ma \in [0.35, 0.82]$ 时，由无人机的极线图得到式（5.1.37）中关系式 $c_{x0}(Ma)$ 的试验值，如表 5-3 所列。

表 5-3　关系式 $c_{x0}(Ma)$ 的试验值

Ma	0.35	0.6	0.74	0.82
c_{x0}	0.028	0.028	0.032	0.042

这些数据的线性近似值为

$$c_{x0}(Ma) = 0.017 + 0.025Ma$$

使用表 5-1 中的数据，根据式（5.1.38）~式（5.1.40）进行计算，得出参数值 $A = 0.0759$。

考虑到上文所得的结果，系数 c_x 的表达式写为

$$c_x(\alpha, Ma) = (0.017 + 0.025Ma) + (1.188 + 0.356Ma)^2 (\alpha + 0.007)^2 \tag{5.1.48}$$

我们将关系式 $c_x(\alpha, Ma)$ 和 $c_y(\alpha, Ma)$ 看作飞行速度 V 的函数。当无人机的飞行高度值不大时，我们假设声速等于 340m/s。

此时，式（5.1.47）和式（5.1.48）是关系式（5.1.41）的具体形式，写为

$$\begin{cases} c_y(\alpha, V) = (0.030184 + 0.0002647V) + (4.315 + 0.003794V)\alpha \\ c_x(\alpha, V) = (0.017 + 0.00007353V) + (1.188 + 0.001047V)^2(\alpha + 0.007)^2 \end{cases}$$

将所得的结果用广义表达式（5.1.43）和式（5.1.44）的形式表示：

$$\begin{cases} c_y(a, V) = B(a, V) + D(a, V)\alpha \\ c_x(a, V) = E(a, V) + K(a, V)(\alpha + 0.007)^2 \end{cases}$$

其中，对于具体的参数值 $a = 340\text{m/s}$，辅助函数 B、D、E、K 具有下列形式：

$$\begin{cases} B(V) = 0.030184 + 0.0002647V \\ D(V) = 4.312 + 0.003794V \\ E(V) = 0.017 + 0.00007353V \\ K(V) = (1.188 + 0.001047V)^2 \end{cases}$$

根据该无人机模型风洞试验的结果得到的系数值 c_z，可通过滑动角 β 的关系式来计算：

$$c_z(\beta)=c_z^{\beta}\beta=-1.146\beta,\quad \beta\in[-10°,10°]$$

我们发现，该公式中的角 β 用度表示。

因此，式（5.1.14）~式（5.1.18）、式（5.1.24）中使用的力 X、Y 和 Z，在无人机控制运动建模时应该看作函数：

$$X=X(\alpha,V,y),\quad Y=Y(\alpha,V,y),\quad Z=Z(\beta,V,y) \tag{5.1.49}$$

其具体形式用式（5.1.30）、式（5.1.31）和式（5.1.42）~式（5.1.46）表示。

为了在无人机运动模型式（5.1.16）~式（5.1.23）中运用关系式（5.1.49），无人航空系统和无人航空兵大队相关人员应从开发人员处获取式（5.1.43）~式（5.1.45）类型的关系式 $c_x(a,V)$ 和 $c_y(a,V)$，而使用模型式（5.1.14）和式（5.1.15）时，则需要从开发人员处获取用式（5.1.46）描述的关系式 $c_z(\beta)$。

5.2　无人机在垂直面和水平面飞行的模型

现有的无人机在执行目标任务的过程中具有严格位于垂直面或水平面的飞行阶段。在这些情况下，无人机的飞行可在文献［3］所述的起始坐标系和机动坐标系中实现。

在对无人机这些飞行阶段进行编程时，可以由总模型式（5.1.16）~式（5.1.23）转换为更简单的无人机控制飞行局部模型。

无人机在垂直面的飞行特点：$\gamma(t)\equiv 0$ 和 $\Psi(t)\equiv 0$。由后者可知，角速度 $\dot{\Psi}(t)\equiv 0$。

将这些值代入式（5.1.16）~式（5.1.21）中，我们可以得到无人机的纵向运动模型[3]：

$$\dot{V}=\frac{P-X}{m}-g\sin\theta, t\in[t_0,t_K] \tag{5.2.1}$$

$$\dot{\theta}=\frac{P(\alpha+\varphi_{\rm dv})+Y}{mV}-\frac{g}{V}\cos\theta \tag{5.2.2}$$

$$\dot{x}=V\cos\theta \tag{5.2.3}$$

$$\dot{y}=V\sin\theta \tag{5.2.4}$$

这些模型的初始条件如下：

$$V(t_0)=V_0,\quad \theta(t_0)=\theta_0,\quad x(t_0)=x_0,\quad y(t_0)=y_0 \tag{5.2.5}$$

由于正面阻力 X 和升力 Y 在式（5.2.1）和式（5.2.2）中用式（5.1.49）表示，因此无人机在垂直面的所有航迹通过选择相应的间接控制向量 $\boldsymbol{u}(t)=(P(t),\alpha(t))$ 来获得。

当无人机在高度为 $y=h$ 的垂直面飞行时，有 $\dot{y}(t)\equiv 0$，$\theta(t)\equiv 0$，$\dot{\theta}(t)\equiv 0$。将这些值代入式（5.1.16）~式（5.1.18），我们得到下列表达式：

$$\begin{cases}\dot{V}=\dfrac{P-X}{m}, \quad t\in[t_0,t_K]\\ (P(\alpha+\varphi_{\mathrm{dv}})+Y)\cos\gamma-mg=0\\ \dot{\Psi}=\dfrac{(P(\alpha+\varphi_{\mathrm{dv}})+Y)\sin\gamma}{mV}\end{cases} \tag{5.2.6}$$

这里的第二个方程描述无人机在固定高度 h 飞行时满足的条件。由模型式（5.2.6）的最后一个表达式得出无人机的质量：

$$m=\frac{1}{g}[P(\alpha+\varphi_{\mathrm{dv}})+Y]\cos\gamma$$

然后删除式（5.2.6）的最后一个表达式。

用式（5.2.6）的右部替换第一个方程式和第二个方程式中的参数 m，得到无人机水平面运动模型的最终动态方程[3]：

$$\dot{V}=\frac{[P-X(\alpha,V,h)]g}{[P(\alpha+\varphi_{\mathrm{dv}})+Y]\cos\gamma} \tag{5.2.7}$$

$$\dot{\Psi}=\frac{g\tan\gamma}{V}, t\in[t_0,t_K] \tag{5.2.8}$$

考虑到上述假设，运动学方程式（5.1.19）~式（5.1.21）可写作：

$$\dot{x}=V\cos\Psi \tag{5.2.9}$$

$$\dot{z}=V\sin\Psi \tag{5.2.10}$$

初始条件式（5.1.22）和式（5.1.23）如下：

$$V(t_0)=V_0, \quad \Psi(t_0)=\Psi_0, \quad x(t_0)=x_0, \quad z(t_0)=z_0 \tag{5.2.11}$$

模型式（5.2.7）~式（5.2.10）中的间接控制是指下面向量：

$$\boldsymbol{u}(t)=(P(t),\alpha(t),\gamma(t)), \quad t\in[t_0,t_K]$$

科西问题式（5.2.7）~式（5.2.11）用于在选定控制 $P^*(t)$，$\alpha^*(t)$，$\gamma^*(t)$，$t\in[t_0,t_K]$的情况下，模拟无人机在水平面上的飞行过程。

5.3 地理坐标系中的无人机运动模型

当前，使用 GLONASS/GPS 卫星导航系统设备作为无人机导航设备已经成为一种全球趋势，这使得可以精确地计算出其在直角大地坐标和地理坐标（经度 λ，纬度 φ，高度 h）中的当前位置和速度分量。这些坐标可用于对远程无人机空中飞行进行编程，以及在舰载和岸基无人机海上区域飞行时使用。

我们将介绍在地理坐标系中构建无人机控制飞行模型所需的基本概念。

从几何学上说，地球体是对地球形状最完整的描述，它是以不受干扰的海洋表面为界并延伸到地球大陆之下的空间物体，其表面各个点上的法线都与重力方向平行。

地球可以近似看作半径为 6371110m 的球体，并且可以用球坐标来描述无人机的运动。

为了更准确地计算无人机的轨迹，重力平面用椭圆绕其短轴旋转获得的椭圆体表示。这种形状称为一般地球椭圆体，在 WGS－84 全球坐标系中用以下参数值进行描述：

- 椭圆体的长半轴等于地球赤道的总半径 $a_0 = 6378137\text{km}$；
- 椭圆体的扁率：

$$a_o = \frac{a_o - b_o}{a_o} = \frac{1}{298.25722}$$

式中　b_o——地球椭圆体的短半轴。

我们发现，苏联使用 PZ－90 地心坐标系，它以克拉索夫斯基椭圆体为基础，用参数 $a_K = 6378136\text{m}$ 和 $\alpha_K = 1/298.2578\text{m}$ 描述。

如图 5－8 所示的参数用来描述地理坐标系中点的位置。

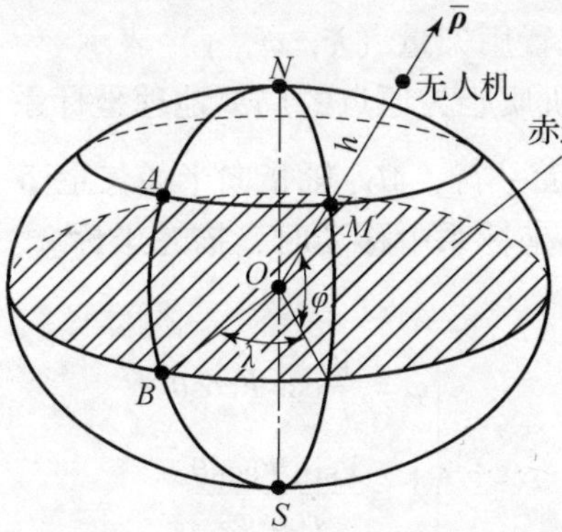

图 5－8　地理坐标系及其参数

在图 5－8 中：

- 经度 λ——格林尼治子午线 $NABS$ 平面与经过点 M 的局部子午线之间的

二面角。格林尼治子午线以东的经度为正数（$\lambda>0$），以西的经度为负数（$\lambda<0$）。

• 纬度 φ——赤道面与经过椭圆体中心 O 和点 M 的半径矢量 $\bar{\boldsymbol{\rho}}$ 之间的夹角。在这种情况下，赤道以北的点 $\varphi>0$，赤道以南的点 $\varphi<0$。

• 高度 h——沿半径矢量 $\bar{\boldsymbol{\rho}}$ 从椭圆面 M 点（从海平面）到无人机位置的距离。

后面将用参数 r——沿半径矢量 $\bar{\boldsymbol{\rho}}$ 从点 O 到无人机质心的距离来替代参数 h。

这种方法可以使用地心坐标系（x, y, z）来描述无人机的飞行动态，该坐标系叫作局部地理坐标系（图 5-9）。

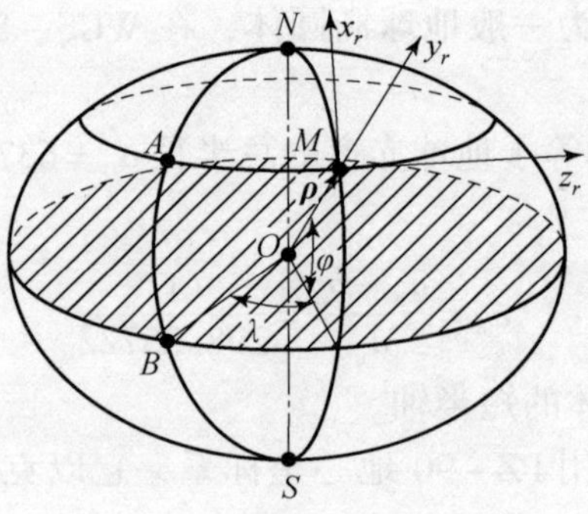

图 5-9　局部地理坐标系

该坐标系的参考平面是赤道平面和格林尼治子午线平面。在这种情况下，无人机质心在空间中的位置用矢量（λ, φ, γ）表示。

图 5-8 也是以无人机质心为原点的局部地理坐标系（$Mx_ry_rz_r$），其中 Mx_r 轴指向北，Mz_r 轴与赤道面平行，My_r 轴指向半径矢量 $\bar{\boldsymbol{\rho}}$。

当无人机质心在地心坐标系中移动时，描述坐标 λ、φ 和 γ 的变化的运动学微分方程如下：

$$\begin{cases} \dot{\varphi}=\dfrac{V}{r}\cos\Psi\cos\theta \\ \dot{\lambda}=\dfrac{V\sin\Psi\cos\theta}{r\cos\varphi} \\ \dot{r}=V\sin\theta \end{cases} \tag{5.3.1}$$

假设有

$$\sin(\alpha+\varphi_{\mathrm{db}})=(\alpha+\varphi_{\mathrm{db}}),\quad \cos(\alpha+\varphi_{\mathrm{db}})=1,\quad \beta=0;\quad Z=0$$

则无人机质心运动动态方程可写作：

$$\begin{cases}\dot{V}=\dfrac{P-X(\alpha,V,h)}{m}-g\sin\theta\\ \dot{\theta}=\left(\dfrac{V}{r}-\dfrac{g}{V}\right)\cos\theta+\dfrac{1}{mV}[P(\alpha+\varphi_{\mathrm{db}})+Y(\alpha,V,h)]\cos\gamma\\ \dot{\Psi}=\dfrac{V}{r}\tan\varphi\sin\Psi\cos\theta+\dfrac{1}{mV\cos\theta}[P(\alpha+\varphi_{\mathrm{db}})+Y(\alpha,V,h)]\sin\gamma\end{cases} \tag{5.3.2}$$

其中，$\theta=\theta(t)$和$\Psi=\Psi(t)$在如图 5－10 所示的坐标系（$Mx_ry_rz_r$）中测量。

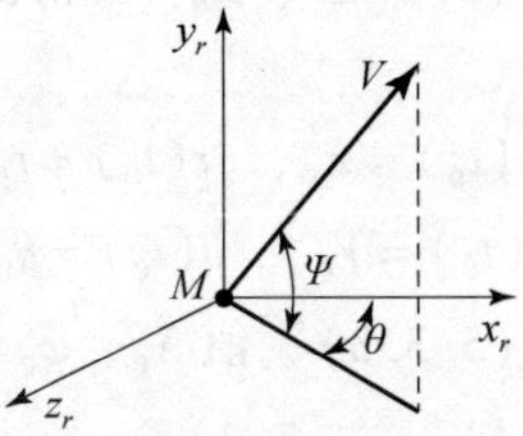

图 5－10　坐标系（$Mx_ry_rz_r$）

力 X、Y 和 P 的值取决于无人机当前的飞行高度。无人机当前飞行高度可根据下式计算：

$$h(t)=r(t)-a\sqrt{\frac{1-e^2}{1-e^2\cos\varphi(t)}} \tag{5.3.3}$$

式中　$\varphi(t)$、$r(t)$——方程组（5.3.1）的积分结果；

e——地球椭圆体的偏心率：

$$e=\sqrt{1-\frac{b^2}{a^2}} \tag{5.3.4}$$

通过一般椭圆体和克拉索夫斯基椭圆体的上述特征来计算这个参数，有

$$e_0^2=9.5769\times10^{-3},\quad e_k^2=6.6934\times10^{-3}$$

考虑到不同椭圆体的参数值 a 和 e^2 不同，根据式（5.3.3）可知，无人机在苏联领土上飞行和在其领土外飞行时的飞行高度 $h(t)$将取不同的值。

在第二种情况下，式（5.3.3）可具体写为

$$h(t)=r(t)-6378254\sqrt{\frac{1-6.6934\times10^{-3}}{1-6.6934\times10^{-3}\cos\varphi(t)}}$$

$$=r(t)-\frac{6367401.7}{\sqrt{1-6.6934\times10^{-3}\cos\varphi(t)}}$$

将这个公式对 t 求微分，得到：

$$\dot{h}=\dot{r}+\frac{22073.871\sin\varphi}{\sqrt{(1-0.00693\cos\varphi)^3}}\dot{\varphi}$$

再将式（5.3.1）第一个方程和第三个方程的右部代入这个公式，得到微分方程如下：

$$\dot{h}=V\sin\theta+\frac{22073.871V\cos\Psi\cos\theta\sin\varphi}{r\sqrt{(1-0.00693\cos\varphi)^3}} \tag{5.3.5}$$

因此，无人机在克拉索夫斯基椭圆体地理坐标（λ，φ，r）上的制导飞行数学模型用式（5.3.1）、式（5.3.2）、式（5.3.5）表示，在下列初始条件下对这些公式进行积分：

$$\begin{aligned}&\varphi(t_0)=\varphi_0,\quad \lambda(t_0)=\lambda_0,\quad r(t_0)=r_0\\&h(t_0)=h_0,\quad V(t_0)=V_0,\quad \theta(t_0)=\theta_0,\quad \Psi(t_0)=\Psi_0\end{aligned} \tag{5.3.6}$$

在这种情况下，基于式（5.3.3），值 λ_0、φ_0 和 r_0 的关系可用下列表达式表示：

$$h_0-r_0+a_K\sqrt{\frac{1-e_K^2}{1-e_K^2\cos\varphi_0}}=0$$

值得一提的是，现有的无人机飞行动力学文献中没有提到这种模型。

在固定高度 $h(t)=h$（h 为常数）上飞行，是无人机的一种普遍飞行模式。

由式（5.3.3）可以得到下列关系式：

$$r(\varphi)=h+a\sqrt{\frac{1-e^2}{1-e^2\cos\varphi}} \tag{5.3.7}$$

在这种情况下，运动学方程式（5.3.1）可写作：

$$\begin{aligned}\dot{\varphi}&=\frac{V}{r(\varphi)}\cos\theta\cos\Psi\\\dot{\lambda}&=\frac{V\cos\theta\sin\Psi}{r(\varphi)\cos\varphi}\end{aligned} \tag{5.3.8}$$

其中，$r(\varphi)$用式（5.3.7）表示。

因此，无人机在固定高度 h 的地球椭圆体上的制导飞行模型用式（5.3.2）、式（5.3.8）表示，可将式（5.3.7）形式的关系式 $r=r(\varphi)$ 代入这些公式中。

现有的无人机飞行动力学文献中也没有提到这种模型。

在上述模型中，无人机的间接控制向量是指向量：

$$\boldsymbol{u}(t)=(P(t),\alpha(t),\gamma(t)),\quad t\in[t_0,t_K]$$

我们利用模型式（5.3.2）、式（5.3.8）和式（5.3.7）阐述使用逆控制问题理论方法求取向量 $\boldsymbol{u}=\boldsymbol{u}(t)$ 的过程。

假设无人机在时间区间 $[t_0,t_K]$ 内以给定速度 $V_z=V_z(t)$ 飞行所需的飞行轨迹可用下列函数表示：

$$\varphi_n=\varphi_n(t),\lambda_n=\lambda_n(t),t\in[t_0,t_K] \tag{5.3.9}$$

需注意，这些函数必须满足条件式（5.3.6）。

如果要求无人机在 $t=t_K$ 时刻位于下列坐标点：

$$\varphi(t_K)=\varphi_K,\lambda(t_K)=\lambda_K$$

那么在形成定律式（5.3.9）时，也必须考虑这些条件。

例5.2

假设无人机在时间区间 $[t_0,t_K]$ 内应在 h 为常数的飞行高度完成由点 (φ_0,λ_0) 到点 (φ_K,λ_K) 的飞行。

在这种情况下，满足这些边界条件的函数式（5.3.9）可以用下列公式表示：

$$\begin{cases}\varphi_n(t)=\varphi_0+\dfrac{t-t_0}{t_K-t_0}(\varphi_K-\varphi_0)\\ \lambda_n(t)=\lambda_0+\dfrac{t-t_0}{t_K-t_0}(\lambda_K-\lambda_0)\end{cases}$$

利用式（5.3.7）计算函数 $r_n=r_n(t)$。对函数式（5.3.9）求微分，将所得的导数和式（5.3.9）代入式（5.3.8）中，经过简单转换得到求解函数 $\theta_n=\theta_n(t)$ 和 $\Psi_n=\Psi_n(t)$ 的下列方程组：

$$\begin{cases}V_z\cos\theta\cos\Psi=\dot{\varphi}_t r_t\\ V_z\cos\theta\sin\Psi=\dot{\lambda}_t r_t\cos\varphi_t\end{cases} \tag{5.3.10}$$

我们将计算参数方程组（5.3.10）的解析解。

用方程组的第二个方程除以第一个方程，得到：

$$\tan\Psi_n=\frac{\dot{\lambda}_n\cos\varphi_n}{\dot{\varphi}_n} \tag{5.3.11}$$

利用式（5.3.11）计算关系式：

$$\cos\Psi_n=\frac{1}{\sqrt{1+\tan^2\Psi_n}}=\frac{\dot{\varphi}_n}{\sqrt{\dot{\varphi}_n^2+\dot{\lambda}_n^2\cos^2\varphi_n}}$$

这时，由方程组（5.3.10）的第一个方程得到：

$$\cos\theta_n=\frac{r_n}{V_z}\sqrt{\dot{\varphi}_n^2+\dot{\lambda}_n^2\cos^2\varphi_n} \tag{5.3.12}$$

因此，无人机沿轨迹式（5.3.9）飞行时需要的角度 θ 和 Ψ 的变化定律可根据式（5.3.11）、式（5.3.12）确定：

$$\begin{cases}\Psi_n(t)=\arctan\left(\dfrac{\dot{\lambda}_n(t)\cos\varphi_n(t)}{\dot{\varphi}_n(t)}\right)\\ \theta_n(t)=\arccos\left(\dfrac{r_n(t)}{V_z(t)}\sqrt{\dot{\varphi}_n^2(t)+\dot{\lambda}_n^2(t)\cos^2\varphi_n(t)}\right)\end{cases}\tag{5.3.13}$$

这些函数和 $V_z=V_z(t)$，$r_n=r_n(t)$，$\varphi_n=\varphi_n(t)$ 组成参数方程组，用于计算确保无人机按所需轨迹式（5.3.9）运动的控制向量 $\boldsymbol{P}^*(t)$、$\boldsymbol{\alpha}^*(t)$、$\boldsymbol{\gamma}^*(t)$。

类似的方法也可以用于上面提出的无人机在地理坐标系中空间运动的一般模型中。

5.4 无人机的可控稳态飞行模型

有人驾驶飞机和直升机在运行过程中广泛使用稳态（平衡）飞行模式。在给定高度以恒定速度水平飞行，以固定速度下降、爬升、转弯和掉头等，这都属于稳态飞行模式。

请注意，在现有的关于无人机飞行动力学的文献中尚未探讨过其稳态运动模式。

在经典公式中，我们将无人机的稳态飞行模式理解为无人机相位坐标值 $V(t)$、$\theta(t)$ 和 $\Psi(t)$ 在某些时间区间 $[t_0, t_K]$ 内不变。形式上，这一要求可用下列等式表示：

$$\dot{V}(t)=0,\dot{\theta}(t)=0,\dot{\Psi}(t)=0,t\in[t_0,t_K]\tag{5.4.1}$$

由这些关系式可知，在无人机稳态飞行模式下，满足下列条件：

$$\begin{aligned}&V(t)=V=\text{常数};\quad \theta(t)=\theta=\text{常数}\\&\Psi(t)=\Psi=\text{常数},\quad t\in[t_0,t_K]\end{aligned}\tag{5.4.2}$$

对于非稳态模式的无人机飞行模型，相位坐标 V，θ，Ψ 的变化用相应的微分方程组描述，稳态模式的模型则用由条件式（5.4.1）、式（5.4.2）的第一个公式得到的超越方程组表示。因此，无人机间接控制向量 $\boldsymbol{u}(t)$ 与时间 $t\in[t_0,t_K]$ 无关。

令无人机将在某机动坐标系 Mxy 的垂直面上实现稳态飞行。该坐标系坐标轴的下标“m”在此处及下文将作省略。

将条件式（5.4.1）和式（5.4.2）用在式（5.2.1）、式（5.2.2）中，得

到无人机水平飞行、爬升和下降稳态过程的一般模型，如下：

$$\begin{cases}\dfrac{P-X(\alpha,y,V)}{m}-g\sin\theta=0\\ \dfrac{P(\alpha+\varphi_{\text{db}})+Y(a,y,V)}{mV}-\dfrac{g}{V}\cos\theta=0\end{cases}\tag{5.4.3}$$

对于这种模式，无人机间接控制向量为

$$\boldsymbol{u}=(P,\alpha),\tag{5.4.4}$$

其中，P、α 为常数。

当 $\theta_n=0$ 和 $y=h$ 时，模型式（5.4.3）描述无人机在固定高度的水平飞行模式。由此，这种飞行模式的模型具体写作：

$$\begin{cases}P-X(\alpha,h,V_z)=0\\ P(\alpha+\varphi_{\text{db}})+Y(\alpha,h,V_z)-mg=0\end{cases}\tag{5.4.5}$$

式中　V_z——给定的无人机飞行速度。

式（5.4.5）中包括的力的平衡图可用图 5－11（a）表示。

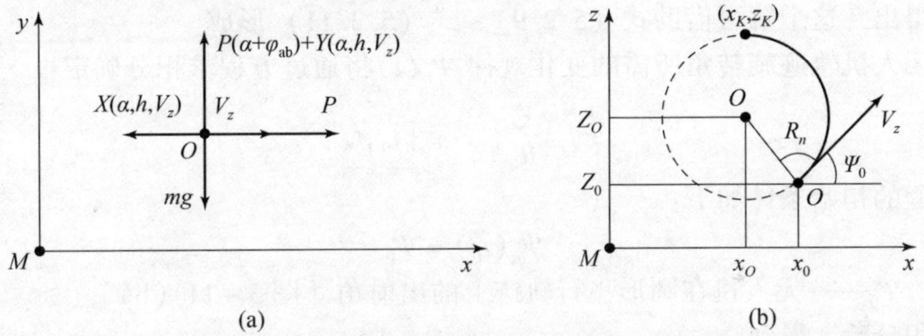

图 5－11　力的平衡图和无人机稳态飞行轨迹

我们将对无人机在给定高度 $y=h$ 的水平面上稳态飞行的模型进行研究。在这种情况下，假设无人机的运动轨迹位于某机动坐标系的平面 Mxz 上。当 V 和 Ψ 为常数时，由式（5.2.6）得到的无人机相应飞行模式的模型用下列方程表示：

$$\begin{cases}P-X(\alpha,h,V)=0\\ [P(\alpha+\varphi_{\text{db}})+Y(a,h,V)]\cos\gamma-mg=0\\ [P(\alpha+\varphi_{\text{db}})+Y(a,h,V)]\sin\gamma=0\end{cases}\tag{5.4.6}$$

无人机在水平面上的曲线稳态飞行模式具有以下条件：

$$\dot{V}(t)=0,\dot{\theta}(t)=0,\dot{\Psi}(t)=\text{常数}\neq0,\quad t\in[t_0,t_K]$$

这些条件与通用条件式（5.4.1）是不同的。

当无人机以固定速度 V 沿半径为 R 的圆形轨迹运动时，角 Ψ 的变化速度可根据下列公式计算出：

$$\dot{\Psi}(t)=\frac{V}{R}=\text{常数} \tag{5.4.7}$$

利用式（5.4.7）和式（5.2.6），无人机沿圆形轨迹（转弯、掉头）飞行的稳态飞行模型写作：

$$\begin{cases}P-X(a,h,V)=0\\ [P(\alpha+\varphi_{\mathrm{db}})+Y(a,h,V)]\cos\gamma-mg=0\\ \dfrac{[P(\alpha+\varphi_{\mathrm{db}})+Y(a,h,V)]\sin\gamma}{mV}-\dfrac{V}{R}=0\end{cases}$$

无人机将沿给定半径为 R 的圆运动。

无人机稳态飞行模式的参数轨迹表示在这个任务中可通过柯西问题求解：

$$\begin{cases}\dot{x}=V_z\cos\Psi_n(t),\dot{z}=V_z\sin\Psi_n(t),\quad t\in[t_0,t_K]\\ x(t_0)=x_0,z(t_0)=z_0\end{cases} \tag{5.4.8}$$

由此得出，这个解可借助式（5.2.9）~式（5.2.11）形成。

无人机轨迹旋转角所需的变化规律 $\Psi_n(t)$ 将通过方程求积分确定：

$$\dot{\Psi}_n=\frac{V_z}{R_n},\quad t\in[t_0,t_K]$$

该方程的初始条件如下：

$$\Psi_n(t_0)=\Psi_0$$

式中 Ψ_0——无人机在圆形飞行轨迹上的出射角［图5－11（b）］。

积分后，得到：

$$\dot{\Psi}_n(t)=\frac{V_z}{R_n}(t-t_0)+\Psi_0 \tag{5.4.9}$$

利用式（5.4.9）和已知的计算不定积分的方法来求解柯西问题，得到所求的无人机在时间间隔［t_0，t_k］内的飞行轨迹表示：

$$\begin{cases}x(t)=x_0-R_n\sin\Psi_0+R_n\sin\left(\dfrac{V_z}{R_n}(t-t_0)+\Psi_0\right)\\ z(t)=z_0-R_n\cos\Psi_0-R_n\cos\left(\dfrac{V_z}{R_n}(t-t_0)+\Psi_0\right)\end{cases} \tag{5.4.10}$$

将值 $t_0=t_k$ 代入式（5.4.10）中，可以得到无人机飞行轨迹的终点。

由图5－11（b）可知，点 O 的坐标可通过下式确定：

$$x_O=x_0-R_n\sin\Psi_0;z_O=z_0+R_n\cos\Psi_0 \tag{5.4.11}$$

将式（5.4.11）代入式（5.4.10）中，有

$$\begin{cases} x(t) = x_O + R_n \sin\left(\dfrac{V_z}{R_n}(t-t_0) + \Psi_0\right) \\ z(t) = z_O + R_n \cos\left(\dfrac{V_z}{R_n}(t-t_0) + \Psi_0\right) \end{cases} \tag{5.4.12}$$

将数值 x_O 和 z_O 移到这些表达式的左部，并使用下列通用函数符号：

$$x = x(t), \quad z = z(t)$$

这时，式（5.4.12）可写作：

$$\begin{cases} x - x_O = R_n \sin\left(\dfrac{V_z}{R_n}(t-t_0) + \Psi_0\right) \\ z - z_O = R_n \cos\left(\dfrac{V_z}{R_n}(t-t_0) + \Psi_0\right) \end{cases}$$

对这些关系式的两边都进行平方并求和，得到圆心为点（x_O，z_O）、半径为 R_n 的圆的方程：

$$(x - x_O)^2 + (z - z_O)^2 = R_n^2$$

因此可以确定，式（5.4.10）确实描述了无人机从参数 x_O、z_O 和 Ψ_O 给定的初始状态起，沿圆形（半径为 R_n）轨迹的稳态运动。

请注意，通过使用第 8 章所述的方法对无人机空间运动微分方程式（5.1.16）~式（5.1.21）的这些向量进行积分，可以验证向量 $\boldsymbol{u}$ 计算的正确性。

在这种情况下形成的无人机稳态运动的控制向量被认为是正确的，如果对于全部具有需要精度的值 $t \in [t_0, t_K]$，都满足下列条件：

（1）当无人机在垂直平面飞行时，$V(t) = V_z$，$\theta(t) = \theta_n$，$\Psi(t) = 0$。

（2）当无人机在水平面直线飞行时，$V(t) = V_z$，$\theta(t) = \theta_n$，$\Psi(t) = \Psi_n$。

（3）当无人机在水平面沿圆形轨迹飞行时，$V(t) = V_z$，$\theta(t) = 0$，$\Psi(t) = \Psi_0 + \dfrac{V_z}{R_n}(t - t_0)$。

使用动力学方程式（5.1.14）和式（5.1.15）可以构建类似的无人机飞行模型，用于解决其编队飞行轨迹问题，以形成单架无人机的间接控制向量 $\boldsymbol{u}$。在这种情况下，假设该编队的每架无人机在其沿给定轨迹运动时所需的角位置由机载自动化飞行控制系统（自动驾驶仪）实施的稳定定律提供。

为了形成向量 $\boldsymbol{u}(t)$ 可使用反向控制问题的理论方法或动态目标最优控制方法。

当以稳态飞行模式控制无人机时，即在 $\boldsymbol{u}$ 为常数的情况下，使用非线性方程组的数值解法和多变量函数的约束最优化方法。

第6章 编队中单架无人机的飞行轨迹

本章研究编队无人机运动的描述问题，无人机编队飞行的类型如图 1-2 所示。

在这种情况下，假设编队中每架无人机的运动航迹要求具有连续性。后者意味着，所形成的航迹应为一条或多条没有坐标和导数（第二条平滑曲线[41]）不连续点的连续曲线。这种方法本质上区别于目前已有的利用航向拐点和轨迹特性点（存在导数不连续点）给定无人机运动航迹的方法。

实际上，为了消除这些不连续点，使用了特殊的无人机自动控制系统的控制定律。我们发现，这些定律的制定以及地面和飞行优化是一个非常繁重的过程。

采用上述方法形成无人机航迹，可以不使用这些定律，并在完成飞行任务的全部阶段对其形成完全程序控制。后者可以显著简化无人机的自动控制系统，实现该系统中含有的无人机质心程序运动和绕该质心角运动的稳定定律。

本章的材料基于文献［3］中以大量例子论证的结果。值得注意的是，在所举例子中使用了假定的初始数据。

6.1 无人机的平面运动轨迹

无人机在相应机动坐标系水平面和垂直面上的飞行轨迹是无人机实际运行中最常见的轨迹。

本节我们将分析无人机在这些平面上单独飞行所需轨迹的形成方法。在这种情况下，我们将投入 $K=1,2,\cdots,N$ 架编队无人机，同时假设将相应方法应用于该编队的每架无人机。

令无人机在某飞行阶段以给定速度 $V_z(t)$ 在固定高度 $y(t)=h$ 的水平面上

飞行，飞越坐标为（x_0，z_0）和（x_K，z_K）的点。

为了确保完成上述飞行，必须形成无人机的航迹方程：

$$z = z(x),\quad x \in [x_0, x_K] \tag{6.1.1}$$

由于这个航迹应当以光滑的方式与无人机前后飞行阶段的航迹相连，因此我们假设导数函数式（6.1.1）的值在其起点和终点是给定的。

因此，形成的无人机运动航迹 $z = z(x)$ 必须满足下列限制条件：

$$\begin{cases} z(x_0) = z_0, & z(x_K) = z_K \\ z'(x_0) = z'_0, & z'(x_K) = z'_K \end{cases} \tag{6.1.2}$$

此时假设，在一般情况下 $z'_0 \neq z'_K$。

当 $z'_0 \neq z'_K$ 时，无人机在机动坐标系水平面上的飞行轨迹的初始数据如图6－1所示。

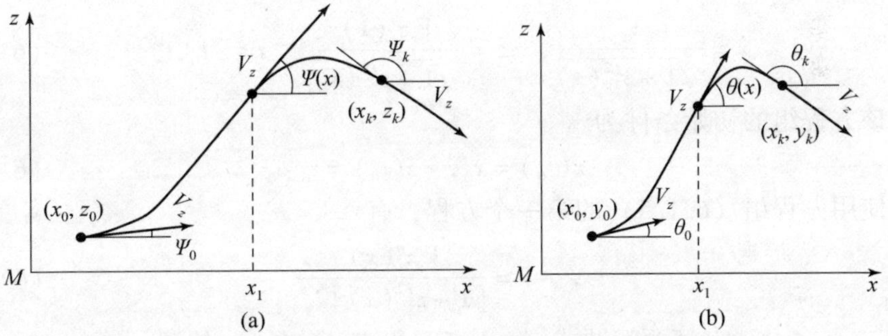

图6－1　无人机在机动坐标系水平面上的飞行轨迹及其初始数据

众所周知，无人机的速度向量 $\boldsymbol{V}$ 位于其飞行航迹的切线上[3]。因此，在这个图上切线可用向 Ox 轴倾斜的相应角度来描述。此时假设：

$$z'(x_0) = \tan\Psi_0,\quad z'(x) = \tan\Psi(x),\quad z'(x_K) = \tan\Psi_K \tag{6.1.3}$$

由于无人机的任何飞行都伴随过载，过载通常在不同的时间具有不同的标记，文献［3］中解决了使用无人机航迹时的变分问题，此时过载是最小的。

本书所提的这种要求可以形成满足条件式（6.1.2）的轨迹式（6.1.1），该轨迹具有最小的曲率，因此，当无人机根据其速度变化定律 $V_z(t)$ 沿该轨迹运动时，过载值最小。

由图6－1（a）和式（6.1.3）可知，航迹拐角 Ψ 与航迹方程（6.1.1）相关，其关系式如下：

$$\Psi(x) = \arctan z'(x)$$

考虑到式（6.1.1），该复杂函数的时间导数可写为

$$\dot{\Psi}(t)=\frac{\mathrm{d}\Psi}{\mathrm{d}x}\dot{x}=\frac{z''(x)}{1+z'^2(x)}\dot{x}$$

式中 $\dot{x}=\frac{\mathrm{d}x}{\mathrm{d}t}$ ——时间 t 的导数。

我们构建了微分方程以求取函数 $x=x(t)$ 和 $z=z(t)$。

使用式（5.2.9）和式（5.2.10）描述无人机在所研究平面上运动的运动学方程，有

$$\dot{x}=V\cos\Psi,\quad \dot{z}=V\sin\Psi \tag{6.1.4}$$

使用三角关系式：

$$\cos\Psi=\frac{1}{\sqrt{1+\tan^2\Psi}},\quad \sin\Psi=\frac{\tan\Psi}{\sqrt{1+\tan^2\Psi}}$$

并替换关系式中的 $\tan\Psi=z'(x)$，得到微分方程组如下：

$$\dot{x}=\frac{V_z}{\sqrt{1+z'^2(x)}},\quad \dot{z}=\frac{V_z z'(x)}{\sqrt{1+z'^2(x)}},\quad t\in[t_0,t_K] \tag{6.1.5}$$

该方程组的初始条件为

$$x(t_0)=x_0,\quad z(t_0)=z_0 \tag{6.1.6}$$

使用方程组（6.1.5）的第一个方程，有

$$\dot{\Psi}(t)=\frac{V_z z''(x)}{[1+z'^2(x)]^{3/2}} \tag{6.1.7}$$

式中 $x=x(t)$——柯西问题式（6.1.5）和式（6.1.6）的解。

上述变分问题的一般解为[3]

$$z(x)=C_1x^3+C_2x^2+C_3x+C_4 \tag{6.1.8}$$

其中，C_1、C_2、C_3、C_4 是任意常数。

函数式（6.1.8）的导数可表示为

$$z'(x)=3C_1x^2+2C_2x+C_3 \tag{6.1.9}$$

无人机航迹方程中包含的常数 C_1、C_2、C_3、C_4 值可利用式（6.1.2）、式（6.1.3）和式（6.1.9），通过求解下列线性代数方程组来确定：

$$\begin{cases}C_1x_0^3+C_2x_0^2+C_3x_0+C_4=z_0\\3C_1x_0^2+2C_2x_0+C_3=\tan\Psi_0\\C_1x_K^3+C_2x_K^2+C_3x_K+C_4=z_K\\3C_1x_K^2+2C_2x_K^2+C_3x_K+C_4=\tan\Psi_K\end{cases} \tag{6.1.10}$$

这种四阶方程组一般用文献［3］中介绍的其中一种数值法来求解。

如果不存在限制条件式（6.1.2）中的第二个要求，那么最短航迹方

程（6.1.1）是经过坐标为(x_0, z_0)和(x_K, z_K)的点的直线[3]。

在这种情况下，无人机航迹方程将有

$$z(x) = \left(\frac{z_K - z_0}{x_K - x_0}\right)x + z_0 - \frac{x_0(z_K - z_0)}{x_K - x_0} \tag{6.1.11}$$

当无人机沿轨迹式（6.1.8）运动时，无人机坐标值随时间的变化可用上述函数来描述：

$$x = x(t), \quad z = z(t), \quad t \in [t_0, t_K] \tag{6.1.12}$$

式中　t_0、t_K——无人机运动的开始时刻和结束时刻。

根据文献［3］，式（6.1.8）和式（6.1.12）分别是该无人机航迹的坐标和参数表示。

方程组（6.1.5）描述了无人机以给定速度$V_z = V_z(t)$沿任意航迹$z = z(x)$的运动。

根据下列等式：

$$x(t_K) = x_K, \quad z(t_K) = z_K \tag{6.1.13}$$

利用条件式（6.1.2）可求出无人机沿该航迹运动的结束时刻t_K。

将上述关系式具体应用于航迹方程（6.1.8），将方程组（6.1.10）的解C_1^0、C_2^0、C_3^0、C_4^0代入其中。

利用式（6.1.9）编写的微分方程组（6.1.5）取值：

$$\begin{cases} \dot{x} = \dfrac{V_z}{\sqrt{1 + (3C_1^0 x^2 + 2C_2^0 x C_3^0)^2}} \\ \dot{z} = \dfrac{V_z(3C_1^0 x^2 + 2C_2^0 x C_3^0)}{\sqrt{1 + (3C_1^0 x^2 + 2C_2^0 x C_3^0)^2}} \end{cases} \tag{6.1.14}$$

式（6.1.7）考虑到

$$z''(x) = 6C_1 x + 2C_2$$

可写作：

$$\dot{\Psi}(t) = \frac{2V_z(t)(3C_1^0 x(t) + C_2^0)}{[1 + (3C_1^0 x^2(t) + 2C_2^0 x(t) + C_3^0)]^{3/2}}$$

式中　$x(t)$——带有初始条件式（6.1.6）的方程组（6.1.14）的解。

对于用式（6.1.11）描述的无人机航迹，方程组（6.1.5）写为

$$\begin{cases} \dot{x} = \dfrac{V_z(x_K - x_0)}{\sqrt{(x_K - x_0)^2 + (z_K - z_0)^2}} \\ \dot{z} = \dfrac{V_z(z_K - z_0)}{\sqrt{(x_K - x_0)^2 + (z_K - z_0)^2}} \end{cases}$$

当 V_z 为常数时，所得方程组的右部与时间 t、函数 $x=x(t)$ 和 $z=z(t)$ 无关。

计算这些部分的积分并考虑初始条件式（6.1.6），有

$$\begin{cases} x(t)=x_0+\dfrac{V_z(x_K-x_0)}{\sqrt{(x_K-x_0)^2+(z_K-z_0)^2}}(t-t_0) \\ z(t)=z_0+\dfrac{V_z(z_K-z_0)}{\sqrt{(x_K-x_0)^2+(z_K-z_0)^2}}(t-t_0) \end{cases}$$

利用这些表达式中的第一个关系式和第一个条件式（6.1.13），根据下列方程求出无人机沿直线飞行［式（6.1.11）］的结束时刻：

$$x_K=x_0+\frac{V_z(x_K-x_0)}{\sqrt{(x_K-x_0)^2+(z_K-z_0)^2}}(t_K-t_0)$$

由此可知：

$$t_K=t_0+\frac{1}{V_z}\sqrt{(x_K-x_0)^2+(z_K-z_0)^2}$$

当使用解 $z(t)$ 和式（6.1.13）中的第二个条件时，也可以得到类似的结果。

例 6.1

令编队的某无人机从 $t_0=0.5\text{h}$ 时刻起，应在固定高度以 $V_z=40\text{km/h}$ 的速度完成从点 $(x_0,z_0)=(1,15)\text{km}$ 到点 $(x_K,z_K)=(10,80)\text{km}$ 的飞行。此时必须在起点和终点保持给定的航迹拐角值：

$$\Psi_0=30^\circ,\quad \Psi_K=80^\circ$$

这些角的正切分别为

$$\tan 30^\circ=0.5777,\quad \tan 80^\circ=5.6713$$

对于这些初始数据，线性代数方程组（6.1.10）可具体表示为

$$\begin{cases} C_1+C_2+C_3+C_4=15 \\ 3C_1+2C_2+C_3=0.5777 \\ 1000C_1+100C_2+10C_3+C_4=80 \\ 300C_1+20C_2+C_3=5.6713 \end{cases}$$

该方程组的数值解为

$$C_1^0=-0.101,C_2^0=1.952,C_3^0=-3.024,C_4^0=16.172$$

在将这些值代入式（6.1.8）时，得到该无人机的运动航迹方程，如下：

$$z(x)=-0.101x^3+1.952x^2-3.024x+16.172$$

该函数如图 6－2 所示，其数值见表 6－1。

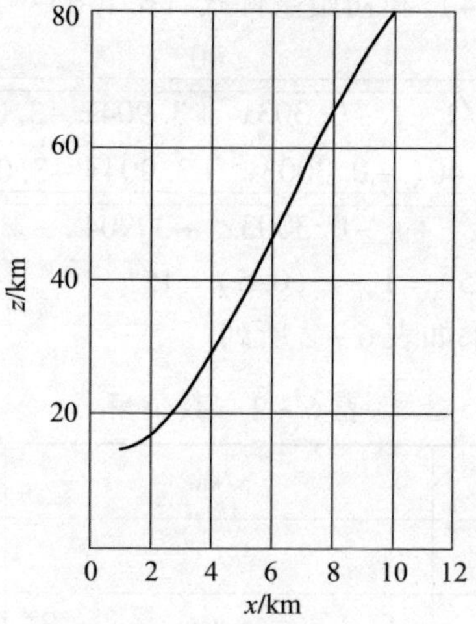

图 6-2　函数图 $z(x)$

表 6-1　函数值

x/km	z/km
1	15
2.588	19.670
3.417	24.600
4.092	29.559
4.692	34.517
5.252	39.489
5.788	44.461
6.312	49.430
6.835	54.410
7.364	59.379
7.911	64.349
8.490	69.316
9.125	74.276
10	80
10.036	80.203

微分方程组（6.1.14）和初始条件式（6.1.6）可写作：

$$\begin{cases} \dot{x} = \dfrac{40}{\sqrt{1 + (-0.303x^2 + 3.904x - 3.024)^2}} \\ \dot{z} = \dfrac{40(-0.3003x^2 + 3.904x - 3.024)}{\sqrt{1 + (-0.3003x^2 + 3.904x - 3.024)^2}} \\ x(0.5) = 1, \quad z(0.5) = 15 \end{cases}$$

该问题的数值解结果如表 6－2 所列。

表 6－2　数值解

t/h	x/km	z/km
0.500	1	15
0.625	2.588	19.671
0.750	3.417	24.601
0.875	4.092	29.555
1.000	4.692	34.519
1.125	5.252	39.488
1.250	5.788	44.459
1.375	6.312	49.431
1.500	6.835	54.404
1.625	7.364	59.376
1.750	7.911	64.346
1.875	8.490	69.312
2.000	9.125	74.272
2.125	9.866	79.216
2.150	**10.036**	**80.202**
2.250	10.888	84.108
2.375	13.127	84.050

由表6-2和条件式（6.1.13）可得无人机沿航迹 $z(x)$ 运动的结束时间的近似值：

$$t_K = 2.15\text{h}$$

根据图6.1（b）生成无人机在垂直面飞行的航迹方程：

$$y = y(x) \tag{6.1.15}$$

无人机的航迹满足条件：

$$\begin{cases} y(x_0) = y_0, & y(x_K) = y_K \\ y'(x_0) = y_0', & y(x_K) = y_K' \end{cases} \tag{6.1.16}$$

假设对于无人机沿航迹［式（6.1.15）］的运动，也使用了以上速度变化定律：

$$V_z = V_z(t), \quad t \in [t_0, t_K]$$

式中　t_0、t_K——无人机沿形成的轨迹飞行的开始时刻和结束时刻。

无人机航迹倾角的速度变化可根据下列公式求出：

$$\dot{\theta}_t(t) = \frac{y''(x)}{1 + y'^2(x)}\dot{x}$$

如上所述，利用文献［3］中的变分问题，我们将形成航迹式（6.1.18），如下：

$$y(x) = C_1x^3 + C_2x^2 + C_3x + C_4 \tag{6.1.17}$$

式中　C_i——固定积分，其中 $i=1$，2，3，4。

该函数的导数可写作：

$$y'(x) = 3C_1x^2 + 2C_2x^2 + C_3 \tag{6.1.18}$$

固定值 C_1，C_2，…，C_4 可通过求解下列线性代数方程组确定：

$$\begin{cases} C_1x_0^3 + C_2x_0^2 + C_3x_0 + C_4 = y_0 \\ 3C_1x_0^2 + 2C_2x_0 + C_3 = \tan\theta_0 \\ C_1x_K^3 + C_2x_K^2 + C_3x_K + C_4 = y_K \\ 3C_1x_K^2 + 2C_2x_K + C_3 = \tan\theta_K \end{cases} \tag{6.1.19}$$

将式（6.1.17）和式（6.1.18）代入边界条件式（6.1.16）左部，可得到上述方程组。

方程组（6.1.19）的解可通过已知的其中一种数值法求出[3]。

上述方法被建议用于形成式（6.1.15）航迹，这种航迹描述编队无人机在垂直面完成要求的机动飞行。

与式（6.1.11）类似，可以形成无人机经过坐标点 (x_0, y_0) 和 (x_K, y_K) 的直线飞行航迹。

为此将使用辅助机动坐标系，其中对于每架无人机和每种机动形式（爬升、俯冲进入水平飞行等），都使坐标值 x_0 和 x_K 具体化，并给定边界条件式（6.1.16）的右部值。

对无人机沿航迹式（6.1.15）的飞行进行编程，必须构建微分方程组，确定函数：

$$x = x(t), \quad y = y(t) \tag{6.1.20}$$

以及关系式 $\theta_t(t)$ 和 $\dot{\theta}_t(t)$，它们描述了 $t \in [t_0, t_K]$ 时刻航迹倾角和角速度的变化定律。

由等式［图 6-1（b）］：

$$\theta(x) = \arctan y'(x)$$

可得

$$\begin{cases} \theta_t(t) = \theta(x(t)) = \arctan y'(x(t)) \\ \dot{\theta}_t(t) = \dfrac{\mathrm{d}\theta}{\mathrm{d}x}\dot{x} = \dfrac{y''(x(t))\dot{x}(t)}{1 + [y'(x(t))]^2} \end{cases} \tag{6.1.21}$$

其中，$y''(x)$ 计算公式如下：

$$y''(x) = 6C_1^0 x + 2$$

文献［4］表明，描述无人机以 $V_z(t)$ 速度沿曲线 $y(x)$ 运动的函数 $x(t)$ 和 $y(t)$ 是下列微分方程组的解：

$$\dot{x} = \frac{V_z(t)}{\sqrt{1 + [y'(x)]^2}}, \quad \dot{y} = \frac{V_z(t)y'(x)}{\sqrt{1 + [y'(x)]^2}}, \quad t \in [t_0, t_K] \tag{6.1.22}$$

该方程组具有初始条件：

$$x(t_0) = x_0, \quad y(t_0) = y_0 \tag{6.1.23}$$

为了描述无人机沿航迹式（6.1.15）的运动，在方程（6.1.22）的右部使用式（6.1.18），此时 $C_i = C_i^0 (i = 1,2,3)$。

在导出这些方程时，使用了运动学方程式（5.2.3）和式（5.2.4）：

$$\dot{x} = V\cos\theta, \quad \dot{y} = V\sin\theta$$

和关系式：

$$\begin{cases} \cos\theta = \dfrac{1}{\sqrt{1 + \tan^2\theta}} = \dfrac{1}{\sqrt{1 + [y'(x)]^2}} \\ \sin\theta = \dfrac{\tan\theta}{\sqrt{1 + \tan^2\theta}} = \dfrac{y'(x)}{\sqrt{1 + [y'(x)]^2}} \end{cases}$$

将方程组（6.1.22）的第一个方程右部代入式（6.1.21）的第二个关系式中，有

$$\dot{\theta}_t(t)=\frac{V_z(t)y''(x(t))}{\sqrt{1+[y'(x(t))]^2}}$$

方程组（6.1.22）[具有初始条件式(6.1.23)]求积分得到的函数$x(t)$，完全决定了要求的关系式$\theta_t(t)$和$\dot{\theta}_t(t)$，其中$t\in[t_0,t_K]$。

最后时刻t_K可根据下列条件式求出：

$$x(t_K)=x_K,\quad y(t_K)=y_K \tag{6.1.24}$$

将无人机飞行航迹的坐标（用函数$x=x(t)$，$y=y(t)$表示）换算到其他坐标系，可使用文献［3］中列举的公式。

例6.2

假设$t_0=1.5$h时刻在$h=6$km高度上水平飞行的编队某无人机，在水平飞行模式下从点$(x_0,y_0)=(2,6)$km俯冲到点$(x_K,y_K)=(4,1)$km。

假设$V_z=80$km/h。由该无人机的飞行条件得出$\theta_0=\theta_K=0°$。

生成式（6.1.17）形式的无人机飞行轨迹$y(x)$。线性代数方程组（6.1.19）可具体表示为

$$\begin{cases}8C_1+4C_2+2C_3+C_4=6\\12C_1+4C_2+C_3=0\\64C_1+16C_2+4C_3+C_4=1\\48C_1+8C_2+C_3=0\end{cases}$$

求该方程组，得到：

$$C_1^0=1.25,\quad C_2^0=-11.25,\quad C_3^0=30,\quad C_4^0=-19$$

这时，无人机的运动航迹方程可以写为

$$y(x)=1.25x^3-11.25x^2+30x-19$$

该函数图如图6-3所示。表6-3是函数$y(x)$及其导数值：

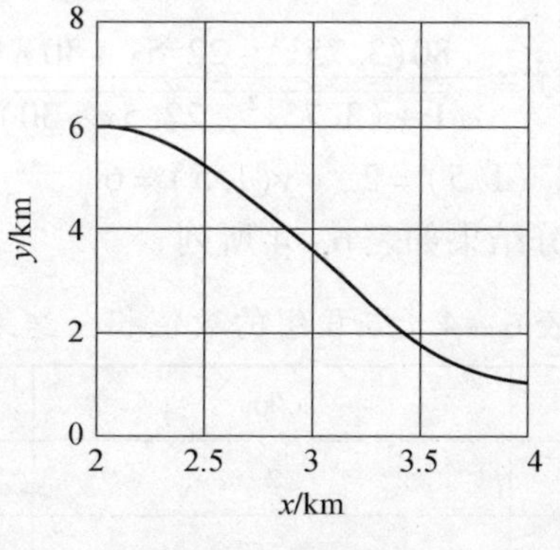

图6-3　函数图

表 6-3　函数 $y(x)$ 及其导数值

x/km	y/km	y'
2.000	6	0
2.200	5.860	-1.350
2.400	5.480	-2.400
2.600	4.920	-3.150
2.652	4.752	-3.296
2.800	4.240	-3.600
3.040	3.350	-3.744
3.200	2.760	-3.600
3.442	1.950	-3.017
3.600	1.520	-2.400
4.000	1	0

$$y'(x)=3.75x^2-22.50x+30 \tag{6.1.25}$$

从表 6-3 可以看到，当 $x_0=2$ 时，值 $y_0=6$ 且 $y'_0=0$。类似地，当 $x_K=4$ 时，$y_K=1$ 且 $y'_K=0$。

该无人机航迹式（6.1.20）的参数表示将通过具备初始条件式（6.1.23）的微分方程组（6.1.22）来求取，该方程组可具体表示为

$$\begin{cases}\dot{x}=\dfrac{80}{\sqrt{1+(3.75x^2-22.5x+30)^2}}\\ \dot{y}=\dfrac{80(3.75x^2-22.5x+30)}{\sqrt{1+(3.75x^2-22.5x+30)^2}}\\ x(1.5)=2,\quad y(1.5)=6\end{cases}$$

该方程组的数值积分结果如表 6-4 所列。

表 6-4　方程组的数值积分结果

t/h	x/km	y/km
1.500	2	6
1.518	2.652	4.751

续表

t/h	x/km	y/km
1.536	3.040	3.350
1.555	3.442	1.952
1.569	**4.020**	**1.002**
1.573	4.222	1.198
1.591	4.596	2.599

将条件式（6.1.24）应用到表6-4的数据中，则无人机机动结束可用下式表示：

$$x(t_K)=4,\quad y(t_K)=1$$

我们得到其俯冲结束时刻的近似值：

$$t_K=1.57\text{h}$$

正如在研究无人机的不同应用问题过程中所发现的，某些飞行航迹方程是变量 x 的多值函数（图6-4）。

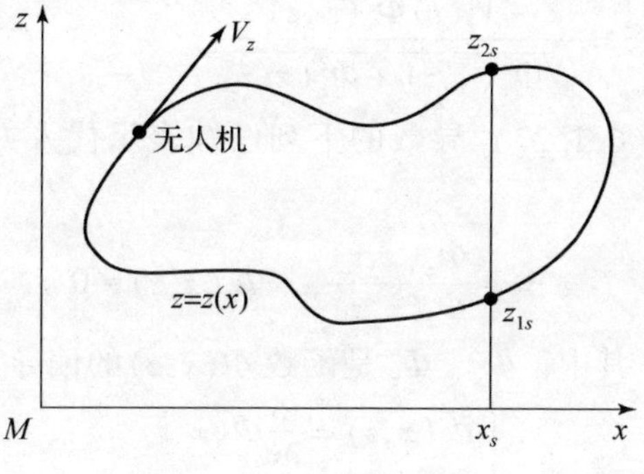

图6-4　变量 x 的多值函数

这个函数示例是无人机在水平面上飞行的闭合圆形航迹方程：

$$\Phi(x,z)=(x-x_O)^2+(z-z_O)^2-R^2=0 \qquad (6.1.26)$$

式中　R——航迹的半径；

(x_O,z_O)——航迹中心的坐标。

这个航迹可用式（6.1.1）的形式表示：

$$z=z_O\pm\sqrt{R^2-(x-x_O)^2}$$

这表明，x 的每个坐标值都对应该航迹的两个坐标值 z。如文献［4］所述，无人机控制的形成结果表明，缺少一个确保无人机沿闭合圆形航迹飞行的控制向量 $\boldsymbol{u}(t)=(P(t),\alpha(t),\gamma(t))$。因此建议使用一种基于没有指定无人机在水平面上所需飞行路径的方法[3]。

在这种情况下，我们将以不指定函数的形式给出所需的飞行路径 $z(x)$[19]：

$$\Phi(x,z)=0 \tag{6.1.27}$$

无人机在水平面上飞行的这种航迹表示更为常见，因为以 $z=z(x)$ 的形式明确指定无人机航迹时，这个表达式的形式如下：

$$\Phi(x,z)=z-f(x)=0$$

其中，$f(x)$是式（6.1.1）右部的符号。

我们研究了建立函数 $\dot{\Psi}_t(t)$ 的方法，这个函数描述在无人机沿曲线式（6.1.27）飞行时所需的无人机航迹拐角的变化速度。为了确保无人机沿该路径飞行，必须建立函数 $\dot{\Psi}_t(t)$和满足方程（6.1.27）的无人机坐标 $x(t)$和 $z(t)$之间的联系。

后者可以通过求解微分方程组来确定[3]：

$$\begin{cases}\dot{x}=\dfrac{V_z(t)\Phi_z(x,z)}{\sqrt{\Phi_x^2(x,z)+\Phi_z^2(x,z)}}, \quad t\in[t_0,t_K]\\ \dot{z}=\dfrac{-V_z(t)\Phi_x(x,z)}{\sqrt{\Phi_x^2(x,z)+\Phi_z^2(x,z)}}\end{cases} \tag{6.1.28}$$

通过将隐性函数式（6.1.27）导数的下列已知表示代入方程（6.1.12）的右部，得到[19]：

$$z'=-\frac{\Phi_x(x,z)}{\Phi_z(x,z)}, \quad \Phi_z(x,z)\neq 0 \tag{6.1.29}$$

并进行简单的转换。其中，Φ_x、Φ_z 是函数 $\Phi(x,z)$的偏导数：

$$\begin{cases}\Phi_x(x,z)=\dfrac{\partial}{\partial x}\Phi(x,z)\\ \Phi_z(x,z)=\dfrac{\partial}{\partial z}\Phi(x,z)\end{cases} \tag{6.1.30}$$

对于函数式（6.1.26），这些导数有以下形式：

$$\Phi_x(x,z)=2(x-x_O), \quad \Phi_z(x,z)=2(z-z_O)$$

我们发现，无人机在沿曲线［式（6.1.27）］向某个方向飞行时，函数 $V_z(t)$必须相应地改变符号。

方程（6.1.28）的初始条件可写作：

$$x(t_0)=x_H, \quad z(t_0)=z_H \tag{6.1.31}$$

其中，(x_H,z_H)是无人机飞行航迹的起点的坐标，它应满足方程（6.1.27）。

我们可以利用式（6.1.11）来计算函数 $\dot{\Psi}_t(t)$（$t\in[t_0,t_K]$），其中导数 $z'(x)$ 和 $z''(x)$ 替换成隐性函数式（6.1.27）的导数。

使用导数 z' 的函数表示式（6.1.29）、偏导数式（6.1.30）和二阶偏导数：

$$\begin{cases}\Phi_{xx}(x,z)=\dfrac{\partial^2}{\partial x^2}\Phi(x,z)\\ \Phi_{xz}(x,z)=\dfrac{\partial^2}{\partial x\partial z}\Phi(x,z)\\ \Phi_{zz}(x,z)=\dfrac{\partial^2}{\partial z^2}\Phi(x,z)\end{cases}\tag{6.1.32}$$

我们得到下列公式：

$$\dot{\Psi}_t(t)=\frac{V_z[\Phi_{xx}+2\Phi_{xz}z'+\Phi_{zz}z'^2]}{(1+z'^2)\sqrt{\Phi_x^2+\Phi_z^2}}\tag{6.1.33}$$

在计算这个函数时，使用式（6.1.29）、式（6.1.30）和式（6.1.32），并将具备初始条件式（6.1.31）的微分方程（6.1.28）的解 $x=x(t)$、$z=z(t)$ 作为自变量代入这3个表达式中。

例6.3

使用式（6.1.29）形式的导数 $z'(x)$ 描述方程（6.1.26）给定的无人机圆形运动航迹。

使用式（6.1.26）的上述偏导数，可将式（6.1.29）表示为

$$\frac{\mathrm{d}z}{\mathrm{d}x}=-\frac{2(x-x_O)}{2(z-z_O)}$$

这个表达式将被看成具有可分离变量[3]的微分方程。它可表示为

$$2(z-z_O)\mathrm{d}z=-2(x-x_O)\mathrm{d}x$$

并根据相应变量对该等式的两部分求积分，得到：

$$(z-z_O)^2=-(x-x_O)^2+C$$

式中　C——不变积分。

令坐标点（x_H，z_H）——无人机航迹的起点［见式（6.1.31）］。

常数 C 取决于下列条件：

$$x=x_H,\quad z=z_H$$

在这种情况下，有

$$C=(x_H-x_O)^2+(z_H-z_O)^2$$

右部表达式是已知的两点之间距离的平方公式[19]。

由于坐标点 (x_H,z_H) 根据定义应位于式（6.1.26）周围，C 的值将等于其

半径的平方。这意味着能够以不指定形式［式（6.1.27）］呈现圆形和其他类型的无人机轨迹。

值得一提的是，文献［3］中对式（6.1.26）形式的轨迹问题式（6.1.28）、式（6.1.31）的求解过程作了详细分析。

在描述无人机在垂直面上的飞行轨迹时，也建议使用其一般描述：

$$\Phi(x,y)=0 \tag{6.1.34}$$

在这种情况下，求取无人机以 $V_z(t)$ 速度沿曲线［式（6.1.33）］运动的坐标 $x=x(t)$，$y=y$，$t\in[t_0,t_K]$的微分方程组可写作：

$$\begin{cases}\dot{x}=\dfrac{V_z(t)\Phi_y(x,y)}{\sqrt{\Phi_x^2(x,y)+\Phi_y^2(x,y)}}\\ \dot{y}=\dfrac{-V_z(t)\Phi_x(x,y)}{\sqrt{\Phi_x^2(x,y)+\Phi_y^2(x,y)}}\end{cases} \tag{6.1.35}$$

当使用以下表达式时，由方程组（6.1.22）得出这些方程式：

$$y'=-\frac{\Phi_x(x,y)}{\Phi_y(x,y)},\quad \Phi_y(x,y)\neq 0 \tag{6.1.36}$$

如果以明确的形式如曲线 $y=\varphi$（x）给定无人机的飞行轨迹，那么式（6.1.33）也可写作：

$$\Phi(x,y)=y-\varphi(x)=0$$

在对无人机航线进行编程的现有实践中，广泛采用坐标法，该方法基于给定水平面飞行的航向拐点坐标或垂直面飞行的轨迹特征点坐标。这些连续给出的坐标将使用直线段连接，而得到的折线是所形成无人机轨迹的描述（图6-5）。

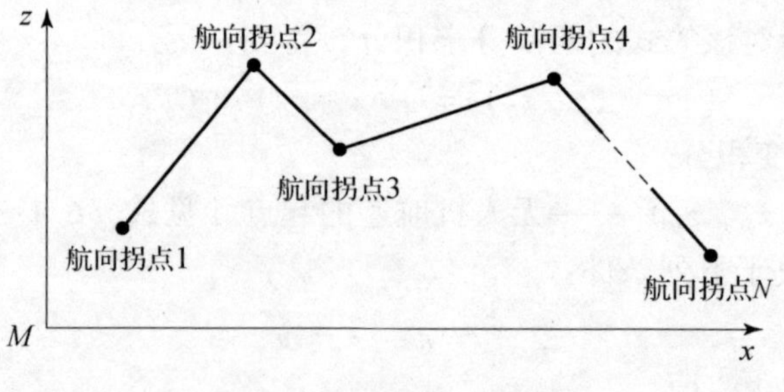

图6-5　无人机轨迹的描述

无人机在航向拐点 $r-1$ 和航向拐点 r 之间的组合运动轨迹使用了经过两个给定点的直线方程，式（6.1.27）可用下列公式描述：

$$\Phi_{r-1}(x,z)=\frac{z-z_{r-1}}{z_r-z_{r-1}}-\frac{x-x_{r-1}}{x_r-x_{r-1}}=0,\quad r=2,3,\cdots,N$$

这种方法的主要缺点是得到的轨迹不平滑。因此，必须在无人机航向拐点和轨迹特征点周围使用特殊的过渡轨迹作平滑处理。这种轨迹的示例见图 6-6。

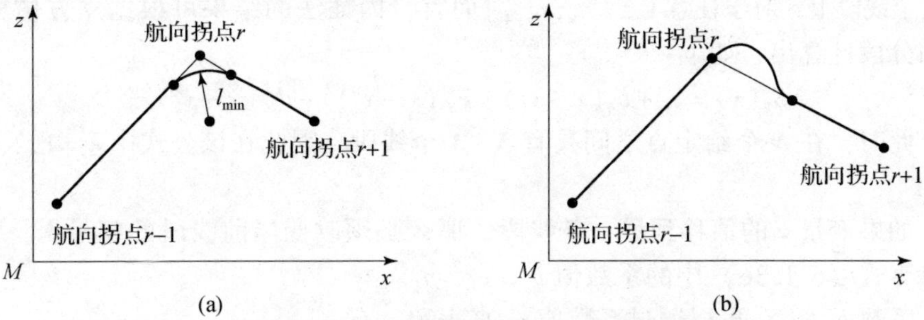

图 6-6　使用过渡轨迹进行平滑处理的轨迹示例

组合连续轨迹如图 6-6（a）所示，其参数的具体表示可参阅文献［3］，其中，l_{min}为无人机盘旋的最小半径。

无人机借助自动控制系统中的特殊控制定律来实现如图 6-6（b）所示的轨迹。

该方法可以使用仿样内插和文献［41］中给定航向拐点集的符号，从而得到无人机在水平面上的连续平滑曲线运动轨迹表示。

假设，当计划在选定的机动坐标系中使用时，给定了描述编队具体无人机所需运动的航向拐点的坐标集合(x_k,z_k) $(k=1,2,\cdots,N)$。这些具有内插仿样函数 $S(x)$的点如图 6-7 所示。

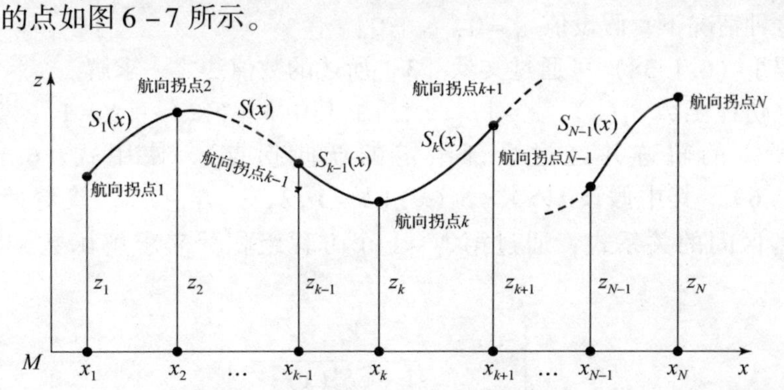

图 6-7　具有内插仿样函数 $S(x)$的点

我们将使用立方仿样函数作为函数 $S(x)$，该函数具有以下特性[3,41]：

(1) 经过所有给定的坐标点$(x_k, z_k)(k=1,2,\cdots,N)$；

(2) 在两个相邻点之间的线段上是立方多项式；

(3) 连同其在所有点 x_1，x_2，…，x_N 上的一阶导数和二阶导数构成连续函数。

对于每个编号 k 的线段而言，立方仿样函数的左端为坐标横轴 x_k（图6-7）。在这个线段上，对于任意 $x\in[x_k, x_{k+1}]$ 而言，内插法的结果可根据立方仿样函数的分段计算出，如下：

$$S_k(x)=z_k+b_k(x-x_k)+c_k(x-x_k)^2+d_k(x-x_k)^3$$

此时，在 N 个给定点之间具有 $N-1$ 个线段，因此在该公式中 $k=1,2,\cdots,N-1$。

如果变量 x 的值移到另一条线段，那么必须改变当前线段的编号 k，并重新计算式（6.1.36）中的系数值 b_k、c_k、d_k。

系数 b_k 和 d_k 可以通过系数值 c_k 来表示，有

$$\begin{cases} b_{k-1}=\dfrac{z_k-z_{k-1}}{h_{k-1}}-\dfrac{h_{k-1}}{3}(c_k+2c_{k-1}) \\ d_{k-1}=\dfrac{1}{3h_{k-1}}(c_k-c_{k-1}), \quad k=2,3,\cdots,N \end{cases} \tag{6.1.37}$$

式中　$h_{k-1}=x_k-x_{k-1}$——区间$[x_{k-1}-x_k]$的长度。

系数值 c_k 可通过求解下列线性代数方程组确定[41]：

$$\frac{h_{k-1}}{3}c_{k-1}+\frac{2}{3}(h_{k-1}+h_k)+\frac{h_k}{3}c_{k+1}=\frac{z_{k+1}-z_k}{h_k}-\frac{z_k-z_{k-1}}{h_{k-1}},k=2,3,\cdots,N-1 \tag{6.1.38}$$

在这种情况下，假设值 $c_1=0$，$c_N=0$。

方程组（6.1.38）可通过文献［3］所述的数值法之一求解。

建立仿样函数 $S_k(x)$，$x\in[x_k, x_{k+1}]$，其中 $k=1,2,\cdots,N-1$（描述无人机运动所需的轨迹并经过全部给定的航向拐点），使用式（6.1.5）和式（6.1.6），其中假设 $z(x)=S_k(x)(k=1,2,\cdots,N-1)$。接着使用上文给出的各区间的关系式，通过第 $N-1$ 个方程组积分来求解函数 $x^{(k)}(t)$ 和 $z^{(k)}(t)$：

$$\begin{cases} \dot{x}^{(k)}=\dfrac{V_z}{\sqrt{1+[S_k'(x)]^2}} \\ \dot{z}^{(k)}=\dfrac{V_zS_k'(x)}{\sqrt{1+[S_k'(x)]^2}} \end{cases} \tag{6.1.39}$$

该方程组的初始条件为

$$x^{(k)}(t_K)=x_K, z^{(k)}(t_K)=z_K, k=1,2,\cdots,N-1; K=0,1,\cdots,N-1 \tag{6.1.40}$$

值得一提的是，和方程（6.1.4）一样，立方仿样函数的使用还可以得到所需的具有最小曲率和过载值 n_z 的无人机飞行轨迹。

在给定位于相应垂直面的轨迹特征点坐标集(x_k, y_k) $(k=1,2,\cdots,N)$的情况下采取上述方法，形成无人机在该平面飞行所需的复杂机动时，亦同。

例 6.4

我们给出了编队某无人机飞行轨迹的仿样内推法，它应当经过航向拐点1、2、3和4，坐标分别为

$$(x_1, z_1)=(1,2)\text{km},\quad (x_2, z_2)=(2,4)\text{km}$$
$$(x_3, z_3)=(4,10)\text{km},\quad (x_4, z_4)=(8,5)\text{km}$$

这种表示可用 $N=3$ 个仿样函数式（6.1.36）描述。为了将其具体化，我们将使用式（6.1.38）和式（6.1.37），提前计算出参数值：

$$h_1=x_2-x_1=1,\quad h_2=x_3-x_2=2,\quad h_3=x_4-x_3=4$$

线性方程组（6.1.38）在这种情况下可具体表示为

$$\begin{cases} k=2\text{ 时}:\dfrac{h_1}{3}c_1+\dfrac{2}{3}(h_1+h_2)c_2+\dfrac{h_3}{3}c_3=\dfrac{z_3-z_2}{h_2}-\dfrac{z_2-z_1}{h_1} \\ k=3\text{ 时}:\dfrac{h_2}{3}c_2+\dfrac{2}{3}(h_2+h_3)c_3+\dfrac{h_3}{3}c_4=\dfrac{z_4-z_3}{h_3}-\dfrac{z_3-z_2}{h_2} \end{cases}$$

由于 $c_1=0$，$c_4=0$，因此该方程组可表示为

$$\begin{cases} \dfrac{2}{3}(h_1+h_2)c_2+\dfrac{h_3}{3}c_3=\dfrac{z_3-z_2}{h_2}-\dfrac{z_2-z_1}{h_1} \\ \dfrac{2}{3}c_2+\dfrac{2}{3}(h_2+h_3)c_3=\dfrac{z_4-z_3}{h_3}-\dfrac{z_3-z_2}{h_2} \end{cases}$$

将问题的初始数据代入这些表达式中，有

$$2c_2+\frac{2}{3}c_3=1, \frac{2}{3}c_2+4c_3=-\frac{17}{4}$$

求解这个方程组，我们得到下列值：

$$c_2^0=0.904, c_3^0=-1.213$$

系数 b_k 和 d_k 的值可根据式（6.1.37）计算，具体表示为

$$\begin{cases} k=2\text{ 时}: b_1^0=\dfrac{z_2-z_1}{h_1}-\dfrac{h_1}{3}(c_2^0+2c_1^0) \\ \qquad d_1^0=\dfrac{1}{3h_1}(c_2^0-2c_1^0) \\ k=3\text{ 时}: b_2^0=\dfrac{z_3-z_2}{h_2}-\dfrac{h_2}{3}(c_3^0+2c_2^0) \\ \qquad d_2^0=\dfrac{1}{3h_2}(c_3^0-2c_2^0) \\ k=4\text{ 时}: b_3^0=\dfrac{z_4-z_3}{h_3}-\dfrac{h_3}{3}(c_4^0+2c_3^0) \\ \qquad d_3^0=\dfrac{1}{3h_3}(c_4^0-2c_3^0) \end{cases}$$

将上述值 c_2^0、c_3^0 代入上式，并假设 $c_1^0=c_4^0=0$，得到下列值：

$$b_1^0=1.699,\quad b_2^0=2.603,\quad b_3^0=1.985$$

$$d_1^0=0.301,\quad d_2^0=-0.305,\quad d_3^0=0.101$$

将计算出的系数值 b_k^0、c_k^0、d_k^0，$k=1,2,3$ 代入式（6.1.36）中，有

$$\begin{cases} S_1(x)=2+1.699(x-1)+0.301(x-4)^3, x\in[1,2]\text{km} \\ S_2(x)=4+2.603(x-2)+0.904(x-2)^2-0.305(x-2)^3, x\in[2,4]\text{km} \\ S_3(x)=10+1.985(x-4)-1.213(x-4)^2+0.101(x-4)^3, x\in[4,8]\text{km} \end{cases}$$

基于这些公式的计算结果如表 6－5 和图 6－8 所示。

表 6－5　计算结果

x/km	$z(x)$/km		
	$S_1(x)$	$S_2(x)$	$S_3(x)$
1.0	2.000	—	—
1.5	2.880	—	—
2.0	4.000	4.000	—
2.5	—	5.512	—
3.0	—	7.211	—
3.5	—	8.805	—
4.0	—	10.000	10.000

续表

x/km	z(x)/km		
	$S_1(x)$	$S_2(x)$	$S_3(x)$
4.5	—	—	10.888
5.0	—	—	11.170
5.5	—	—	10.934
6.0	—	—	10.266
6.5	—	—	9.251
7.0	—	—	7.977
7.5	—	—	6.530
8.0	—	—	5.000

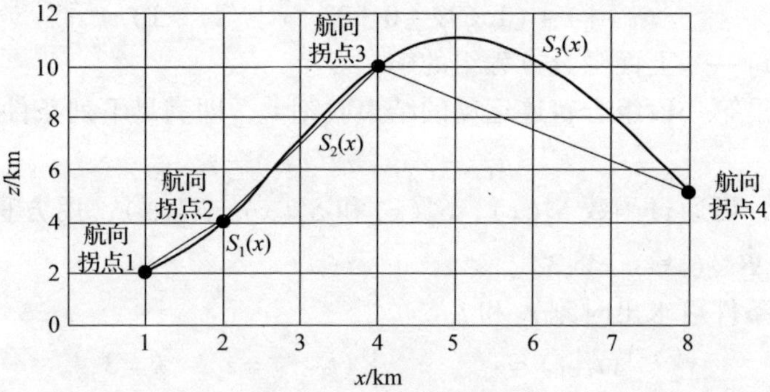

图6-8　计算结果图示

由图6-8可知，所得的无人机平滑组合轨迹与连接给定航向拐点的折线轨迹差别不大。

所得仿样函数的导数具有下列形式：

$$\begin{cases} S_1'(x)=1.699+0.903(x-1)^2 \\ S_1''(x)=1.806(x-1), \quad x\in[1,2] \\ S_2'(x)=2.603+1.808(x-2)-0.915(x-2)^2 \\ S_2''(x)=1.808-1.830(x-2), \quad x\in[2,4] \\ S_3'(x)=1.985-2.426(x-4)+0.303(x-4)^2 \\ S_3''(x)=-2.426+0.606(x-4), \quad x\in[4,8] \end{cases}$$

我们记录下了微分方程组（6.1.39）的集合，以确定描述无人机以速度 $V_z(t)$ 沿轨迹 $z(x)=S_k(x)(k=1,2,3)$ 运动的坐标 $x^{(k)}(t)$，$z^{(k)}(t)$ 的参数表示。以无人机在航向拐点 1 和拐点 2 之间的轨迹段为例。

函数 $x^{(1)}(t)$ 和 $z^{(1)}(t)$ 作为下列微分方程组的解求取：

$$\begin{cases}\dot{x}^{(1)}=\dfrac{V_z(t)}{\sqrt{1+[1.699+0.903(x^{(1)}-1)^2]^2}}\\ \dot{z}^{(1)}=\dfrac{V_z(t)[1.699+0.903(x^{(1)}-1)^2]}{\sqrt{1+[1.699+0.903(x^{(1)}-1)^2]^2}}\end{cases}$$

其初始条件为

$$x^{(1)}(t_0)=x_1,\quad z^{(1)}(t_0)=z_1$$

式中　$(x_1,z_1)=(1,2)$ km——航向拐点 1 的坐标。

根据式（6.1.12），无人机在该航段的轨迹旋转角 $\Psi^{(1)}$ 的变化用下列表达式描述：

$$\dot{\Psi}^{(1)}(t)=\frac{1.806V_z(t)(x^{(1)}(t)-1)}{[1+(1.699+0.903(x^{(1)}(t)-1)^2)^2]^{3/2}}$$

式中　$x^{(1)}(t)$——上面微分方程组的解。

无人机沿第一段组合轨迹运动的结束时刻 t_1，即满足下列条件的时刻：

$$x^{(1)}(t_1)=x_2,\quad z^{(1)}(t_1)=z_2$$

类似地，可通过函数 $S_2'(x)$、$S_2''(x)$ 和 $S_3'(x)$、$S_3''(x)$，用方程（6.1.39）表示关系式 $\dot{\Psi}^{(k)}(t)(k=2,3)$。

由下列条件可求出时刻 t_2 和 t_3：

$$x^{(k-1)}(t_{k-1})=x_k,\quad z^{(k-1)}(t_{k-1})=z_k;\quad k=3,4$$

式中　(x_k,z_k)——航向拐点 k 的坐标（$k=3$，4）。

需注意，所形成的微分方程组由于其非线性可使用已知的一种数值方法来求解。

我们将对编队无人机过渡飞行轨迹的形成问题进行研究，过渡轨迹用于不同飞行阶段之间的过渡、编队的形成和解散及无人机现有控制程序的有效变更。

假设在需要无人机保持沿相邻轨迹飞行的情况下，起点坐标为 (x_H,z_H) 和终点坐标为（x_K，z_K）的过渡轨迹 $z_0(x)$ 如图 6－9 所示。其中，$z=z_1(x)$ 和 $z=z_2(x)$ 是无人机相邻轨迹方程的一般表示形式。

过渡轨迹 $z_0(x)$ 的特点有：

- 给定坐标值 (x_H,z_H) 和自由（未知）坐标值 (x_K,z_K)；

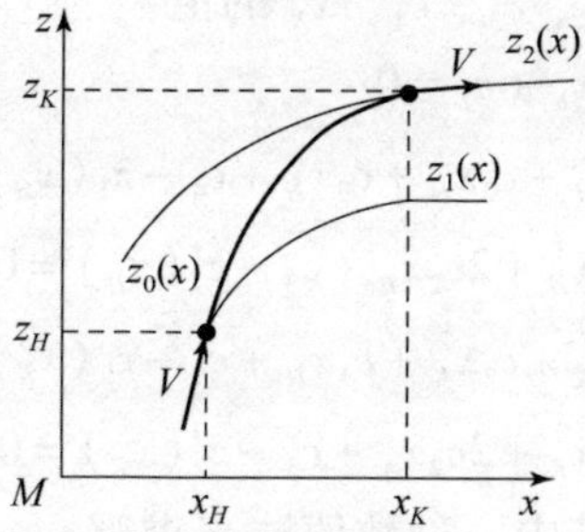

图 6-9　过渡轨迹 $z_0(x)$

- 必须确保在点(x_H,z_H)和(x_K,z_K)上满足以下平滑度条件：

$$\begin{aligned} z_0(x_H)=z_1(x_H),\quad z'_0(x_H)=z'_1(x_H) \\ z_0(x_K)=z_2(x_K),\quad z'_0(x_K)=z'_2(x_K) \end{aligned} \tag{6.1.41}$$

- 当 $x\in[x_H,x_K]$时，轨迹 $z_0(x)$具有连续性和最小曲率。

为了合成满足这些要求的轨迹 $z_0(x)$，我们将使用文献[3]中描述的具有可移动边界的辅助变分问题。

下面是决定未知函数 $z_0(x)$曲率积分判据的泛函数：

$$J(x_K)=\int_{x_H}^{x_K}(z''_0(x))^2\mathrm{d}x\rightarrow\min_{z_0(x),x_K} \tag{6.1.42}$$

式（6.1.41）、式（6.1.42）描述了具有自由右端的可解变分问题。

对于泛函数 J，决定未知极值的欧勒微分方程可写作[3]：

$$z_0^{\mathrm{IV}}(x)=0$$

对该方程进行求积分，得到以下函数：

$$z_0(x)=c_1x^3+c_2x^2+c_3x+c_4$$

式中　c_i——不变积分。

函数 $z_0(x)$的导数可写作：

$$\begin{cases} z'_0(x)=3c_1x^2+2c_2x+c_3 \\ z''_0(x)=6c_1x+2c_2 \end{cases} \tag{6.1.43}$$

由于极值曲线 $z_0(x)$的右端是自由的，我们将使用这类变分问题的第二个横截性条件[3]。考虑到 $F(x)=z''_0(x)$和 $F'_{z_0}=0$，横截条件可以写为

$$z''_0(x_K)=0$$

将式（6.1.43）中的第二个表达式代入该关系式，得出下列方程：

$$3c_1x_K+c_2=0$$

这时，构建过渡轨迹 $z_0(x)$的问题可通过下列方式表述：通过求解非线性

代数方程组确定参数 c_1、c_2、c_3、c_4、x_K 的值：

$$\begin{cases}3c_1x_K+c_2=0\\c_1x_H^3+c_2x_H^2+c_3x_H+c_4-z_1(x_H)=0\\3c_1x_H^2+2c_2x_H+c_3-z_1'(x_H)=0\\c_1x_K^3+c_2x_K^2+c_3x_H+c_4-z_2(x_K)=0\\3c_1x_K^2+2c_2x_K+c_3-z_2'(x_K)=0\end{cases}\tag{6.1.44}$$

这个 5 次方程组使用其中一种数值法来求解。

所形成的轨迹 $z_0(x)$ 可写作：

$$z_0(x)=c_1^0x^3+c_2^0x^2+c_3^0x+c_4^0,\quad x\in[x_H,x_K^0]\tag{6.1.45}$$

其中，c_1^0、c_2^0、c_3^0、c_4^0、x_K^0 是方程组（6.1.44）的实根。

例 6.5

假设沿式（6.1.11）形式的直线轨迹飞行的编队某无人机，具有方程：

$$z_1(x)=4x$$

应在坐标点 $(x_H,z_H)=(2,8)$ km 上转向飞行轨迹：

$$z_2(x)=2x+8$$

需要建立过渡轨迹 $z_0(x)$ 的方程并确定其终点的坐标 x_K。

在起点 $x_H=2$ 处，函数 $z_1(x)$ 及其导数的值分别为

$$z_1(x_H)=8,\quad z_1'(x_H)=4$$

在未知的终点 x_K 上，函数 $z_2(x_K)$ 和 $z_2'(x_K)$ 可具体表示为

$$z_2(x_K)=2x_K+8,\quad z_2'(x_K)=2$$

此时，非线性方程组（6.1.44）可以写为

$$\begin{cases}3c_1x_K+c_2=0\\8c_1+4c_2+2c_3+c_4-8=0\\12c_1+4c_2+c_3-4=0\\c_1x_K^3+c_2x_K^2+c_3x_K+c_4-2x_K-8=0\\3c_1x_K^2+2c_2x_K+c_3-2=0\end{cases}$$

当初始近似值：

$$c_{1,0}=c_{2,0}=c_{3,0}=c_{K,0}=1$$

时，求解该方程组可得下列根值：

$$c_1^0=0.019,c_2^0=-0.444,c_3^0=5.556,c_4^0=-1.481,x_K^0=8$$

因此，式（6.1.45）过渡轨迹的方程为

$$z_0(x)=0.019x^3-0.444x^2+5.556x-1.481,\quad x\in[2,8]\text{ km}$$

由函数段 $z_1(x)$、$z_0(x)$ 和 $z_2(x)$ 构成的无人机组合轨迹，其形状和坐标分别如表6－6和图6－10所示。

表6－6　无人机组合轨迹的坐标

x/km	z_1/km	z_0/km	z_2/km	z_1'	z_0'	z_2'
1	4.000	—	—	4.000	—	—
2	8.000	8.000	—	4.000	4.000	—
3	—	11.685	—	—	3.389	—
4	—	14.815	—	—	2.889	—
5	—	17.500	—	—	2.500	—
6	—	19.852	—	—	2.222	—
7	—	21.981	—	—	2.056	—
8	—	24.000	24.000	—	2.000	2.000
9	—	—	26.000	—	—	2.000
10	—	—	28.000	—	—	2.000

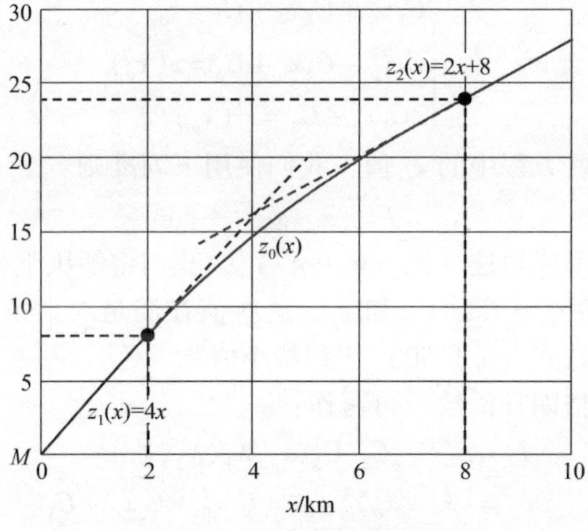

图6－10　无人机组合轨迹

该表格的后三列是导数 z_1'、z_0' 和 z_2' 的值，用于确定组合轨迹的平滑度。

我们将对无人机从坐标为 (x_0, z_0) 的某个点以平滑的方式进入指定轨迹 $z=z(x)$ 的这种情况（图6－11）进行分析。

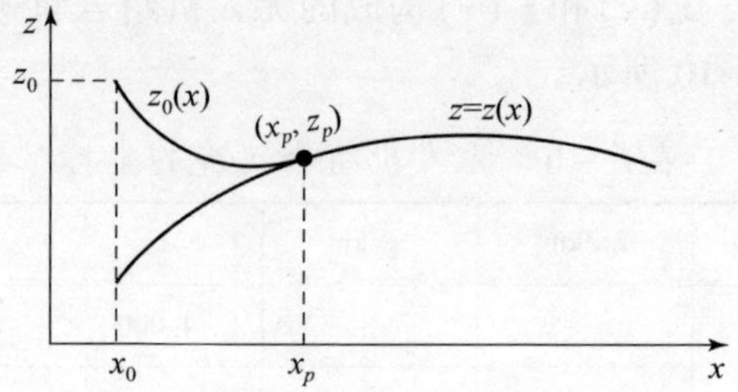

图 6-11　无人机从坐标点(x_0, z_0)以平滑的方式进入指定轨迹$z=z(x)$的示意图

在图 6-11 中，无人机的过渡轨迹用$z_0(x)$表示。

该问题的特点在于，在形成轨迹$z_0(x)$的同时，必须确定距离起点(x_0, z_0)最近的无人机过渡到给定轨迹$z=z(x)$的坐标点(x_p, z_p)，该点此时满足下列条件：

$$z_0(x_p)=z(x_p),\quad z_0'(x_p)=z'(x_p) \tag{6.1.46}$$

轨迹$z_0(x)$将以 2 级多项式的形式表示：

$$z_0(x)=C_1x^2+C_2x+C_3 \tag{6.1.47}$$

该函数的导数为

$$z_0'(x)=2C_1x+C_2 \tag{6.1.48}$$

系数C_1、C_2、C_3应满足下列等式：

$$\begin{cases} C_1x_0^2+C_2x_0+C_3=z_0 \\ C_1x_p^2+C_2x_p+C_3=z(x_p) \\ 2C_1x_p+C_2=z'(x_p) \end{cases} \tag{6.1.49}$$

为了确定这些方程中的x_p值，我们使用下列准则：

$$J=(x-x_0)^2 \to \min \tag{6.1.50}$$

这时，为了形成轨迹［式（6.1.47）］，我们将解决下列条件优化问题：

“确定参数值C_1、C_2、C_3和x_p，这些值在满足约束条件式（6.1.49）的情况下使目标函数式（6.1.50）达到最小值”。

该问题的拉格朗日函数[3]可写作：

$$\begin{aligned} L &= L(C_1, C_2, C_3, x_p, \lambda_1, \lambda_2, \lambda_3) \\ &= (x_p-x_0)^2+\lambda_1(C_1x_0^2+C_2x_0+C_3-z_0) \\ &\quad +\lambda_2[C_1x_0^2+C_2x_p+C_3-z(x_p)] \\ &\quad +\lambda_3[2C_1x_p+C_2-z'(x_p)] \end{aligned} \tag{6.1.51}$$

式中　λ_i——拉格朗日函数的不定因子，其中$i=1,2,3$。

该函数最小值的必要条件[3]有

$$\frac{\partial L}{\partial C_1}=0,\frac{\partial L}{\partial C_2}=0,\frac{\partial L}{\partial C_3}=0,\frac{\partial L}{\partial x_p}=0 \tag{6.1.52}$$

$$\frac{\partial L}{\partial \lambda_1}=0,\frac{\partial L}{\partial \lambda_2}=0,\frac{\partial L}{\partial \lambda_3}=0 \tag{6.1.53}$$

式（6.1.52）可具体表示为

$$\begin{cases}\lambda_1 x_0^2+\lambda_2 x_p^2+2\lambda_3 x_p=0\\ \lambda_1 x_0+\lambda_2 x_p+\lambda_3=0\\ \lambda_1+\lambda_2=0\\ 2(x_p-x_0)\lambda_2[2C_1 x_p+C_2 z'(x_p)]+\lambda_3[2C_1-z''(x_p)]=0\end{cases} \tag{6.1.54}$$

未知参数值 C_1^0、C_2^0、C_3^0、x^0、λ_1^0、λ_2^0、λ_3^0 可根据非线性方程组［由式（6.1.49）和式（6.1.54）组成］的数值解求取。

在这种情况下，选择满足下列条件的根：

$$x_p^0>x_0 \tag{6.1.55}$$

例 6.6

假设无人机需要从坐标为（x_0，z_0）＝（4，20）的点过渡到轨迹：

$$z(x)=2x+8 \tag{6.1.56}$$

对此，当所有的 $x\geqslant4$ 时，有 $z'(x)=2$，$z''(x)=0$。

方程组（6.1.49）和式（6.1.54）可写作：

$$\begin{cases}16C_1+4C_2+C_3=20\\ C_1 x_p^2+C_2 x_p+C_3=2x_p+8\\ 2C_1 x_p+C_2=2\\ 16\lambda_1+\lambda_2 x_p^2+2\lambda_3 x_p=0\\ 4\lambda_1+\lambda_2 x_p+\lambda_3=0\\ 2(x_p-4)+\lambda_2(2C_1 x_p+C_2-2)+2\lambda_3 C_1=0\end{cases} \tag{6.1.57}$$

方程组（6.1.57）是七次非线性代数方程组，可用相应的数值法求解[3]。

需注意所得解的不唯一性，其值取决于其初始近似值的选择[3]。

进行的计算实验得出下列结果：

（1）当初始近似值：

$$C_{1,0}=10,\quad C_{2,0}=C_{3,0}=1,\quad x_{p,0}=4,\quad \lambda_{1,0}=\lambda_{2,0}=\lambda_{3,0}=0.5$$

时，方程组（6.1.57）的根有下列值：

$$C_1^0=1.726,C_2^0=-6.551,C_3^0=58.675,x_p^0=5.563$$

$$\lambda_1^0=-0.849,\lambda_2^0=0.782,\lambda_3^0=-0.954$$

(2) 当一个初始近似值 $x_{p,0}$ 取值为 5 时，得到：

$$C_1^0 = 1.638, C_2^0 = -16.219, C_3^0 = 58.675, x_p^0 = 5.563$$

$$\lambda_1^0 = -0.849, \lambda_2^0 = 0.782, \lambda_3^0 = -0.954$$

(3) 当给定值 $x_{p,0} = 10$ 时，方程组的根为

$$C_1^0 = 0.867, C_2^0 = -8.660, C_3^0 = 40.770, x_p^0 = 6.148$$

$$\lambda_1^0 = -1.773, \lambda_2^0 = 1.556, \lambda_3^0 = -2.477$$

由所得的方案可知：

(1) 主要的临界初始近似值为 $x_{p,0}$，它应大于 x_0；

(2) 方案 No2 和 No3 满足条件式（6.1.55）；

(3) 在这些方案中，方案 No2 符合条件式（6.1.50）。

该方案中的式（6.1.47）和式（6.1.48）可具体写为

$$\begin{cases} z_0(x) = 1.638x^2 - 16.219x + 58.675 \\ z_0'(x) = 3.276x - 16.219, x \in [4, 5.563] \end{cases} \tag{6.1.58}$$

当无人机过渡到轨迹式（6.1.56）的点上时，值 z_p^0 将等于：

$$z_p = 2z_p^0 + 8 = 2 \times 5.563 + 8 = 19.126(\text{km})$$

在这种情况下：

$$z_0(5.563) = 19.126, z_0'(5.563) = 2.000$$

函数式（6.1.56）和式（6.1.58）的计算结果如表 6-7 所列。轨迹 $z(x)$ 和 $z_0(x)$ 的示意图见图 6-12。

表 6-7 函数计算结果

x/km	z/km	z_0/km	$z_0'(x)$
4.0	16.0	20.000	-3.119
4.2	16.4	19.442	-2.464
4.4	16.8	19.015	-1.809
4.6	17.2	18.718	-1.154
4.8	17.6	18.553	-0.499
5.0	18.0	18.519	0.156
5.2	18.4	18.616	0.811
5.4	18.8	18.843	1.466
5.563	19.126	19.126	2.000

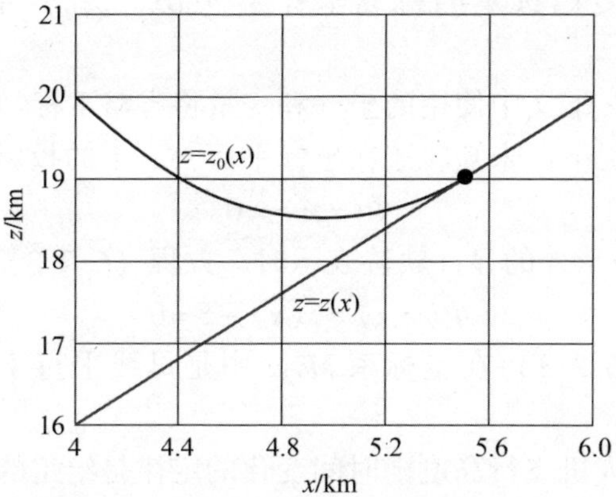

图 6 - 12　轨迹 $z(x)$ 和 $z_0(x)$ 的示意图

这个问题的实际应用与无人机组的空中发射（从运载飞机上投放）有关。在这种情况下，每架无人机应从发动机起动点(x_0,z_0)沿轨迹 $z_0(x)$ 在点(x_p,z_p)时进入给定飞行轨迹 $z(x)$，$x \geqslant x_p$。

无人机在强烈扰动（如阵风）的情况下回归给定的轨迹 $z(x)$，这是该问题的其他实际运用。此时，无人机位于点(x_0,z_0)上，其自动控制系统无法计算出现的偏差。

在这两种情况下，为了确定坐标(x_0,z_0)和(x_p,z_p)，可使用无人机自动控制系统的自适应系统。

6.2　无人机的空间运动轨迹

为了描述无人机的空间轨迹，可以使用下列方法：

（1）在地球坐标系中，参数轨迹表示法如下：

$$x = x(t), y = y(t), z = z(t), t \in [t_0, t_K] \tag{6.2.1}$$

（2）空间曲线（如两个平面的交线[40]）形式的经典轨迹表示法：

$$F_1(x,y,z) = 0, F_2(x,y,z) = 0 \tag{6.2.2}$$

我们认为，这些表示方法在组建无人机控制专家组方面不具备实际价值，因为它缺乏明确方法去选择式（6.2.1）和式（6.2.2）中包含的函数。

建议使用投影法替代第二种方法，投影法的实质在于给这些专家提供所形成轨迹在一个或两个曲面坐标平面上的投影，并随后转换为描述无人机飞行轨迹的空间曲线。

我们假设，在专门选定的机动坐标系（$Mx_My_Mz_M$）中生成所需的空间轨迹。

为了方便描述，下文中使用的坐标和变量将省略下标“M”。

假设在一般情况下，未知轨迹在坐标平面 Mxz 上的投影用隐式方程表示：

$$\Phi(x,z)=0 \tag{6.2.3}$$

在使用 $z=z(x)$ 形式的显性轨迹表示时，方程（6.2.3）可写作：

$$\Phi(x,z)=z(x)-z=0$$

几何曲线式（6.2.3）在坐标系 $Mxyz$ 中是母线平行于 My 轴的定向曲线圆柱[19]。

我们假设，无人机飞行高度随时间变化的定律是给定的，即

$$y_t=y_t(t),\quad t\in[t_0,t_K] \tag{6.2.4}$$

在这种情况下，无人机的空间运动轨迹如图 6－13 所示。

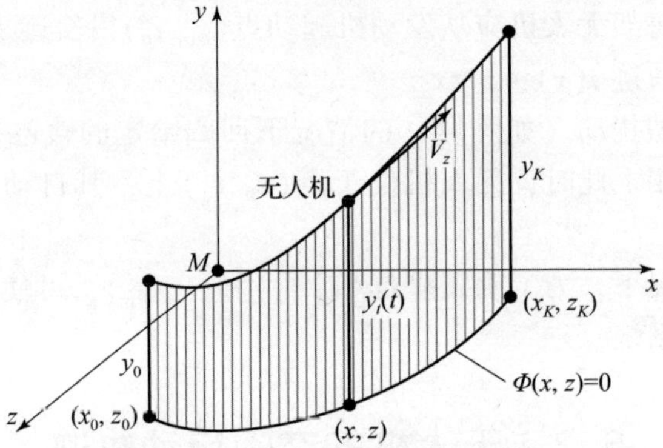

图 6－13　无人机的空间运动轨迹

在该图中，(x_0,y_0,z_0)和(x_K,y_K,z_K)是所形成无人机轨迹的起点和终点的坐标，应满足下列条件：

$$\begin{gathered}\Phi(x_0,z_0)=0,\Phi(x_K,z_K)=0\\ y_0=y_t(t_0),y_K=y_t(t_K)\end{gathered} \tag{6.2.5}$$

我们将对所需的无人机飞行高度变化定律［式（6.2.4）］的形成方法进行分析。

它通常以函数的形式给出：

$$y_t(t)=f(t,c_1,c_2,\cdots,c_n)$$

其中，系数 c_i 和函数 f 从所需的无人机飞行条件中选取。

如果根据行动条件要求，仅式（6.2.5）中的第二组条件成立，那么可以使用以下线性关系式：

$$y_t(t)=c_1t+c_2,t\in[t_0,t_K] \tag{6.2.6}$$

常数 c_1、c_2 可由经过两个指定点 (t_0,y_0) 和 (t_K,y_K) 的直线方程确定[19]，即

$$\frac{y_t(t)-y_0}{y_K-y_0}=\frac{t-t_0}{t_K-t_0}$$

经过必要的变形，可得

$$y_t(t)=\frac{y_K-y_0}{t_K-t_0}t+y_0+\frac{y_K-y_0}{t_K-t_0}t_0$$

由此可得计算未知系数的下列公式：

$$c_1=\frac{y_K-y_0}{t_K-t_0},c_2=y_0-\frac{y_K-y_0}{t_K-t_0}t_0 \tag{6.2.7}$$

例 6.7

令无人机应在 $t_0=10\text{s}$ 时刻从 $y_0=2000\text{m}$ 的高度下降，在 $t_K=30\text{s}$ 前降到 $y_K=1000\text{m}$ 高度。

要求建立无人机高度变化定律式（6.2.6）。

使用式（6.2.7），有

$$c_1=\frac{1000-2000}{30-10}=-50,c_2=2000-\frac{1000-2000}{30-10}\times10=2500$$

此时，式（6.2.6）可具体写为

$$y_t(t)=-50t+2500,\quad t\in[10,30]\text{s}$$

如果在时间区间［t_0，t_K］内有中间时刻 τ，此刻无人机的飞行高度应为 $y_t(\tau)$，那么式（6.2.4）可用二次关系式表示，即

$$y_t(t)=-c_1t^2+c_2t+c_3,\quad t\in[t_0,t_K] \tag{6.2.8}$$

其中，系数 c_1、c_2 和 c_3 通过求解下列三次线性代数方程组来计算：

$$\begin{cases}c_1t_0^2+c_2t_0+c_3=y_0\\c_1\tau^2+c_2\tau+c_3=y_t(\tau)\\c_1t_K^2+c_2t_K+c_3=y_K\end{cases} \tag{6.2.9}$$

通常，该方程组通过数值法来求解。

例 6.8

假设在例 6.7 的条件下，给定值 $\tau=20\text{s}$ 和 $y_t(20)=3000\text{m}$。需要建立式（6.2.8）类型的关系式。

方程组（6.2.9）将有

$$\begin{cases}10^2c_1+10c_2+c_3=2000\\20^2c_1+20c_2+c_3=3000\\30^2c_1+30c_2+c_3=1000\end{cases}$$

该方程组的数值解给出以下结果：

$$c_1 = -15, c_2 = 550, c_3 = -2000$$

因此，式（6.2.8）类型的无人机飞行高度变化定律可具体表示为

$$y_t(t) = -15t^2 + 550t - 2000, \quad t \in [10,30]\mathrm{s} \tag{6.2.10}$$

函数式（6.2.10）的导数有

$$\dot{y}_t(t) = -30t^2 + 550, \quad t \in [10,30]\mathrm{s} \tag{6.2.11}$$

将该表达式归零，则无人机达到最大飞行高度的时刻为

$$t_{\max} = \frac{550}{30} = 18.33\mathrm{s}$$

这个高度将等于：

$$y_t(t_{\max}) = -15 \times 18.33^2 + 550 \times 18.33 - 2000 = 3041.67(\mathrm{m})$$

为了描述更加复杂的无人机飞行高度变化定律 $y_t(t)$，建议使用6.1节所述的仿样内插法。

下文将使用无人机空间运动的动态方程式（5.1.19）~式（5.1.21）来描述：

$$\dot{x} = V\cos\theta\cos\Psi \tag{6.2.12}$$

$$\dot{y} = V\sin\theta \tag{6.2.13}$$

$$\dot{z} = V\cos\theta\sin\Psi \tag{6.2.14}$$

计算确保无人机沿图6-13所述轨迹运动的函数 $\theta_t(t)$、$\dot{\theta}_t(t)$、$\dot{\Psi}_t(t)$，$t \in [t_0, t_K]$。

将函数 $V_z = v_z(t)$ 和函数式（6.2.4）的导数代入式（6.2.13）中，有

$$\sin\theta = \dot{y}_t / V_z \tag{6.2.15}$$

由此可得

$$\theta_t(t) = \arcsin(\dot{y}_t(t)/V_z(t)) \tag{6.2.16}$$

该函数的导数将有以下形式：

$$\dot{\theta}_t(t) = \frac{\ddot{y}_t(t)V_z(t) - \dot{y}_t(t)\dot{V}_z(t)}{V_z(t)\sqrt{V_z^2(t) - \dot{y}_t^2(t)}} \tag{6.2.17}$$

使用式（6.2.15），计算函数：

$$\cos\theta = \sqrt{1 - \sin^2\theta} = \frac{\sqrt{V_z^2(t) - \dot{y}_t^2(t)}}{V_z} \tag{6.2.18}$$

上文［见方程（6.1.28）］使用了导数函数 $\Phi(x,z)$ 表示的角 Ψ 的三角函数，如下：

$$\cos\Psi = \frac{\Phi_z}{\sqrt{\Phi_x^2 + \Phi_z^2}}, \sin\Psi = -\frac{\Phi_x}{\sqrt{\Phi_x^2 + \Phi_z^2}} \tag{6.2.19}$$

由此可得：

$$\Psi(x,z)=\arctan\left(-\frac{\Phi_x}{\Phi_z}\right)$$

将式（6.2.18）和式（6.2.19）代入式（6.2.12）和式（6.2.14）中，并增加一个明显的要求 $\dot{y}=\dot{y}_t(t)$，得到下列微分方程组：

$$\begin{cases}\dot{x}=\Phi_z(x,z)\sqrt{\dfrac{V_z^2(t)-\dot{y}_t^2(t)}{\Phi_x^2(x,z)+\Phi_z^2(x,z)}}\\ \dot{y}=\dot{y}_t(t)\\ \dot{z}=-\Phi_x(x,z)\sqrt{\dfrac{V_z^2(t)-\dot{y}_t^2(t)}{\Phi_x^2(x,z)+\Phi_z^2(x,z)}},\quad t\in[t_0,t_K]\end{cases}\tag{6.2.20}$$

以得到式（6.2.1）形式的无人机轨迹。

该方程组的初始条件为

$$x(t_0)=x_0,y(t_0)=y_t(t_0),z(t_0)=z_0\tag{6.2.21}$$

其中，x_0，z_0 的值应满足表达式（6.2.5）中的前两个等式。

问题（6.2.20）、问题（6.2.21）的解的存在条件为：

$$V_z(t)>\max_{t\in[t_0,t_K]}\{\dot{y}_t(t)\},\quad t\in[t_0,t_K]$$

例 6.9

令，超声速无人机空间轨迹在坐标平面 Mxz 上的投影为半径 $R=500\text{m}$ 的圆：

$$\Phi(x,z)=x^2+z^2-250000=0$$

假设无人机飞行速度为 $V_z=400\text{m/s}$，所需的无人机飞行高度变化定律（使用例 6.8 中的式（6.2.10）和式（6.2.11）来描述）是给定的。

为了确定式（6.2.1）形式的无人机轨迹，我们将方程组（6.2.20）写为

$$\begin{cases}\dot{x}=z\sqrt{\dfrac{400^2-(-30t+550)^2}{x^2+z^2}}\\ \dot{y}=-30t+550\\ \dot{z}=-x\sqrt{\dfrac{400^2-(-30t+550)^2}{x^2+z^2}}\end{cases}\tag{6.2.22}$$

该方程组将在时间区间 [10，30]s 内求解（参考示例 6.8）。

对于该方程组，初始条件式（6.2.21）具体可写作：

$$x(10)=500,\quad y(10)=2000,\quad z(10)=0\tag{6.2.23}$$

值得一提的是，该问题的解满足上述存在条件，因为 V_z 大于值 $\dot{y}_{max}=250m/s$。

方程组（6.2.22）的初始条件为式（6.2.24），其数值解的结果如表 6－8 和图 6－14 所示。

表 6－8 数值解的结果

序号(No)	t/s	x(t)/m	y(t)/m	z(t)/m
0	10	500	2000	0
1	11	398.825	2235	-301.137
2	12	117.479	2440	-485.417
3	13	-231.337	2615	-442.200
4	14	-469.644	2760	-167.518
5	15	-453.870	2875	205.316
6	16	-176.373	2960	465.331
7	17	208.520	3015	451.248
8	18	468.807	3040	163.661
9	19	442.558	3035	-224.002
10	20	146.420	3000	-473.387
11	21	-235.386	2935	-435.512
12	22	-473.795	2840	-142.117
13	23	-439.416	2715	226.419
14	24	-169.378	2560	464.126
15	25	177.251	2375	460.991
16	26	428.149	2160	246.015
17	27	490.330	1915	-58.159
18	28	375.885	1640	-320.218
19	29	165.607	1335	-465.251
20	30	-48.998	1000	-491.477

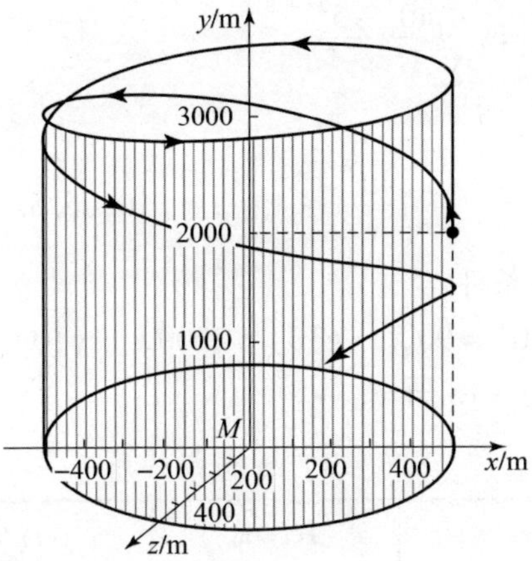

图 6-14　数值解结果示意图

在部分情况下，式（6.2.4）可以表示为

$$y_t(t)=y_0+V_y(t-t_0),\quad t\in[t_0,t_K]$$

式中　V_y——该型无人机样机的垂直速度。

在使用这种关系式时，式（6.2.20）可具体表示为

$$\begin{cases}\dot{x}=\Phi_z(x,z)\sqrt{\dfrac{V_z^2(t)-V_y^2}{\Phi_x^2(x,z)+\Phi_z^2(x,z)}}\\ \dot{y}=V_y\\ \dot{z}=-\Phi_x(x,z)\sqrt{\dfrac{V_z^2(t)-V_y^2}{\Phi_x^2(x,z)+\Phi_z^2(x,z)}}\end{cases}\tag{6.2.24}$$

由这些表达式可知，在 $V_y=0$ 的情况下，我们可以得到之前构建的方程组（6.1.31）。

例 6.10

令已知无人机具有垂直速度 $V_y=5\text{m/s}$。我们将使用下列初始数据：

$$R=90\text{m},V_z=40\text{m/s},t_0=10\text{s}$$

$$x_0=90\text{m},y_0=2000\text{m},z_0=0\text{m}$$

补充一个要求，空间轨迹应当是半径为 R 的螺旋线，并且无人机的旋转次数不少于 4 次。这些轨迹用于监视空域[3]。

计算无人机飞行结束时刻：

$$t_K=10+4\times\frac{2\pi\times 90}{40}=66.52(\text{s})$$

方程组（6.2.24）采用下列形式：

$$\begin{cases} \dot{x} = z\sqrt{\dfrac{40^2 - 5^2}{x^2 + z^2}} \\ \dot{y} = 5 \\ \dot{z} = -x\sqrt{\dfrac{40^2 - 5^2}{x^2 + z^2}}, \quad t \in [10, 66.52]\,\text{s} \end{cases}$$

该方程组具有初始条件：

$$x(10) = 90, \quad y(10) = 2000, \quad z(10) = 0$$

它的解如表 6-9 和图 6-15 所示。

表 6-9　方程组的解

序号(No)	t/s	$x(t)$/m	$y(t)$/m	$z(t)$/m
0	10	90	2000	0
1	12.825	28.913	2014	-84.012
2	15.650	-69.910	2028	-52.832
3	18.475	-70.005	2042	50.518
4	21.300	28.749	2057	79.930
5	24.125	83.144	2071	-7.173
6	26.950	12.253	2085	-80.920
7	29.775	-74.926	2099	-28.291
8	32.600	-40.376	2113	66.927
9	35.425	58.564	2127	48.478
10	38.250	52.888	2141	-51.217
11	41.075	-45.942	2155	-53.971
12	43.900	-51.897	2170	43.430
13	46.725	43.896	2184	46.337
14	49.550	36.178	2198	-46.665
15	52.375	-49.037	2212	-19.610
16	55.200	3.763	2226	44.105

续表

序号(No)	t/s	$x(t)$/m	$y(t)$/m	$z(t)$/m
17	58.025	21.440	2240	-24.587
18	60.850	-16.985	2254	12.025
19	63.675	9.339	2268	-15.234
20	66.500	-0.623	2283	18.381

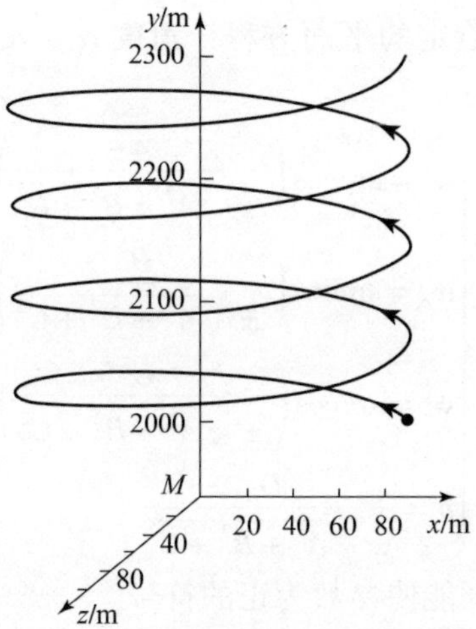

图 6-15　方程组的数值解图示

所需的角速度变化定律 $\dot{\Psi}_t(t)$ 可通过 6.1 节描述的方法来形成，其中使用了求解柯西问题式（6.2.20）、式（6.2.21）时得到的函数 $x=x(t)$，$z=z(t)$。

我们发现，上述方法可以利用式（6.2.4）、式（6.2.20）和式（6.2.21）得到所需的式（6.2.1）类型的无人机空间轨迹。

假设要求无人机的空间轨迹位于下列方程所表示的平面上[19]：

$$Ax=By+Cz+D=0 \tag{6.2.25}$$

除了式（6.2.25）类型的通用平面方程外，无人机的飞行面还可以通过分段方程给定[19]：

$$\frac{x}{a}+\frac{y}{b}+\frac{z}{c}=1 \tag{6.2.26}$$

式中　a、b、c——坐标轴 Mx、My、Mz 上被平面切分的线段长度。

无人机飞行平面的标准方程可写作[40]：

$$x\cos\alpha_x + y\cos\alpha_y + z\cos\alpha_z - p = 0 \tag{6.2.27}$$

式中　p——从点 M 到平面的垂线长度；

$\cos\alpha_x$、$\cos\alpha_y$、$\cos\alpha_z$——该垂线的方向余弦；

α_x、α_y、α_z——垂线和正向轴线 Mx、My 和 Mz 之间的夹角。在这种情况下，应满足等式：

$$\cos^2\alpha_x + \cos^2\alpha_y + \cos^2\alpha_z = 1 \tag{6.2.28}$$

式（6.2.25）和式（6.2.26）之间的关系可用下式表示：

$$A = \frac{1}{a},\quad B = \frac{1}{b},\quad C = \frac{1}{c},\quad D = -1 \tag{6.2.29}$$

对于式（6.2.25）给定的平面方程，角度 α_x、α_y、α_z 和参数 p 的值可由下式计算出[19]：

$$\begin{cases} \alpha_x = \arccos\left(\dfrac{A}{\pm\sqrt{A^2+B^2+C^2}}\right) \\ \alpha_y = \arccos\left(\dfrac{B}{\pm\sqrt{A^2+B^2+C^2}}\right) \\ \alpha_z = \arccos\left(\dfrac{C}{\pm\sqrt{A^2+B^2+C^2}}\right) \\ p = \dfrac{D}{\pm\sqrt{A^2+B^2+C^2}} \end{cases} \tag{6.2.30}$$

其中，根号前的符号选择能使参数为正的符号。

如果系数 $D=0$，则平面经过点 M，在这种情况下，式（6.2.30）中符号可以随意选择[19]。

长度为 p 的上述垂直线在空间中的位置实际上可以通过其方位角 φ 和位置角 λ 给出。

在这种情况下，有

$$\begin{cases} \alpha_x = \arccos(\cos\varphi\cos\lambda) \\ \alpha_y = \dfrac{\pi}{2} - \lambda \\ \alpha_z = \arccos(\sin\varphi\cos\lambda) \end{cases} \tag{6.2.31}$$

下面将使用式（6.2.26）形式的通用平面方程及式（6.2.27）、式（6.2.30）或式（6.2.31）。

假设未知轨迹在坐标平面 Mxz 上的投影使用方程（6.2.3）描述。

在这种情况下，图 6-16 中圆柱［式（6.2.3）］和平面［式（6.2.25）］的相交线就是形成的轨迹。

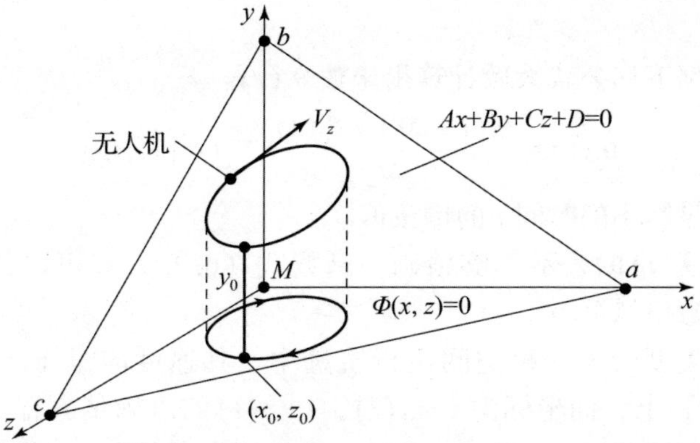

图6-16　无人机飞行轨迹在坐标面 Mxz 上的投影

我们分析了函数 $\theta_t(t)$、$\dot{\theta}_t(t)$、$\dot{\Psi}_t(t)$、$x(t)$、$y(t)$、$z(t)$的形成方法，这些函数考虑了无人机空间飞行轨迹的上述特性。

式（6.2.25）经过变形得到：

$$y = -\frac{1}{B}(Ax + Cz + D) \tag{6.2.32}$$

如前面所述，方程（6.2.3）决定隐性指定函数 $z = z(x)$，$V_z = z(x)$。

鉴于这一点，我们将得到的式（6.2.32）改写为

$$y = -\frac{1}{B}[Ax + Cz(x) + D]$$

将这个表达式的 x 求微分，并使用式（6.1.32）的右部替换导数 z'，得到：

$$y' = -\frac{1}{B}\left[A - \frac{C\Phi_x(x,z)}{\Phi_z(x,z)}\right]$$

该函数经过变化，有

$$y' = \frac{C\Phi_x(x,z) - A\Phi_z(x,z)}{B\Phi_z(x,z)} \tag{6.2.33}$$

利用明显关系式：

$$\tan\theta = y'$$

和式（6.2.33），所需的无人机未知空间轨迹倾斜角的变化定律可以表示为

$$\theta_t(t) = \arctan\left(\frac{C\Phi_x(x(t),z(t)) - A\Phi_z(x(t)z(t))}{B\Phi_z(x(t)z(t))}\right),\quad t \in [t_0, t_K] \tag{6.2.34}$$

在这个表达式中，函数 $x=x(t)$ 和 $z=z(t)$ 是无人机坐标在时间上的参数表示。

我们将根据下列公式大致计算出函数 $\dot{\theta}_t(t)$：

$$\dot{\theta}_t(t)\approx\frac{\theta_t(t+\Delta t)-\theta_t(t)}{\Delta t},\quad t\in[t_0,t_K] \tag{6.2.35}$$

式中 Δt——足够小的时间 t 的增量值。

如果导数 $\dot{\theta}_t(t)$ 的表示不够精确，函数式（6.2.34）可以使用文献［19］中所述的其他数值微分方法。

在所研究类型的无人机空间飞行轨迹中，其速度向量 $\boldsymbol{V}_g(t)$ 应位于平面［式（6.2.25）］上，而坐标为 $x=x(t)$，$z=z(t)$ 的点满足方程（6.2.3）并沿坐标平面 Mxz（图6-16）移动。此时，点的速度向量 $\boldsymbol{V}_g(t)$ 将具有分量 $V_{xg}(t)$ 和 $V_{zg}(t)$，它们是该向量在轴 Mx 和 Mz 上的投影。

由角 α_x 和 α_z 的定义可得

$$\begin{cases}V_{xg}(t)=\boldsymbol{V}_g(t)\cos\left(\dfrac{\pi}{2}-\alpha_x\right)=\boldsymbol{V}_g(t)\sin\alpha_x\\[2ex] V_{zg}(t)=\boldsymbol{V}_g(t)\cos\left(\dfrac{\pi}{2}-\alpha_z\right)=\boldsymbol{V}_g(t)\sin\alpha_z\end{cases} \tag{6.2.36}$$

其中，α_x、α_z 可根据式（6.2.19）或式（6.2.20）计算得出。

在这种情况下，用于计算函数 $x=x(t)$ 和 $z=z(t)$ 的微分方程将具有下列形式：

$$\begin{cases}\dot{x}=\dfrac{V_g(t)\sin\alpha_x\boldsymbol{\Phi}_z(x,z)}{\sqrt{\boldsymbol{\Phi}_x^2(x,z)+\boldsymbol{\Phi}_z^2(x,z)}}\\[3ex] \dot{z}=-\dfrac{V_g(t)\sin\alpha_z\boldsymbol{\Phi}_x(x,z)}{\sqrt{\boldsymbol{\Phi}_x^2(x,z)+\boldsymbol{\Phi}_z^2(x,z)}}\end{cases} \tag{6.2.37}$$

在一般情况下，当初始条件为

$$x(t_0)=x_0,\quad z(t_0)=z_0 \tag{6.2.38}$$

时，使用间距 Δt 足够小的数值法[3]对该方程组进行求积分，该间距值应当用于式（6.2.35）中。

我们注意到，如果无人机的飞行平面将与坐标平面 Mxz 平行，那么角 $\alpha_x=\alpha_z=\dfrac{\pi}{2}$。

在这种情况下，由式（6.2.27）和式（6.2.28）可知，得到的平面公式：

$$y-p=0$$

对应无人机在高度为 $y=p$ 的水平面上的飞行。

将上述角 α_x 和 α_z 的值代入式（6.2.37）中，我们得到微分方程组（6.1.31），该方程组描述无人机在水平面上的运动。

函数 $\dot{\boldsymbol{\Psi}}_t(t)$ 可通过使用 6.1 节中阐述的方法来形成，该方法使用了方程组（6.2.37）的积分结果，并将因子 $\boldsymbol{V}_g(t)$ 替换成式（6.2.36）中的函数 $V_{xg}(t)$。

在无人机沿给定飞行平面飞行时，坐标随时间的变化可使用两种方法计算。

第一种方法使用了式（6.2.32），该公式可写作下列形式：

$$y(t) = -\frac{1}{B}(Ax(t) + Cz(t) + D), \quad t \in [t_0, t_K] \tag{6.2.39}$$

式中　$x(t)$、$z(t)$——提前得到的柯西问题式（6.2.37）、式（6.2.38）的解。

在第二种方法中，函数 $x(t)$、$y(t)$ 和 $z(t)$ 是通过求解以下微分方程组得到的：

$$\begin{cases} \dot{x} = \dfrac{\boldsymbol{V}_g(t)\sin\alpha_x \boldsymbol{\Phi}_z(x,z)}{\sqrt{\boldsymbol{\Phi}_x^2(x,z) + \boldsymbol{\Phi}_z^2(x,z)}} \\ \dot{y} = -\dfrac{\boldsymbol{V}_g(t)[A\sin\alpha_x \boldsymbol{\Phi}_z(x,z) - C\sin\alpha_z \boldsymbol{\Phi}_x(x,z)]}{B\sqrt{\boldsymbol{\Phi}_x^2(x,z) + \boldsymbol{\Phi}_z^2(x,z)}} \\ \dot{z} = -\dfrac{\boldsymbol{V}_g(t)\sin\alpha_z \boldsymbol{\Phi}_z(x,z)}{\sqrt{\boldsymbol{\Phi}_x^2(x,z) + \boldsymbol{\Phi}_z^2(x,z)}}, \quad t \in [t_0, t_K] \end{cases} \tag{6.2.40}$$

该方程组的初始条件为

$$x(t_0) = x_0, \quad y(t_0) = y_0, \quad z(t_0) = z_0 \tag{6.2.41}$$

其中，y_0 的值计算方式如下：

$$y_0 = -\frac{1}{B}(Ax_0 + Cz_0 + D) \tag{6.2.42}$$

该方程组的第二个方程可通过对式（6.2.39）求时间微分得到，由此得出以下形式的关系式：

$$\dot{y} = -\frac{1}{B}(A\dot{x} + C\dot{z})$$

并将方程（6.2.37）的右部代入该表达式。

例 6.11

令式（6.2.26）描述的无人机飞行平面方程有

$$\frac{x}{10} + \frac{y}{10} + \frac{z}{10} = 1$$

其中，分段 a、b、c 以千米为单位。

根据式（6.2.29），式（6.2.25）中的参数值为：

$$A=B=C=0.1,\quad D=-1$$

假设无人机空间轨迹在坐标平面 Mxz 上的投影是一个半径为 $R=4\text{km}$ 的圆，圆心在点 M 上。

该曲线的方程为

$$x^2+z^2-16=0$$

我们选择下列值作为初始坐标 $x(t)$ 和 $z(t)$：

$$x_0=4\text{km},\quad z_0=0\text{km}$$

坐标 $y(t)$ 的初始值可根据式（6.2.42）来计算：

$$y_0=-\frac{1}{0.1}(0.1\times4+0.1\times0-1)=6(\text{km})$$

为了构建方程组（6.2.40），我们将计算角 α_x 和 α_z 的值。借助式（6.2.30），可得

$$\begin{cases}\alpha_x=\arccos\left(\dfrac{0.1}{\sqrt{0.1^2+0.1^2+0.1^2}}\right)=\arccos 0.577=54.735°\\ \sin\alpha_x=0.816\end{cases}$$

由该表达式和值 $A=C$ 可得，$\alpha_x=\alpha_z$。

考虑到 $\boldsymbol{V}_g(t)=100\text{km/h}$，$t_0=0$，$t_K=0.25\text{h}$，有

$$\boldsymbol{\Phi}_x(x,z)=2x,\quad \boldsymbol{\Phi}_z(x,z)=2z$$

方程组（6.2.40）和初始条件式（6.2.41）可具体表示为

$$\begin{cases}\dot{x}=\dfrac{81.6z}{\sqrt{x^2+z^2}}\\ \dot{y}=-\dfrac{81.6(z-x)}{\sqrt{x^2+z^2}}\\ \dot{z}=-\dfrac{81.6x}{\sqrt{x^2+z^2}},\quad t\in[0,0.25]\text{h}\\ x(0)=4,\quad y(0)=6,\quad z(0)=0\end{cases}$$

该问题的数值解如表 6－10 和图 6－17 所示。

表 6－10　数值解

序号(No)	t/s	$x(t)$/m	$y(t)$/m	$z(t)$/m
0	0	4	6	0
1	0.015	3.804	7.431	－1.235

续表

序号(No)	t/s	$x(t)$/m	$y(t)$/m	$z(t)$/m
2	0. 031	3. 237	9. 113	−2. 350
3	0. 046	2. 353	10. 882	−3. 235
4	0. 062	1. 239	12. 564	−3. 803
5	0. 077	0	13. 996	−4. 000
6	0. 092	−1. 232	15. 037	−3. 806
7	0. 108	−2. 347	15. 586	−3. 239
8	0. 123	−3. 232	15. 588	−2. 356
9	0. 139	−3. 802	15. 045	−1. 243
10	0. 154	−4. 000	14. 008	0
11	0. 169	−3. 807	12. 579	1. 228
12	0. 185	−3. 241	10. 898	2. 344
13	0. 200	−2. 359	9. 129	3. 230
14	0. 215	−1. 246	7. 445	3. 801
15	0. 231	−0. 011	6. 012	4. 000
16	0. 246	1. 225	4. 968	3. 808
17	0. 262	2. 341	4. 416	3. 243
18	0. 277	3. 228	4. 410	2. 362
19	0. 292	3. 800	4. 951	1. 249
20	0. 308	4	5. 985	0. 015

与式（6. 2. 40）类似的方程可能很容易形成，用于表示式（6. 2. 26）和式（6. 2. 27）形式的无人机飞行平面。

我们认为，为了在实践中使用上述方法，最好借助距离 p、方位角 φ 和位置角 λ 来描述无人机的飞行平面。

我们分析了式（6. 2. 1）类型（基于式（6. 2. 2）的表示法）的无人机轨迹的形成方法。

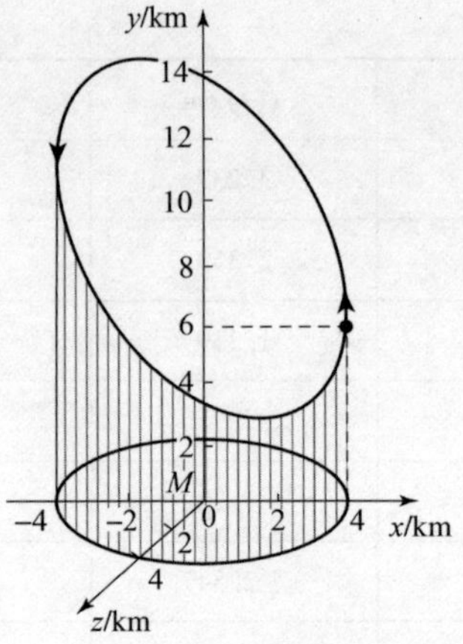

图 6-17　数值解图示

无人机空间轨迹在坐标平面 Mxy 和 Mxz 的投影方程一般使用下列表达式给定：

$$F(x,y)=0,\Phi(x,z)=0 \tag{6.2.43}$$

我们把这些投影看成是平行于轴 Mz 和 Mx 的圆柱面的准线。

在这种情况下，未知的无人机空间轨迹就是这些圆柱体的交线（图 6-18）。

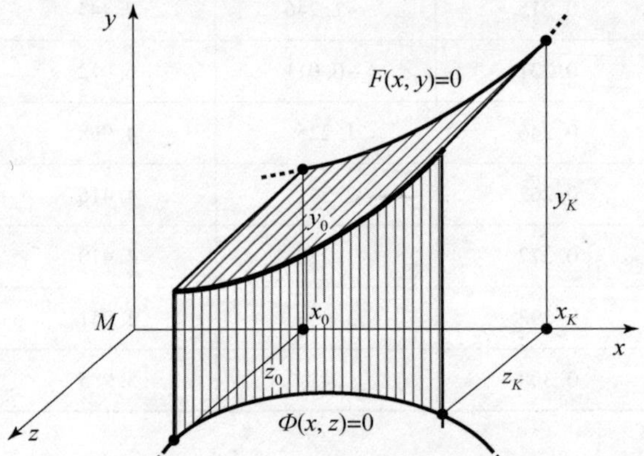

图 6-18　无人机的空间轨迹

在使用上述方法的情况下，我们构建微分方程以记录无人机空间轨迹的参数表示 $x=x(t)$，$y=y(t)$，$z=z(t)$，$t\in[t_0,t_K]$。

根据图 5-6，无人机在飞行时，其在坐标系 $Mxyz$ 中的坐标 x 随时间的变化将用以下方程描述：

$$\dot{x} = V\cos\theta(x)\cos\Psi(x)$$

由式（6.2.43）给定的函数 $y=y(x)$ 和 $z=z(x)$，其中 $x=x(t)$，其时间导数可写作：

$$\dot{y}=y'(x)\dot{x},\quad \dot{z}=z'(x)\dot{x}$$

由图 6－1 可知：

$$y'(x)=\tan\theta(x),\quad z'(x)=\tan\Psi(x)$$

将导数 $\dot{x}$ 替换成描述坐标 x 变化的方程的右部，进行相应的变形后，得到以下方程：

$$\begin{cases}\dot{y} = V\sin\theta(x)\cos\Psi(x)\\ \dot{z} = V\cos\theta(x)\sin\Psi(x)\end{cases}$$

这时，下文使用的无人机空间运动的运动学方程将写作：

$$\begin{cases}\dot{x} = V\cos\theta\cos\Psi\\ \dot{y} = V\sin\theta\cos\Psi\\ \dot{z} = V\cos\theta\sin\Psi\end{cases}$$

式中　$\theta=\theta(x)$、$\Psi=\Psi(x)$——在 $x=x(t)$ 的情况下，无人机轨迹的倾斜角和旋转角。

我们发现，当 $\Psi\equiv0$ 时，由这些表达式得出无人机在垂直平面运动的运动学方程式（5.2.3）和式（5.2.4）。在这种情况下，所得方程组的第三个方程如下：

$$\dot{z}=0$$

并且具有以下解：

$$z(t)=C=\text{常数}$$

如果初始条件：

$$z(t_0)=z_0$$

则不变积分 $C=z_0$。

这表示，无人机在距离坐标平面 Mxy 给定值 z_0 的垂直平面上飞行。

如果值 $z_0=0$，则无人机在平面 Mxy 上运动。

当 $\theta\equiv0$ 时，我们得到描述无人机在水平平面飞行的运动学方程式（5.2.9）和式（5.2.10）。

当初始条件为：

$$y(t_0)=y_0$$

该方程组的第二个方程：

$$\dot{y}=0$$

描述了一个事实，即无人机在固定高度（给定值 y_0）飞行。

我们用函数式（6.2.43）表示所得方程的右部。

值得注意的是，如果无人机轨迹在坐标平面上的投影以明显的形式给定，那么这些函数可写作：

$$F(x,y)=y(x)-y=0,\quad \Phi(x,z)=z(x)-z=0 \tag{6.2.44}$$

用下列表达式替换上述运动学方程中的三角函数：

$$\begin{cases}\cos\theta=\dfrac{F_y(x,y)}{\sqrt{F_x^2(x,y)+F_y^2(x,y)}}\\ \sin\theta=\dfrac{F_x(x,y)}{\sqrt{F_x^2(x,y)+F_y^2(x,y)}}\\ \cos\Psi=\dfrac{\Phi_z(x,z)}{\sqrt{\Phi_x^2(x,z)+\Phi_z^2(x,z)}}\\ \sin\Psi=\dfrac{\Phi_x(x,z)}{\sqrt{\Phi_x^2(x,z)+\Phi_z^2(x,z)}}\end{cases}$$

其中，F_x、F_y、Φ_x、Φ_z 是函数式（6.2.43）的偏导数。

在这种情况下，我们得到微分方程组的一般形式，以形成无人机所需空间轨迹的参数表示：

$$\begin{cases}\dot{x}=\dfrac{\boldsymbol{V}_g(t)F_y(x,y)\Phi_z(x,z)}{\sqrt{(F_x^2(x,y)+F_y^2(x,y))(\Phi_x^2(x,z)+\Phi_z^2(x,z))}}\\ \dot{y}=\dfrac{\boldsymbol{V}_g(t)F_y(x,y)\Phi_z(x,z)}{\sqrt{(F_x^2(x,y)+F_y^2(x,y))(\Phi_x^2(x,z)+\Phi_z^2(x,z))}}\\ \dot{z}=-\dfrac{\boldsymbol{V}_g(t)F_y(x,y)\Phi_x(x,z)}{\sqrt{(F_x^2(x,y)+F_y^2(x,y))(\Phi_x^2(x,z)+\Phi_z^2(x,z))}},\quad t\in[t_0,t_K]\end{cases} \tag{6.2.45}$$

该方程组的初始条件为

$$x(t_0)=x_0,\quad y(t_0)=y_0,\quad z(t_0)=z_0 \tag{6.2.46}$$

为了以式（6.2.44）的形式表示轨迹的投影，方程组（6.2.45）采用下列形式：

$$\begin{cases}\dot{x}=\dfrac{\boldsymbol{V}_g(t)}{\sqrt{(1+y'^2(x))(1+z^2(x))}}\\ \dot{y}=\dfrac{\boldsymbol{V}_g(t)y'(x)}{\sqrt{(1+y'^2(x))(1+z^2(x))}}\\ \dot{z}=\dfrac{\boldsymbol{V}_g(t)z'(x)}{\sqrt{(1+y'^2(x))(1+z^2(x))}},\quad t\in[t_0,t_K]\end{cases} \tag{6.2.47}$$

根据图 6－18，该方程组的初始条件如下：

$$x(t_0)=x_0,\quad y(t_0)=y_0,\quad z(t_0)=z_0 \tag{6.2.48}$$

无人机沿空间轨迹运动的结束时刻可从下列条件中找到：

$$x(t_K)=x_K \tag{6.2.49}$$

注意，这种方法要求必须在其自变量值的一个区间 $[x_0,x_K]$ 内给定函数 $y=y(x)$ 和 $z=z(x)$。

例 6.12

令根据例 6.2，在距离区间 $[x_0,x_K]=[2,4]$ km 内，无人机应以 V_g 的速度沿下列轨迹从高度 $y_0=6$km 下降到高度 $y_K=1$km：

$$y(x)=1.25x^3-11.25x^2+30x-19,\quad x\in[2,4]\text{km}$$

我们将该函数看作所形成空间轨迹在平面 Mxy 上的投影。

根据例 6.1 的要求，我们构建了值区间 $x\in[2,4]$km 的投影方程。

对于值 $x_0=2$km，$z_0=15$km，$x_K=4$km，$z_K=80$km，$\tan\Psi_0=0.5777$，$\tan\Psi_K=5.6713$，方程组（6.1.10）采用下列形式：

$$\begin{cases}2^3C_1+2^2C_2+2C_3+C_4=15\\12C_1+4C_2+C_3+C_4=0.5777\\4^3C_1+4^2C_2+4C_3+C_4=80\\48C_1+8C_2+C_3=5.6713\end{cases}$$

这个 4 次方程组的数值解给出下列未知系数值：

$$C_1=-14.688,\quad C_2=133.463,\quad C_3=-357.022,\quad C_4=312.693$$

这时，无人机轨迹在平面 Mxz 上的投影可具体表示为

$$z(x)=-14.688x^3+133.463x^2-357.022x+312.693$$

为了得到方程组（6.2.47），我们将计算下列导数：

$$\begin{cases}y'(x)=3.75x^2-22.5x+30\\z'(x)=-44.064x^2+266.926x-357.022\end{cases} \tag{6.2.50}$$

当 $t_0=0$ 时，初始条件式（6.2.48）为

$$x(0)=2,\quad y(0)=6,\quad z(0)=15 \tag{6.2.51}$$

将导数（6.2.50）代入方程组（6.2.47），并在 t_K 时刻前对其与初始条件式（6.2.51）进行数值积分，t_K 时刻要满足条件式（6.2.49），具体如下：

$$x(t_K)=4\text{km} \tag{6.2.52}$$

我们得到如表 6－11 和图 6－19 所示的结果。

图 6－20 所示为无人机空间轨迹的投影及其导数。

表 6-11 数值解

序号(No)	t/s	$x(t)$/m	$y(t)$/m	$z(t)$/m
0	0	2	6	15
1	0.032	2.375	5.601	20.056
2	0.064	2.492	5.303	23.764
3	0.095	2.582	5.039	27.029
4	0.127	2.658	4.796	30.054
5	0.159	2.726	4.565	32.927
6	0.191	2.789	4.343	35.698
7	0.222	2.848	4.126	38.400
8	0.254	2.906	3.914	41.056
9	0.286	2.962	3.704	43.686
10	0.318	3.018	3.496	46.305
11	0.349	3.073	3.288	48.929
12	0.381	3.130	3.079	51.573
13	0.413	3.187	2.868	54.255
14	0.445	3.247	2.654	56.994
15	0.476	3.311	2.434	59.818
16	0.508	3.380	2.207	62.763
17	0.540	3.457	1.968	65.888
18	0.572	3.548	1.712	69.301
19	0.603	3.671	1.424	73.262
20	0.635	4	1.062	79.240

由图 6-11 可知，当 $t_K=0.635\text{h}\approx 38\text{min}$ 时，条件式（6.2.52）成立。由于微分方程组的数值解误差，达到所需值 $y(t_K)=1\text{km}$ 和 $z(t_K)=80\text{km}$ 的误差为 $+0.063\text{km}=62\text{m}$ 和 $-0.76\text{km}=-760\text{m}$。

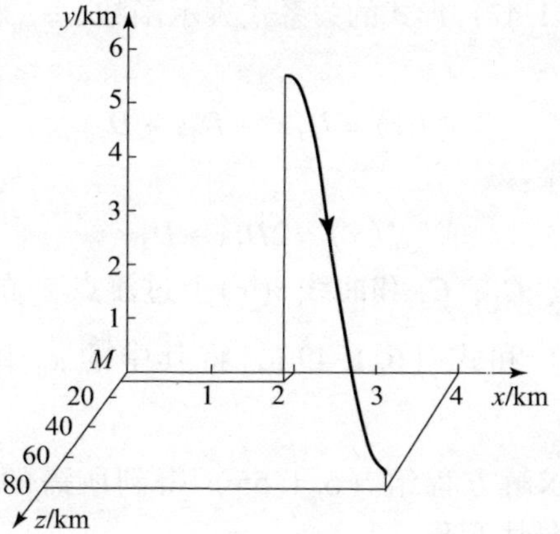

图6-19　无人机轨迹在平面 Mxz 上的投影

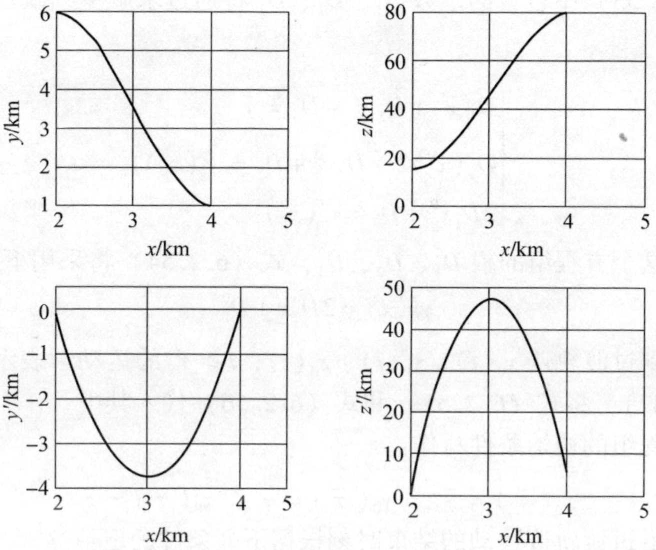

图6-20　无人机空间轨迹的投影及其导数

我们将在所需空间飞行轨迹 $x(t)$、$y(t)$、$z(t)$，$t\in[t_0,t_K]$ 所有可能的干扰影响下，对确定无人机返航空间过渡轨迹 $x_0(t)$、$y_0(t)$、$z_0(t)$ 的方法进行分析。

假设无人机在 $\bar{\tau}\in[t_0,t_K]$ 时刻出现在坐标为 $(\bar{x},\bar{y},\bar{z})$ 的点上，$\bar{x}\neq x(\bar{\tau})$，$\bar{y}\neq \bar{y}(\bar{\tau})$，$\bar{z}\neq \bar{z}(\bar{\tau})$。

用 $z_0(x)$ 和 $y_0(x)$ 表示过渡轨迹在坐标平面 Mxz 和 Mxy 上的投影。

我们将使用式（6.1.47）形式的关系式表示函数 $z=z_0(x)$。将函数 $y=y_0(x)$ 用二次多项式表示：

$$y_0(x)=D_1x^2+D_2x+D_3 \tag{6.2.53}$$

该函数的导数写作：

$$y_0'(x)=2D_1x+D_2 \tag{6.2.54}$$

为了计算系数 C_1、C_2、C_3 和曲线 $z(x)$ 上过渡点 x_p 的坐标，建议解决辅助优化问题式（6.1.50）和式（6.1.49），将其中的 x_0 替换成 $\bar{x}$，将 z_0 替换成 $\bar{z}$。

考虑到这一点，求解方程组（6.1.55）得到所需的值 C_1^0、C_2^0、C_3^0 和 x_p^0。此时，式（6.1.48）具体写作：

$$z_0'(x)=2C_1^0x+C_2^0 \tag{6.2.55}$$

式（6.2.53）中包含的系数 D_1、D_2、D_3 将通过求解下列线性代数方程组来确定：

$$\begin{cases} D_1\bar{x}^2+D_2\bar{x}+D_3=\bar{y} \\ D_1(x_p^0)2+D_2x_p^0+D_3=\bar{y}(x_p^0) \\ 2D_1x_p^0+D_2=y'(x_p^0) \end{cases}$$

考虑到这个方程组的根 D_1^0、D_2^0、D_3^0，式（6.2.54）将采用下列形式：

$$y_0'(x)=2D_1^0x+D_2^0 \tag{6.2.56}$$

为了得到过渡轨迹 $x_0(t)$、$y_0(t)$、$z_0(t)$，$t\geqslant\bar{\tau}$ 的运动学表示，可使用方程组（6.2.47），将式（6.2.55）和式（6.2.56）代入其中。

所得方程组的初始条件写作：

$$x_0(\bar{\tau})=\bar{x},\quad y_0(\bar{\tau})=\bar{y},\quad z_0(\bar{\tau})=\bar{z}$$

无人机沿过渡轨迹运动的结束时刻根据下列条件确定：

$$x_0(\hat{\tau})=x_p^0$$

在本章的末尾指出，本章所提出的形成无人机平面和空间轨迹的方法是对文献［3］中所述方法的补充，它的实际实现意味着，必须在无人机控制专家自动工作站的软件中使用以下模块（程序）：

- 求解 3 次和 4 次线性代数方程组的模块；
- 求解 7 次非线性代数方程组的模块；
- 求解 2 次和 3 次普通微分方程组的模块；

- 在自动工作站监控屏上以统计图和动画影像的形式显示所得的无人机平面和空间轨迹的模块。

求解上述问题的数值法在文献［3］及其他关于计算数学的作品中都有描述。随着计算机图形学的发展，解决最后一个问题并不是特别困难。

第7章 无人机编队飞行轨迹规划

正如第1章所述，各类无人机编队应用是无人航空技术用于执行一系列军事任务和民事任务的未来方向。

为了形成对空中无人机的程序控制，必须考虑编队无人机单独飞行或共同飞行的任务，提前生成无人机的轨迹。

在第一种情况下，假设无人机编队以“蜂群式”飞行，每架无人机有独立的平面或者空间运动轨迹。

在第二种情况下，建议无人机编队在主要部分以指定的平面或空间“队形”飞行，在飞行末段沿单独轨迹运动，采取“蜂群式”飞行。

本章将研究无人机编队运动的两种组织方法。在描述这些方法时，采用最简单的且在实践中应用最广泛的无人机线性运动轨迹和未来更普遍的非线性轨迹，这些轨迹的形成方法见第6章。

7.1 无人机蜂群的飞行轨迹

我们将以无序队形形式运动的无人机编队称为“蜂群”，“蜂群”中的每架无人机都沿单独的轨迹飞行。

假设无人机数 $N \geqslant 2$ 架的“蜂群”从 t_0 时刻开始运动，并在 t_K 时刻结束，这描述了使用无人机进行具体作业的时长。其中，每架无人机完成其运动轨迹需要的时长可利用第6章中所述的方法计算得出。

在对无人机“蜂群”在水平（垂直）面和空间中的运动进行编程时，必须解决以下两个主要问题：

（1）确定编队每架无人机的运动速度，以确保其飞行时间为 $(t_K - t_0)$。

（2）分析在时间区间 $[t_0, t_K]$ 内，无人机在空中可能发生的碰撞。

7.1.1 无人机计算飞行速度

对于第 k 架编队无人机，我们将使用理论力学中著名的关系式[44]：

$$\int_{t_0}^{t_K} V^{(k)}(t)\,\mathrm{d}t = L^{(k)}, \quad k = 1,2,\cdots,N \tag{7.1.1}$$

式中　$V^{(k)}(t)$——第 k 架无人机在 $t \in [t_0, t_K]$ 时刻的速度；

$L^{(k)}$——第 k 架无人机运动轨迹的长度。

当编队的第 k 架无人机必须以固定速度 $V^{(k)}(t)$ = 常数，$t \in [t_0, t_K]$ 运动时，对该关系式的左部进行求积分，有

$$V_g^{(k)}(t_K - t_0) = L^{(k)}, \quad k = 1,2,\cdots,N$$

由此得到下列公式：

$$V^{(k)} = \frac{L^{(k)}}{t_K - t_0}, \quad k = 1,2,\cdots,N \tag{7.1.2}$$

在实践中可能存在需要编队第 k 架无人机在其飞行起点和终点保持规定速度的情况。

这些要求可写作：

$$V^{(k)}(t_0) = V_0^{(k)}, \quad V^{(k)}(t_K) = V_K^{(k)}, \quad k = 1,2,\cdots,N \tag{7.1.3}$$

在 $V_0^{(k)} \neq V_K^{(k)}$ 的情况下，为了满足条件式（7.1.1）和式（7.1.3），无人机应该具有可变飞行速度。

为了确定第 k 架无人机的速度分布，我们将利用变分法中的辅助等参数问题[3]。

第一个问题的泛函数如下：

$$J_k^{(1)} = \int_{t_0}^{t_K} (\dot{V}^{(k)})^2\,\mathrm{d}t \to \min \tag{7.1.4}$$

式中　$\dot{V}^{(k)} = \dot{V}^{(k)}(t)$——第 k 架无人机在 $t \in [t_0, t_K]$ 时刻的运动加速度。

泛函数式（7.1.4）表示，作用于无人机的过载值与其运动加速度的当前值成正比。

这种变分问题可表述为："在满足条件式（7.1.3）和式（7.1.1）的情况下，求解使泛函数式（7.1.4）达到最小值的函数 $V^{(k)}(t)(k = 1,2,\cdots,N)$。"

为了简化这个问题，我们省略了这些表达式中的下标 k，并将其改写为以下形式：

$$J^{(1)} = \int_{t_0}^{t_K} \dot{V}^2\,\mathrm{d}t \to \min_{V(t)} \tag{7.1.5}$$

$$\int_{t_0}^{t_K} V\mathrm{d}t = L \tag{7.1.6}$$

$$V(t_0)=V_0,\quad V(t_K)=V_K \tag{7.1.7}$$

根据文献［3］，为了在式（7.1.5）和式（7.1.6）的基础上求解以上函数，构建了下列辅助泛函数：

$$\bar{J}=\int_{t_0}^{t_K}(\dot{V}^2+\lambda V)\,\mathrm{d}t=\int_{t_0}^{t_K}\bar{F}(V,\dot{V})\,\mathrm{d}t$$

式中　λ——拉格朗日因子，为常数。

此泛函数的欧拉方程[3]为

$$\bar{F}_V-\frac{\mathrm{d}}{\mathrm{d}t}\bar{F}_{\dot{V}}=0$$

可具体表示为

$$\lambda-2\ddot{V}=0$$

将这个方程改写成关系式：

$$\ddot{V}=\frac{\lambda}{2}$$

并对其两边进行二次积分，可以得到下列表达式：

$$V(t)=\frac{\lambda}{4}t^2+C_1t+C_2 \tag{7.1.8}$$

其中，C_1、C_2 是不变积分。

利用式（7.1.8）和式（7.1.7），由下式可以求出这些常数：

$$\begin{cases}\dfrac{\lambda}{4}t_0^2+C_1t_0+C_2=V_0\\[2ex]\dfrac{\lambda}{4}t_K^2+C_1t_K+C_2=V_K\end{cases}$$

将此关系式改写为二次线性方程组：

$$\begin{cases}C_1t_0+C_2=V_0-\dfrac{\lambda}{4}t_0^2\\[2ex]C_1t_K+C_2=V_K-\dfrac{\lambda}{4}t_K^2\end{cases}$$

求解该方程组，有

$$\begin{cases}C_1=\dfrac{(V_K-V_0)-0.25\lambda(t_K^2-t_0^2)}{t_K-t_0}\\[2ex]C_2=V_0-0.25t_0^2-\dfrac{(V_K-V_0)-0.25(t_K^2-t_0^2)}{t_K-t_0}t_0\end{cases} \tag{7.1.9}$$

将式（7.1.9）代入式（7.1.8）中，进行简单变形并加上省略的指数 k 后，得到：

$$V^{(k)}(t)=0.25\lambda^{(k)}t^2+\frac{(V_K^{(k)}-V_0^{(k)})-0.25\lambda^{(k)}(t_K^2-t_0^2)}{t_K-t_0}(t-t_0)$$
$$+V_0^{(k)}-0.25\lambda^{(k)}t_0^2,\quad k\in(1,2,\cdots,N)\tag{7.1.10}$$

将式（7.1.10）代入方程（7.1.6）的左部，求取乘数 $\lambda^{(k)}$：

$$0.25\lambda^{(k)}\int_{t_0}^{t_K}t^2\mathrm{d}t+\frac{V_K^{(k)}-V_0^{(k)}}{t_K-t_0}\int_{t_0}^{t_K}(t-t_0)\mathrm{d}t-\frac{0.25\lambda^{(k)}(t_K^2-t_0^2)}{t_K-t_0}\int_{t_0}^{t_K}(t-t_0)\mathrm{d}t$$
$$+V_0^{(k)}\int_{t_0}^{t_K}\mathrm{d}t-0.25\lambda^{(k)}t_0^2\int_{t_0}^{t_K}\mathrm{d}t=L^{(k)}$$

计算上述积分并求解所得的关于未知拉格朗日因子的等式，在相应变形后得到以下表达式：

$$\lambda^{(k)}=\frac{24L^{(k)}+12(3V_0^{(k)}-V_K^{(k)})(t_K-t_0)}{2(t_K^3-t_0^3)-3(t_K+t_0)(t_K-t_0)^2-6t_0^2(t_K-t_0)}\tag{7.1.11}$$

因此，对于第 k 架无人机，$k\in(1,2,\cdots,N)$，给定式（7.1.3）类型的限定速度条件，其速度分布 $V^{(k)}(t)$，$t\in[t_0,t_K]$ 可根据式（7.1.11）和式（7.1.10）计算。

我们还在经典的狄多变分问题的基础上，研究了确定速度分布 $V^{(k)}(t)$，$k\in(1,2,\cdots,N)$ 的另一种方法。

此问题可表述为：“找出长度为 l 的曲线 $y(x)$ 的方程，该曲线经过坐标为 (x_0,y_0) 和 (x_K,y_K) 的点并确保所得曲边梯形的面积 S 最大。”

条件极值的变分问题[3]可用下式表示：

$$\begin{cases}S=\int_{x_0}^{x_K}y(x)\mathrm{d}x\rightarrow\max\limits_{y(x)}\\ \int_{x_0}^{x_K}\sqrt{1+y'^2(x)}\mathrm{d}x=l\\ y(x_0)=y_0,\quad y(x_K)=y_K\end{cases}$$

对狄多变分问题进行补充，包括将极值 $y(x)$ 的弧长 L 作为最小泛函数，而将面积值 S 的给定值作为限定条件。

省略指数 k 后，这个用于求取某架无人机速度分布 $V(t)$ 的问题可写作：

$$J^{(2)}=\int_{t_0}^{t_K}\sqrt{1+\dot{V}^2(t)}\mathrm{d}t\rightarrow\min_{V(t)}$$
$$\int_{t_0}^{t_K}V(t)\mathrm{d}t=L$$
$$V(t_0)=V_0,\quad V(t_K)=V_K$$

此泛函数 $J^{(2)}$ 区别于表达式（7.1.5），它描述了无人机在类似要求

式 (7.1.6) 和式 (7.1.7) 的条件下，在时间区间 $[t_0, t_K]$ 内的未知飞行速度变量的最小变化要求。

为了简化此变分问题的求解过程，我们将其用参数形式表示。

引入未知函数 $V(t)$ 的参数表示，如下：

$$V = V(\tau), \quad t = t(\tau), \quad \tau \in [\tau_0, \tau_K]$$

式中 τ——某个参数，得到以下形式的问题：

$$J^{(2)} = \int_{\tau_0}^{\tau_K} \sqrt{\dot{V}^2 + \dot{t}^2}\mathrm{d}\tau \to \min_{V(\tau), t(\tau)}$$

$$\int_{\tau_0}^{\tau_K} \frac{V\dot{t} - \dot{V}t}{2}\mathrm{d}\tau = L$$

$$V(\tau_0) = V_0, \quad V(\tau_K) = V_K$$

$$t(\tau_0) = t_0, \quad t(\tau_K) = t_K$$

在这些表达式中使用下列导数：

$$\dot{V} = \frac{\mathrm{d}v}{\mathrm{d}\tau}, \quad \dot{t} = \frac{\mathrm{d}t}{\mathrm{d}\tau}$$

及曲线积分理论的结果[19]。

为了解决这个等参数变分问题，我们构建拉格朗日函数[3]：

$$\Phi(V, t, \dot{V}, \dot{t}, \lambda) = \sqrt{\dot{t}^2 + \dot{V}^2} - \lambda\frac{t\dot{V} - \dot{t}V}{2}$$

式中 λ——拉格朗日因子，是常数。

该问题的未知函数 $V(\tau)$ 和 $t(\tau)$ 是欧拉微分方程组的解[3]：

$$\Phi_V - \frac{\mathrm{d}}{\mathrm{d}\tau}\Phi_{\dot{V}} = 0, \quad \Phi_t - \frac{\mathrm{d}}{\mathrm{d}\tau}\Phi_{\dot{t}} = 0$$

该方程组中包含的导数可具体表示为

$$\Phi_V = \frac{\lambda\dot{t}}{2}, \quad \Phi_{\dot{V}} = \frac{\dot{V}}{\sqrt{\dot{t}^2 + \dot{V}^2}} - \frac{\lambda t}{2}$$

$$\Phi_t = -\frac{\lambda\dot{V}}{2}, \quad \Phi_{\dot{t}} = \frac{\dot{t}}{\sqrt{\dot{t}^2 + \dot{V}^2}} + \frac{\lambda V}{2}$$

将所得的导数代入欧拉方程组中，得到：

$$\begin{cases} \dfrac{\lambda\dot{t}}{2} - \dfrac{\mathrm{d}}{\mathrm{d}\tau}\left(\dfrac{\dot{V}}{\sqrt{\dot{t}^2 + \dot{V}^2}} - \dfrac{\lambda t}{2}\right) = 0 \\ -\dfrac{\lambda\dot{V}}{2} - \dfrac{\mathrm{d}}{\mathrm{d}\tau}\left(\dfrac{\dot{t}}{\sqrt{\dot{t}^2 + \dot{V}^2}} + \dfrac{\lambda V}{2}\right) = 0 \end{cases}$$

这些表达式经过变形，得到：

$$\begin{cases}\dfrac{\lambda\dot{t}}{2}-\dfrac{\mathrm{d}}{\mathrm{d}\tau}\left(\dfrac{\dot{V}}{\sqrt{\dot{t}^2+\dot{V}^2}}\right)+\dfrac{\lambda\dot{t}}{2}=0\\ -\dfrac{\lambda\dot{V}}{2}-\dfrac{\mathrm{d}}{\mathrm{d}\tau}\left(\dfrac{\dot{t}}{\sqrt{\dot{t}^2+\dot{V}^2}}\right)-\dfrac{\lambda\dot{V}}{2}=0\end{cases}$$

合并同类项，并进行参数 τ 的积分，得到欧拉方程组的第一组积分，如下：

$$\begin{cases}\lambda t-\dfrac{\dot{V}}{\sqrt{\dot{t}^2+\dot{V}^2}}=C_1\\ -\lambda V-\dfrac{\dot{t}}{\sqrt{\dot{t}^2+\dot{V}^2}}=C_2\end{cases}$$

其中，C_1、C_2 为不变积分。

将这些表达式改写为以下形式：

$$\begin{cases}\lambda t-C_1=\dfrac{\dot{V}}{\sqrt{\dot{t}^2+\dot{V}^2}}\\ -\lambda V-C_2=\dfrac{\dot{t}}{\sqrt{\dot{t}^2+\dot{V}^2}}\end{cases}$$

通过对这些公式中每个公式进行平方运算，并对所得的结果求和，可以很容易对这两个一次方程组进行积分，即

$$(\lambda t-C_1)^2+(\lambda V+C_2)^2=1$$

所得的表达式经过变形，有

$$\left(t-\frac{C_1}{\lambda}\right)^2+\left(V+\frac{C_2}{\lambda}\right)^2=\frac{1}{\lambda^2}$$

由此可以证明，未知极值 $V=V(t)$ 属于圆形系列：

$$(t-c_1)^2+(V-c_2)^2=R^2$$

其半径为

$$R=R(\lambda)=\frac{1}{\lambda^2}$$

其圆心的坐标为 (c_1,c_2)，其中

$$c_1=\frac{C_1}{\lambda},\quad c_2=-\frac{C_2}{\lambda}$$

此时，由原变分问题的积分限制和边界条件得到参数 R、c_1、c_2 的值后，可以将未知的无人机速度变化定律 $V=V(t)$ 具体化。

为了计算参数 R，我们将利用示意图 7－1（a）。

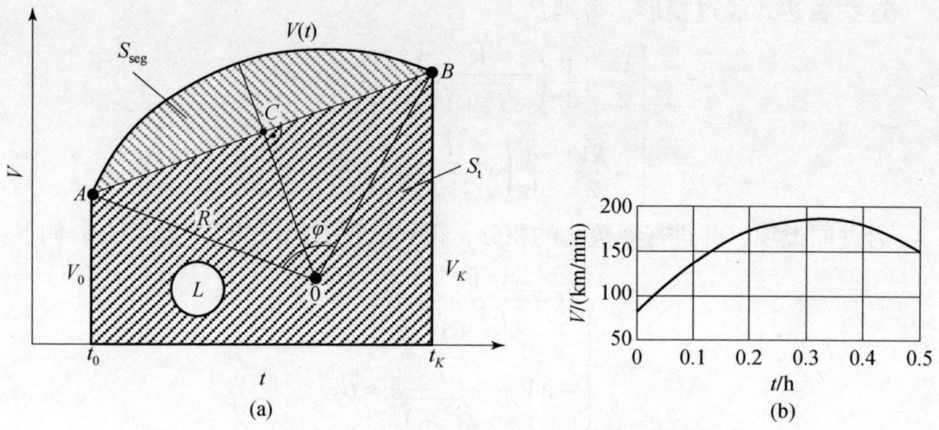

图 7-1　无人机飞行轨迹和速度变化示意图

（a）无人机飞行轨迹平面图；（b）无人机速度变化示意图。

由变分问题的积分限制可以得到下列条件：

$$S_{\mathrm{t}} + S_{\mathrm{seg}} = L$$

式中　S_{t}——梯形面积；

S_{seg}——弓形面积；

L——给定的无人机轨迹的长度。

S_{t} 的值计算方式如下：

$$S_{\mathrm{t}} = 0.5(t_K - t_0)(V_0 + V_K)$$

计算弓形的面积可使用公式[19]：

$$S_{\mathrm{seg}} = 0.5R^2(\varphi - \sin\varphi)$$

用 d 表示弦 AB 的长度，可根据下式计算出：

$$d = \sqrt{(t_K - t_0)^2 + (V_K - V_0)^2}$$

在这种情况下，有

$$\sin\frac{\varphi}{2} = \frac{0.5d}{R} = \frac{d}{2R}$$

由此可得角 φ 的计算公式：

$$\varphi = 2\arcsin\frac{d}{2R}$$

为了确定弓形的面积 S_{seg}，公式中包含的函数 $\sin\varphi$ 可表示为

$$\sin\varphi = 2\sin\frac{\varphi}{2}\cos\frac{\varphi}{2} = 2\sin\frac{\varphi}{2}\sqrt{1 - \sin^2\frac{\varphi}{2}}$$

$$=2\frac{d}{2R}\sqrt{1-\frac{d^2}{4R^2}}=\frac{d}{2R^2}\sqrt{4R^2-d^2}$$

利用所得的表达式并进行简单变形可得

$$S_{\text{seg}}=R^2\arcsin\frac{d}{2R}-\frac{d}{4}\sqrt{4R^2-d^2}$$

由以上条件可知：

$$S_{\text{seg}}=L-S_{\text{t}}$$

由此可得计算所求圆形（极值曲线）的半径 R 的方程，为

$$R^2\arcsin\frac{d}{2R}-0.25\sqrt{4R^2-d^2}=L-0.5(t_K-t_0)(V_0+V_K)$$

这个非线性方程可使用已知的数值方法之一来求解。

为了计算圆心 O［图 7－1（a）］的坐标（c_1，c_2），我们可以使用给定的极值曲线 $V=V(t),t\in[t_0,t_K]$的边界条件。通过下列非线性方程组可以计算出它们的值。

$$\begin{cases}(t_0-c_1)^2+(V_0-c_0)^2=R^2\\(t_K-c_1)^2+(V_K-c_0)^2=R^2\end{cases}$$

这个方程组的特点是存在两组解$(c_1^{(1)},c_2^{(1)})$和$(c_1^{(2)},c_2^{(2)})$。为了得到这两组解，必须在使用选定数值方法的情况下采用初始近似值 c_{10}和 c_{20}的不同方案。

由于上述方程组的根具有非单一性，可以得到两种极值曲线方案：

$$\begin{cases}V_1(t)=c_2^{(1)}+\sqrt{R^2-(t-c_1^{(1)})^2},\quad t\in[t_0,t_K]\\V_2(t)=c_2^{(2)}+\sqrt{R^2-(t-c_1^{(2)})^2},\quad t\in[t_0,t_K]\end{cases}$$

从作为无人机速度变化最佳定律 $V(t)$的这些方案中，在满足所求问题的全部限定条件的情况下，选出使泛函数 $J^{(2)}$达到最小值的关系式。

我们将对这种使用变分问题的案例进行分析，以确定该无人机的速度分布 $V(t)$。值得注意的是，为了简化求解过程，使用了无人机飞行时间和速度的标准计量单位。

例 7.1

设“蜂群”的第 k 架无人机应在时间区间$[t_0,t_K]=[0,0.5]$h 内，在长 $L=80$km 的路径中，从速度 $V_0=80$km/h 加速到 $V_K=150$km/h。

式（7.1.11）和式（7.1.10）的计算给出了下列速度变化定律：

$$V^{(k)}(t)=-4920t^2+2600t+80,\quad t\in[0,0.5]$$

间隔时间为 $\Delta t=0.05\text{h}=3\text{min}$ 时，此公式的计算结果如表 7－1 和图 7－2 所示。

表 7-1　计算结果

序号(No)	t/h	$V(t)$/(km/h)
1	0	80
2	0.05	197.7
3	0.10	290.8
4	0.15	359.3
5	0.20	403.2
6	0.25	422.5
7	0.30	417.2
8	0.35	387.3
9	0.40	332.8
10	0.45	253.7
11	0.50	150

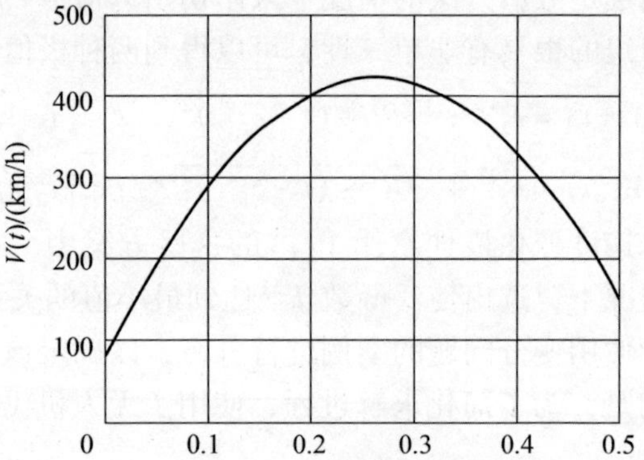

图 7-2　计算结果图示

对于该极值曲线，泛函数式（7.1.4）的值：

$$J_k^{(1)} = 1018400$$

为进一步分析，我们计算出所得曲线 $V^{(k)}(t)$ 的弧长：

$$\int_0^{0.5} \sqrt{1 + [\dot{V}^{(k)}(t)]^2} = 616.993$$

通过求解第二个变分问题构建无人机速度变化定律。

为了简化计算过程，我们将上述初始数据换算为下列形式：

$$t_0 = 0\text{h} = 0\text{min},\quad t_K = 0.5\text{h} = 30\text{min}$$

$$V_0 = 80\text{km/h} = 1.333\text{km/min},\quad V_K = 150\text{km/h} = 2.5\text{km/min}$$

在这种情况下，图 7-1（a）所示的计算参数将分别为

$$d = 30.0226,\quad S_t = 57.495,\quad L - S_t = 22.505$$

对于这些初始数据，求取半径 R 的方程在略微简化后具体写作：

$$R^2 \arcsin \frac{15.0113}{R} - 15.0113\sqrt{R^2 - 225.339} = 22.505$$

该方程的数值解给出了以下结果：

$$R = 100.878$$

由此可得，拉格朗日因子的值：

$$\lambda = \frac{1}{R} = 9.913 \times 10^{-3}$$

求取此圆圆心坐标（c_1，c_2）的方程组可表示为

$$\begin{cases}(0 - c_1)^2 + (1.333 - c_2)^2 = 100.878^2 \\ (30 - c_1)^2 + (2.5 - c_2)^2 = 100.878^2\end{cases}$$

在初始近似值为（c_{10}，c_{20}）=（-10，10）的情况下，使用相应的数值法[3]求解该方程组得到下列根值：

$$c_1^{(1)} = 18.876,\quad c_2^{(1)} = -97.762$$

$$c_1^{(2)} = 11.124,\quad c_2^{(2)} = 101.596$$

使用这些根值时，无人机速度变化定律的初始方案如下：

$$\begin{cases}V(t) = -97.762 \pm \sqrt{100.878^2 - (t - 18.876)^2} \\ V(t) = 101.596 \pm \sqrt{100.878^2 - (t - 11.124)^2}\end{cases}$$

在第一种情况下，由于函数 $V(t)$ 应当为非负数，有

$$V_1(t) = \sqrt{100.878^2 - (t - 18.876)^2} - 97.762$$

可以得出：

$$\begin{cases}\ddot{V}_1(t) < 0,\quad t \in [0,30] \\ \ddot{V}_2(t) > 0,\quad t \in [0,30]\end{cases}$$

那么，函数 $V_2(t)$ 是凹函数。

此外，验证变分问题的积分限制条件，有

$$\int_0^{30} V_1(t)\,\mathrm{d}t = 80.005 \approx L,\quad \int_0^{30} V_2(t)\,\mathrm{d}t = 34.995 \neq L$$

因此，第 k 架无人机的最佳速度变化定律为

$$V^{(k)}(t)=\sqrt{100.878^2-(t-18.876)^2}-97.762,\quad t\in[0,30]\,\text{min}$$

当此处及下文的指数“k”省略时，该极值曲线的泛函数：

$$J^{(2)}=\int_0^{30}\sqrt{1+\dot{V}^2(t)}\,\mathrm{d}t=30.135$$

对于所得的极值曲线，第一个变分问题的泛函数：

$$J^{(1)}=\int_0^{30}\dot{V}^2(t)\,\mathrm{d}t=0.27$$

通过对比两个变分问题的使用结果可知，对于这些初始数据，第二个变分问题给出了变化较小的无人机速度变化定律。数据对比见表 7-2 和表 7-1，图示见图 7-2 和图 7-1（b）。

表 7-2 数据对比结果

t/min	V/(km/min)	t/h	V/(km/h)
0	1.333	0	80
2.5	1.777	0.042	106.621
5.0	2.156	0.083	129.373
7.5	2.472	0.125	148.298
10.0	2.724	0.167	163.433
12.5	2.913	0.208	174.806
15.0	3.041	0.250	182.440
17.5	3.106	0.292	186.346
20.0	3.109	0.333	186.534
22.0	3.050	0.375	183.004
25.0	2.929	0.417	175.748
27.5	2.746	0.458	164.754
30.0	2.500	0.500	150.000

在形成所需的速度变化定律 $V^{(k)}(t)$ 时，编队无人机必须考虑以下限制条件：

$$V_{\min}^{(k)}\leqslant V^{(k)}(t)\leqslant V_{\max}^{(k)},\quad t\in[t_0,t_K],\quad k=1,2,\cdots,N$$

式中　$V_{\min}^{(k)}$、$V_{\max}^{(k)}$——编队第 k 架无人机的最小运行速度和最大运行速度。

当这个条件不成立时，对于某架无人机 $k=1,2,\cdots,N$，利用蓬特里亚金最大化原则来求取速度分布 $V^{(k)}(t)$，该原则考虑了所求最优控制的双边限制。

7.1.2　平面无人机“蜂群”

对于无人机编队在水平面和垂直面上的飞行，使用 6.1 节中形成的方法，假定第 k 架无人机所需轨迹的方程如下：

$$z=z_k(x),\quad x\in[x_0^{(k)},x_K^{(k)}],\quad k=1,2,\cdots,N \tag{7.1.12}$$

$$y=y_k(x),\quad x\in[x_0^{(k)},x_K^{(k)}],\quad k=1,2,\cdots,N \tag{7.1.13}$$

这种轨迹的一般形式如图 7－3 所示。

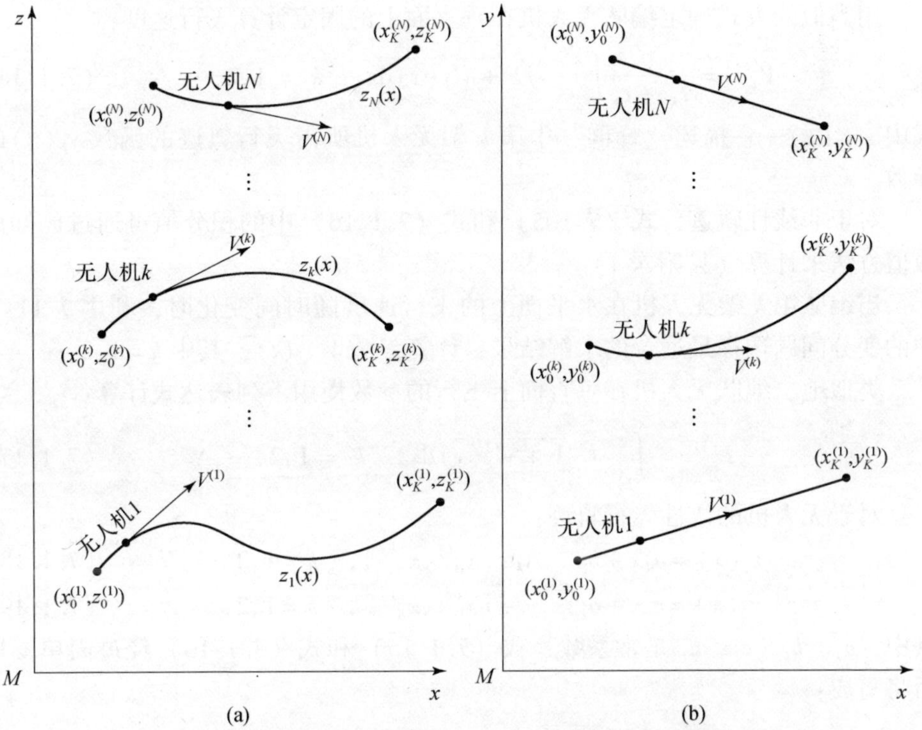

图 7－3　无人机编队在水平面和垂直面上的飞行轨迹

（a）无人机编队在水平面上的飞行轨迹；（b）无人机编队在垂直面上的飞行轨迹。

连同式（7.1.12）和式（7.1.13）中给定的边界值，对于编队的第 k 架无人机，应给定无人机在水平面飞行时坐标 $z_0^{(k)}$ 和 $z_K^{(k)}$ 的边界值，及其在垂直面飞行时坐标 $y_0^{(k)}$ 和 $y_K^{(k)}$ 的边界值，其中 $k=1$，2，…，N。

为了确保无人机的飞行时间为 $t_K - t_0$，我们需要计算编队全部无人机的速度值 $V^{(k)} = V^{(k)}(t), t \in [t_0, t_K]$。

如果要求 N 架无人机中的某些无人机在飞行期间以恒速 $V^{(k)}(k = 1,2,\cdots,N)$ 运动，那么我们将使用式（7.1.2）计算其速度值。

使用平面曲线的长度公式，对于无人机在水平面上的运动轨迹式（7.1.12），公式中含有的参数 $L^{(k)}$ 计算方式如下：

$$L^{(k)} = \int_{x_0^{(k)}}^{x_K^{(k)}} \sqrt{1 + z'^2_k(x)}\,\mathrm{d}x, \quad k = 1,2,\cdots,N \tag{7.1.14}$$

在这种情况下，编队中这些无人机的速度计算公式将采用以下形式：

$$V^{(k)} = \frac{1}{t_K - t_0} \int_{x_0^{(k)}}^{x_K^{(k)}} \sqrt{1 + y'^2_k}\,\mathrm{d}x, \quad k = 1,2,\cdots,N \tag{7.1.15}$$

用类似的方式确定编队无人机在垂直面上的固定计算飞行速度：

$$V^{(k)} = \frac{1}{t_K - t_0} \int_{x_0^{(k)}}^{x_K^{(k)}} \sqrt{1 + y'^2_k(x)}\,\mathrm{d}x, \quad k = 1,2,\cdots,N \tag{7.1.16}$$

式中　$y'_k(x)$——描述“蜂群”中第 k 架无人机所需飞行轨迹的函数 $y_k(x)$ 的导数。

对于非线性轨迹，式（7.1.5）和式（7.1.16）中的积分值可通过已知的数值方法来计算（见附录 1）。

当编队第 k 架无人机在水平面上的飞行速度随时间变化时，利用 7.11 节中的变分问题选择最适合的求解结果，计算参数 $V^{(k)}(t)$，其中 $k = 1,2,\cdots,N$。

类似地，编队无人机在垂直面上飞行的参数使用下列表达式计算：

$$L^{(k)} = \int_{x_0^{(k)}}^{x_K^{(k)}} \sqrt{1 + y'^2_k(x)}\,\mathrm{d}x, \quad k = 1,2,\cdots,N \tag{7.1.17}$$

对于无人机的线性飞行轨迹：

$$z_k(x) = a_k x + b_k, \quad x \in [x_0^{(k)}, x_K^{(k)}], \quad k = 1,2,\cdots,N \tag{7.1.18}$$

$$y_k(x) = c_k x + d_k, \quad x \in [x_0^{(k)}, x_K^{(k)}], \quad k = 1,2,\cdots,N \tag{7.1.19}$$

其中，a_k、b_k、c_k、d_k 是常系数，式（7.1.15）和式（7.1.16）经过简单变形后将写成：

$$\begin{cases} V^{(k)} = \dfrac{\sqrt{1 + a_k^2}}{t_K - t_0}(x_K^{(k)} - x_0^{(k)}) \\ V^{(k)} = \dfrac{\sqrt{1 + c_k^2}}{t_K - t_0}(x_K^{(k)} - x_0^{(k)}), \quad k = 1,2,\cdots,N \end{cases} \tag{7.1.20}$$

对于无人机沿式（7.1.18）和式（7.1.19）轨迹飞行的速度变量 $V^{(k)}(t)$，

其中 $t\in[t_0,t_K]$，变分问题中使用了轨迹长度，轨迹长度可通过式（7.1.14）和式（7.1.17）的下列变形公式计算出：

$$\begin{cases}L^{(k)}=\sqrt{1+a_k^2}(x_K^{(k)}-x_0^{(k)})\\L^{(k)}=\sqrt{1+c_k^2}(x_K^{(k)}-x_0^{(k)}),\quad k=1,2,\cdots,N\end{cases}\tag{7.1.21}$$

我们将对无人机“蜂群”在水平面上飞行可能发生碰撞的这一问题进行分析。

从 N 架无人机“蜂群”中选出一组编号为 k 和 r 的无人机，$k=1,2,\cdots,N$；$r=1,2,\cdots,N$。为了确定这些无人机的轨迹 $z_k(x)$ 和 $z_r(x)$ 的交点，我们根据下列原则形成了变量值 x 的辅助区间：

$$\begin{aligned}&\alpha_{kr}=\min\{x_0^{(k)},x_0^{(r)}\},\quad \beta_{kr}=\min\{x_K^{(k)},x_K^{(r)}\}\\&k=1,2,\cdots,N;\quad r=1,2,\cdots,N\end{aligned}\tag{7.1.22}$$

轨迹 $z_k(x)$ 和 $z_r(x)$ 的交点坐标 x_{kr} 可通过求解下列代数方程确定：

$$z_k(x)-z_r(x)=0,\quad k=1,2,\cdots,N;\quad r=1,2,\cdots,N\tag{7.1.23}$$

求解该方程前，必须评估区间 $[\alpha_{kr},\beta_{kr}]$ 中方程根的存在。为此可使用以下函数：

$$\Delta z_{kr}(x)=z_k(x)-z_r(x)=0,\quad k=1,2,\cdots,N;\quad r=1,2,\cdots,N\tag{7.1.24}$$

如果在 $x\in[\alpha_{kr},\beta_{kr}]$ 的情况下，该函数值的符号相同，那么第 k 架和第 r 架无人机的轨迹相交。这意味着，没必要求解式（7.1.23）。

在验证单调增减曲线 $z_k(x)$ 和 $z_r(x)$（见6.1节）是否相交时，计算函数式（7.1.24）的值，此时 $x=\alpha_{kr}$，$x=\beta_{kr}$。如果所得的值 $\Delta z_{kr}(\alpha_{kr})$ 和 $\Delta z_{kr}(\beta_{kr})$ 符号不同，那么式（7.1.23）具有解 $x_{kr}\in[\alpha_{kr},\beta_{kr}]$。反之，“蜂群”中第 k 架和第 r 架无人机的轨迹不相交。

轨迹交点的坐标 z_{kr} 可通过函数 $z_k(x)$ 或 $z_r(x)$ 求出，如

$$z_{kr}=z_k(x_{kr}),\quad k=1,2,\cdots,N;\quad r=1,2,\cdots,N\tag{7.1.25}$$

当“蜂群”中第 k 架和第 r 架无人机的轨迹使用三次多项式（见6.1节）描述时，式（7.1.23）可用立方方程的形式表示：

$$(C_{1,k}-C_{1,r})x^3+(C_{2,k}-C_{2,r})x^2+(C_{3,k}-C_{3,r})x+(C_{4,k}-C_{4,r})=0$$

如果第 k 架无人机的轨迹使用式（7.1.18）描述，第 r 架无人机的轨迹使用立方方程描述，那么式（7.1.23）可写为

$$-C_{1,r}x^3-C_{2,r}x^2+(a_k-C_{3,r})x+(b_k-C_{4,r})=0$$

上述立方方程可根据文献［19］中的公式或者使用线段 $[\alpha_{kr},\beta_{kr}]$ 平分数值法来分析求解。

当第 k 架和第 r 架无人机的轨迹是线性函数式（7.1.8）时，式（7.1.23）可写为：

$$(a_k - a_r)x + (b_k - b_r) = 0,\quad k = 1,2,\cdots,N;\quad r = 1,2,\cdots,N$$

根据下式确定轨迹交点的坐标值：

$$x_{kr} = -\frac{b_k - b_r}{a_k - a_r} \tag{7.1.26}$$

$$z_{kr} = a_k x_{kr} + b_k,\quad k = 1,2,\cdots,N;\quad r = 1,2,\cdots,N \tag{7.1.27}$$

其中，式（7.1.27）是式（7.1.25）的具体形式。

由 N 架无人机组成的“蜂群”的相交轨迹总数 M，可根据下式求出：

$$M = C_N^2 = \frac{N!}{2!\ (N-2)!} = 0.5N(N-1) \tag{7.1.28}$$

令第 k 条和第 r 条轨迹满足以下条件：

$$\alpha_{kr} < x_{kr} < \beta_{kr},\quad k = 1,2,\cdots,N;\quad r = 1,2,\cdots,N$$

我们将计算第 k 架和第 r 架无人机到达其轨迹相交点(x_{kr}, z_{kr})的时刻 τ_k 和 τ_r。

为求出相交时刻，根据式（7.1.1）得出

$$\begin{cases} \int_{t_0}^{\tau_k} V^{(k)}(t)\,\mathrm{d}t = \int_{x_0^{(k)}}^{x_{kr}} \sqrt{1 + z'^2_k(x)}\,\mathrm{d}x \\ \int_{t_0}^{\tau_r} V^{(r)}(t)\,\mathrm{d}t = \int_{x_0^{(r)}}^{x_{kr}} \sqrt{1 + z'^2_r(x)}\,\mathrm{d}x \end{cases} \tag{7.1.29}$$

对于任何速度变化定律 $V^{(k)}(t)$和 $V^{(r)}(t)$，这些方程都可使用特殊的数值方法求解（见附录1）。

值得一提的是，这些关系式的右部是第 k 架和第 r 架无人机从起点到其交点的轨迹长度。

对于式（7.1.18）形式的无人机线性飞行轨迹，在 $V^{(k)}$ 和 $V^{(r)}$ 为常数的情况下，可以求取该问题的解析解。

当 $z_k'(x) = a_k$ 和 $z_r'(x) = a_r$ 时，计算式（7.1.29）中包含的积分，有

$$\begin{cases} V^{(k)}(\tau_k - t_0) = (x_{kr} - x_0^{(k)})\sqrt{1 + a_k^2} \\ V^{(r)}(\tau_r - t_0) = (x_{kr} - x_0^{(r)})\sqrt{1 + a_r^2} \end{cases}$$

将式（7.1.20）代入式（7.1.20）中并进行简单的变形，得到

$$\begin{cases} \tau_k = t_0 + \dfrac{x_{kr} - x_0^{(k)}}{x_K^{(k)} - x_0^{(k)}}(t_K - t_0),\quad k = 1,2,\cdots,N \\ \tau_r = t_0 + \dfrac{x_{kr} - x_0^{(r)}}{x_K^{(r)} - x_0^{(r)}}(t_K - t_0),\quad r = 1,2,\cdots,N \end{cases} \tag{7.1.30}$$

其中，x_{kr}的值将根据式（7.1.26）计算得出。

在计算"蜂群"每组无人机的值 τ_k 和 τ_r 的基础上，得出以下结论：

如果满足下列条件：

$$\tau_k \neq \tau_r, \quad k=1,2,\cdots,N; \quad r=1,2,\cdots,N \tag{7.1.31}$$

那么在时间区间 $[t_0,t_K]$ 内，"蜂群"的第 k 架和第 r 架无人机即使在其飞行轨迹相交的情况下也不会在空中发生碰撞。

在给定的时间区间 $[t_0,t_K]$ 内，无人机"蜂群"在水平面上的运动轨迹参数表示可通过下列微分方程组的积分求得：

$$\begin{cases} \dot{x}^{(k)} = \dfrac{V^{(k)}(t)}{\sqrt{1+z'^2_k(x)}} \\ z'^{(k)} = \dfrac{V^{(k)}(t)z'_k}{\sqrt{1+z'^2_k(x)}}, \quad k=1,2,\cdots,N \end{cases}$$

其初始条件为

$$x^{(k)}(t_0)=x_0^{(k)}, \quad z^{(k)}(t_0)=x_0^{(k)}, \quad k=1,2,\cdots,N$$

以上方程组和条件借助式（6.1.5）和式（6.1.6）生成。

对于式（7.1.18）形式的蜂群无人机线性轨迹方程，在 $V^{(k)}(t)(k=1,2,\cdots,N)$ 为常数的情况下，方程组的解如下：

$$\begin{cases} x^{(k)}(t) = x_0^{(k)} + \dfrac{V^{(k)}}{\sqrt{1+a_k^2}}(t-t_0) \\ z^{(k)}(t) = z_0^{(k)} + \dfrac{a_k V^{(k)}}{\sqrt{1+a_k^2}}(t-t_0), \quad k=1,2,\cdots,N \end{cases} \tag{7.1.32}$$

例 7.2

令，由 $N=3$ 架无人机组成无人机编队，用于执行航空假目标任务。无人机编队应在时间区间 $[t_0,t_K]=[0,0.5]$h 内在以下坐标点之间在指定高度上以恒速沿直线轨迹飞行。

$$\begin{cases} (x_0^{(1)},z_0^{(1)})=(1,10)\text{km}, \quad (x_K^{(1)},z_K^{(1)})=(40,60)\text{km} \\ (x_0^{(2)},z_0^{(2)})=(4,20)\text{km}, \quad (x_K^{(2)},z_K^{(2)})=(70,90)\text{km} \\ (x_0^{(3)},z_0^{(3)})=(3,50)\text{km}, \quad (x_K^{(3)},z_K^{(3)})=(80,40)\text{km} \end{cases} \tag{7.1.33}$$

使用式（6.1.11）构建无人机在这些点之间的线性运动轨迹方程，其中 $k=1,2,3$，方程可写为

$$\begin{cases} z_1(x)=1.282x+8.718, \quad x\in[1,40]\text{km} \\ z_2(x)=1.061x+15.757, \quad x\in[4,70]\text{km} \\ z_3(x)=-0.130x+50.390, \quad x\in[3,80]\text{km} \end{cases} \tag{7.1.34}$$

这些直线的角度系数和自由项将分别等于：

$$\begin{cases} a_1 = 1.282, & a_2 = 1.061, & a_3 = -0.130 \\ b_1 = 8.718, & b_2 = 15.757, & b_3 = 50.390 \end{cases} \tag{7.1.35}$$

无人机以下列轨迹旋转角（航向角）飞行：

$$\begin{cases} \Psi^{(1)} = \arctan 1.2882 = 52.04° \\ \Psi^{(2)} = \arctan 1.061 = 46.69° \\ \Psi^{(3)} = \arctan(-0.130) = -7.41° \end{cases}$$

使用式（7.1.20）的第一个公式计算每架无人机所需的运动速度，得到下列值：

$$V^{(1)} = 126.820\text{km/h}, \quad V^{(2)} = 192.450\text{km/h}, \quad V^{(3)} = 155.296\text{km/h} \tag{7.1.36}$$

为了分析可能出现的碰撞，我们借助式（7.1.22）建立了辅助区间$[\alpha_{kr},\beta_{kr}]$，其中$k \in (1,2,3)$，$r \in (1,2,3)$，根据式（7.1.28）计算得出无人机群轨迹对相交的数量$M=3$。后者意味着，需要对“蜂群”第1架和第2架、第2架和第3架、第1架和第3架无人机碰撞的可能性进行比较分析。

在上述示例中，区间为$[\alpha_{12},\beta_{12}]$、$[\alpha_{23},\beta_{23}]$和$[\alpha_{13},\beta_{13}]$，其中：

$$\begin{cases} \alpha_{12} = \min\{1,4\} = 1\text{km}, & \beta_{12} = \min\{40,70\} = 40\text{km} \\ \alpha_{23} = \min\{4,3\} = 3\text{km}, & \beta_{23} = \min\{70,80\} = 70\text{km} \\ \alpha_{13} = \min\{1,3\} = 1\text{km}, & \beta_{13} = \min 4\{70,80\} = 40\text{km} \end{cases}$$

根据式（7.1.26）和式（7.1.27）确定无人机轨迹组的交点坐标。使用式（7.1.35）和式（7.1.34），有

$$\begin{cases} x_{12} = 5.242\text{km}, & z_{12} = 15.438\text{km} \\ x_{23} = 29.076\text{km}, & x_{23} = 46.607\text{km} \\ z_{13} = 29.511\text{km}, & z_{13} = 46.551\text{km} \end{cases} \tag{7.1.37}$$

由所得结果可知，所研究的无人机轨迹组全部满足条件$x_{kr} \in [\alpha_{kr},\beta_{kr}]$，其中$k=1,2,3$；$r=1,2,3$。

我们使用式（7.1.30）和初始数据［式（7.1.33）、式（7.1.37）］来计算“蜂群”无人机轨迹达到交点(x_{kr},z_{kr})的时刻，其中$k=1,2,3$；$r=1,2,3$。

对于第1架和第2架无人机，有

$$\tau_1 = 0.0543\text{h} = 3.263\text{min}, \quad \tau_2 = 0.0094\text{h} = 0.564\text{min}$$

对于第2架和第3架无人机，所求值将等于：

$$\tau_2 = 0.189\text{h} = 11.398\text{min}, \quad \tau_3 = 0.169\text{h} = 10.159\text{min}$$

对于第 1 架和第 3 架无人机，我们得到下列值：

$$\tau_1 = 0.365\text{h} = 21.931\text{min}, \quad \tau_3 = 0.172\text{h} = 10.328\text{min}$$

由所得的结果可知，编队无人机全部满足条件式（7.1.31），因此其在坐标点［式（7.1.33）］之间以给定速度［式（7.1.36）］沿指定轨迹［式（7.1.34）］飞行时将不会发生碰撞。

基于式（7.1.32）［其初始数据在式（7.1.33）、式（7.1.36）中给出］的计算结果如表 7－3 和图 7－4 所示。

表 7－3　计算结果

t/h	$x^{(1)}$/km	$z^{(1)}$/km	$x^{(2)}$/km	$z^{(2)}$/km	$x^{(3)}$/km	$z^{(3)}$/km
0	1	10	4	20	3	50
0.1	8.8	20.000	17.200	34.005	18.4	47.998
0.2	16.6	29.999	30.399	48.010	33.8	45.996
0.3	24.4	39.999	43.599	62.015	49.2	43.994
0.4	32.2	49.998	56.799	76.020	64.6	41.992
0.5	40.0	59.998	69.999	90.025	80.0	39.990

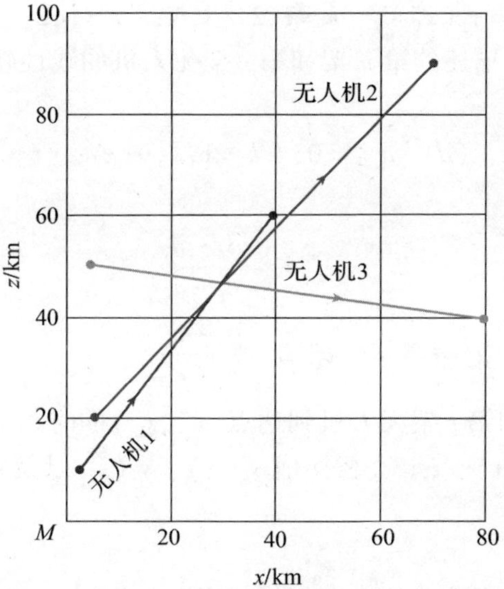

图 7－4　计算结果图示

由所得表格可知，无人机在时间区间[0,0.5]h 内的坐标变化实际上完全符合其边界值［式（7.1.33）］。

采用与上述方法类似的方法，将函数 $z=z_k(x)$ 替换成轨迹方程 $y=y_k(x)$ 的指定式（7.1.13），用于计算 N 架无人机“蜂群”在其垂直飞行面的运动特点［图7－3（b）］。

为了计算“蜂群”第 k 架无人机的速度变量 $V^{(k)}(t), t\in[t_0,t_K]$，可借助上述变分问题。

无人机非线性轨迹的固定飞行速度 $V^{(k)}(t)=$ 常数，$(t\in[t_0,t_K])$ 可根据式（7.1.16）来计算。对于式（7.1.19）类型的第 k 架无人机的线性运动轨迹则采用式（7.1.21）计算。

在分析 N 架无人机在空中可能的碰撞时，仍然使用式（7.1.28）、式（7.1.22）。将式（7.1.23）和式（7.1.24）中的函数 $z_k(x)$、$z_r(x)$ 替换成函数 $y_k(x)$、$y_r(x)$，其中 $k=1,2,\cdots,N; r=1,2,\cdots,N$。

用 x_{kr}^* 表示方程根：

$$y_k(x)-y_r(x)=0,\quad k=1,2,\cdots,N;\quad r=1,2,\cdots,N \tag{7.1.38}$$

若满足条件：

$$x_{kr}^*\in[\alpha_{kr},\beta_{kr}] \tag{7.1.39}$$

这个方程根是“蜂群”第 k 架和第 r 架无人机的轨迹交点坐标。这个交点的另一个坐标用下式计算：

$$y_{kr}^*=y_k(x_{kr}^*),\quad k=1,2,\cdots,N;\quad r=1,2,\cdots,N \tag{7.1.40}$$

对于用式（7.1.19）描述的第 k 架和第 r 架无人机的线性轨迹，方程（7.1.38）具有以下形式：

$$(c_k-c_r)x+(d_k-d_r)=0,\quad k=1,2,\cdots,N;\quad r=1,2,\cdots,N$$

据此有

$$x_{kr}^*=-\frac{d_k-d_r}{c_k-c_r} \tag{7.1.41}$$

$$x_{kr}^*=-\frac{d_k-d_r}{c_k-c_r} \tag{7.1.42}$$

在计算第 k 架和第 r 架无人机到达点 (x_{kr}^*,z_{kr}^*) 的时刻 τ_k^* 和 τ_r^* 时，可使用式（7.1.29）将 $z_k(x)$、$z_r(x)$ 替换成 $y_k(x)$、$y_r(x)$ 以及将 τ_k、τ_r、x_{kr} 替换成 τ_k^*、τ_r^*、x_{kr}^*。

$$\begin{cases}\tau_k^*=t_0+\dfrac{x_{kr}^*-x_0^{(k)}}{x_K^{(k)}-x_0^{(k)}}(t_K-t_0),\quad k=1,2,\cdots,N\\[2ex]\tau_r^*=t_0+\dfrac{x_{kr}^*-x_0^{(r)}}{x_K^{(r)}-x_0^{(r)}}(t_K-t_0),\quad r=1,2,\cdots,N\end{cases} \tag{7.1.43}$$

其中，x_{kr}^* 根据式（7.1.41）来计算。

式（7.1.31）形式的“蜂群”第 k 架和第 r 架无人机在空中无碰撞的前提条件可写为

$$\tau_k^* \neq \tau_r^*, \quad k=1,2,\cdots,N; \quad r=1,2,\cdots,N \tag{7.1.44}$$

式（7.1.32）可转换为

$$\begin{cases} x^{(k)}(t)=x_0^{(k)}+\dfrac{V^{(k)}}{\sqrt{1+c_k^2}}(t-t_0) \\ y^{(k)}(t)=y_0^{(k)}+\dfrac{c_k V^{(k)}}{\sqrt{1+c_k^2}}(t-t_0), \quad k=1,2,\cdots,N \end{cases} \tag{7.1.45}$$

例 7.3

令，由 3 个航空假目标组成的编队将在时间区间 $[t_0,t_K]=[0,0.5]$ 内，在以下坐标点之间以固定速度在垂直面上飞行：

$$\begin{cases} (x_0^{(1)},y_0^{(1)})=(1,2)\text{km}, \quad (x_K^{(1)},y_K^{(1)})=(40,2)\text{km} \\ (x_0^{(2)},y_0^{(2)})=(4,1.492)\text{km}, \quad (x_K^{(2)},y_K^{(2)})=(70,8.092)\text{km} \\ (x_0^{(3)},y_0^{(3)})=(3,5.304)\text{km}, \quad (x_K^{(3)},y_K^{(3)})=(80,1.454)\text{km} \end{cases} \tag{7.1.46}$$

使用经过平面两个指定点的直线方程，可以得到式（7.1.19）形式的无人机轨迹方程，如下：

$$\begin{cases} y_1(x)=2, & x\in[1,40]\text{km} \\ y_2(x)=0.1x+1.0924, & x\in[4,70]\text{km} \\ y_3(x)=-0.05x+5.4538, & x\in[3,80]\text{km} \end{cases} \tag{7.1.47}$$

为了进一步计算，我们写出其参数值：

$$\begin{cases} c_1=0, & d_1=2 \\ c_2=0.1, & d_2=1.0924 \\ c_3=-0.05, & d_3=5.4538 \end{cases} \tag{7.1.48}$$

由值 $c_k(k=1,2,3)$ 可知，无人机 1 在固定高度 $h=2\text{km}$ 完成轨迹倾斜角为 $\theta^{(1)}=0°$ 的飞行，无人机 2 和无人机 3 的轨迹倾斜角如下：

$$\theta^{(2)}=\arctan 0.1=5.7°, \quad \theta^{(3)}=\arctan(-0.05)=-2.9°$$

使用式（7.1.20）中的第二个公式，计算该“蜂群”中每架无人机所需的速度值。将初始数据式（7.1.46）和式（7.1.48）代入其中，得到：

$$V^{(1)}=78\text{km/h}, \quad V^{(2)}=132.658\text{km/h}, \quad V^{(3)}=154.192\text{km/h}$$

在分析无人机可能发生的碰撞时，使用了例 7.2 的结果。得出无人机轨迹

对相交的数量 $M=3$ 与编队中的无人机数量 $N=3$ 一致，指数 k 和 r 取值（1，2）、（2，3）、（1，3），并与坐标值 $x_0^{(k)}$ 和 $x_K^{(k)}(k=1,2,3)$ 一致。

后者意味着，可以使用上个示例中形成的区间 $[\alpha_{kr},\beta_{kr}]$。

使用式（7.1.48）和式（7.1.47）中的初始数据，根据式（7.1.41）和式（7.1.42）计算该“蜂群”中无人机的轨迹交点坐标为

$$\begin{cases} x_{12}^* = 9.076\text{km}, \quad y_{12}^* = 2\text{km} \\ x_{23}^* = 29.076\text{km}, \quad y_{23}^* = 4\text{km} \\ x_{13}^* = 69.076\text{km}, \quad y_{13}^* = 2\text{km} \end{cases} \tag{7.1.49}$$

根据所得的结果可知：

$$x_{12}^* \in [\alpha_{12},\beta_{12}], \quad x_{23}^* \in [\alpha_{23},\beta_{23}], \quad x_{13}^* \notin [\alpha_{13},\beta_{13}]$$

最后一个关系式表示，第1架和第3架无人机的轨迹不相交。

使用式（7.1.46）、式（7.1.49）和式（7.1.43）中的初始数据，我们计算出无人机到达前两个点的时刻 τ_k^* 和 τ_r^*。

$k=2, r=2$ 时：$\tau_1^* = 0.1035\text{h} = 6.212\text{min}$，$\tau_2^* = 0.0384\text{h} = 2.307\text{min}$

$k=2, r=3$ 时：$\tau_2^* = 0.1899\text{h} = 11.398\text{min}$，$\tau_3^* = 0.0847\text{h} = 5.079\text{min}$

对于上面几组无人机而言，满足条件式（7.1.44），则说明第1架和第2架无人机第2架和第3架无人机不会在空中发生碰撞。

基于式（7.1.45）的计算结果如表7-4和图7-5所示，这证实边界条件式（7.1.46）成立。

表7-4　计算结果

t/h	$x^{(1)}$/km	$y^{(1)}$/km	$x^{(2)}$/km	$y^{(2)}$/km	$x^{(3)}$/km	$y^{(3)}$/km
0	1	2	4	1.492	3	5.304
0.1	8.8	2	17.2	2.812	18.4	4.534
0.2	16.6	2	30.4	4.132	33.8	3.764
0.3	24.4	2	43.6	5.452	49.2	2.994
0.4	32.2	2	56.8	6.772	64.6	2.224
0.5	40.0	2	70.0	8.092	80.0	1.454

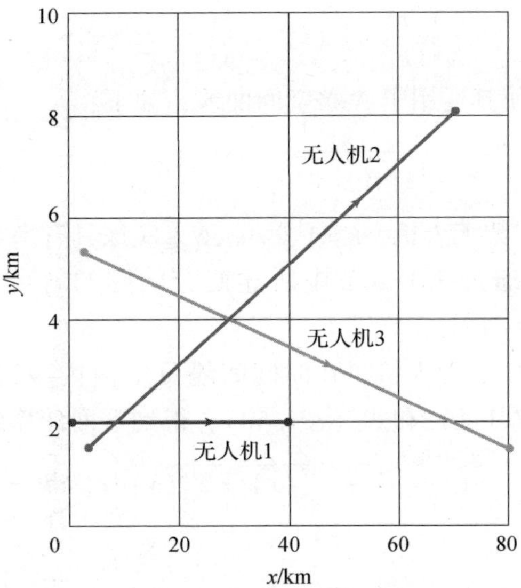

图 7-5　计算结果示意图

7.1.3　空间无人机“蜂群”

当 N 架无人机组成的“蜂群”在机动坐标系 $Mxyz$ 中无序运动时，为了描述第 k 架无人机的单独飞行轨迹，$k=1,2,\cdots,N$，我们将同时使用式（7.1.12）和式（7.1.13）。在这种情况下，无人机的空间轨迹将作为圆柱体的交线，其基准线用给定的方程（图 6-17）来描述。这里还假设，全部 N 架无人机在时间区间$[t_0,t_K]$内完成自己的飞行任务。

为了计算所需的速度 $V^{(k)}=V^{(k)}(t)$，在 $t\in[t_0,t_K]$的情况下无人机运动将使用式（7.1.1）来描述，同时将编队无人机的轨迹长度值 $L^{(k)}$ 的计算具体化，其中 $k=1,2,\cdots,N$。

已知，在以式（6.2.1）表示空间曲线的情况下，其长度计算方式如下：

$$L=\int_{t_0}^{t_K}\sqrt{\dot{x}^2(t)+\dot{y}^2(t)+\dot{z}^2(t)}\,\mathrm{d}t$$

通过根号给出函数 $\dot{x}(t)$：

$$L=\dot{x}(t)\int_{t_0}^{t_K}\sqrt{1+\left(\frac{\dot{y}(t)}{\dot{x}(t)}\right)^2+\left(\frac{\dot{z}(t)}{\dot{x}(t)}\right)^2}\,\mathrm{d}t$$

使用关系式：

$$\dot{x}=\frac{\mathrm{d}x}{\mathrm{d}t},\quad x(t_0)=x_0,\quad x(t_K)=x_K$$

$$\frac{\dot{y}(t)}{\dot{x}(t)}=y'(x),\quad \frac{\dot{z}(t)}{\dot{x}(t)}=z'(x)$$

改写该公式，使其适用于 N 条空间曲线，如下：

$$L^{(k)}=\int_{x_0^{(k)}}^{x_K^{(k)}}\sqrt{1+y'^2_k(x)+z'^2_k(x)}\,\mathrm{d}x,\quad k=1,2,\cdots,N \tag{7.1.50}$$

“蜂群”的第 k 架无人机，$k=1,2,\cdots,N$，应该具有满足要求［式（1.3）］的可变飞行速度，通过 7.1.1 节中所述变分问题的解可以得到其速度分布 $V^{(k)}(t)$，其中 $t\in[t_0,t_K]$。

对于“蜂群”中的无人机，在时间间隔$[t_0,t_K]$内应当具有固定的飞行速度，同时使用式（7.1.1）和式（7.1.50），得到下列计算公式：

$$V^{(k)}=\frac{1}{t_K-t_0}\int_{x_0^{(k)}}^{x_K^{(k)}}\sqrt{1+y'^2_k(x)+z'^2_k(x)}\,\mathrm{d}x,\quad k=1,2,\cdots,N \tag{7.1.51}$$

对于借助式（7.1.18）、式（7.1.19）形成的无人机线性空间轨迹，式（7.1.51）具有以下形式：

$$V^{(k)}=\frac{x_K^{(k)}-x_0^{(k)}}{t_K-t_0}\sqrt{1+c_k^2+a_k^2},\quad k=1,2,\cdots,N \tag{7.1.52}$$

式中　c_k、a_k——相应直线的角度系数。

在确定由 N 架无人机组成的“蜂群”的第 k 条和第 r 条空间轨迹的交点时，我们使用7.1.2 节描述的方法来提前确定其投影在坐标平面 Mxz 和 Mxy 上的交点的坐标 x_{kr} 和 x_{kr}^*。

如果满足下列条件：

$$x_{kr}=x_{kr}^*=X_{kr},\quad k=1,2,\cdots,N;\quad r=1,2,\cdots,N \tag{7.1.53}$$

则第 k 架和第 r 架无人机的轨迹在坐标点(X_{kr},Y_{kr},Z_{kr})相交，其中：

$$Y_{kr}=y_k(X_{kr}),\quad Z_{kr}=z_k(X_{kr}),\quad k=1,2,\cdots,N;\quad r=1,2,\cdots,N \tag{7.1.54}$$

如果对于具体的 k 和 r，具有下列不等式：

$$x_{kr}\neq x_{kr}^*$$

那么假设“蜂群”中第 k 架和第 r 架无人机的空间轨迹在时间区间［t_0，t_K］内不相交。

“蜂群”中 N 架无人机轨迹的参数表示 $x^{(k)}(t)$、$y^{(k)}(t)$、$z^{(k)}(t)$，通过对具有 N 个初始条件式（6.2.47）的 N 个微分方程组（6.2.46）进行积分得出。这些关系式通常可以具体写为

$$\begin{cases}\dot{x}^{(k)}=\dfrac{V^{(k)}(t)}{\sqrt{[1+y'^2_k(x^{(k)})][1+z'^2_k(x^{(k)})]}}\\ \dot{y}^{(k)}=\dfrac{y'_k(x^{(k)})V^{(k)}(t)}{\sqrt{[1+y'^2_k(x^{(k)})][1+z'^2_k(x^{(k)})]}}\\ \dot{z}^{(k)}=\dfrac{z'_k(x^{(k)})V^{(k)}(t)}{\sqrt{[1+y'^2_k(x^{(k)})][1+z'^2_k(x^{(k)})]}}\end{cases}\tag{7.1.55}$$

$$x^{(k)}(t_0)=x_0^{(k)},\quad y^{(k)}(t_0)=y_0^{(k)},\quad z^{(k)}(t_0)=z_0^{(k)},\quad k=(1,2,\cdots,N)\tag{7.1.56}$$

由这些表达式可知，当 $z_k(x)=0(k=1,2,\cdots,N)$ 时，得到“蜂群”在水平面上的运动方程，而当 $y_k(x)=0(k=1,2,\cdots,N)$ 时，得到其在垂直面上的运动方程。

对于“蜂群”全部无人机的线性空间轨迹，式（7.1.55）写为

$$\begin{cases}\dot{x}^{(k)}=\dfrac{V^{(k)}(t)}{\sqrt{(1+c_k^2)(1+a_k^2)}}\\ \dot{y}^{(k)}=\dfrac{c_kV^{(k)}(t)}{\sqrt{(1+c_k^2)(1+a_k^2)}}\\ \dot{z}^{(k)}=\dfrac{a_kV^{(k)}(t)}{\sqrt{(1+c_k^2)(1+a_k^2)}},\quad k=1,2,\cdots,N\end{cases}\tag{7.1.57}$$

当 $V^{(k)}(t)=$ 常数，$t\in[t_0,t_K]$ 时，可以得到微分方程组（7.1.57）［初始条件为式（7.1.56）］的解析解，解的形式如下：

$$\begin{cases}x^{(k)}(t)=x_0^{(k)}+\dfrac{V^{(k)}}{\sqrt{(1+c_k^2)(1+a_k^2)}}(t-t_0)\\ y^{(k)}(t)=y_0^{(k)}+\dfrac{c_kV^{(k)}}{\sqrt{(1+c_k^2(x))(1+a_k^2)}}(t-t_0)\\ z^{(k)}(t)=z_0^{(k)}+\dfrac{a_kV^{(k)}}{\sqrt{(1+c_k^2(x))(1+a_k^2)}}(t-t_0),\quad k=1,2,\cdots,N\end{cases}\tag{7.1.58}$$

需注意，如果在“蜂群”中包括沿非线性和线性轨迹飞行的无人机，则使用 N 个微分方程组的混合集，其中包括 $k=1,2,\cdots,N$ 的方程（7.1.55）和式（7.1.57）。

我们对“蜂群”无人机在空中可能的碰撞进行分析。

令，对于“蜂群”中具体的第 k 架和第 r 架无人机，条件式（7.1.53）成立。我们将计算无人机到达坐标点 (X_{kr},Y_{kr},Z_{kr})（$k=1,2,\cdots,N$；$r=1,2,\cdots,N$）的时刻 $\bar{\tau}_k$ 和 $\bar{\tau}_r$。为此使用关系式：

$$\begin{cases}\int_{t_0}^{\tau_k} V^{(k)}\mathrm{d}t = \int_{x_0^{(k)}}^{X_{kr}} \sqrt{1+y'^2_k(x)+z_k^2(x)}\,\mathrm{d}x \\ \int_{t_0}^{\tau_r} V^{(r)}\mathrm{d}t = \int_{x_0^{(r)}}^{X_{kr}} \sqrt{1+y'^2_r(x)+z_r^2(x)}\,\mathrm{d}x\end{cases}$$

对于第 k 架和第 r 架无人机的非线性速度分布而言，这是未知时刻 $\bar{\tau}_k$ 和 $\bar{\tau}_r$ 的非线性方程，可使用附录 1 所示的数值方法来求解。

当这些方程中 $V^{(k)}(t)$ 和 $V^{(r)}(t)$ 为常数，$t\in[t_0,t_K]$ 时，经过简单变形，可以得到下列公式：

$$\begin{cases}\bar{\tau}_k = t_0 + \dfrac{1}{V^{(k)}}\displaystyle\int_{x_0^{(k)}}^{X_{kr}} \sqrt{1+y'^2_k(x)+z_k^2(x)}\,\mathrm{d}x \\ \bar{\tau}_k = t_0 + \dfrac{1}{V^{(r)}}\displaystyle\int_{x_0^{(r)}}^{X_{kr}} \sqrt{1+y'^2_r(x)+z_r^2(x)}\,\mathrm{d}x\end{cases} \tag{7.1.59}$$

其中，速度 $V^{(k)}$、$V^{(r)}$ 的值可通过式（7.1.51）来计算。

对于第 k 架和第 r 架无人机以固定速度飞行的线性轨迹，将式（7.1.52）代入式（7.1.59）进行以下替换：

$$z_k'(x)=a_k,\quad y_k'(x)=c_k,\quad z_r'(x)=a_k,\quad y_r'(x)=c_k$$

之后，这些公式将具有下列形式：

$$\begin{cases}\bar{\tau}_k = t_0 + \dfrac{X_{kr}-x_0^{(k)}}{x_K^{(k)}-x_0^{(k)}}(t_K-t_0) \\ \bar{\tau}_r = t_0 + \dfrac{X_{kr}-x_0^{(r)}}{x_K^{(r)}-x_0^{(r)}}(t_K-t_0)\end{cases} \tag{7.1.60}$$

根据计算出的未知时刻，得出以下结论：

如果 $\bar{\tau}_k$ 和 $\bar{\tau}_r$ 的值如上，$\bar{\tau}_k\neq\bar{\tau}_r$，那么“蜂群”中第 k 架和第 r 架无人机在时间区间 $[t_0,t_K]$ 内不会相撞，$k=1,2,\cdots,N$；$r=1,2,\cdots,N$。

例 7.4

在这个例子中，我们将会研究 $N=3$ 架无人机在选定机动坐标系中、在以下坐标点之间的空间运动：

$$\begin{cases}(x_0^{(1)},y_0^{(1)},z_0^{(1)})=(1,2,10)\,\mathrm{km} \\ (x_K^{(1)},y_K^{(1)},z_K^{(1)})=(40,2,60)\,\mathrm{km} \\ (x_0^{(2)},y_0^{(2)},z_0^{(2)})=(4,1.492,20)\,\mathrm{km} \\ (x_K^{(2)},y_K^{(2)},z_K^{(2)})=(69.827,8.075,89.842)\,\mathrm{km} \\ (x_0^{(3)},y_0^{(3)},z_0^{(3)})=(3,5.304,50)\,\mathrm{km} \\ (x_K^{(3)},y_K^{(3)},z_K^{(3)})=(80,1.454,40)\,\mathrm{km}\end{cases}$$

假设全部无人机在时间区间$[t_0,t_K]=[0,0.5]$h 内，以固定飞行速度沿直线轨迹运动。

为了表示这些轨迹在坐标平面 Mxz 和 Mxy 的投影，使用了例7.2 和例7.3 中的数据。在这种情况下，投影 $z_k(x)$ 和 $y_k(x)$，$k\in(1,2,3)$将用直线方程式（7.1.34）和式（7.1.47）来描述。

使用上述初始数据以及式（7.1.35）和式（7.1.48）中的角度系数值，根据式（7.1.52）计算“蜂群”中每架无人机所需的飞行速度值，如下：

$$V^{(1)}=126.819\text{km/h},\quad V^{(2)}=192.906\text{km/h},\quad V^{(3)}=155.487\text{km/h}$$

在分析无人机碰撞的可能性时，我们将使用例7.2 和例7.3 中的结果［见式（7.1.37）和式（7.1.49)］：

$$x_{12}=5.242\text{km},\quad x_{12}^*=9.076\text{km}$$

$$x_{23}=29.076\text{km},\quad x_{23}^*=29.076\text{km}$$

$$x_{13}=29.511\text{km},\quad x_{13}^*=60.076\text{km}$$

由这些结果可知，只有 x_{23} 和 x_{23}^* 的值满足无人机在空间中相撞的条件式（7.1.53）。由此可知，“蜂群”中的第2 架和第3 架无人机可能在坐标点$(x_{23},y_{23},z_{23})=(29.076,4,46.607)$上相撞。

为了进一步分析这些无人机相撞的可能性，我们根据式（7.1.60）计算出无人机到达其轨迹交点的时刻：

$$\bar{\tau}_2=0.1899\text{h}=11.398\text{min},\quad \bar{\tau}_3=0.1693\text{h}=10.159\text{min}$$

由于无人机2 和无人机3 在不同时刻经过该点（相差$\Delta\bar{\tau}_{23}=1.2392$min），由此得出两架无人机不会在空中相撞的结论。

根据式（7.1.58）计算的 $N=3$ 架无人机“蜂群”的轨迹及其参数分别如表7-5 和图7-6 所示。

表7-5　3 架无人机“蜂群”的轨迹参数

t/h	$x^{(1)}$/km	$y^{(1)}$/km	$z^{(1)}$/km	$x^{(2)}$/km	$y^{(2)}$/km	$z^{(2)}$/km	$x^{(3)}$/km	$y^{(3)}$/km	$z^{(3)}$/km
0	1	2	10	4	1.492	20	3	5.304	50
0.1	8.8	2	20	17.165	2.809	33.968	18.4	4.534	48
0.2	16.6	2	30	30.331	4.125	47.937	33.8	3.764	46
0.3	24.4	2	40	43.496	5.442	61.905	49.2	2.994	44
0.4	32.2	2	50	56.661	6.759	75.874	64.6	2.224	42
0.5	40.0	2	60	69.827	8.075	89.842	80.0	1.454	40

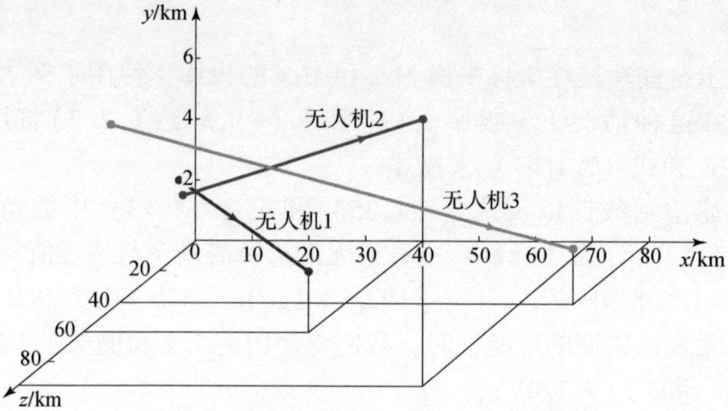

图 7-6　3 架无人机“蜂群”的轨迹

值得一提的是，“蜂群”中所有的无人机都沿自身的轨迹在时间区间$[t_0, t_K]$内飞离起点。当到达其运动终点时，“蜂群”解散且每架无人机沿自身的轨迹飞向指定点。

7.2　无人机纵队飞行

这种由 N 架无人机组成的编队运动是其在平面或空间有序飞行最简单的形式。在描述无人机纵队的运动时，我们将考虑以下假设：

- 在编队中选出一架领航无人机；
- 全部 N 架无人机沿领航无人机的已知轨迹（利用第 6 章所描述方法形成）运动；
- 纵队运动时，编队中两架相邻无人机之间的距离等于给定值 l；
- 在规定时间间隔$[t_0, t_K]$内，全部 N 架无人机以相同的运动速度完成飞行任务；
- 编队中的 N 架无人机都在领航无人机规定的飞行距离范围内飞行。

值得一提的是，无人机纵队可以沿非线性和线性、平面和空间轨迹飞行(见第 6 章)。

在形成 N 架无人机纵队时，主要任务是确定其在 $t = t_0$ 时刻的初始坐标。

我们假设，在由 N 架无人机组成的编队中，序号 $k = 1$ 代表领头的无人机，而其余的所有 k 架无人机是纵队的僚机，$k = 2, 3, \cdots, N$。

对于领航无人机，其飞行距离区间$[x_0^{(1)}, x_K^{(1)}]$和速度区间 $V^{(1)}(t)$是给定的，其中 $t \in [t_0, t_K]$。此外，假设给定坐标 z 和 y 在选定平面或空间坐标系中的初始值和最终值。

首先，我们将解决 N 架无人机纵队的平面运动轨迹问题。在这种情况下，无人机将在水平面上沿轨迹 $z = z_1(x)$ 在距离范围 $[x_0^{(1)}, x_K^{(1)}]$ 内飞行，而在垂直面上沿领航无人机的轨迹 $y = y_1(x)$ 飞行。

假设，在这些轨迹中给定区间起点 $[x_0^{(1)}, z_0^{(1)}]$、$[x_0^{(1)}, y_0^{(1)}]$ 和终点 $[x_K^{(1)}, z_K^{(1)}]$、$[x_K^{(1)}, y_K^{(1)}]$ 的坐标，其中 N 架无人机中都应完成自己的飞行任务。

领航无人机的初始坐标值 $x_0^{(k)}(k = 2, 3, \cdots, N)$ 取决于纵队在所选坐标系中运动的给定方向。

图 7－7 所示为无人机纵队在水平面［图 7－7（a）］和垂直面［图 7－7（b）］上的飞行轨迹。

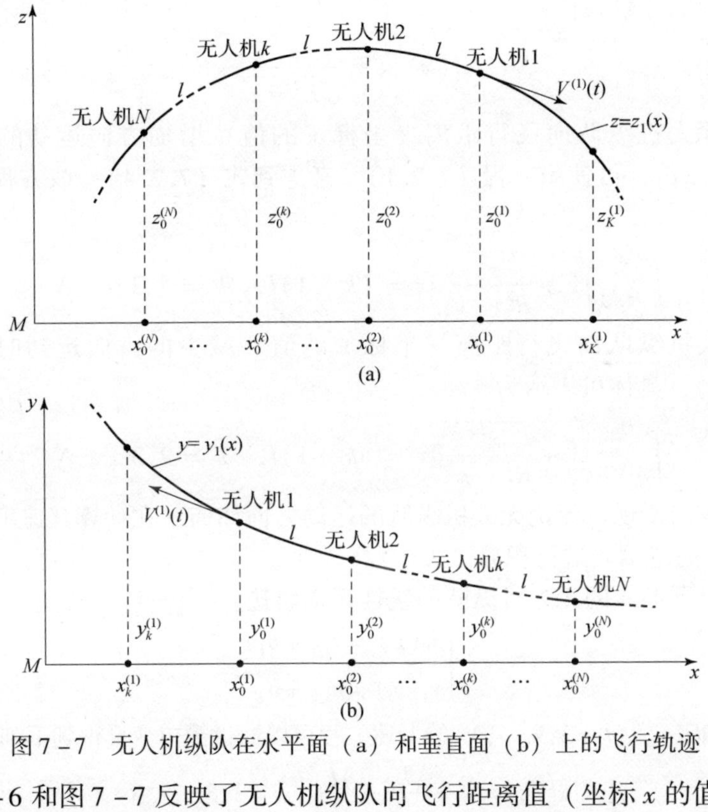

图 7－7　无人机纵队在水平面（a）和垂直面（b）上的飞行轨迹

图 7－6 和图 7－7 反映了无人机纵队向飞行距离值（坐标 x 的值）增加或减少的方向运动的情况。

当纵队在水平面上运动时，对于无人机纵队运动的给定情况，未知的坐标 $x_0^{(k)}(k = 2, 3, \cdots, N)$ 是下列特殊非线性方程的解：

$$\int_{x_0^{(k)}}^{x_0^{(1)}} \sqrt{1 + z'^2_1(x)}\mathrm{d}x = (k-1)l, \quad k = 2,3,\cdots,N \tag{7.2.1}$$

$$\int_{x_0^{(1)}}^{x_0^{(k)}} \sqrt{1 + z'^2_1(x)}\mathrm{d}x = (k-1)l, \quad k = 2,3,\cdots,N \tag{7.2.2}$$

当无人机纵队在垂直面上运动时，使用类似的方程，并将 $z_1(x)$ 替换成 $y_1(x)$。

对于非线性函数 $z_1(x)$ 和 $y_1(x)$，所得的方程可使用数值法（见附录 1）来求解。

我们以无人机纵队在水平面上的圆形运动轨迹为例说明上述关系式。

在所选的机动坐标系 Mxz（起点在半径为 R_1 的圆的圆心处）中，纵队领航无人机的运动方程将具有以下形式：

$$z_1(x) = \pm\sqrt{R_1^2 - x^2} \tag{7.2.3}$$

该函数的导数写作：

$$z_1'(x) = \mp\frac{x}{\sqrt{R_1^2 - x^2}} \tag{7.2.4}$$

对于无人机纵队向飞行距离（坐标 x 的值）增加方向运动的这种情况［图 7-7（a）］，可使用方程（7.2.1），考虑到式（7.2.4），该方程将采用以下形式：

$$\int_{x_0^{(k)}}^{x_0^{(1)}} \sqrt{1 + \frac{x^2}{R_1^2 - x^2}}\mathrm{d}x = (k-1)l, \quad k = 2,3,\cdots,N$$

当无人机纵队向飞行距离（坐标 x 的值）减少的方向运动时，可使用式（7.2.2），具体可表示为

$$\int_{x_0^{(1)}}^{x_0^{(k)}} \sqrt{1 + \frac{x^2}{R_1^2 - x^2}}\mathrm{d}x = (k-1)l, \quad k = 2,3,\cdots,N \tag{7.2.5}$$

由此我们发现，无论无人机纵队的运动方向如何，在计算其速度值时，在 $x_0^{(1)}$ 到 $x_K^{(1)}$ 的范围内进行积分。

对于以下形式的无人机纵队的线性运动轨迹：

$$\begin{cases} z_1(x) = a_1 x + b_1 \\ y_1(x) = c_1 x + d_1 \end{cases} \tag{7.2.6}$$

用于确定 $x_0^{(k)}(k=2,3,\cdots,N)$ 的上述方程可以通过简单变形得到下列计算公式：

$$\begin{cases} x_0^{(k)} = x_0^{(1)} \mp \dfrac{(k-1)l}{\sqrt{1+a_1^2}}, & k=2,3,\cdots,N \\ x_0^{(k)} = x_0^{(1)} \mp \dfrac{(k-1)l}{\sqrt{1+c_1^2}}, & k=2,3,\cdots,N \end{cases} \tag{7.2.7}$$

在这种情况下，带有“-”号的公式是式（7.2.1）的解，而带有“+”号的公式是式（7.2.2）的解。

纵队领航无人机的初始位置坐标 $z_0^{(k)}$ 和 $y_0^{(k)}$ 计算方式如下：

$$\begin{cases} z_0^{(k)} = z_1(x_0^{(k)}), \quad k=2,3,\cdots,N \\ y_0^{(k)} = y_1(x_0^{(k)}), \quad k=2,3,\cdots,N \end{cases} \tag{7.2.8}$$

无人机纵队的固定运动速度由领航无人机在时间区间$[t_0,t_K]$内的飞行速度 $V^{(1)}$ 给定，当 $k=1$ 时，可根据其轨迹形式使用式（7.1.15）、式（7.1.16）、式（7.1.20）和式（7.1.21）来计算。

由此可知，给定速度的无人机纵队的运动条件如下：

$$V^{(k)} = V^{(1)}, \quad k=2,3,\cdots,N \tag{7.2.9}$$

假设纵队 N 架无人机中的每架无人机都应在距离范围$[x_0^{(1)},x_K^{(1)}]$内完成飞行任务。

领航无人机在给定的时间范围$[t_0,t_K]$内完成其飞行任务。纵队从 $t=t_0$ 时刻开始运动，领航无人机分别在时刻 $t_0^{(k)}$ 和 $t_K^{(k)}$ $(k=2,3,\cdots,N)$ 从不同的初始位置到达点 $x_0^{(1)}$ 和 $x_K^{(1)}$。

式（7.2.1）和式（7.2.2）描述了领航无人机和第 k 架无人机初始位置所需的间距值，使用公式右部以及计算 $t_0^{(k)}$ 时刻的条件式（7.2.9），我们得到下式：

$$t_0^{(k)} = t_0 + \frac{(k-1)l}{V^{(1)}}, \quad k=2,3,\cdots,N \tag{7.2.10}$$

从这一时刻起，第 k 架无人机应飞经范围$[x_0^{(1)},x_K^{(1)}]$。为了计算它经过的最终时刻 $t_K^{(k)}$，我们使用式（7.1.1），该关系式可表示为

$$\int_{t_0^{(k)}}^{t_K^{(k)}} V^{(k)}\,\mathrm{d}t = L^{(k)}(x_0^{(1)},x_K^{(1)}), \quad k=2,3,\cdots,N \tag{7.2.11}$$

式中　$L^{(k)}(x_0^{(1)},x_K^{(1)})$——第 k 架无人机在距离范围$[x_0^{(1)},x_K^{(1)}]$内的运动轨迹长度。由图7-7可知，对于全部第 $k=2,3,\cdots,N$ 架无人机，这些值将是相等的，等于值 $L^{(1)}$。当 $k=1$ 时，对于领航无人机的非线性轨迹，其值可根据式（7.1.14）来计算；对于线性轨迹，可根据式（7.1.21）来计算。

在使用条件式（7.2.9）时，式（7.2.11）可写为：

$$V^{(1)}(t_K^{(k)} - t_0^{(k)}) = L^{(1)}$$

由此可得

$$t_K^{(k)} = t_0^{(k)} + \frac{L^{(1)}}{V^{(1)}} = t_0^{(k)} + (t_K - t_0)$$

将式（7.2.10）的左部代入该表达式中，并进行简单变形，可以得到下

列关系式：

$$t_K^{(k)} = t_K + \frac{(k-1)l}{V^{(1)}}, \quad k = 2,3,\cdots,N \tag{7.2.12}$$

由 N 架无人机组成的纵队沿轨迹 $z = z_1(x)$ 运动的参数表示，可以通过对以下 N 组微分方程组进行积分得到：

$$\begin{cases} \dot{x}^{(k)} = \pm \dfrac{V^{(1)}}{\sqrt{1 + z'^2_1(x)}} \\ z^{(k)} = \dfrac{z_1' V^{(1)}}{\sqrt{1 + z'^2_1(x)}}, \quad k = 1,2,\cdots,N \end{cases} \tag{7.2.13}$$

该方程组第一个方程中的符号“ - ”用于表示无人机纵队在 x 坐标减少方向的运动情况，即在使用方程（7.2.2）时。在这种情况下，对于领航无人机（$k=1$），使用初始条件：

$$x^{(1)}(t_0) = x_0^{(1)}, \quad z^{(1)}(t_0) = z_0^{(1)} \tag{7.2.14}$$

并在时间区间$[t_0, t_K]$内求解方程组（7.2.13）。对于无人僚机，$k = 2,3,\cdots,N$，当初始条件为

$$x^{(k)}(t_0) = x_0^{(k)}, \quad z^{(k)}(t_0) = z_0^{(k)}, \quad k = 2,3,\cdots,N \tag{7.2.15}$$

在时间区间$[t_0, t_K^{(k)}]$内求式（7.2.13）的积分。

N 架无人机纵队运动线性轨迹类似于式（7.1.32），可以用下式表示：

$$\begin{cases} x^{(k)}(t) = x_0^{(k)} \pm \dfrac{V^{(1)}}{\sqrt{1 + a_1^2}}(t - t_0) \\ z^{(k)}(t) = z_0^{(k)} \pm \dfrac{a_1 V^{(1)}}{\sqrt{1 + a_1^2}}(t - t_0), \quad k = 1,2,\cdots,N \end{cases} \tag{7.2.16}$$

当 $t \in [t_0, t_K]$ 时，领航无人机（$k = 1$）使用这些关系式进行计算；当 $t \in [t_0, t_K^{(k)}]$（$k = 2,3,\cdots,N$）时，纵队的无人僚机根据式（7.2.16）进行计算。

对于无人机纵队在垂直面上的运动轨迹，可使用式（7.2.2）、式（7.2.7）~式（7.2.10）和式（7.2.12）。

用 y 代替式（7.2.13）~式（7.2.15）中的 z，而式（7.2.16）可写为：

$$\begin{cases} x^{(k)}(t) = x_0^{(k)} \pm \dfrac{V^{(1)}}{\sqrt{1 + c_1^2}}(t - t_0) \\ y^{(k)}(t) = y_0^{(k)} \pm \dfrac{c_1 V^{(1)}}{\sqrt{1 + c_1^2}}(t - t_0), \quad k = 1,2,\cdots,N \end{cases}$$

对于 $k = 1$ 和 $k = 2$，3，…，N，在上述时间区间内使用上式进行计算。

例 7.5

令，由 $N=3$ 架无人机组成的纵队应在高度 h（常数）的水平面上，沿半径 $R_1=80\text{km}$ 的圆形轨迹运动。

如图 7－8 所示为无人机编队在机动坐标系中的运动轨迹。

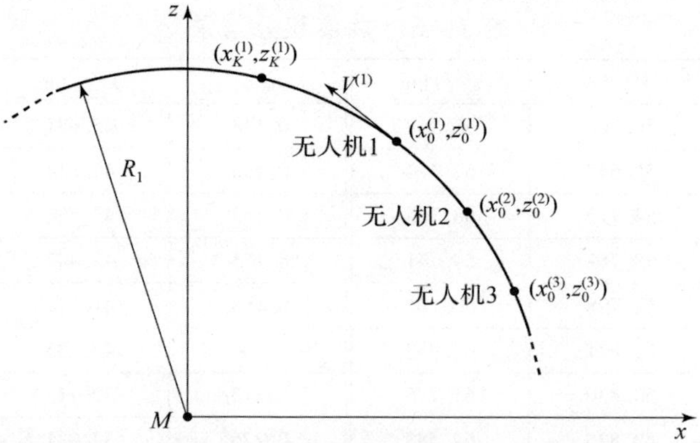

图 7－8　无人机编队在机动坐标系中的运动轨迹

假设（领航无人机）纵队的运动轨迹方程用式（7.2.3）表示，即

$$z_1(x) = \pm\sqrt{6400 - x^2}$$

领航无人机的初始坐标和最终坐标为

$$\begin{cases}(x_0^1, z_0^1) = (56.568, 56.568)\text{km} \\ (x_K^{(1)}, z_K^{(1)}) = (35.777, 71.554)\text{km}\end{cases} \tag{7.2.17}$$

假设纵队无人机的间距值 $l=0.8\text{km}$，而领航无人机的飞行时间区间为 $[t_0, t_K]=[0, 0.25]\text{h}$。

当 $R_1=80\text{km}$ 时，根据式（7.2.4），求坐标 $x_0^{(k)}$（$k=2,3$）的方程式（7.2.5）得

$$x_0^{(2)} = 57.131\text{km}, \quad x_0^{(3)} = 57.688\text{km} \tag{7.2.18}$$

当 $R_1=80\text{km}$ 时，利用式（7.2.3）和这些值，得到：

$$z_0^{(2)} = 56.001\text{km}, \quad z_0^{(3)} = 55.426\text{km} \tag{7.2.19}$$

根据式（7.2.6）计算的纵队运动速度：

$$V^{(1)} = \frac{1}{0.25}\int_{35.777}^{56.568}\sqrt{1 + \frac{x^2}{6400 - x^2}}\text{d}x = 103.36\text{km/h}$$

无人僚机完成飞行任务的抵达时刻和离开时刻的间隔将取决于式（7.2.10）和式（7.2.12），如

$$\begin{cases} t_0^{(2)} = 0.00774\text{h} = 0.464\text{min}, & t_K^{(2)} = 0.25774\text{h} = 15.465\text{min} \\ t_0^{(3)} = 0.01548\text{h} = 0.929\text{min}, & t_K^{(3)} = 0.26548\text{h} = 15.929\text{min} \end{cases}$$

初始条件取决于式（7.2.17）~式（7.2.19）的三组方程（7.2.13）在时间区间[0,0.25]、[0,0.25774]和[0,0.26548]内的数值积分结果，如表7-6所列。

表7-6　数值积分结果

t/h	$x^{(1)}$/km	$z^{(1)}$/km	t/h	$x^{(1)}$/km	$z^{(1)}$/km
0	56.568	56.568	0.138	45.681	65.674
0.013	55.647	57.474	0.150	44.614	66.403
0.025	54.712	58.365	0.163	43.536	67.115
0.038	53.762	59.241	0.175	42.447	67.810
0.050	52.798	60.102	0.188	41.346	68.486
0.063	51.821	60.947	0.200	40.235	69.145
0.075	50.830	61.775	0.213	39.113	69.786
0.088	49.825	62.588	0.225	37.981	70.408
0.100	48.808	63.385	0.238	36.839	71.012
0.113	47.778	64.165	0.250	35.687	71.598
0.125	46.736	64.928			
t/h	$x^{(2)}$/km	$z^{(2)}$/km	t/h	$x^{(2)}$/km	$z^{(2)}$/km
0	57.131	56.001	0.137	46.339	65.213
0.009	56.506	56.632	0.146	45.612	65.724
0.017	55.874	57.255	0.155	44.880	66.226
0.026	55.235	57.872	0.163	44.142	66.720
0.034	54.589	58.482	0.172	43.399	67.206
0.043	53.937	59.084	0.180	42.650	67.683
0.052	53.277	59.679	0.189	41.896	68.153
0.060	52.612	60.267	0.198	41.137	68.614
0.069	51.940	60.847	0.206	40.373	69.066
0.077	51.261	61.420	0.215	39.604	69.510
0.086	50.576	61.985	0.223	38.830	69.945
0.095	49.885	62.542	0.232	38.051	70.372
0.103	49.188	63.092	0.241	37.268	70.790
0.112	48.484	63.634	0.249	36.480	71.199
0.120	47.775	64.169	0.25774	35.687	71.600
0.129	47.060	64.695			

续表

t/h	$x^{(3)}$/km	$z^{(3)}$/km	t/h	$x^{(3)}$/km	$z^{(3)}$/km
0	57.688	55.426	0.139	46.828	64.862
0.007	57.211	55.919	0.146	46.270	65.261
0.013	56.729	56.407	0.153	45.709	65.655
0.020	56.243	56.892	0.159	45.144	66.045
0.027	55.753	57.372	0.166	44.576	66.430
0.033	55.259	57.848	0.173	44.005	66.809
0.040	54.761	58.319	0.179	43.430	67.184
0.046	54.259	58.787	0.186	42.853	67.554
0.053	53.753	59.250	0.192	42.272	67.919
0.060	53.243	59.709	0.199	41.688	68.279
0.066	52.729	60.163	0.206	41.101	68.634
0.073	52.211	60.613	0.212	40.511	68.984
0.080	51.690	61.058	0.219	39.918	69.329
0.086	51.164	61.499	0.226	39.322	69.669
0.093	50.635	61.936	0.232	38.723	70.003
0.100	50.102	62.368	0.239	38.121	70.333
0.106	49.565	62.795	0.246	37.517	70.657
0.113	49.025	63.218	0.252	36.910	70.976
0.119	48.481	63.636	0.259	36.300	71.290
0.126	47.934	64.049	0.26548	0.26548	0.26548
0.133	47.383	64.458			

由表 7-6 可知，纵队全部无人机在 $t_K=0.25\text{h}$、$t_K^{(2)}=0.25774\text{h}$ 和 $t_K^{(3)}=0.26548\text{h}$ 时刻达到足够的精度，完成其飞行任务的终点为 $(x_K^{(1)},z_K^{(1)})=(35.777,71.554)\text{km}$。

在分析 N 架无人机纵队的空间运动时，我们将领航无人机的飞行轨迹用式（6.2.44）描述。在这种情况下，其参数表示将作为具有初始条件式（6.2.48）的微分方程组（6.2.47）在给定时间间隔内的解。

假设纵队在坐标系 $Mxyz$ 中运动时，无人机的间距等于 l。与上述方法类似，无人僚机的初始放置坐标 $x_0^{(k)}(k=1,2,\cdots,N)$ 可作为以下非线性方程的解：

$$\int_{x_0^{(k)}}^{x_0^{(1)}} \sqrt{1 + y'^2_1(x) + z'^2_1(x)}\,\mathrm{d}x = (k-1)l, \quad k = 2,3,\cdots,N \tag{7.2.20}$$

$$\int_{x_0^{(1)}}^{x_0^{(k)}} \sqrt{1 + y'^2_1(x) + z'^2_1(x)}\,\mathrm{d}x = (k-1)l, \quad k = 2,3,\cdots,N \tag{7.2.21}$$

式中　$x_0^{(1)}$——领航无人机的坐标；

$x_0^{(k)}$——第 k 架无人僚机的未知坐标；

$y_1(x)$、$z_1(x)$——领航无人机在坐标平面 Mxy 和 Mxz 上的给定轨迹投影。

需注意，式（7.2.20）用于纵队在坐标 x 增长方向的运动，而式（7.2.21）用在相反方向。无人僚机的其他初始坐标为

$$y_0^{(k)} = y_1(x_0^{(k)}), \quad z_0^{(k)} = z_1(x_0^{(k)}), \quad k = 2,3,\cdots,N \tag{7.2.22}$$

式中　$x_0^{(k)}$——使用数值方法得到的式（7.2.20）或式（7.2.22）的解（见附录1）。

请注意，纵队中的全部 N 架无人机在 $t = t_0$ 时刻从坐标点$(x_0^{(k)}, y_0^{(k)}, z_0^{(k)})$$(k=1,2,\cdots,N)$同时开始运动。

当 N 架无人机中的最后一架无人机抵达坐标点$(x_K^{(1)}, y_K^{(1)}, z_K^{(1)})$时，纵队结束运动。

当纵队的固定运动速度为 $V^{(1)}$ 时，第 k 架无人僚机的抵达时刻可根据式（7.2.12）求出。

为了得到无人机纵队空间运动轨迹的参数表示，必须求解 N 个微分方程组：

$$\begin{cases} \dot{x}^{(k)} = \pm \dfrac{V^{(1)}}{\sqrt{(1 + y'^2_1(x))(1 + z'^2_1(x))}} \\ \dot{y}^{(k)} = \dfrac{V^{(1)} y'_1(x)}{\sqrt{(1 + y'^2_1(x))(1 + z'^2_1(x))}} \\ \dot{z}^{(k)} = \pm \dfrac{V^{(1)} z'_1(x)}{\sqrt{(1 + y'^2_1(x))(1 + z'^2_1(x))}}, \quad k = 1,2,\cdots,N \end{cases} \tag{7.2.23}$$

在这种情况下，对于领航无人机（$k = 1$）而言，该方程组在时间区间$[t_0, t_K]$内求积分，初始条件如下：

$$x^{(1)}(t_0) = x_0^{(1)}, \quad y^{(1)}(t_0) = y_0^{(1)}, \quad z^{(1)}(t_0) = z_0^{(1)} \tag{7.2.24}$$

对于无人僚机，在下列初始条件下，在时间区间$[t_0, t_K^{(k)}]$内求解方程组（7.2.23）：

$$x^{(k)}(t_0) = x_0^{(k)}, \quad y^{(k)}(t_0) = y_0^{(k)}, \quad z^{(k)}(t_0) = z_0^{(k)}, \quad k = 2,3,\cdots,N \tag{7.2.25}$$

方程组右部的值可利用式（7.2.20）~式（7.2.22）确定。

方程组（7.2.23）的第一个方程中，符号“-”对应于无人机纵队在坐标 x 减少方向的运动情况。

对于无人机纵队的线性空间运动轨迹，不难写出类似于式（7.2.16）中函数 $x^{(k)}(t)$、$y^{(k)}(t)$、$z^{(k)}(t)(k=1,2,\cdots,N)$的计算公式。

例 7.6

接下来我们将分析由 $N=3$ 架打击无人机组成的纵队的空间运动，相邻无人机的间距为 $l=0.3\text{km}$，打击无人机在时间区间$[t_0,t_K]=[0,0.635]\text{h}$ 内以固定速度 $V^{(1)}=320\text{km/h}$ 对地面点状目标实施连续攻击。

我们将使用关系式 $y(x)$、$z(x)(x\in[2,4]\text{km})$及其导数（参见例 6.11）作为纵队领航无人机的运动描述。

由于无人机纵队从 $x_0^{(1)}=2\text{km}$ 到 $x_K^{(1)}=4\text{km}$ 的运动用式（7.2.20）表示，通过式（6.2.50）可将其具体写为：

$$\begin{cases}\displaystyle\int_{x_0^{(2)}}^{2}\sqrt{1+(3.75x^2-22.5x+30)^2+(-44.064x^2+266.926x-357.022)^2}\\ =0.3\\ \displaystyle\int_{x_0^{(3)}}^{2}\sqrt{1+(3.75x^2-22.5x+30)^2+(-44.064x^2+266.926x-357.022)^2}\\ =0.6\end{cases}$$

数值求解这些方程（见附录1），得到下列值：

$$x_0^{(2)}=1.917\text{km},\quad x_0^{(3)}=1.884\text{km} \tag{7.2.26}$$

基于式（7.2.22），将这些数值代入使用的关系式 y（x）和 z（x）中（参见例6.11），得到无人僚机其余的初始坐标：

$$\begin{aligned}y_0^{(2)}&=5.973\text{km},\quad z_0^{(2)}=15.270\text{km}\\ y_0^{(3)}&=5.947\text{km},\quad z_0^{(3)}=15.667\text{km}\end{aligned} \tag{7.2.27}$$

无人僚机抵达终点$(x_K^{(1)},y_K^{(1)},z_K^{(1)})=(4,1,80)\text{km}$ 的时刻 $t_K^{(k)}$ 可根据式（7.2.12）计算，如下：

$$\begin{cases}t_K^{(2)}=0.635+\dfrac{0.3}{320}=0.636\text{h}=38.16(\text{min})\\ t_K^{(3)}=0.635+\dfrac{0.6}{320}=0.637\text{h}=38.22(\text{min})\end{cases}$$

使用式（6.2.50）和式（7.2.23）~式（7.2.27）得到的纵队无人机的运动参数如表 7-7 所列。纵队无人机的运动图见图 7-9。

表 7-7 纵队无人机的运动参数

t/h	$x^{(1)}$/km	$y^{(1)}$/km	$z^{(1)}$/km	$x^{(2)}$/km	$y^{(2)}$/km	$z^{(2)}$/km	$x^{(3)}$/km	$y^{(3)}$/km	$z^{(3)}$/km
0	2	6	15	1.917	5.973	15.270	1.884	5.947	15.667
0.032	2.363	5.570	20.425	2.358	5.580	20.293	2.352	5.591	20.261
0.064	2.484	5.267	24.184	2.481	5.275	24.080	2.477	5.283	24.080
0.095	2.575	5.002	27.474	2.573	5.009	27.384	2.570	5.015	27.402
0.127	2.652	4.757	30.514	2.650	4.763	30.433	2.647	4.769	30.462
0.159	2.720	4.526	33.395	2.719	4.531	33.323	2.717	4.536	33.360
0.190	2.784	4.303	36.172	2.782	4.307	36.106	2.780	4.312	36.150
0.222	2.844	4.086	38.878	2.842	4.090	38.816	2.841	4.094	38.867
0.254	2.901	3.873	41.536	2.900	3.877	41.479	2.898	3.881	41.535
0.286	2.957	3.664	44.166	2.956	3.667	44.114	2.955	3.670	44.174
0.317	3.013	3.455	46.785	3.012	3.459	46.736	3.011	3.461	46.800
0.349	3.069	3.247	49.407	3.068	3.250	49.362	3.066	3.253	49.429
0.381	3.125	3.039	52.047	3.124	3.041	52.006	3.123	3.044	52.077
0.413	3.182	2.828	54.724	3.182	2.830	54.686	3.180	2.833	54.760
0.444	3.242	2.614	57.457	3.241	2.616	57.422	3.240	2.618	57.498
0.476	3.305	2.395	60.271	3.305	2.397	60.239	3.303	2.399	60.318
0.508	3.373	2.169	63.202	3.373	2.170	63.174	3.372	2.172	63.254
0.540	3.450	1.932	66.308	3.449	1.933	66.282	3.448	1.934	66.364
0.571	3.540	1.677	69.688	3.539	1.678	69.665	3.538	1.680	69.747
0.603	3.658	1.393	73.581	3.657	1.394	73.559	3.656	1.395	73.638
0.635	3.913	1.032	79.123	3.911	1.033	79.095	3.904	1.035	79.137

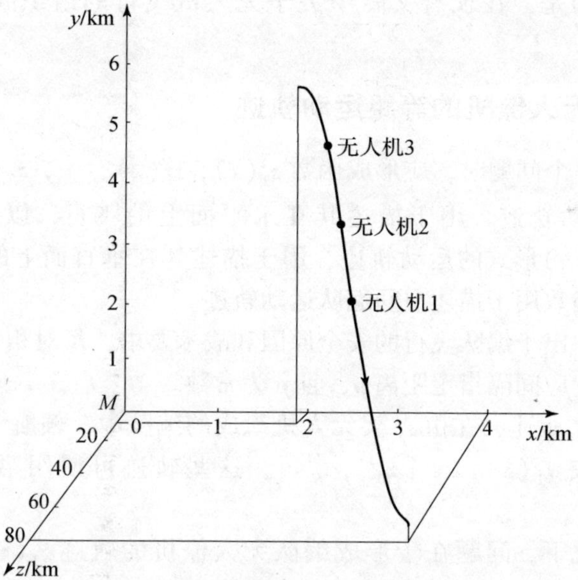

图 7-9　纵队无人机的运动图

7.3　无人机编队的队形及其运动模拟

与上文所述的无人机编队飞行方式一样，这种无人机运动方式是无人航空技术应用的一种先进组织形式。这种无人机应用实例参考文献 [3]。

在描述某队列无人机的平面和空间运动时，假设所研究的编队由 N 架无人机组成，其中一架为领航无人机，而其余 $N-1$ 架无人机为僚机。在这种情况下，领航无人机的运动轨迹及其完成飞行任务的距离范围是给定的。接下来假设编队中的所有僚机也应在这个距离范围内完成其飞行任务。

本节将分析无人机运动的主要队列形式，如有人驾驶飞机在编队飞行中使用的“横队”“梯队”“楔队”等。

在描述无人机的队列运动时，必须解决以下问题：

（1）形成满足无人机编队应用要求的无人僚机轨迹；

（2）在反映编队队形的轨迹上确定无人僚机的初始位置；

（3）统一编队无人机的速度变化规律，确保其按照给定队形在一定的时间范围内完成飞行；

（4）确定无人僚机的最终位置，在抵达最终位置后“解散”编队。

值得一提的是，在现有文献中关于无人机飞行的组织问题暂无相关的研究。

7.3.1 编队无人僚机的等距运动轨迹

在解决第一个问题时，应形成函数 $z_1(x)$，$z_2(x)$，…，$z_N(x)$形式的 N 架无人机编队运动轨迹，用于描述其在水平面上的飞行，以及函数 $y_1(x)$，$y_2(x)$，…，$y_N(x)$形式的运动轨迹，用于描述其在垂直面上的飞行。正如上文所述，这些函数用于描述空间编队运动轨迹。

我们假设，出于编队飞行的安全原因和战术要求，每对相邻无人机的轨迹在其运动过程中应间隔指定距离 p，且 p 为常数。

此外，如上所述，在由 N 架无人机组成的编队中，领航无人机具有给定的轨迹 $z_1(x)$ 或 $y_1(x)$，$x \in [x_0^{(1)}, x_K^{(1)}]$，这些轨迹可使用第 6 章所述方法形成。

在这种情况下，问题在于形成编队无人僚机的轨迹 $z_2(x)$，$z_3(x)$，…，$z_N(x)$或 $y_2(x)$，$y_3(x)$，…，$y_N(x)$，领航无人机（$k=1$）和第一架僚机（$k=2$）、第一架和第二架僚机（$k=3$）等都具有固定的间距（p 为常数）。此时，领航无人机距第 k 架僚机的距离计算方式如下：

$$r = r(p,k) = (k-1)p, \quad k = 2,3,\cdots,N \tag{7.3.1}$$

由于飞行时两架无人机的间距 p 应看作其轨迹法线（垂线）的距离 p，为了解决这个问题，我们将使用给定曲线的等距线概念[42]。

对于给定的曲线 $f(x)$（称为基线），构建上等距线 $f^{(+)}(x)$ 和下等距线 $f^{(-)}(x)$，如图 7-10 所示。

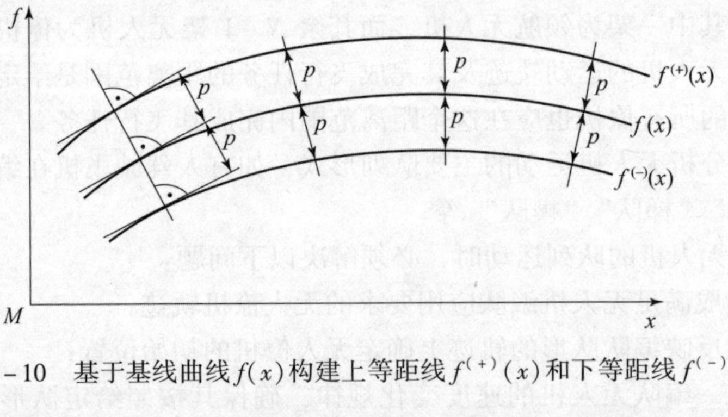

图 7-10 基于基线曲线 $f(x)$ 构建上等距线 $f^{(+)}(x)$ 和下等距线 $f^{(-)}(x)$

在这种情况下，基线 $f(x)$ 的法线是等距曲线 $f^{(+)}(x)$ 和 $f^{(-)}(x)$ 的法线。

请注意，等距曲线在距离非线性基准曲线较远时将可以很好地区分两者，

但距离 p 仍保持不变。此外，当距离 p 较大时，可能改变等距曲线的平滑度[43]。

本节在描述编队无人僚机等距轨迹的形成方法时，将领航无人机的轨迹 $z_1(x)$ 作为基准曲线，而将上层等距线作为形成的轨迹 $z_k(x)\ (k=2,3,\cdots,N)$。

1. 无人机线性编队运动轨迹

令，需要利用领航无人机的基础轨迹，在间距公式（7.3.1）的基础上构建第 $N-1$ 架无人僚机的线性等距轨迹：

$$z_1(x)=a_1x+b_1 \tag{7.3.2}$$

其中，a_1、b_1 为已知系数。

对于这种轨迹，具有关系式：

$$z_1'(x)=a_1=\tan\Psi_1 \tag{7.3.3}$$

编队第 k 架无人僚机的轨迹如图 7-11 所示。

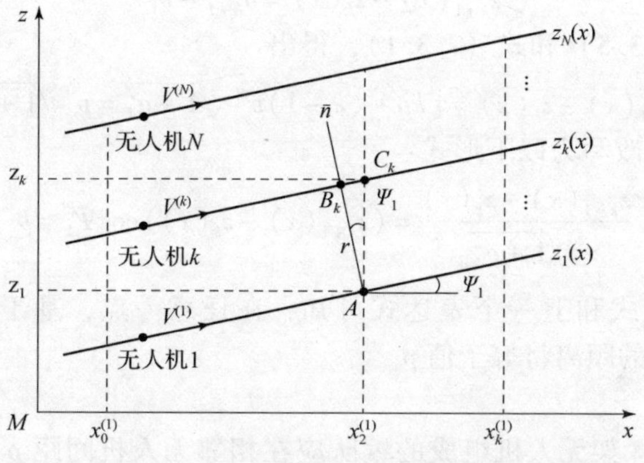

图 7-11　编队第 k 架无人僚机的轨迹

在直线 $z_1(x)$ 上选择坐标为 (x,z_1) 的任意点 A，并在其中画法线 $\bar{n}$，在法线上，对于固定值 $k\geqslant 2$ 的，留出长 $r=r(p,k)$ 的线段。该线段的终点就是所求直线 $z_k(x)$ 上的点 B_k。

令 C_k 为直线 $z_k(x)$ 上的点，该点的坐标为 (x,z_k)。

由图 7-11 可以看出，线段 AB_k 是线段 AC_k 在法线 $\bar{n}$ 上的投影。这可以用等式表示：

$$(z_k-z_1)\cos\Psi_1=r(p,k)$$

由此可得

$$z_k(x)=z_1(x)+\frac{r(p,k)}{\cos\Psi_1}$$

通过其正切表示领航无人机航向角 Ψ_1 的余弦：

$$\cos\Psi_1 = \frac{1}{\sqrt{1+\tan^2\Psi_1}}$$

并使用式（7.3.2）和式（7.3.3），得到最终表达式如下：

$$z_k(x) = a_1x + b_1 + r(p,k)\sqrt{1+a_1^2},\quad k=2,3,\cdots,N$$

这个关系式是直线族：

$$z_k(x) = a_1x + b_k,\quad k=2,3,\cdots,N \tag{7.3.4}$$

具有角度系数 a_1 和自由项，据下式可计算出：

$$b_k = b_1 + r(p,k)\sqrt{1+a_1^2},\quad k=2,3,\cdots,N \tag{7.3.5}$$

我们发现，任意第 k 架和第 $k+1$ 架无人机的间距将等于既定值 p。

由式（7.3.4）得出：

$$z_{k+1}(x) - z_k(x) = b_{k+1} - b_k$$

运用式（7.3.5）和式（7.3.1），得出

$$z_{k+1}(x) - z_k(x) = [kp-(k-1)p]\sqrt{1+a_1^2} = p\sqrt{1+a_1^2}$$

将该表达式改写为以下形式：

$$\frac{z_{k+1}(x)-z_k(x)}{\sqrt{1+a_1^2}} = (z_{k+1}(x)-z_k(x))\cos\Psi_1 = p$$

由这个表达式和上一个表达式可知，在任意一点，基于法线 $\bar{n}$ 到直线 $z_k(x)$和 $z_{k+1}(x)$的距离将等于值 p。

例 7.7

假设由 $N=4$ 架无人机组成的编队应在相邻无人机间距 $p=1km$ 的情况下完成基于直线轨迹的编队飞行。

已知领航无人机（$k=1$）的运动方程如下：

$$z_1(x) = 2x+4 \tag{7.3.6}$$

通过式（7.3.1）和式（7.3.6）使式（7.3.5）具体化：

$$b_k = 4+(k-1)\times1\times\sqrt{1+2^2} = 4+2.236(k-1),\quad k=2,3,4$$

运用该公式，得到：

$$b_2 = 6.236,\quad b_3 = 8.472,\quad b_4 = 10.708$$

此时，领航无人机的轨迹式（7.3.4）可写作：

$$\begin{cases} z_2(x) = 2x+6.236 \\ z_3(x) = 2x+8.472 \\ z_4(x) = 2x+10.708 \end{cases} \tag{7.3.7}$$

需注意，轨迹式（7.3.6）、式（7.3.7）之间的间距等于给定值 $p=1\text{km}$。

在直线［式（7.3.6）］上选取坐标为 $(x_1,z_1)=(2,8)\text{km}$ 的任意点，并在其中构建法线 $\bar{n}$。

该法线的方程可写作[19]：

$$z-8=-0.5(x-2)$$

由此可得

$$z=-0.5x+9 \tag{7.3.8}$$

求解下列线性代数方程组：

$$\begin{cases}z-2x=6.236\\z+0.5x=9\end{cases}\quad\begin{cases}z-2x=8.472\\z+0.5x=9\end{cases}\quad\begin{cases}z-2x=10.708\\z+0.5x=9\end{cases}$$

得到直线式（7.3.7）和式（7.3.8）交点的坐标值，如下：

$$\begin{cases}(x_2,z_2)=(1.106,8.447)\text{km}\\(x_3,z_3)=(0.211,8.894)\text{km}\\(x_4,z_4)=(-0.683,9.342)\text{km}\end{cases}$$

坐标为 (x_k,z_k) 和 (x_{k+1},z_{k+1})（其中 $k=1,2,3$）的点之间的距离将根据下列公式计算得出[19]：

$$\rho_{k,k+1}=\sqrt{(x_k-x_{k+1})^2+(z_k-z_{k+1})^2},\quad k=1,2,3$$

运用该公式，得到：

$$\rho_{12}=0.9995\text{km},\quad \rho_{23}=1.000\text{km},\quad \rho_{34}=0.9999\text{km}$$

由所得结果可知，该编队中相邻无人机的侧面间距给定值 $p=1\text{km}$ 将保持达 10^{-4} 的精度。

2. 无人机非线性编队运动轨迹

N 架无人机编队在水平面上的运动轨迹如图 7－12 所示。

在曲线 $z_1(x)$ 找出坐标为 (x,z_1) 的点 A，并在其中构建法线 $\bar{n}$，在法线中截取长度为 $r=r(p,k)$ 的线段［见式（7.3.1）］。

该线段的终点为曲线 $z_k(x)$ 上的坐标点 (x_k^*,z_k^*)。

由图 7－12 可知，在 $\triangle AB_kC_k$ 中

$$\varphi=\varphi(x)=\frac{\pi}{2}-\Psi_1(x)$$

式中　$\Psi_1(x)$——领航无人机轨迹在点 (x,z_1) 处的旋转角。

利用该角及距离 r，计算线段 AC_k 的长度：

$$x-x_k^*=r\cos\varphi=r(p,k)\sin\Psi_1(x)$$

由此可得

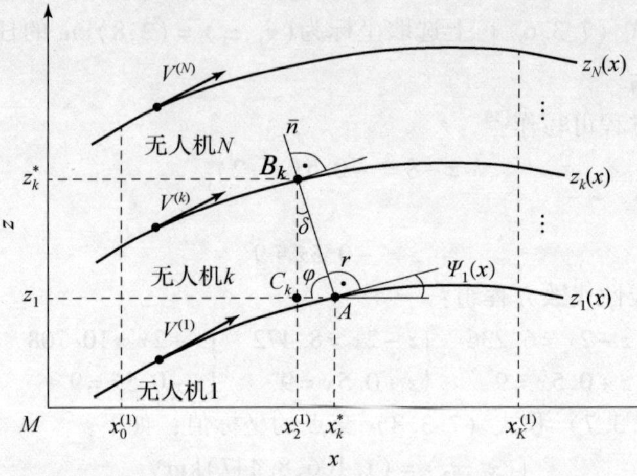

图 7-12　N 架无人机编队在水平面上的运动轨迹

$$x_k^* = x - r(p,k)\sin\Psi_1(x),\quad k=2,3,\cdots,N \tag{7.3.9}$$

式中　$r(p,k)$——距第 k 架无人僚机的距离，可根据式（7.3.1）求出。

$\delta=\delta(x)=\Psi_1(x)$（图 7-12）。这时，线段 B_kC_k 的长度计算方式如下：

$$z_k^* = z_1 + r(p,k)\cos\Psi_1(x) \tag{7.3.10}$$

使用下列三角函数表达式：

$$\tan\Psi_1(x)=z_1'(x),\quad \sin\Psi_1(x)=\frac{z_1'(x)}{\sqrt{1+z_2'(x)}},\quad \cos\Psi_1(x)=\frac{1}{\sqrt{1+z'^2_2(x)}}$$

将式（7.3.9）和式（7.3.10）改写为

$$x_k^* = x - \frac{r(p,k)z_1'(x)}{\sqrt{1+z'^2_1(x)}} \tag{7.3.11}$$

$$z_k^* = z_1 - \frac{r(p,k)}{\sqrt{1+z'^2_1(x)}} \tag{7.3.12}$$

z_k^* 和 z_1 的坐标应分别位于曲线 $z=z_k(x)$ 和 $z=z_1(x)$ 上。因此，式（7.3.12）可以表示为

$$z_k(x_k^*) = z_1(x) - \frac{r(p,k)}{\sqrt{1+z'^2_1(x)}} \tag{7.3.13}$$

将式（7.3.11）的右部代入式（7.3.13），得到如下表达式：

$$z_k\left(x - \frac{r(p,k)z_1'(x)}{\sqrt{1+z'^2_1(x)}}\right) = z_1(x) + \frac{r(p,k)}{\sqrt{1+z'^2_1(x)}} \tag{7.3.14}$$

该表达式描述第 k 架无人僚机的轨迹，它取决于领航无人机的轨迹和给定的无人僚机间距 $r(p,k)(k=2,3,\cdots,N)$。

我们发现，当 $k=1$ 时，基于式（7.3.1），得出下列等式：

$$z_k(x)=z_1(x)$$

式（7.3.14）可用于实际应用中，通过消除公式左部的复杂自变量，并将函数 z_k 和 z_1 简化为一个统一的自变量 $x_k^*(k=2,3,\cdots,N)$，再使用变量 $x\in[x_0^{(1)},x_K^{(1)}]$。

式（7.3.11）决定了函数：

$$x_k^*=f_k(x),\quad k=2,3,\cdots,N \tag{7.3.15}$$

为了将式（7.3.13）简化为一个参数，对于每个 $k=2,3,\cdots,N$，必须形成反函数：

$$x=f_k^{-1}(x_k^*),\quad k=2,3,\cdots,N \tag{7.3.16}$$

在这种情况下，所求的表达式可写作：

$$z_k(x_k^*)=z_1(f_k^{-1}(x_k^*))+\frac{r(p,k)}{\sqrt{1+z'^2_1(f_k^{-1}(x_k^*))}},\quad k=2,3,\cdots,N \tag{7.3.17}$$

由于变量 x_k^* 位于轴 x 上（图 7-12），该公式进行相应的变换后可能转换为变量 $x\in[x_0^{(1)},x_K^{(1)}]$。

值得一提的是，运用式（7.3.15）~式（7.3.17）可以得出无人机线性编队飞行轨迹的表达式（7.3.4）和式（7.3.5）。

对于领航无人机的基本轨迹式（7.3.2），式（7.3.11）采用下列形式：

$$x_k^*=x-\frac{a_1r(p,k)}{\sqrt{1+a_1^2}}$$

由此，反函数式（7.3.16）可具体写为

$$x=x_k^*+\frac{a_1r(p,k)}{\sqrt{1+a_1^2}}$$

将该表达式代入式（7.3.17）[公式中使用了式（7.3.2）和式（7.3.3）]中，得到：

$$\begin{aligned}z_k(x_k^*)&=a_1\left[x_k^*+\frac{a_1r(p,k)}{\sqrt{1+a_1^2}}\right]+b_1+\frac{r(p,k)}{\sqrt{1+a_1^2}}\\&=a_1x_k^*+b_1+\frac{r(p,k)(1+a_1^2)}{\sqrt{1+a_1^2}}=a_1x_k^*+b_1+r(p,k)\sqrt{1+a_1^2}\end{aligned}$$

后一个表达式在将 x_k^* 替换成 x 时，与式（7.3.4）和式（7.3.5）一致。

已知，半径为 R 的圆的等距曲线是半径值 p 增加（减少）的同心圆集。这一事实通过式（7.3.11）、式（7.3.15）~式（7.3.17）得出。

给正半圆构建上等距线：

$$z_1(x)=\sqrt{R^2-x^2},\quad x\in[-R,R] \tag{7.3.18}$$

该函数的导数将等于：

$$z_1'(x)=-\frac{x}{\sqrt{R^2-x^2}}$$

提前计算式（7.3.11）、式（7.3.15）~式（7.3.17）中包含的表达式：

$$\sqrt{1+z'^2_1(x)}=\frac{R}{\sqrt{R^2-x^2}} \tag{7.3.19}$$

将式（7.3.19）代入式（7.3.11）中，得到：

$$x_k^*=x+\frac{r(p,k)}{R}x=x\left[\frac{R+r(p,k)}{R}\right] \tag{7.3.20}$$

由此，式（7.3.16）可具体写为

$$x=\left[\frac{R}{R+r(p,k)}\right]x_k^*$$

将该式代入式（7.3.17）中，考虑到式（7.3.18）和式（7.3.20），得到：

$$z_k(x_k^*)=\sqrt{R^2-x^2}+\frac{\sqrt{R^2-x^2}}{R}r(p,k)$$

在简单变换后，得到：

$$z_k(x_k^*)=\frac{R+r(p,k)}{R}\sqrt{R^2-\left[\frac{R}{R+r(p,k)}\right]^2x_k^{*2}}$$

在根号下加入一个非根项，并将 x_k^* 替换成 x，得到的表达式如下：

$$z_k(x)=\sqrt{(R+r(p,k))^2-x^2},x\in[-R-r(p,k),R+r(p,k)] \tag{7.3.21}$$

当 $k=2, 3, 4\cdots$ 时，该式表示半径分别为 $(R+p)$、$(R+2p)$、$(R+3p)$ …的半圆。

图7-13所示为5架无人机编队的轨迹，该轨迹基于式（7.3.1）和式（7.3.21）形成，此时 $R=80\text{km}$、$p=2\text{km}$。

对于负半圆也可以写出类似的表达式：

$$z_k(x)=-\sqrt{(R+r(p,k))^2-x^2},x\in[-R-r(p,k),R+r(p,k)]$$

对于复杂的非线性函数 $z_1(x)$，几乎不可能构建分析形式的反函数式（7.3.16）。

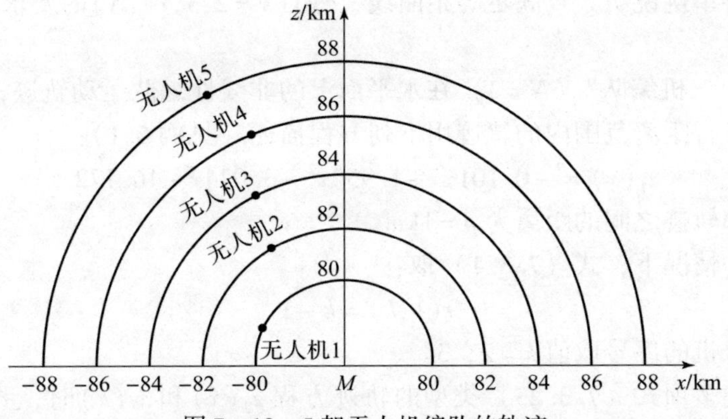

图 7－13　5 架无人机编队的轨迹

至于领航无人机的轨迹方程，我们将会研究构建关系式（7.3.17）的近似方法：

$$z_1(x)=C_1x^3+C_2x^2+C_3x+C_4,\quad x\in[x_0^{(1)},x_K^{(1)}] \tag{7.3.22}$$

第 6 章将领航无人机的轨迹作为无人机在水平面上两个给定点之间飞行的典型轨迹。

无人僚机的轨迹可用下列方程表示：

$$z_1(x)=C_1^{(k)}x^3+C_2^{(k)}x^2+C_3^{(k)}x+C_4^{(k)},\quad x\in(2,3,\cdots,N) \tag{7.3.23}$$

其中，$C_1^{(k)}$、$C_2^{(k)}$、$C_3^{(k)}$、$C_4^{(k)}$ 是待定的未知系数。

建立函数 x_k^* 的变化区间 $x\in[x_{k,0}^*,x_{k,K}^*]$，然后将值 $x=x_0^{(1)}$ 和 $x=x_k^{(1)}$ 代入式（7.3.11）中。

在区间 $x\in[x_0^{(1)},x_K^{(1)}]$ 中选出大致均匀位于终点处的两个点 $x_1^{(1)}$ 和 $x_2^{(1)}$。在这两个点上通过式（7.3.11）计算 $x_{k,1}^*$ 和 $x_{k,2}^*$ 的值。然后运用式（7.3.22）和式（7.3.13），将分别等于 $x_0^{(1)}$、$x_1^{(1)}$、$x_2^{(1)}$ 和 $x_K^{(1)}$ 的 x 值代入后一个公式中，计算出 $z_k(x_{k,0}^*)$、$z_k(x_{k,1}^*)$、$z_k(x_{k,2}^*)$ 及 $z_k(x_{k,K}^*)$，其中 $k=2,3,\cdots,N$。

此时，为了求出式（7.3.23）中的系数，我们将运用下列线性代数四次方程组：

$$\begin{cases}C_1^{(k)}x_{k,0}^{*3}+C_2^{(k)}x_{k,0}^{*2}+C_3^{(k)}x_{k,0}^{*}+C_4^{(k)}=z_k(x_{k,0}^*)\\C_1^{(k)}x_{k,1}^{*3}+C_2^{(k)}x_{k,1}^{*2}+C_3^{(k)}x_{k,1}^{*}+C_4^{(k)}=z_k(x_{k,1}^*)\\C_1^{(k)}x_{k,2}^{*3}+C_2^{(k)}x_{k,2}^{*2}+C_3^{(k)}x_{k,2}^{*}+C_4^{(k)}=z_k(x_{k,2}^*)\\C_1^{(k)}x_{k,K}^{*3}+C_2^{(k)}x_{k,K}^{*2}+C_3^{(k)}x_{k,K}^{*}+C_4^{(k)}=z_k(x_{k,K}^*),\quad k=2,3,\cdots,N\end{cases} \tag{7.3.24}$$

这些方程组可用已知的数值方法之一求解[3]。

下面将举例说明大致满足等距曲线 $z_k(x)(k=2,3,\cdots,N)$ 的要求。

例 7.8

建立“三机编队”（$N=3$）在水平面上的非线性编队运动轨迹，此时领航无人机在飞行距离范围内的轨迹用下列方程描述（见例 6.1）：

$$z_1(x) = -0.101x^3 + 1.952x^2 - 3.024x + 16.172 \qquad (7.3.25)$$

编队中相邻轨迹之间的距离为 $p=1\text{km}$。

在这种情况下，式（7.3.1）取：

$$r(1,k) = k-1$$

其中无人僚机的序号取值 $k=2$，3。

在构建多项式（7.3.23）类型的轨迹方程 $z_2(x)$ 和 $z_3(x)$ 时，我们将使用具体的距离值 $r(1,2)=1\text{km}$ 和 $r(1,3)=2\text{km}$。

在区间 $[1,10]$ km 中选出坐标点：

$$x_0^{(1)}=1, \quad x_1^{(1)}=4, \quad x_2^{(1)}=7, \quad x_K^{(1)}=10$$

并运用函数式（7.3.25）的导数，如下：

$$z_1'(x) = -0.303x^2 + 3.904x - 3.024 \qquad (7.3.26)$$

计算下列值：

$$x_{2,0}^*=0.5, \quad x_{2,1}^*=3.008, \quad x_{2,2}^*=6.006, \quad x_{2,K}^*=9.015$$

$$x_{3,0}^*=0.45\times 10^{-4}, \quad x_{3,1}^*=2.016, \quad x_{3,2}^*=5.011, \quad x_{3,K}^*=8.030$$

运用式（7.3.35）、式（7.3.26）和式（7.3.13），在相应点 $x_{k,0}^*$、$x_{k,1}^*$、$x_{k,2}^*$、$x_{k,K}^*$ 求出 $x=1$，4，7，10 时的函数值 z_2 和 z_3：

$$z_2(0.5)=15.865, \qquad z_2(3.008)=28.972$$

$$z_2(6.006)=56.114, \quad z_2(9.015)=80.304$$

$$z_3(0)=16.731, \qquad z_3(2.016)=29.100$$

$$z_3(5.011)=56.219, \quad z_3(8.030)=80.477$$

用于确定第 2 架无人机轨迹方程的方程组（7.3.24）：

$$z_2(x) = C_1^{(2)}x^3 + C_2^{(2)}x^2 + C_3^{(2)}x + C_4^{(2)}$$

在上述初始数据的基础上可写作：

$$\begin{cases} 0.5^3C_1^{(2)} + 0.5^2C_2^{(2)} + 0.5C_3^{(2)}x + C_4^{(2)} = 15.865 \\ 3.008^3C_1^{(2)} + 3.008^2C_2^{(2)} + 3.008C_3^{(2)}x + C_4^{(2)} = 28.972 \\ 6.006^3C_1^{(2)} + 6.006^2C_2^{(2)} + 6.006C_3^{(2)}x + C_4^{(2)} = 56.114 \\ 9.015^3C_1^{(2)} + 9.015^2C_2^{(2)} + 9.015C_3^{(2)}x + C_4^{(2)} = 80.304 \end{cases}$$

该方程组的数值解为

$$C_1^{(2)} = -0.101,\quad C_2^{(2)} = 1.660,\quad C_3^{(2)} = 0.497,\quad C_4^{(2)} = 15.214$$

因此，第 2 架无人僚机的轨迹可用下列表达式表示：

$$z_2(x) = -0.101x^3 + 1.660x^2 + 0.497x + 15.214 \tag{7.3.27}$$

用于计算未知函数 $z_3(x)$ 系数 $C_1^{(3)}$、$C_2^{(3)}$、$C_3^{(3)}$、$C_4^{(3)}$ 的方程组也可以类似地构建和求解。这些计算过程略过不写，我们得出的第 3 架无人僚机的轨迹方程如下：

$$z_3(x) = -0.094x^3 + 1.241x^2 + 4.015x + 16.731 \tag{7.3.28}$$

对于 $x \in [1,2,\cdots,10]$ km，基于式（7.3.25）、式（7.3.27）和式（7.3.28）的计算结果如表 7 – 8 和图 7 – 14 所示。

表 7 – 8　计算结果

x/km	$z_1(x)$/km	$z_2(x)$/km	$z_3(x)$/km
1	15.000	17.270	21.891
2	17.125	22.036	28.968
3	21.941	28.968	37.400
4	28.841	37.267	46.625
5	37.217	46.510	56.077
6	46.463	56.024	65.195
7	55.971	65.198	73.413
8	65.134	73.422	80.169
9	73.346	80.086	84.899
10	80.000	84.578	87.039

在函数 $z_1(x)$、$z_2(x)$ 和 $z_3(x)$ 的图上选出 10 个点，基于这些点构建基准曲线 $z_1(x)$ 的法线方程，如下：

$$z - z_1(x_i) = -\frac{1}{z_1'(x_i)}(x - x_i),\quad i = 1,2,\cdots,10 \tag{7.3.29}$$

运用该方程及式（7.3.27）、式（7.3.28）计算出距离 ρ_{12} 和 ρ_{13}，结果如表 7 – 9 所列。

表 7-9 距离 ρ_{12} 和 ρ_{13} 的计算结果

点的序号	ρ_{12}/km	ρ_{13}/km
1	1.000	2.000
2	1.002	1.928
3	1.002	1.976
4	1.000	2.000
5	0.999	2.010
6	0.999	2.007
7	1.000	2.000
8	1.000	1.995
9	1.001	1.993
10	1.000	2.000

所得结果表明，这里提出的等距曲线的近似形成方法具有实际应用的可接受精度。

我们发现，当无人机轨迹之间距离 p 的值较小时，其方程中的系数 $C_1^{(k)}$、$C_2^{(k)}$、$C_3^{(k)}$、$C_4^{(k)}$ $(k=1,2,3)$ 几乎具有相同的顺序。

比如，当 $p=0.1\text{km}=100\text{m}$ 时，无人机的编队飞行轨迹为

$$\begin{cases} z_1(x) = -0.1012x^3 + 1.9524x^2 - 3.0236x + 16.1724 \\ z_2(x) = -0.1014x^3 + 1.9278x^2 - 2.6747x + 15.9747 \\ z_3(x) = -0.1017x^3 + 1.9023x^2 - 2.3250x + 15.7990 \end{cases}$$

在形成无人机在垂直面上的编队飞行轨迹时，将式（7.3.1）、式（7.3.2）、式（7.3.4）、式（7.3.5）、式（7.3.11）~式（7.3.13）、式（7.3.22）~式（7.3.24）中的符号“y”替换为“z”，将 c_1、d_1 替换为 a_1、b_1。3 架无人机的运动轨迹如图 7-14 所示。

我们将对编队 N 架相邻无人机之间的距离变量进行分析。

令 $p_{s,s+1}$ 为第 s 架和第 $s+1$ 架无人机飞行轨迹之间的距离，$s=1,2,\cdots,N-1$。此时，领航无人机距编队第 k 架无人僚机的距离用下式计算：

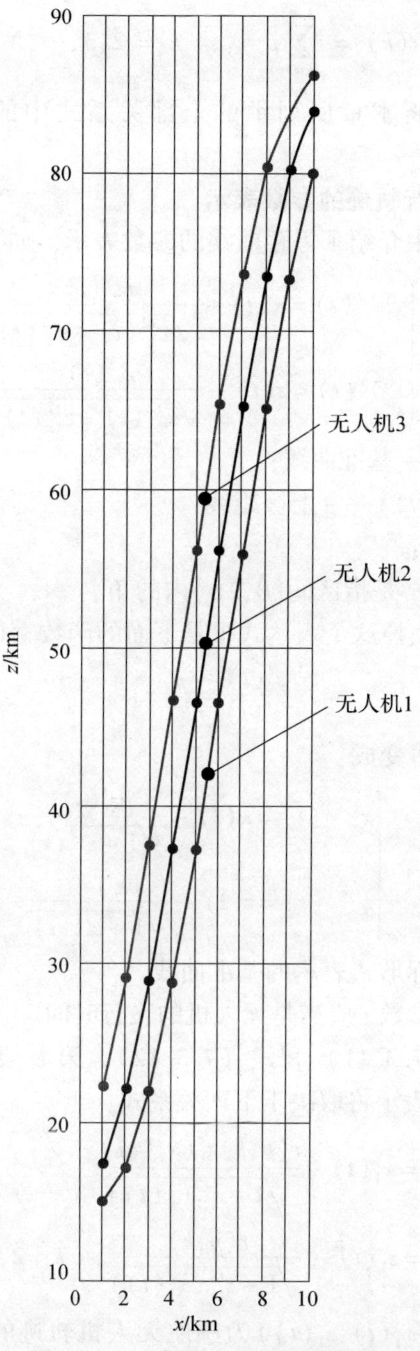

图 7 – 14　3 架无人机的运动轨迹

$$r(k) = \sum_{s=1}^{k-1} p_{s,s+1}, \quad k = 2,3,\cdots,N \tag{7.3.30}$$

在这种情况下，将本章所列举的全部关系式中的距离 $r(p,k)$ 替换成 $r(k)(k=2,3,\cdots,N)$。

3. 无人机编队飞行轨迹的参数表示

文献［42－43］中介绍了等距曲线的参数表示，如下：

$$\begin{cases} x^{(+)}(t) = x(t) - \dfrac{pz'(t)}{\sqrt{x'^2(t) + z'^2(t)}} \\ z^{(+)}(t) = z(t) - \dfrac{px'(t)}{\sqrt{x'^2(t) + z'^2(t)}} \end{cases}$$

式中　$(x(t),z(t))$——基准曲线；

$(x^{(+)}(t),z^{(+)}(t))$——上等距线；

p——给定距离；

t——参数，通常是指区间$[0,2\pi]$内的角。

不难发现，如果去掉这个表达式根号下面的函数 $x'(t)$ 并使用等式：

$$\frac{z'(t)}{x'(t)} = z'(x)$$

那么这些表达式将变成：

$$\begin{cases} x^{(+)}(t) = x(t) - \dfrac{pz'(t)}{\sqrt{1 + z'^2(t)}} \\ z^{(+)}(t) = z(t) + \dfrac{px'(t)}{\sqrt{1 + z'^2(t)}} \end{cases}$$

式中　$z(x)$——以坐标形式表示的基准曲线。

在这种情况下，参数 t 应当是无人机的飞行时间。

此时，使用式（7.3.11）和式（7.3.12），第 k 架无人僚机在时间区间 $[t_0,t_K]$内的轨迹参数表示将取决于下列关系式：

$$\begin{cases} x_k(t) = x_1(t) - \dfrac{r(p,k)z_1'(x_1(t))}{\sqrt{1 + z'^2_1(x(t))}} \\ z_k(t) = z_1(t) - \dfrac{r(p,k)}{\sqrt{1 + z'^2_1(x_1(t))}}, \quad k = 2,3,\cdots,N \end{cases} \tag{7.3.31}$$

在这些式子中，$(x_1(t),z_1(t))$为领航无人机轨迹的参数表示，是下列微分方程组的求解结果：

$$\begin{cases}\dot{x}_1 = \dfrac{V_z^{(1)}}{\sqrt{1+z'^2_1(x_1)}} \\ \dot{z}_1 = \dfrac{V_z^{(1)} z_1'(x_1)}{\sqrt{1+z'^2_1(x_1)}}, \quad t \in [t_0, t_K]\end{cases} \tag{7.3.32}$$

初始条件如下：

$$x_1(t_0) = x_0^{(1)}, \quad z_1(t_0) = z_1(x_0^{(1)}) \tag{7.3.33}$$

一般情况下，在给定领航无人机速度 $V_z^{(1)}$ 时，对方程组（7.3.32）求积分直到 t_K 时刻，这个时间点可在达到下列条件时求出：

$$x_1(t_K) = x_K^{(1)}$$

如上所述，可以给定时间区间 $[t_0, t_K]$，但速度 $V_z^{(1)}$ 需要通过计算求出。

例 7.9

我们将会分析 $N=3$ 架无人机编队飞行轨迹的参数表示，如例7.8所示。

为了实现这一点，我们使用了初始数据和例6.1在构建领航无人机轨迹的参数表示式（7.3.25）时的结果。其中，假设 $V_z^{(1)} = 40\text{km/h}$，$[t_0, t_K] = [0.5, 2.15]\text{h}$，$[x_0^{(1)}, x_K^{(1)}] = [1, 10]\text{km}$，$[z_0^{(1)}, z_K^{(1)}] = [15, 80]\text{km}$。

在这种情况下，方程组（7.3.32）的数值解结果为表6-2所列数据。

为了用参数描述无人僚机的轨迹，式（7.3.31）将具体写为

$$\begin{cases}x_k(t) = x_1(t) - \dfrac{(k-1)[-0.303x_1^2(t) + 3.90x_1(t) - 3.024]}{\sqrt{1+[-0.303x_1^2(t) + 3.904x_1(t) - 3.024]^2}} \\ z_k(t) = z_1(t) - \dfrac{k-1}{\sqrt{1+[-0.303x_1^2(t) + 3.904x_1(t) - 3.024]^2}}\end{cases}$$

其中，$k=2,3; t \in [0.5, 2.15]$，而 $x_1(t)$ 和 $z_1(t)$ 的值取自表6-2的第2列和第3列。

无人机编队飞行轨迹参数的计算结果如表7-10所示。

表7-10　无人机编队飞行轨迹参数的计算结果

t/h	x_1/km	z_1/km	x_2/km	z_2/km	x_3/km	z_3/km
0.5	1	15	0.5	14.921	0	14.842
0.625	2.588	19.671	1.607	19.648	0.626	19.625
0.750	3.417	24.601	2.428	24.590	1.438	24.579
0.875	4.092	29.555	3.100	29.548	2.108	29.542

续表

t/h	x_1/km	z_1/km	x_2/km	z_2/km	x_3/km	z_3/km
1.000	4.692	34.519	3.699	34.515	2.705	34.510
1.125	5.252	39.488	4.258	39.485	3.264	39.482
1.250	5.788	44.459	4.794	44.457	3.799	44.454
1.375	6.312	49.431	5.317	49.429	4.323	49.427
1.500	6.835	54.404	5.840	54.403	4.846	54.401
1.625	7.364	59.376	6.370	59.375	5.375	59.374
1.750	7.911	64.346	6.917	64.345	5.924	64.344
1.875	8.490	69.312	7.497	69.311	6.504	69.310
2.000	9.125	74.272	8.134	74.271	7.143	74.271
2.125	9.866	79.216	8.880	79.215	7.893	79.215
2.15	10.036	80.202	9.051	80.201	8.067	80.201

对于每个固定的值 $t \in [0.5, 2.15]$h，基于上表数据绘制的 $z_1(x)$、$z_2(x)$ 和 $z_3(x)$ 的关系曲线如图 7－15 所示。

在曲线图 $z_2(x)$ 和 $z_3(x)$ 上，选取通过例 7.8 中的近似法构建的这些函数值的单独点。由图 7－15 可知，第 2 架和第 3 架无人僚机的轨迹在坐标和参数表示方式上实际上是一致的。

领航无人机的线性轨迹：

$$z_1(x) = a_1 x + b_1, \quad z_1'(x) = a_1$$

和方程（7.3.32）的速度 $V_z^{(1)}$（为常数），如上所述，具有解析解：

$$\begin{cases} x_1(t) = x_0^{(1)} + \dfrac{V_z^{(1)}}{\sqrt{1 + a_1^2}}(t - t_0) \\ z_1(t) = z_0^{(1)} + \dfrac{a_1 V_z^{(1)}}{\sqrt{1 + a_1^2}}(t - t_0), \quad t \in [t_0, t_K] \end{cases}$$

此时，用于形成编队无人僚机线性轨迹参数表示的式（7.3.31）将变成：

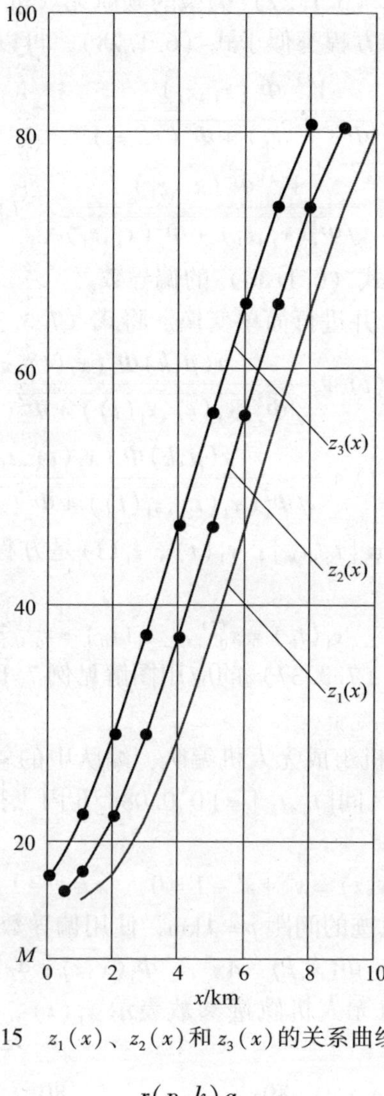

图 7 - 15　$z_1(x)$、$z_2(x)$ 和 $z_3(x)$ 的关系曲线图

$$\begin{cases} x_k(t) = x_0^{(1)} + \dfrac{V_z^{(1)}}{\sqrt{1+a_1^2}}(t-t_0) - \dfrac{r(p,k)a_1}{\sqrt{1+a_1^2}} \\ z_k(t) = z_0^{(1)} + \dfrac{a_1 V_z^{(1)}}{\sqrt{1+a_1^2}}(t-t_0) + \dfrac{r(p,k)a_1}{\sqrt{1+a_1^2}}, \quad k=2,3,\cdots,N; \quad t \in [t_0, t_K] \end{cases} \tag{7.3.34}$$

不难发现，当去掉这些关系式中的参数 t 时，由这些关系式可以得到式（7.3.4）和式（7.3.5）。

对于模糊给定的式（6.1.27）类型的领航无人机运动轨迹 $z_1(x)$，用于构建函数 $x_1(t)$ 和 $z_1(t)$ 的方程类似于式（6.1.28），可以表示为

$$\begin{cases}\dot{x}_1=\dfrac{V_z^{(1)}\Phi_z(x_1,z_1)}{\sqrt{\Phi_x^2(x_1,z_1)+\Phi_z^2(x_1,z_1)}}\\ \dot{z}_1=-\dfrac{V_z^{(1)}\Phi_x(x_1,z_1)}{\sqrt{\Phi_x^2(x_1,z_1)+\Phi_z^2(x_1,z_1)}},\quad t\in[t_0,t_K]\end{cases}\tag{7.3.35}$$

其中，$\Phi(x)$、$\Phi(z)$ 是式（6.1.30）的偏导数。

使用式（6.1.29）并进行简单变换。将式（7.3.31）写作下列形式：

$$\begin{cases}x_k(t)=x_1(t)+\dfrac{r(p,k)\Phi_x(x_1(t),z_1(t))}{\sqrt{\Phi_x^2(x_1(t),z_1(t))+\Phi_z^2(x_1(t),z_1(t))}}\\ z_k(t)=z_1(t)+\dfrac{r(p,k)\Phi_z(x_1(t),z_1(t))}{\sqrt{\Phi_x^2(x_1(t),z_1(t))+\Phi_z^2(x_1(t),z_1(t))}}\end{cases}\tag{7.3.36}$$

其中，$k=2,3,\cdots,N;t\in[t_0,t_K]$；$x_1(t)$、$z_1(t)$ 是方程组（7.3.35）的解，具有以下初始条件：

$$x_1(t_0)=x_0^{(1)},\quad z_1(t_0)=z_0^{(1)}\tag{7.3.37}$$

式（7.3.35）~式（7.3.37）的应用图解见例 7.10。

例 7.10

令由 $N=4$ 架无人机组成无人机编队，编队中的领航无人机在水平面上以 80km/h 的速度在时间区间 $[t_0,t_K]=[0,0.088]$h 内飞行，其飞行速度由超椭圆方程给定：

$$\Phi(x,z)=x^4+z^4-1=0,\quad x\in[-1,1]\text{km}$$

假设相邻无人机轨迹的间距 $p=1$km，使用偏导数：

$$\Phi(\dot{x},\dot{z})=4x^3,\quad \Phi_z(x,z)=4z^3$$

用于形成编队领航无人机轨迹参数表示 $x_1(t)$、$z_1(t)$，$t\in[0,0.088]$ 的式（7.3.35）可写作：

$$\dot{x}_1=\frac{80x_1^3}{\sqrt{x_1^6+z_1^6}},\quad \dot{z}_1=-\frac{80z_1^3}{\sqrt{x_1^6+z_1^6}}$$

初始条件式（7.3.37）在这种情况下可具体写为

$$x_1(0)=-1,\quad z_1(0)=0$$

该方程组的数值解结果如表 7－11 和图 7－12 所示。图 7－16 中清楚展示了基于参数表示构建的领航无人机的封闭轨迹 $z_1(x)$。

编队中无人僚机的轨迹可利用式（7.3.36）表示，该式可写作：

表 7-11　领航无人机的参数

t/h	x_1/km	z_1/km
0	-1	0
4.385×10^{-3}	-0.996	0.351
8.770×10^{-3}	-0.936	0.695
0.013	-0.695	0.936
0.018	-0.351	0.996
0.022	0	1
0.026	0.351	0.996
0.031	0.695	0.936
0.035	0.936	0.695
0.039	0.996	0.352
0.044	1	0
0.048	0.996	-0.352
0.053	0.936	-0.695
0.057	0.695	-0.936
0.061	0.351	-0.996
0.066	0	-1
0.070	-0.351	-0.996
0.075	-0.695	-0.936
0.079	-0.936	-0.695
0.083	-0.996	-0.352
0.088	0.088	0.088

表 7-12 第 2 架无人机的参数

t/h	x_2/km	c
0	-2	0
4.385×10^{-3}	-1.995	0.395
8.770×10^{-3}	-1.862	1.074
0.013	-1.074	1.862
0.018	-0.395	1.995
0.022	0	2
0.026	0.395	1.995
0.031	1.074	1.862
0.035	1.862	1.074
0.039	1.995	0.395
0.044	2	0
0.048	1.995	-0.395
0.053	1.862	-1.074
0.057	1.074	-1.862
0.061	0.395	-1.995
0.066	0	-2
0.070	-0.395	-1.995
0.075	-1.074	-1.862
0.079	-1.862	-1.074
0.083	-1.995	-0.395
0.088	0.088	0.088

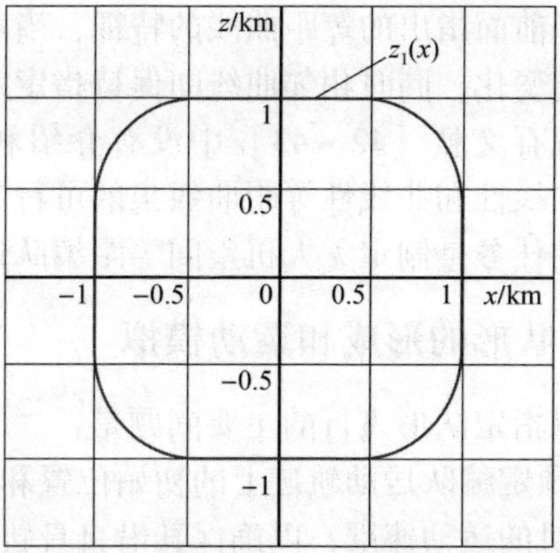

图 7 – 16　领航无人机的封闭轨迹 $z_1(x)$

$$
\begin{cases}
x_k(t) = x_1(t) + \dfrac{(k-1)x_1^3(t)}{\sqrt{x_1^6(t) + z_1^6(t)}} \\
z_k(t) = z_1(t) + \dfrac{(k-1)z_1^3(t)}{\sqrt{x_1^6(t) + z_1^6(t)}}, \quad k = (2,4); \quad t \in [0, 0.088]
\end{cases}
$$

表 7 – 14 所示为编队中第 2 架无人机基于这些公式的计算结果。

图 7 – 17 所示为 4 架无人机编队的轨迹。

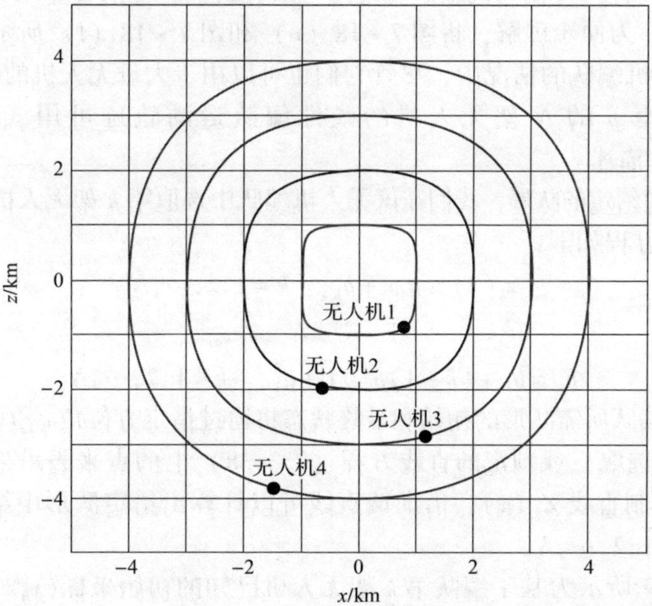

图 7 – 17　4 架无人机编队的轨迹

该图直观地展示了前面指出的等距曲线的特征，当距离非线性基准曲线很远时，曲线形状将发生变化，同时相邻曲线间保持指定距离（$p=1\text{km}$）。

值得一提的是，现有文献［42－43］中没有介绍利用基准直线和曲线的特点来构建坐标形式的线性和非线性等距曲线集的可行方法。

该研究方向未来的任务是制定无人机空间等距编队运动轨迹的形成方法。

7.3.2 无人机编队队形的形成和运动模拟

组织无人机编队以指定队形飞行的主要问题是：

- 确定无人机在预定编队运动轨迹上的初始位置和最终位置；
- 协调编队无人机的运动速度，以确保其沿自身轨迹在密集队形中飞行；
- 确定编队无人机在给定距离范围内按指定队形飞行的起始时刻和结束时刻。

在解决这些问题时，我们假设编队中每架无人机应在给定的距离范围$[X_h, X_k]$内按照指定队形完成自身的飞行任务。

此外，我们将假定编队领航无人机的给定速度 $V^{(1)}$ 为常数。

本节致力于解决上述问题，以组织由 $N\geqslant 2$ 架无人机组成的编队以不同的队列形式在固定高度 h 的水平面上运动。

用于模拟有人驾驶飞机编队飞行的一些无人机队形类型如图 7－18 所示。

请注意，为便于理解，将图 7－18（e）和图 7－18（f）所示的队形用于 $N=4$ 架无人机编队的情况中，尽管它们也可以用于大量无人机的编队。

给定间距 p 的 N 架无人机的线性编队运动轨迹可用式（7.3.1）～式（7.3.5）描述。

为了构建给定的队形，我们在该无人机编队中选取第 k 架无人机($k=1,2,\cdots,N$)，其轨迹方程如下：

$$z_k(x)=a_1x+b_k,\quad k=1,2,\cdots,N \tag{7.3.38}$$

其中

$$b_k=b_1+(k-1)p\sqrt{1+a_1^2},\quad k=1,2,\cdots,N \tag{7.3.39}$$

无人机编队所需队形的初始和最终状态将通过指定方位角 φ_{ks}($k,s=1,2,\cdots,N$)及给定（选取）或预定的直线方程（7.3.38）上的点来表示。经过这些点以角度 φ_{ks}绘制直线 $Z_{ks}(x)$，借助该直线可以计算出给定队形中第 s 架无人机的坐标，$s=1,2,\cdots,N$。

图 7－19 所示为基于编队第 k 架无人机已知的初始坐标($x_0^{(k)}, z_0^{(k)}$)，确定第 s 架无人机的初始坐标($x_0^{(s)}, z_0^{(s)}$)的过程，其中 $k,s=1,2,\cdots,N$。

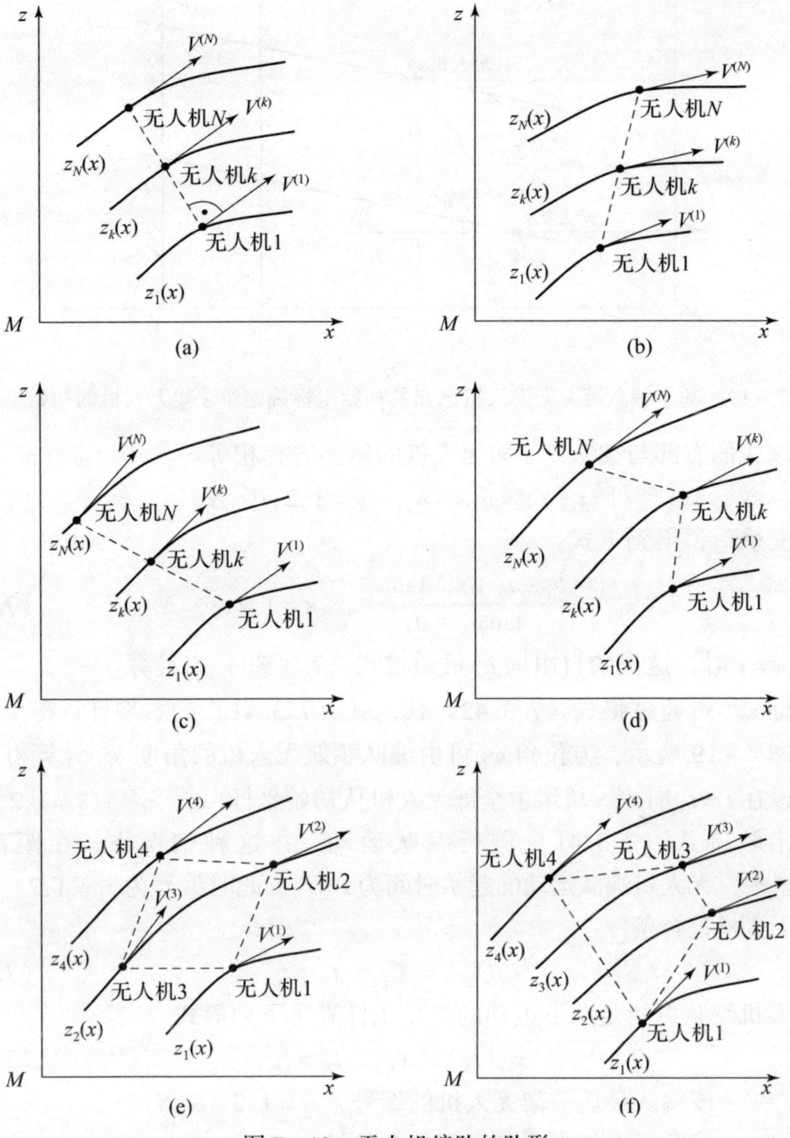

图 7－18　无人机编队的队形

(a)“横队”;(b)“右梯队”;(c)“左梯队”;(d)“楔队”;(e)“菱形”;(f)“梯形”。

在这种情况下，直线方程 $Z_{ks}(x)$ 可写作[19]：

$$Z_{ks} - z_0^{(k)} = (x - x_0^{(k)})\tan\varphi_{ks}, \quad k,s = 1,2,\cdots,N$$

我们将其改写为

$$Z_{ks} = x\tan\varphi_{ks} + z_0^{(k)} - x_0^{(k)}\tan\varphi_{ks}, \quad k,s = 1,2,\cdots,N \tag{7.3.40}$$

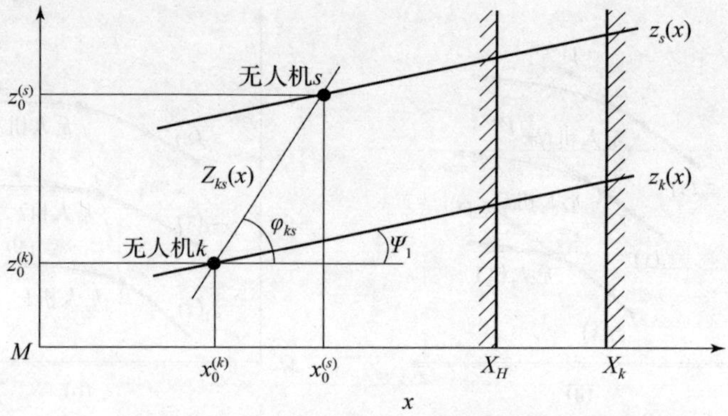

图 7－19　基于编队第 k 架无人机已知的初始坐标确定第 s 架无人机的初始坐标

使该式的右部与编队第 s 架无人机的轨迹方程相等：

$$z_s(x)=a_1x+b_s,\quad s=1,2,\cdots,N \tag{7.3.41}$$

在简单变换后，得到下式：

$$x_0^{(s)}=\frac{b_s-z_0+x_0^{(k)}\tan\varphi_{ks}}{\tan\varphi_{ks}-a_1},\quad s=1,2,\cdots,N \tag{7.3.42}$$

当 $k=s$ 时，这里的自由项 b_s 可通过式（7.3.39）来计算。

坐标 $z_0^{(s)}$ 可通过将式（7.3.42）代入式（7.3.41）的右部计算得出。

如图 7－19 所示，方位角 φ_{ks} 可由编队领航无人机的角度 Ψ_1 计算得出。

假设在 $t=t_0$ 时刻，机组中全部无人机从初始坐标$(x_0^{(s)},z_0^{(s)})(s=1,2,\cdots,N)$开始，沿轨迹式（7.3.41）进行编队运动。在这种情况下，在距离范围$[X_H,X_K]$内，无人机编队运动的起始时间为 $t=t_H$，此时编号为 $s_1=1,2,\cdots,N$ 的第一架无人机符合条件：

$$x_{s_1}(t_H)=X_H,\quad t_H>t_0 \tag{7.3.43}$$

无人机编队以指定队形运动的终止条件满足下列等式：

$$x_{s_2}(t_K)=X_K,\quad t_K>t_H \tag{7.3.44}$$

式中　s_2——该编队最后一架无人机的编号，$s_2=1,2,\cdots,N$；

t_K——编队无人机完成其飞行任务的结束时刻。

比如，对于“横队”和“右梯队”类型的无人机队形，编号 s_1 和 s_2 分别等于 1 和 N［图 7－18（a）和（b）］。

为了确定 s_1 和 s_2 的值，我们计算出编队所有无人机的距离，如下：

$$l_s=X_H-x_0^{(s)},\quad s=1,2,\cdots,N \tag{7.3.45}$$

编号 s_1 和 s_2 分别对应最小距离值和最大距离值，其计算方式如下：

$$s_1 = \arg\min_{1\leqslant s\leqslant N} l_s,\quad s_2 = \arg\max_{1\leqslant s\leqslant N} l_s \tag{7.3.46}$$

当无人机以指定队形运动时，对于所有的 $k=1,2,\cdots,N$，坐标点 $(x_0^{(k)},z_0^{(k)})$ 和 $(x_K^{(k)},z_K^{(k)})$ 之间的距离都是相等的。编队所有无人机的速度应等于领航无人机的速度。

当编队中第 s 架无人机的运动速度固定时，有

$$V^{(s)} = V^{(1)},s=2,3,\cdots,N$$

每架无人机的飞行轨迹参数表示可写作：

$$\begin{cases} x_s(t) = x_0^{(s)} + \dfrac{V^{(1)}}{\sqrt{1+a_1^2}}(t-t_0) \\ z_s(t) = z_0^{(s)} + \dfrac{a_1 V^{(1)}}{\sqrt{1+a_1^2}}(t-t_0),\quad s=1,2,\cdots,N \end{cases} \tag{7.3.47}$$

利用式（7.3.43）、式（7.3.44）和式（7.3.47），时间点 t_H 和 t_K 可由下列方程计算出：

$$\begin{cases} x_0^{(s_1)} + \dfrac{V^{(1)}}{\sqrt{1+a_1^2}}(t_H-t_0) = X_H \\ x_0^{(s_2)} + \dfrac{V^{(1)}}{\sqrt{1+a_1^2}}(t_K-t_0) = X_K \end{cases}$$

求解这些方程得

$$\begin{cases} t_H = t_0 + \dfrac{(X_H - x_0^{(s_1)})\sqrt{1+a_1^2}}{V^{(1)}} \\ t_K = t_0 + \dfrac{(X_K - x_0^{(s_2)})\sqrt{1+a_1^2}}{V^{(1)}} \end{cases} \tag{7.3.48}$$

第 s 架无人机的最终坐标可通过式（7.3.47）和式（7.3.48）来计算，如下：

$$x_K^{(s)} = x^{(s)}(t_K),\quad z_K^{(s)} = z^{(s)}(t_K),\quad s=1,2,\cdots,N \tag{7.3.49}$$

在使用例 7.7 中形成的无人机线性编队运动轨迹时，我们将对这些解决方法的应用问题进行分析。

例 7.11

假设无人机“四机编队”应从 $t_0=0.5\text{h}$ 时刻开始以不同队形运动，在距离范围 $[X_H,X_K]=[80,100]\text{km}$ 内以 180km/h 的速度飞行。

根据式（7.3.6）和式（7.3.7），编队无人机的运动轨迹可用下列方程描述：

$$z_1(x)=2x+4,\qquad z_2(x)=2x+6.236$$

$$z_3(x)=2x+8.472,\quad z_4(x)=2x+10.708$$

对于由 4 架无人机组成的编队，我们分析了几种不同队形的案例，如图 7－18 所示。

为了形成“横队”编队［图 7－18（a）］，我们选取编队的领航无人机（$k=1$）作为基准线。在这种情况下，队形的方位角 $\varphi_{1s}(s=2,3,4)$ 将等于由直线 $z_1(x)$ 的法线构成的角。这时，有

$$\tan\varphi_{1s}=-\frac{1}{z_1'(x)}=-\frac{1}{2},\quad s=2,3,4$$

选择领航无人机的下列初始坐标值：

$$x_0^{(1)}=10.4\text{km},\quad z_0^{(1)}=24.8\text{km}$$

在这种情况下，形成这种队形的直线方程（7.3.40），在简单变换后变为

$$x_0^{(2)}=9.506\text{km},\quad z_0^{(2)}=25.247\text{km}$$

$$x_0^{(3)}=8.611\text{km},\quad z_0^{(3)}=25.694\text{km}$$

$$x_0^{(4)}=7.717\text{km},\quad z_0^{(4)}=26.142\text{km}$$

根据式（7.3.45）计算的距离 l_s 将等于：

$$l_1=69.6\text{km},\qquad l_2=70.495\text{km}$$

$$l_3=71.389\text{km},\quad l_4=72.283\text{km}$$

由此，根据式（7.3.46），有 $s_1=1$，$s_2=4$。

当 $V^{(1)}=180\text{km/h}$ 和 $a_1=2$ 时，无人机以“横队”队形运动的轨迹参数表示式（7.3.47）可具体化为

$$\begin{cases}x_s(t)=x_0^{(s)}+80.050(t-0.5)\\ z_s(t)=z_0^{(s)}+160.100(t-0.5),\quad s=1,2,3,4\end{cases}\tag{7.3.50}$$

式中 $(x_0^{(s)},z_0^{(s)})$——前文计算出的编队中第 s 架无人机的初始位置坐标。

运用式（7.3.48）求出时间点 t_H 和 t_K 的值：

$$t_H=1.365\text{h},\quad t_K=1.646\text{h}$$

无人机终点的坐标值可运用式（7.3.49）和式（7.3.50）计算：

$$x_K^{(1)}=x_1(1.646)=102.137\text{km},\quad z_K^{(1)}=z_1(1.646)=208.275\text{km}$$

$$x_K^{(2)}=x_2(1.646)=101.242\text{km},\quad z_K^{(2)}=z_2(1.646)=208.721\text{km}$$

$$x_K^{(3)}=x_3(1.646)=100.348\text{km},\quad z_K^{(3)}=z_3(1.646)=209.169\text{km}$$

$$x_K^{(4)}=x_4(1.646)=99.454\text{km},\quad z_K^{(4)}=z_4(1.646)=209.617\text{km}$$

无人机组以“横队”队形在时间区间内运动的模拟结果如表 7 – 13 和图 7 – 20 所示。

表 7 – 13　无人机组以“横队”队形在时间区间内运动的模拟结果

t/h	x_1/km	z_1/km	x_2/km	z_2/km	x_3/km	z_3/km	x_4/km	z_4/km
0. 5	10. 400	24. 80	9. 505	25. 246	8. 611	25. 694	7. 717	26. 142
0. 6	18. 405	40. 81	17. 510	41. 256	16. 616	41. 704	15. 722	42. 152
0. 7	26. 410	56. 82	25. 515	57. 266	24. 621	57. 714	23. 727	58. 162
0. 8	34. 415	72. 83	33. 520	73. 276	32. 626	73. 724	31. 732	74. 172
0. 9	42. 420	88. 84	41. 525	89. 286	40. 631	89. 734	39. 737	90. 182
1. 0	50. 425	104. 85	49. 530	105. 296	48. 636	105. 744	47. 742	106. 192
1. 1	58. 430	120. 86	57. 535	121. 306	56. 641	121. 754	55. 747	122. 202
1. 2	66. 435	136. 87	65. 540	137. 316	64. 646	137. 764	63. 752	138. 212
1. 3	74. 440	152. 88	73. 545	153. 326	72. 651	153. 774	71. 757	154. 222
1. 4	82. 445	168. 89	81. 550	169. 336	80. 656	169. 784	79. 762	170. 232
1. 5	90. 450	184. 90	89. 555	185. 346	88. 661	185. 794	87. 767	186. 242
1. 6	98. 455	200. 91	97. 560	201. 356	96. 666	201. 804	95. 772	202. 252
1. 646	102. 137	208. 275	101. 242	208. 721	100. 348	209. 169	99. 454	209. 617

当 $k=1$ 时，令“右梯队”队形的无人机编队［图 7 – 18（b）］应具有角度 $\varphi_{1s}=70°$（$s=2，3，4$）。

选择下列值作为领航无人机的初始坐标：

$$x_0^{(1)}=16.441\text{km},\quad z_0^{(1)}=36.882\text{km}$$

这时，当 $\tan 70°=2.747$ 时，构成这种队形的直线方程（7.3.40）将用下列等式描述：

$$Z_{1s}(x)=2.747x+8.281,\quad s=2,3,4$$

使用式（7.3.42）确定编队中无人僚机的初始坐标：

$$x_0^{(2)}=19.436\text{km},\quad z_0^{(2)}=45.108\text{km}$$

$$x_0^{(3)}=22.430\text{km},\quad z_0^{(3)}=53.332\text{km}$$

$$x_0^{(4)}=25.424\text{km},\quad z_0^{(4)}=61.556\text{km}$$

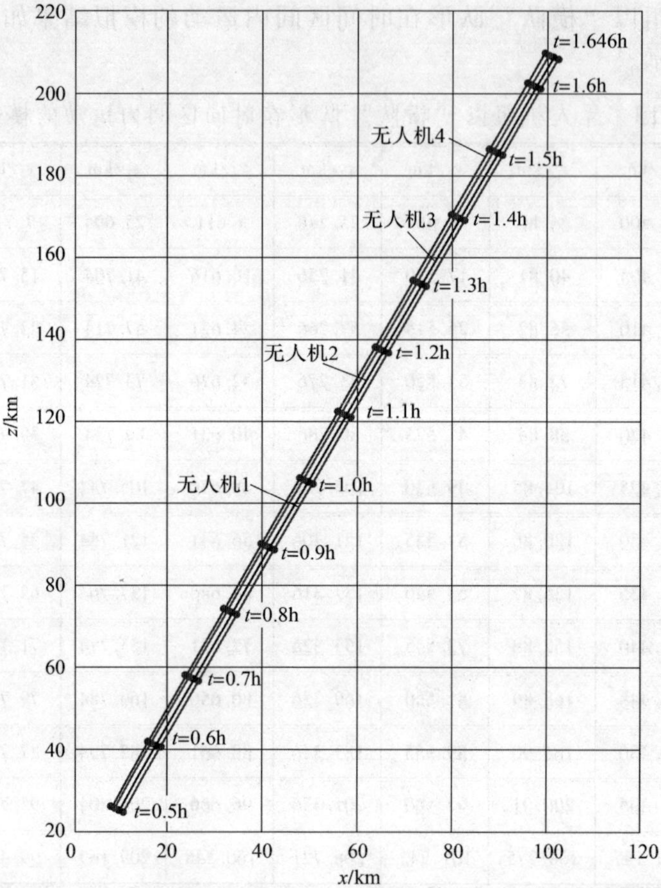

图 7-20　无人机组以“横队”队形在时间区间内运动的模拟结果

使用式（7.3.45）和式（7.3.46），得出：

$$s_1=4,\quad s_2=1$$

这种队形的无人机编队在给定距离范围[80,100]km 内飞行的开始时刻和结束时刻根据式（7.3.48）计算得

$$t_H=1.178\text{h},\quad t_K=1.5438\text{h}$$

无人机的终点坐标值可使用式（7.3.49）和式（7.3.50）计算。

$$x_K^{(1)}=x_1(1.5438)=99.997\text{km},\quad z_K^{(1)}=z_1(1.5438)=203.995\text{km}$$

$$x_K^{(2)}=x_2(1.5438)=102.992\text{km},\quad z_K^{(2)}=z_2(1.5438)=212.220\text{km}$$

$$x_K^{(3)}=x_3(1.5438)=105.986\text{km},\quad z_K^{(3)}=z_3(1.5438)=220.444\text{km}$$

$$x_K^{(4)}=x_4(1.5438)=108.980\text{km},\quad z_K^{(4)}=z_2(1.5438)=228.668\text{km}$$

无人机编队以“右梯队”队形在时间区间[0.5,1.5438]h内飞行的模拟结果如表7-14和图7-21所示。

表7-14 无人机编队以“右梯队”队形在时间区间[0.5,1.5438]h内飞行的模拟结果

t/h	x_1/km	z_1/km	x_2/km	z_2/km	x_3/km	z_3/km	x_4/km	z_4/km
0.5	16.441	36.882	19.436	45.108	22.430	53.332	25.424	61.556
0.6	24.446	52.893	27.441	61.118	30.435	69.342	33.429	77.566
0.7	32.451	68.903	35.446	77.128	38.440	85.352	41.434	93.576
0.8	40.456	84.913	43.451	93.138	46.445	101.362	49.439	109.586
0.9	48.461	100.923	51.456	109.148	54.450	117.372	57.444	125.596
1.0	56.466	116.933	59.461	125.158	62.455	133.382	65.449	141.606
1.1	64.471	132.943	67.466	141.168	70.460	149.392	73.454	157.616
1.2	72.476	148.953	75.471	157.178	78.465	165.402	81.459	173.626
1.3	80.481	164.963	83.476	173.188	86.470	181.412	89.464	189.636
1.4	88.486	180.973	91.481	189.198	94.475	197.422	97.469	205.646
1.5	96.491	196.983	99.486	205.208	102.480	213.432	105.474	221.656
1.5438	99.997	203.995	102.992	212.220	105.986	220.444	108.980	228.668

对于这种无人机编队，形成“梯形”编队［图7-18（f）]。

选择领航无人机1的初始坐标值，如下：

$$x_0^{(1)} = 20\text{km},\quad z_0^{(1)} = 44\text{km}$$

为了确定无人机2的初始坐标，我们从该点画一条方位角为 $\varphi_{12} = 85°$ 的直线，具体如下公式：

$$Z_{12}(x) = 11.43x - 184.601$$

使用式（7.3.42）和式（7.3.41），得到无人机2的初始坐标值，如下：

$$x_0^{(2)} = 20.237\text{km},\quad z_0^{(2)} = 46.710\text{km}$$

为了计算无人机3的初始坐标，经该点的直线 $z_2(x)$ 的法线方程写作：

$$Z_{23} - 46.710 = -\frac{1}{2}(x - 20.237)$$

该方程经变换得到：

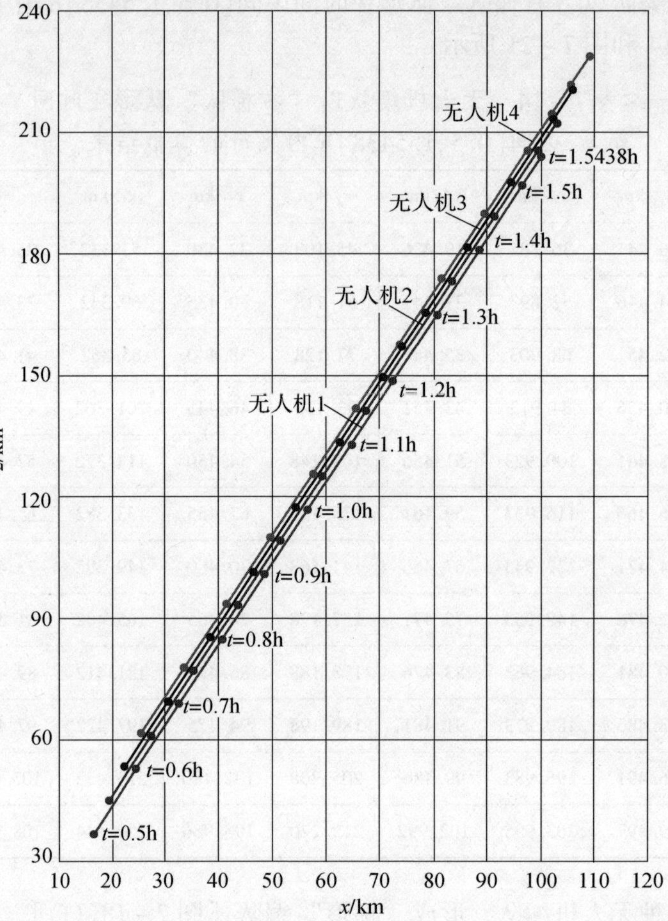

图 7-21　无人机编队以“右梯队”队形在时间区间[0.5,1.5438]h 内飞行的模拟结果

$$Z_{23}(x) = -0.5x + 56.827$$

直线 $Z_4(x)$ 和直线 $Z_{14}(x)$ 的交点坐标为

$$x_0^{(4)} = 17.317\text{km},\quad z_0^{(4)} = 45.342\text{km}$$

利用式（7.3.45），得出 $l_1 = 60\text{km}$，$l_2 = 59.763\text{km}$，$l_3 = 60.658\text{km}$，$l_4 = 62.683\text{km}$。这时，由式（7.3.46）可得，无人机 2（$s_1 = 2$）最先到达边界 $X_H = 80\text{km}$，无人机 4（$s_2 = 4$）最后到达边界。

根据式（7.3.48）计算的时间点 t_H 和 t_K 具有如下值：

$$t_H = 1.242\text{h},\quad t_K = 1.5329\text{h}$$

根据式（7.3.49）和式（7.3.50），编队无人机的最终坐标将等于：

$$x_K^{(1)}=102.211\text{km},\quad z_K^{(1)}=208.423\text{km}$$
$$x_K^{(2)}=102.448\text{km},\quad z_K^{(2)}=211.133\text{km}$$
$$x_K^{(3)}=101.553\text{km},\quad z_K^{(3)}=211.579\text{km}$$
$$x_K^{(4)}=99.528\text{km},\quad z_K^{(4)}=209.765\text{km}$$

无人机编队在时间区间[0.5,1.5329]h 内形成并以“梯形”队形飞行的结果，见表7-15和图7-22。

表7-15 无人机编队在时间区间[0.5,1.5329]h 内以“梯形”队形的飞行结果

t/h	x_1/km	z_1/km	x_2/km	z_2/km	x_3/km	z_3/km	x_4/km	z_4/km
0.5	20	44	20.237	46.71	19.342	47.156	17.317	45.342
0.6	28.005	60.01	28.242	62.72	27.347	63.166	25.322	61.352
0.7	36.010	76.02	36.247	78.73	35.352	79.176	33.327	77.362
0.8	44.015	92.03	44.252	94.74	43.357	95.186	41.332	93.372
0.9	52.020	108.04	52.257	110.75	51.362	111.196	49.337	109.382
1.0	60.025	124.05	60.262	126.76	59.367	127.206	57.342	125.392
1.1	68.030	140.06	68.267	142.77	67.372	143.216	65.347	141.402
1.2	76.035	156.07	76.272	158.78	75.377	159.226	73.352	157.412
1.3	84.040	172.08	84.277	174.79	83.382	175.236	81.357	173.422
1.4	92.045	188.09	92.282	190.80	91.387	191.246	89.362	189.432
1.5	100.050	204.10	100.287	206.81	99.392	207.256	97.367	205.442
1.5329	102.684	209.367	102.921	212.077	102.026	212.523	100.001	210.709

在形成“梯形”队形的情况下，通过所选第 k 架无人机的航向角 Ψ_k 设置方位角更为方便，直线方程（7.3.40）的方程可以表示为

$$Z_{ks}(x)=x\tan(\Psi_k+\varphi_{ks})+z_0^{(k)}-x_0^{(k)}\tan(\Psi_k+\varphi_{ks}),\quad k,s=1,2,\cdots,N \tag{7.3.51}$$

式（7.3.42）相应可变换为

$$x_0^{(s)}=\frac{b_s-z_0^{(k)}+x_0^{(k)}\tan(\Psi_k+\varphi_{ks})}{\tan(\Psi_k+\varphi_{ks})-a_1},\quad k,s=1,2,\cdots,N$$

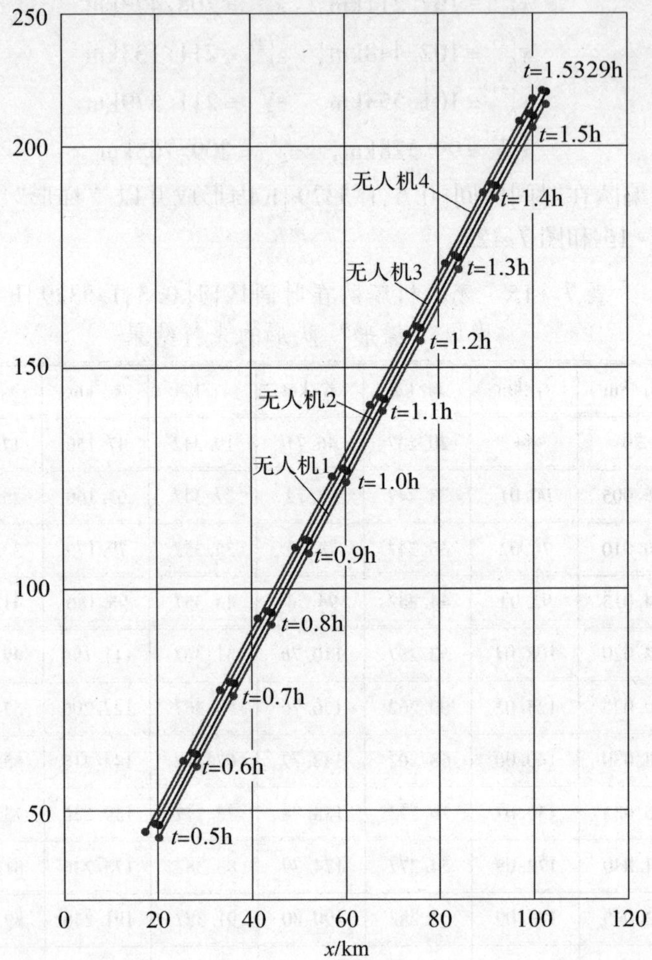

图 7 – 22　无人机编队在时间区间[0.5,1.5329]h 内以“梯形”队形飞行的结果

当无人机沿线性等距轨迹在垂直面上运动时，上述方法可以应用于形成无人机编队所需队形的问题中。这一点将在例 7.12 中说明。

例 7.12

令由 4 架无人机组成的编队采用“左梯队”队形飞行，呈 150°角，在距离范围$[X_H,X_K]=[80,100]$km 内完成某一飞行任务。众所周知，编队的领航无人机以 $V^{(1)}=180$km/h 的速度运动，在该范围内应具有下列高度值：

$$y_1(80)=2.5\text{km},\quad y_1(100)=0.5\text{km}$$

编队在 $t_0=0.5$h 时刻形成队形。根据行动条件，无人机轨迹间距 $p=1$km。

利用经过两个给定点的直线方程，形成领航无人机的基本轨迹：

$$\frac{y_1 - y_1(80)}{y_1(100) - y_1(80)} = \frac{x - 80}{100 - 80}$$

经过简单变换，得到领航无人机的轨迹方程，如下：

$$y_1(x) = -0.1x + 10.5$$

由该方程可知，领航无人机和编队无人僚机在移动时，其轨迹相对于 x 轴的倾斜角为

$$\theta_1 = \arctan(-0.1) = -5.71°$$

当 $p=1$ 和 $a_1 = -0.1$ 时，对于编队的无人僚机，其基于式（7.3.39）计算的方程自由项将分别等于 11.505、12.510、13.515。

因此，无人僚机的轨迹可写为

$$\begin{cases} y_2(x) = -0.1x + 11.505 \\ y_3(x) = -0.1x + 12.510 \\ y_4(x) = -0.1x + 13.515 \end{cases}$$

在直线 $y_1(x)$ 上选取坐标为 $(x_0^{(1)}, y_0^{(1)}) = (70, 3.5)$ km 的一个点，经过该点作一条方位角为 $\varphi_{1s} = 150°$，$s = (2,3,4)$ 的直线。与式（7.3.40）类似，该直线方程可写为

$$Y_{1s}(x) = x\tan150° + 3.5 - 70\tan150° = -0.577x + 43.915$$

求解三个方程：

$$Y_{1s}(x) = y_s(x), \quad s = 2,3,4$$

并运用关于 $y_2(x)$、$y_3(x)$ 和 $y_4(x)$ 的公式，得到无人僚机的初始坐标值，如下：

$$x_0^{(2)} = 67.895\text{km}, \quad y_0^{(2)} = 4.716\text{km}$$

$$x_0^{(3)} = 65.789\text{km}, \quad y_0^{(3)} = 5.931\text{km}$$

$$x_0^{(4)} = 63.684\text{km}, \quad y_0^{(4)} = 7.147\text{km}$$

利用式（7.3.45）和式（7.3.46），得到值 $s_1 = 1$ 和 $s_2 = 4$。

对于 $a_1 = -0.1$ 和 $V^{(s)} = V^{(1)} = 180$km/h，编队无人机轨迹［式（7.3.47）］的参数表示可具体化为

$$\begin{cases} x_s(t) = x_0^{(s)} + 179.107(t - 0.5) \\ y_s(t) = y_0^{(s)} - 17.911(t - 0.5), \quad s = 1,2,3,4 \end{cases} \tag{7.3.52}$$

根据式（7.3.48），t_H 和 t_K 时刻分别为

$$t_H = 0.556\text{h}, \quad t_K = 0.703\text{h}$$

基于式（7.3.52）进行无人机飞行模拟，得到：

$$y_K^{(1)}=y_1(0.703)=-0.132\text{km}$$

领航无人机的负高度表明，对于以指定队形飞行的无人机编队，方位角 $\varphi_{1s}=150°$是不可行的。

我们将编队方位角减小至 $\varphi_{1s}=135°$，并重复上述计算，得到最终结果：

$$Y_{1s}(x)=-x+73.5$$

$$x_0^{(1)}=70.000\text{km},\quad y_0^{(1)}=3.500\text{km}$$

$$x_0^{(2)}=68.883\text{km},\quad y_0^{(2)}=4.617\text{km}$$

$$x_0^{(3)}=67.767\text{km},\quad y_0^{(3)}=5.733\text{km}$$

$$x_0^{(4)}=66.650\text{km},\quad y_0^{(4)}=6.850\text{km}$$

$$s_1=1,\quad s_2=4$$

$$t_H=0.556\text{h},\quad t_K=0.6862\text{h}$$

当 $t=0.6862$h 时，基于式（7.3.49）计算编队中每架无人机的最终坐标，得到值：

$$x_K^{(1)}=103.350\text{km},\quad y_K^{(1)}=0.165\text{km}$$

$$x_K^{(2)}=102.233\text{km},\quad y_K^{(2)}=1.282\text{km}$$

$$x_K^{(3)}=101.116\text{km},\quad y_K^{(3)}=2.398\text{km}$$

$$x_K^{(4)}=100.001\text{km},\quad y_K^{(4)}=3.515\text{km}$$

4 架无人机编队以“左梯队”队形在时间区间[0.5,0.6862]h 内在垂直面上的运动结果如图 7－23 和表 7－16 所示。

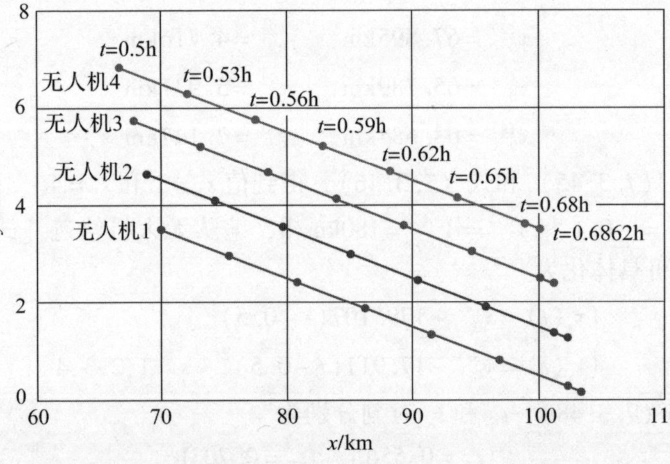

图 7－23　无人机编队以“左梯队”队形在时间区间[0.5,0.6862]h 内的运动结果

表 7-16　无人机编队以“左梯队”队形在时间区间[0.5,0.6862]h 内运动的结果

t/h	x_1/km	y_1/km	x_2/km	y_2/km	x_3/km	y_3/km	x_4/km	y_4/km
0.50	70.000	3.500	68.883	4.617	67.767	5.733	66.650	6.850
0.51	71.791	3.321	70.674	4.438	69.558	5.554	68.441	6.671
0.52	73.582	3.142	72.465	4.258	71.349	5.375	70.232	6.492
0.53	75.373	2.963	74.257	4.079	73.140	5.196	72.023	6.313
0.54	77.164	2.784	76.048	3.900	74.931	5.017	73.814	6.134
0.55	78.955	2.604	77.839	3.721	76.722	4.838	75.605	5.954
0.56	80.746	2.425	79.630	3.542	78.513	4.659	77.396	5.775
0.57	82.537	2.246	81.421	3.363	80.304	4.480	79.187	5.596
0.58	84.329	2.067	83.212	3.184	82.095	4.300	80.979	5.417
0.59	86.120	1.888	85.003	3.005	83.886	4.121	82.770	5.238
0.60	87.911	1.709	86.794	2.826	85.677	3.942	84.561	5.059
0.61	89.702	1.530	88.585	2.646	87.468	3.763	86.352	4.880
0.62	91.493	1.351	90.376	2.467	89.260	3.584	88.143	4.701
0.63	93.284	1.172	92.167	2.288	91.051	3.405	89.934	4.522
0.64	95.075	0.993	93.958	2.109	92.842	3.226	91.725	4.343
0.65	96.866	0.813	95.749	1.930	94.633	3.047	93.516	4.163
0.66	98.657	0.634	97.540	1.751	96.424	2.868	95.307	3.984
0.67	100.448	0.455	99.332	1.572	98.215	2.689	97.098	3.805
0.68	102.239	0.276	101.123	1.393	100.006	2.509	98.889	3.626
0.6862	103.350	0.165	102.233	1.282	101.116	2.398	100.001	3.515

对于无人机在水平和垂直面上的非线性编队运动轨迹，保留了前面提出的编队指定队形形成方法。这种方法的特点是确定无人机编队的初始坐标 $(x_0^{(s)},z_0^{(s)})$ $(s=1,2,\cdots,N)$，并使用相应的数值方法来求解下列线性方程：

$$\begin{cases} z_s(x)=Z_{ks}(x), & k,s=1,2,\cdots,N \\ y_s(x)=Y_{ks}(x), & k,s=1,2,\cdots,N \end{cases} \tag{7.3.53}$$

并将其根代入方程 $Z_{ks}(x)$ 和 $Y_{ks}(x)$ 中。其中，$z_s(x)$ 和 $y_s(x)$ 是编队第 s 架无人机的轨迹方程；$Z_{ks}(x)$ 和 $Y_{ks}(x)$ 是在给定方位角 $\varphi_{ks}(k,s=1,2,\cdots,N)$ 的情况下，经过点 $(x_0^{(k)},z_0^{(k)})$ 和 $(x_0^{(k)},y_0^{(k)})$ 的直线方程。

我们将对无人机编队以指定队形运动的过程看作无人机编队在水平面上的飞行。

为了得到编队每架无人机运动轨迹的参数表示 $x_s(t)$ 和 $z_s(t)\ (s=1,2,\cdots,N)$，必须在时间区间 $[t_0,t_K]$ 内求解 N 个微分方程组集：

$$\begin{cases} \dot{x}_s=\dfrac{V^{(s)}}{\sqrt{1+z'^2_s(x_s)}} \\ \dot{z}_s=\dfrac{V^{(s)}z'_s(x_s)}{\sqrt{1+z'^2_s(x_s)}} \end{cases} \tag{7.3.54}$$

具有初始条件，如下：

$$x_s(t_0)=x_0^{(s)},\quad z_s(t_0)=z_0^{(s)},\quad s=1,2,\cdots,N \tag{7.3.55}$$

在这种情况下，在时间区间 $[X_0,X_k]$ 内，无人机编队按指定队形运动的开始时刻和结束时刻 t_h 和 t_k 将取决于第 s_1 个和第 s_2 个方程组（7.3.54）的积分结果及式（7.3.43）和式（7.3.44）的满足情况。

需注意，编号 s_1 和 s_2 将分别通过式（7.3.45）和式（7.3.46）求出。无人机编队最终状态的坐标 $(x_k^{(s)},z_k^{(s)})\ (s=1,2,\cdots,N)$ 将基于式（7.3.49）类型的公式计算得出。

编队无人机沿非线性轨迹运动的速度 $V^{(s)}\ (s=1,2,\cdots,N)$ 的协调问题将在例 7.13 中说明。

例 7.13

5 架无人机组成的编队沿式（7.3.1）和式（7.3.21）描述的编队轨迹运动，形成开度120°的"楔形"编队［图 7-18（d）］，已知 $R=80\text{km}$，$p=2\text{km}$。

假设在这种队形下，无人机编队必须在距离区间 $[X_H,X_K]=[20,60]\text{km}$ 内完成飞行任务。无人机编队应在 $t_0=0.5\text{h}$ 时刻开始飞行。此时，编队领航无人机的速度为 100km/h。

使方程（7.3.21）具体化，有

$$z_k(x)=\sqrt{[80+2(k-1)]^2-x^2},\quad x\in[-(80+2(k-1)),80+2(k-1)],$$

$$k = 1,2,3,4,5 \tag{7.3.56}$$

该表达式的导数可写作：

$$z_k'(x) = -\frac{x}{\sqrt{[80+2(k-1)]^2 - x^2}}, \quad k = 1,2,3,4,5 \tag{7.3.57}$$

为了求出无人机的初始坐标，我们选择具有如下坐标的基础无人机 3：

$$x_0^{(3)} = 7.321\text{km}, \quad z_0^{(3)} = 83.680\text{km}$$

计算无人机在该点的航向角：

$$\Psi_3(7.321) = \arctan\left(-\frac{7.321}{\sqrt{84^2 - 7.321^2}}\right) = -5°$$

为了确定无人机 4 和无人机 5 的初始坐标，经过点$(x_0^{(3)}, z_0^{(3)})$作一条直线［式（7.3.51）］，其角度为 $\varphi_{3s} = 120°(s = 4,5)$，该直线方程经简单变换后可写为

$$Z_{3s}(x) = -2.144x + 99.379, \quad s = 4,5$$

方程（7.3.53）将变为

$$\sqrt{[80+2(s-1)]^2 - x^2} = -2.144x + 99.379, \quad s = 4,5$$

求解这些方程并使用相应的式（7.3.56），得到下列坐标值：

$$x_0^{(4)} = 6.348\text{km}, \quad z_0^{(4)} = 85.765\text{km}$$

$$x_0^{(5)} = 5.383\text{km}, \quad z_0^{(5)} = 87.835\text{km}$$

为了求出编队中无人机 1 和无人机 2 的初始坐标，作一条经过无人机 3 初始位置坐标、角度为 $\varphi_{3s} = -120°(s = 1,2)$的直线。此时，方程（7.3.50）可写为

$$Z_{3s}(x) = 1.428x + 73.225$$

在这种情况下，确定坐标的 $x_0^{(1)}$ 和 $x_0^{(2)}$ 的方程（7.3.53）取如下形式：

$$\sqrt{[80+2(s-1)]^2 - x^2} = 1.428x + 73.225, \quad s = 1,2$$

对于 $k = 1$ 和 $k = 2$，利用这些方程的解和式（7.3.56），得出：

$$x_0^{(1)} = 4.649\text{km}, \quad z_0^{(1)} = 79.865\text{km}$$

$$x_0^{(2)} = 5.991\text{km}, \quad z_0^{(2)} = 81.781\text{km}$$

由式（7.3.45）和式（7.3.46）可知，$s_1 = 3$，$s_2 = 5$。

t_H 和 t_K 时刻取决于条件式（7.3.45）和式（7.3.46），在这种情况下，它们将变为

$$x_3(t_H) = 20\text{km}, \quad x_5(t_K) = 60\text{km}$$

为了构建函数 $x_3(t)$ 和 $x_5(t)$，必须使第 3 架和第 5 架无人机的运动速度具

体化[44]，并对式（7.3.54）中的相应方程求积分。

假设要求全部无人僚机以领航无人机的角速度沿自身轨迹运动。

这个条件可用下式表示：

$$\frac{V^{(k)}}{R+2(k-1)}=\frac{V^{(1)}}{R},\quad k=2,3,4,5$$

由此可得如下计算公式：

$$V^{(k)}=\frac{R+2(k-1)}{R}V^{(1)},\quad k=2,3,4,5 \tag{7.3.58}$$

当 $R=80\text{km}$ 和 $V^{(1)}=100\text{km/h}$ 时，利用该公式可以得出编队中无人僚机的运动速度值，如下：

$$V^{(2)}=102.5\text{km/h},\quad V^{(3)}=105.0\text{km/h}$$
$$V^{(4)}=107.5\text{km/h},\quad V^{(5)}=110.0\text{km/h}$$

将式（7.3.57）和速度值 $V^{(k)}$ 代入式（7.3.54）后，通过对 5 个式（7.3.54）类型的方程组进行积分，并使用上述初始条件（$x_0^{(k)}, z_0^{(k)}$）（$k=1,2,3,4,5$），得出“楔形”无人机编队的运动模拟结果，如表 7－17 和图 7－24 所示。

表 7－17　“楔形”无人机编队的运动模拟结果

t/h	x_1/km	z_1/km	x_2/km	z_2/km	x_3/km	z_3/km	x_4/km	z_4/km	x_5/km	z_5/km
0.5	4.649	79.865	5.991	81.781	7.321	83.680	6.348	85.765	5.383	87.835
0.563	10.937	79.249	12.425	81.053	13.901	82.842	13.096	84.997	12.297	87.137
0.626	17.156	78.139	18.782	79.820	30.395	81.487	19.763	83.698	19.135	85.894
0.690	23.269	76.541	25.022	78.089	26.761	79.623	26.306	81.878	25.853	84.117
0.753	29.236	74.467	31.106	75.871	32.961	77.263	32.685	79.547	32.410	81.814
0.816	35.021	71.927	36.996	73.180	38.955	74.421	38.860	76.720	38.765	79.002
0.879	40.587	68.940	42.656	70.032	44.706	71.115	44.793	73.414	44.879	75.696
0.942	45.901	65.522	48.049	66.448	50.178	67.366	50.446	69.650	50.712	71.919
1.006	50.928	61.695	53.143	62.449	55.338	63.196	55.785	65.453	56.229	67.693
1.069	55.638	57.484	57.905	58.061	60.152	58.632	60.776	60.846	61.395	63.045
1.132	60.000	52.915	62.306	53.310	64.591	53.703	65.388	55.861	66.179	58.003

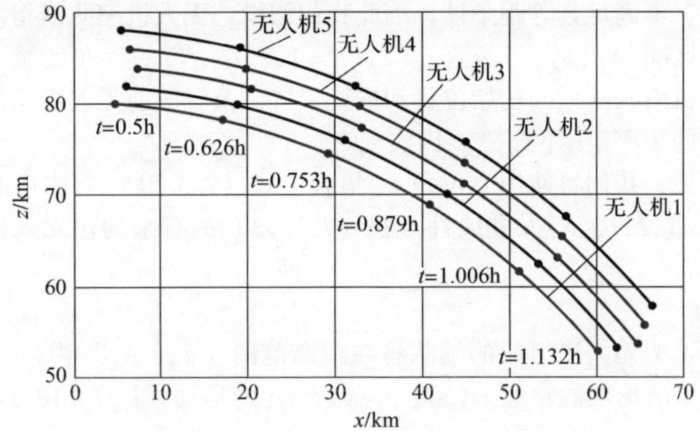

图7-24　“楔形”无人机编队的运动模拟结果

详细分析数值积分结果可知，这种队形的无人机编队在 $t_H = 0.622\text{h}$ 时刻在距离范围[20,60]km 内开始运动，并在 $t_H = 1.132\text{h}$ 时刻结束运动。

这些时间点取决于无人机编队的最终坐标$(x_k^{(k)}, z_k^{(k)})(k=1,2,3,4,5)$，如表7-19最后一行所列。

根据下式：

$$L^{(k)} = \int_{x_0^{(k)}}^{x_k^{(k)}} \sqrt{1 + z'^{(2)}_k}\,\mathrm{d}x, \quad k = 1,2,3,4,5 \tag{7.3.59}$$

计算无人机编队以这种队形飞行时无人机的轨迹长度。

假设每架无人僚机以速度 $V^{(k)}(k=2,3,4,5)$ 飞行，其飞行时间等于编队领航无人机以给定速度 $V^{(1)}$ 飞行的时间。这个要求可用下式表示：

$$\frac{L^{(k)}}{V^{(k)}} = \frac{L^{(1)}}{V^{(1)}} V^{(1)}, \quad k=2,3,4,5 \tag{7.3.60}$$

使用相应的数值法并根据式（7.3.59）进行计算，得到以下值：

$$L^{(1)} = 60.858\text{km}, \quad L^{(2)} = 62.384\text{km}$$

$$L^{(3)} = 63.901\text{km}, \quad L^{(4)} = 65.423\text{km}, \quad L^{(5)} = 66.944\text{km}$$

当 $V^{(1)} = 100\text{km/h}$ 时，将所得结果代入式（7.3.60）中，得到速度值 $V^{(k)}(k=2,3,4,5)$，与基于式（7.3.58）计算出的值完全一致。

对于采用6.1节和7.3.1节所述方法形成的具有最小曲率的编队等距轨迹：

$$z_k(x) = C_1^{(k)}x^3 + C_2^{(k)}x^2 + C_3^{(k)}x + C_4^{(k)}, \quad k=1,2,\cdots,N \tag{7.3.61}$$

我们将对编队 N 架无人机形成指定队形的方法进行分析。

函数式（7.3.61）的主要特征是它们都在函数 $z_1(x)$ 的指定存在区域内。在该区域外，不满足其等距条件。因此我们假设，无人机编队以指定队形运动的上述距离区间 $[X_H, X_K]$ 与函数 $z_k(x)(k=1,2,\cdots,N)$ 的存在区域一致。由此可知，无人机编队队形的初始位置和最终位置，及解散前无人机编队的飞行过程都在一定的距离范围 $[X_H, X_K]$ 内实现。

如上所述，我们将使用方位角 φ_{ks} 集合、式（7.3.51）所描述的直线方程 $Z_{ks}(x)(k,s=1,2,\cdots,N)$ 及非线性方程（7.3.53）的解来构建无人机编队所需的队形。

例 7.14

令，由 4 架无人机组成的编队将在距离范围［X_H，X_K］内以“菱形”队形沿例 7.8 中所形成的轨迹 $z_1(x)$、$z_2(x)$、$z_3(x)$ 运动［图 7－18（e）］，则有

$$\begin{cases} z_1(x) = -0.1011x^3 + 1.9524x^2 - 3.0236x + 16.1724 \\ z_2(x) = -0.1077x^3 + 1.6620x^2 + 0.4928x + 15.2172 \\ z_3(x) = -0.0939x^3 + 1.2414x^2 + 4.0099x + 16.7336 \end{cases}$$

在这种情况下，无人机 1 应沿轨迹 $z_1(x)$ 运动，无人机 2 和无人机 4 沿轨迹 $z_2(x)$ 运动，无人机 3 在 $x \in [1,10]$ km 的情况下，沿轨迹 $z_3(x)$ 运动。

假设无人机编队在 $t_0 = 0.5$h 时刻开始运动，并且领航无人机的速度 $V^{(1)} = 40$km/h。

选择编队中坐标为 $(x_0^{(1)}, z_0^{(1)}) = (3, 21.941)$ km 的领航无人机初始点作为基点。航向角为 $\Psi_1(3) = \arctan z_1'(3) = 80.474°$。沿该点作直线，其角度等于 $\Psi_1(3) + \varphi_{12} = \Psi_1(3) + 30° = 110.474°$。该直线方程可写为

$$Z_{12}(x) = -2.678x + 29.976$$

使该等式的右部和函数 $z_2(x)$ 相等，数值法求解所得的立方方程，得到无人机 2 的初始坐标值，如下：

$$x_0^{(2)} = 2.290\text{km}, \quad z_0^{(2)} = 23.842\text{km}$$

为了确定无人机 4 的初始坐标，可使用角度 $\Psi_1(3) + \varphi_{14} = \Psi_1(3) + 150° = 230.474°$，对此，根据直线方程（7.3.51）有

$$Z_{14}(x) = 1.212x + 18.306$$

利用该直线和函数 $z_2(x)$ 进行上面的操作，得到所求的无人机 4 的初始坐标值，如下：

$$x_0^{(4)} = 1.702\text{km}, \quad z_0^{(4)} = 20.368\text{km}$$

无人机 3 的初始坐标可借助经过无人机 1 的初始位置点，呈 $\Psi_1(3) + \varphi_{13} =$

$\Psi_1(3)+90°=270.474°$的直线计算出。

进行简单的变形后，该直线方程将变成：

$$Z_{13}(x)=-0.168x+22.444$$

借助该直线方程并使用函数 $Z_3(x)$，得到无人机 3 的初始坐标值，如下：

$$x_0^{(3)}=1.060\text{km},\quad z_0^{(3)}=22.267\text{km}$$

无人机编队的最终状态将借助坐标为$(x_K^{(1)},z_K^{(1)})=(10,80)$km 的基点来描述。

无人机 1 在该点处的航向角将等于：

$$\Psi_1(10)=\arctan z_1'(10)=80°$$

从角度为 $\Psi_1(10)+30°=110°$和 $\Psi_1(10)+150°=230°$的这个点出发画直线，得出：

$$\begin{cases}Z_{12}(x)=-2.748x+107.475\\Z_{13}(x)=1.192x+68.081\end{cases}$$

使用这些直线和函数 z_2（x）确定无人机 2 和无人机 4 的最终坐标：

$$\begin{cases}x_K^{(2)}=9.330\text{km},\quad z_K^{(2)}=81.840\text{km}\\x_K^{(4)}=8.731\text{km},\quad z_K^{(4)}=78.486\text{km}\end{cases}$$

找出无人机 3 的最终位置，确定曲线 $z_1(x)$经过点（10，80）的法线与函数 $z_3(x)$的交点。

省略中间的运算过程，得到：

$$x_K^{(3)}=8.030\text{km},\quad z_K^{(3)}=80.346\text{km}$$

使用式（7.3.59）类型的公式和编队无人机的初始位置和最终位置的坐标，无人机编队以“菱形”队形飞行时的轨迹长度为

$$\begin{cases}L_1=58.486\text{km},\quad L_2=58.434\text{km}\\L_3=58.502\text{km},\quad L_4=58.511\text{km}\end{cases}$$

因此，在给定值 $V^{(1)}=340\text{km/h}$ 的情况下，编队其他无人机的速度可利用式（7.3.60）计算得出：

$$V^{(2)}=339.701\text{km/h},\quad V^{(3)}=340.097\text{km/h},\quad V^{(4)}=340.379\text{km/h}$$

“菱形”无人机编队的运动轨迹及其参数分别见图 7－25 和表 7－18。

请注意，当 N 架无人机组成的编队以要求的队形和速度（$V^{(1)}$为常数）运动时，式（7.3.59）和式（7.3.60）建议用于计算无人僚机的恒定飞行速度。

本节研究的无人机编队飞行动力学方向上有一个问题值得深入研究，即无人机编队空间队形的分类和形成问题。

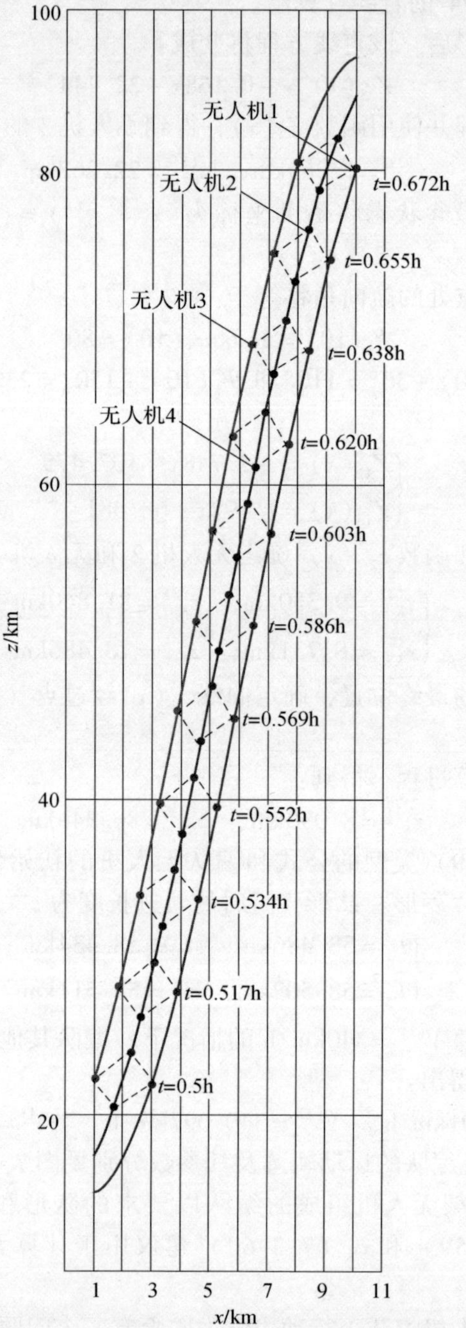

图7-25 “菱形”无人机编队的运动轨迹

表 7－18　“菱形”无人机编队运动轨迹的参数

t/h	x_1/km	y_1/km	x_2/km	y_2/km	x_3/km	y_3/km	x_4/km	y_4/km
0.500	3.000	21.941	2.290	23.842	1.060	22.267	1.702	20.368
0.517	3.854	27.727	3.093	29.630	1.883	28.059	2.629	26.149
0.534	4.577	33.531	3.792	35.431	2.596	33.865	3.382	31.955
0.552	5.236	39.342	4.438	41.239	3.253	39.679	4.056	37.771
0.569	5.862	45.157	5.057	47.049	3.880	45.495	4.691	43.592
0.586	6.474	50.973	5.667	52.861	4.495	51.313	5.305	49.415
0.603	7.087	56.790	6.282	58.672	5.113	57.131	5.917	55.238
0.620	7.716	62.604	6.919	64.480	5.747	62.946	6.540	61.060
0.638	8.382	68.415	7.600	70.284	6.416	68.758	7.193	66.878
0.655	9.117	74.217	8.366	76.077	7.154	74.562	7.904	72.690
0.672	10.000	79.998	9.330	81.840	8.030	80.346	8.731	78.486

与此类编队队形相关的一个例子，即使用一组航空虚假目标保护有人驾驶飞行器免受空袭兵器的打击，可参考文献［3］。

在本章结尾部分我们要指出，要对本章提出的无人机编队飞行动态方法进行程序实现，就需要在无人机操控专家的自动化工作系统中，除第 6 章中已探讨的内容外，再补充以下程序模块：

- 定积分计算模块；
- 非线性代数方程及特殊方程求解模块。

第8章 无人机编队飞行的间接程序控制

在计划的操作中，无人机编队应用组织过程的最后阶段是解决编队每架无人机的程序控制定律问题，确保其在给定的时间范围内沿要求的轨迹飞行。

如上所述，无人机的间接控制是指其动力装置推力值、迎角、倾斜角和滑动角随时间的变化，普遍适用于各种类型的无人机。因此，本章提出了编队每架无人机在其编队使用范围内飞行，并以指定编队飞行方式沿着要求的轨迹运动时，间接控制的形成方法。这些方法以目标控制运动动力学逆问题理论为基础[45]，这在文献［3，20］中有详细描述。

值得一提的是，文献［3］中提出了专门的解决非线性参数方程的数值方法，以形成编队每架无人机间接控制所用的向量分量。

对于第7章提到的全部类型的无人机编队应用，需要考虑到无人机间接控制的形成，并通过使用某种无人机飞行技术性能（表5-1）的大量示例来说明无人机间接控制的形成。

8.1 无人机在编队应用区域内的飞行

令 $N\geqslant 2$ 架无人机按照要求的队形（“蜂群”“纵列”“横行”）从指定时刻 $t_0=\times\times\mathrm{h}\ \times\times\mathrm{min}\ \times\times\mathrm{s}$（精确到秒）开始编队飞行。

这些无人机从单独的起飞场起飞，并且编队每 k 架无人机在 $T_k=\times\times^{(k)}\mathrm{h}\ \times\times^{(k)}\mathrm{min}\ \times\times^{(k)}\mathrm{s}$ 时刻以速度 $V_H^{(k)}(k=1,2,\cdots,N)$ 飞至坐标为 $(x_H^{(k)},y_H^{(k)},z_H^{(k)})$ 的点，其轨迹角为 $(\theta_H^{(k)},\Psi_H^{(k)})$。

文献［3］中研究了无人机不同起飞过程的模拟问题。

附录2展示了无人机从机动发射装置上起飞的模拟结果。

使用这些装置可以确保无人分队所需的分散度，以及无人机起飞场与计划执行该飞行任务的地点的必要近似度。后者可以节约无人机在其编队应用范围内运动的时间和燃料。

待解决问题在于形成第k架无人机的轨迹和控制向量，确保其在$t=t_0$，$t_0>T_k$时刻位于坐标为$(x_0^{(k)},y_0^{(k)},z_0^{(k)})$的点上，无人机的轨迹角为$\theta_0^{(k)}=\theta^{(k)}(t_0)$，$\Psi_0^{(k)}=\Psi^{(k)}(t_0)$，速度为$V_0^{(k)}(k=1,2,\cdots,N)$。这些参数必须在无人机编队飞行准备阶段确定（见7.1节~7.3节）。

由于第k架无人机在时间区间$[T_k,t_0]$内从相位坐标为$(x_H^{(k)},y_H^{(k)},z_H^{(k)},\theta_H^{(k)},\Psi_H^{(k)},V_H^{(k)})$的点向坐标为$(x_0^{(k)},y_0^{(k)},z_0^{(k)},\theta_0^{(k)},\Psi_0^{(k)},V_0^{(k)})(k=1,2,\cdots,N)$的点转移的轨迹，在一般情况下是空间轨迹，因此我们使用第6章所述的方法来生成轨迹。

利用6.1节中描述的方法形成编队第k架无人机的轨迹在所选机动坐标系（图6-18）坐标平面Mxy和Mxz上的投影和$\bar{y}_k(x)$和$\bar{z}_k(x)$。

对于编队第k架无人机，在形成三阶多项式$\bar{y}_k(x)$时，式（6.1.19）中使用数值$x_H^{(k)}$、$y_H^{(k)}$、$\theta_H^{(k)}$和$x_0^{(k)}$、$y_0^{(k)}$、$\theta_0^{(k)}$。在形成多项式$\bar{z}_k(x)$时，将数值$x_H^{(k)}$、$z_H^{(k)}$、$\Psi_H^{(k)}$和$x_0^{(k)}$、$z_0^{(k)}$、$\Psi_0^{(k)}$代入式（6.1.10）中。同时，无人机在高度为h的水平面上编队飞行时，在生成函数$\bar{y}_k(x)$和$\bar{z}_k(x)$时会使用下列数值：

$$y_0^{(k)}=h,\quad \theta_0^{(k)}=0,\quad \Psi_0^{(k)}=\arctan z_k'(x_0^{(k)}),\quad k=1,2,\cdots,N \tag{8.1.1}$$

相应地，无人机在垂直面上的编队飞行，可使用下列极限值：

$$z_0^{(k)}=0,\quad \Psi_0^{(k)}=0,\quad \theta_0^{(k)}=\arctan y_k'(x_0^{(k)}),\quad k=1,2,\cdots,N \tag{8.1.2}$$

在式（8.1.1）和式（8.1.2）中，用$z_k'(x_0^{(k)})$和$y_k'(x_0^{(k)})$表示编队中第k架无人机飞行轨迹方程的导数。

编队每架无人机运动轨迹的参数表示可由N个式（6.2.47）类型的微分方程组得出，具体如下：

$$\begin{cases}\dot{x}^{(k)}=\dfrac{V^{(k)}(t)}{\sqrt{[1+\bar{y}_k'^2(x^{(k)})][1+\bar{z}_k'^2(x^{(k)})]}}\\ \dot{y}^{(k)}=\dfrac{\bar{y}_k'(x^{(k)})V^{(k)}(t)}{\sqrt{[1+\bar{y}_k'^2(x^{(k)})][1+\bar{z}_k'^2(x^{(k)})]}}\\ \dot{z}^{(k)}=\dfrac{\bar{z}_k'(x^{(k)})V^{(k)}(t)}{\sqrt{[1+\bar{y}_k'^2(x^{(k)})][1+\bar{z}_k'^2(x^{(k)})]}},\quad k=1,2,\cdots,N\end{cases} \tag{8.1.3}$$

这些方程的初始条件为

$$x^{(k)}(T_k)=x_H^{(k)},\quad y^{(k)}(T_k)=y_H^{(k)},\quad z^{(k)}(T_k)=z_H^{(k)},\quad k=1,2,\cdots,N$$

在一般情况下，第 k 架无人机的运动速度 $V^{(k)}(t)$ 在编队飞行开始时刻 t_0 应从值 $V_H^{(k)}$ 变成值 $V_0^{(k)}$。

假设：

$$V^{(k)}(t)=V_0^{(k)}=\text{常数},\quad t\in[T_k,t_0],\quad k=1,2,\cdots,N \tag{8.1.4}$$

这意味着，无人机恒速向编队应用区域运动，其速度等于编队飞行时的速度。

用 τ_k 表示第 k 架无人机飞到编队飞行区域所用的时间，$k=1,2,\cdots,N$。根据定义，τ_k 计算公式为

$$\tau_k=t_0-T_k,\quad k=1,2,\cdots,N$$

此时，第 k 架无人机当前的运动时间 t 将从 0 变成 τ_k。在这种情况下，方程组（8.1.3）的初始条件可写作便于积分的形式：

$$\begin{aligned}&x^{(k)}(0)=x_H^{(k)},\quad y^{(k)}(0)=y_H^{(k)}\\&z^{(k)}(0)=z_H^{(k)},\quad k=1,2,\cdots,N\end{aligned} \tag{8.1.5}$$

编队每架无人机的值 τ_k 可通过求解柯西问题式（8.1.3）和式（8.1.5）确定，直至满足下列条件：

$$\begin{aligned}&x^{(k)}(\tau_k)=x_0^{(k)},\quad y^{(k)}(\tau_k)=y_0^{(k)}\\&z^{(k)}(\tau_k)=z_0^{(k)},\quad k=1,2,\cdots,N\end{aligned} \tag{8.1.6}$$

确定这些具体值后，可以根据下式：

$$T_k=t_0-\tau_k,\quad k=1,2,\cdots,N \tag{8.1.7}$$

计算出第 k 架无人机飞往编队应用区域的起始时间。

我们发现，使用式（8.1.7）时，数值 τ_k 必须转换为 00h ××min ××s 这种时间格式，这种形式通常用于无人机的战役战术中。

编队无人机空间运动的控制将借助以下间接控制向量实现：

$$\boldsymbol{u}_k(t)=(P_k(t),\alpha_k(t),\gamma_k(t)),\quad t\in[0,\tau_k],\quad k=1,2,\cdots,N \tag{8.1.8}$$

式中 $P_k(t)$——无人机发动机的推力（N）；

$\alpha_k(t)$——攻角（°）；

$\gamma_k(t)$——无人机在 t 时刻的倾斜角（°）。

一般情况下，每个飞行时刻 t 的向量分量 $\boldsymbol{u}_k(t)$ 可通过求解 N 个非线性参数方程组得出：

$$\begin{cases}\dfrac{P_k(t)-X_k(\alpha_k(t),y^{(k)}(t),V^{(k)}(t))}{m_k}-g\sin\theta^{(k)}(t)-\dot{V}^{(k)}(t)=0\\ \dfrac{[P_k(t)(\alpha_k(t)+\varphi_{\mathrm{d}}^{(k)})+Y_k(\alpha_k(t)+y^{(k)}(t),V^{(k)}(t))]\cos\gamma_k(t)}{m_kV^{(k)}(t)}-\dfrac{g\cos\theta^{(k)}(t)}{V^{(k)}(t)}-\dot{\theta}^{(k)}(t)=0\\ \dfrac{[P_k(t)(\alpha_k(t)+\varphi_{\mathrm{d}}^{(k)})+Y_k(\alpha_k(t)+y^{(k)}(t),V^{(k)}(t))]\sin\gamma_k(t)}{m_kV^{(k)}(t)}-\dot{\Psi}^{(k)}(t)=0\\ t\in[0,\tau_k],\quad k=1,2,\cdots,N\end{cases}\tag{8.1.9}$$

这些方程可通过控制运动动力学逆问题理论[3,20,45]，利用无人机空间飞行模型的式（5.1.16）~式（5.1.18）形成。

方程（8.1.9）中符号说明：m_k 为编队第 k 架无人机的质量（kg）；g 为自由落体加速度（$\mathrm{m/s^2}$）；X_k、Y_k 分别为第 k 架无人机的迎面阻力和升力（N），可根据式（5.1.30）计算；$\varphi_{\mathrm{d}}^{(k)}$ 为第 k 架无人机发动机的安装角（°）。

使空气动力 X_k 和 Y_k 计算公式具体化。

式（5.1.30）中包含下列值：S_k 为第 k 架无人机的机翼面积（$\mathrm{m^2}$）；$V^{(k)}$ 为第 k 架无人机的飞行速度（m/s）；$\rho(y)$ 为高度 y 的空气密度，可根据式（5.1.31）求出，可以写为

$$\rho(y^{(k)}(t))=\rho_0\mathrm{e}^{-\chi y^{(k)}(t)},\quad y^{(k)}(t)\geqslant 0\tag{8.1.10}$$

式中　$\rho_0=1.2250\mathrm{kg/m^3}$——地面的空气密度；

$\chi=0.0001$——经验系数；

$y^{(k)}(t)$——第 k 架无人机在 t 时刻的飞行高度，通过求解方程（8.1.3）和方程（8.1.5）得出；

$c_x^{(k)}$、$c_y^{(k)}$——第 k 架无人机迎面阻力和升力的弹力系数。

这些系数是关于无人机攻角、飞行高度和飞行速度当前值的函数，我们将用式（5.1.41）~式（5.1.45）类型的关系式进行描述：

$$\begin{cases}c_x^{(k)}(\alpha_k.y^{(k)},V^{(k)})=E(V^{(k)},y^{(k)})+K(V^{(k)},y^{(k)})(\alpha_k-\alpha_0^{(k)})\\ \qquad=\left(c_0^{(k)}+\dfrac{c_1^{(k)}V^{(k)}}{340-0.004y^{(k)}(t)}\right)\\ \qquad\quad+A_k\left(d_0^{(k)}+\dfrac{d_1^{(k)}V^{(k)}}{340-0.004y^{(k)}(t)}\right)^2(\alpha_k(t)-\alpha_0^{(k)})^2\\ c_y^{(k)}(\alpha_k,y^{(k)},V^{(k)})=D(V^{(k)},y^{(k)})(\alpha_k-\alpha_0^{(k)})\\ \qquad=\left(d_0^{(k)}+\dfrac{d_1^{(k)}V^{(k)}}{340-0.004y^{(k)}(t)}\right)(\alpha_k(t)-\alpha_0^{(k)})\end{cases}\tag{8.1.11}$$

在式（8.1.11）中运用式（5.1.42）来计算高度 $y^{(k)}(t)$ 上的声速 a，以及根据第 k 架无人机的气动吹气结果建立关系式 $c_y^{\alpha}(Ma)$ 和 $c_{x0}(Ma)$ 时所得的经验系数 $c_i^{(k)}$、$d_i^{(k)}$（$i=0$，1），其中马赫数 $Ma=V/a$。

这些公式中还包括下列参数：$\alpha_0^{(k)}$ 为第 k 架无人机的平衡攻角（°）；A_k 为第 k 架无人机的极线“堆填”系数，可利用式（5.1.38）~式（5.1.40）及其中列举的每 k 架无人机的特点来计算，$k=1,2,\cdots,N$。

方程（8.1.9）中包含的角 $\theta^{(k)}(t)$、$\Psi^{(k)}(t)$ 及其导数可用下式计算出：

$$\begin{cases}\theta^{(k)}(t)=\arctan \bar{y}_k'(x^{(k)}(t))\\ \dot{\theta}^{(k)}(t)=\dfrac{\bar{y}_k''(x^{(k)}(t))V^{(k)}}{\sqrt{[1+\bar{y}_k'^2(x^{(k)}(t))]^3[1+\bar{z}_k^2(x^{(k)}(t))]}}\\ \Psi^{(k)}(t)=\arctan \bar{z}_k'(x^{(k)}(t))\\ \dot{\Psi}^{(k)}(t)=\dfrac{\bar{z}_k''(x^{(k)}(t))V^{(k)}}{\sqrt{[1+\bar{y}_k'^2(x^{(k)}(t))][1+\bar{z}_k'^2(x^{(k)}(t))]^3}},\quad k=1,2,\cdots,N\end{cases}\tag{8.1.12}$$

式中　$x^{(k)}(t)$——方程组（8.1.3）的积分结果，时间区间 $[0,\tau_k]$ 内的初始条件为式（8.1.5）。

由于方程组（8.1.9）第一个方程中的条件（8.1.4），我们假设：

$$\dot{V}^{(k)}(t)=0,\quad k=1,2,\cdots,N\tag{8.1.13}$$

我们将对控制向量式（8.1.8）的主要形成阶段进行分析。

该过程的第一步是，给定编队每架无人机所需的空间轨迹，即在选定坐标系的相应坐标平面上形成其投影 $\bar{y}_k(x)$ 和 $\bar{z}_k(x)(k=1,2,\cdots,N)$。

然后，对于每个 $k=1,2,\cdots,N$，使用一种数值方法[3]对初始条件为（8.1.5）的方程组（8.1.3）进行积分。在求解方程组的过程中，根据式（8.1.12）计算编队第 k 架无人机当前的轨迹角及其导数。当条件式（8.1.6）成立时，记录第 k 架无人机的飞行时间值 $\tau_k(k=1,2,\cdots,N)$，并根据公式（8.1.7）求出无人机飞往编队应用区域的起始时间 T_k。

令 Δt_k 为对编队第 k 架无人机的实现飞行程序控制的时间间隔，其中 $k=1,2,\cdots,N$。此时，从前面所得的计算结果 $x^{(k)}(t)$、$y^{(k)}(t)$、$z^{(k)}(t)$、$\theta^{(k)}(t)$、$\dot{\theta}^{(k)}(t)$、$\Psi^{(k)}(t)$、$\dot{\Psi}^{(k)}(t)(t\in[0,\tau_k])$ 中选择步长为 Δt_k 的值，对于每个 $k=1,2,\cdots,N$，这些值可用于求解方程组（8.1.9）。

这些方程组可通过式（5.1.30）、式（8.1.10）、式（8.1.11）、式（5.1.38）~

式 (5.1.40)、式 (8.1.13) 具体化，并且对于每个时刻 $t=0$，Δt_k，$2\Delta t_k$，$3\Delta t_k$，…，τ_k，可使用文献 [3] 提到的非线性参数方程数值解法来求解。

需注意，所得的方程组 (8.1.9) 的解应满足编队第 k 架无人机的下列运行条件：

$$\begin{cases}P_{\min}^{(k)} \leqslant P^{(k)}(t) \leqslant P_{\max}^{(k)} \\ \alpha_{\min}^{(k)} \leqslant \alpha^{(k)}(t) \leqslant \alpha_{\max}^{(k)} \\ \gamma_{\min}^{(k)} \leqslant \gamma^{(k)}(t) \leqslant \gamma_{\max}^{(k)}, \quad k=1,2,\cdots,N\end{cases} \tag{8.1.14}$$

式 (8.1.8) 形式的无人机间接控制向量符合现代实践中最常用的结构特点，此时横向作用力由倾斜角 $\gamma \neq 0$ 产生[3]。这些向量一般具有如下形式：

$$\boldsymbol{u}_k(t)=(P^{(k)}(t),\alpha^{(k)}(t),\beta^{(k)}(t),\gamma^{(k)}(t)), \quad k=1,2,\cdots,N$$

式中　$\beta^{(k)}(t)$——第 k 架无人机在 $t\in[0,\tau_k]$ 时刻的滑动角。

在形成编队无人机的这些间接控制向量时，可使用上述方法给定其所需的空间运动轨迹并计算相应的飞行时间特性。通过解决文献 [3] 中列举的辅助条件最优化问题，直接形成第 k 架无人机的控制函数 $P^{(k)}(t)$、$\alpha^{(k)}(t)$、$\beta^{(k)}(t)$ 和 $\gamma^{(k)}(t)$，$t\in[0,\tau_k]$ $(k=1,2,\cdots,N)$。

例 8.1

形成控制向量式 (8.1.8)，确保由 $N=3$ 架无人机组成的编队以纵队形式飞向运动区域，已知无人机编队以 100m/s 的速度在高度为 3000m 的水平面上沿圆形轨迹 $z_k(x)=\sqrt{80000^2-x^2}$ $(k=1,2,3)$ 飞行，无人机之间的间距为 800m (见例 7.5)。

由该示例的结果和编队的给定飞行高度可知，当 $t=t_0$ 时，纵队中每架无人机的初始位置可用下列坐标描述：

$$\begin{cases}(x_0^{(1)},y_0^{(1)},z_0^{(1)})=(56568,3000,56568)\,\text{m} \\ (x_0^{(2)},y_0^{(2)},z_0^{(2)})=(57131,3000,56001)\,\text{m} \\ (x_0^{(3)},y_0^{(3)},z_0^{(3)})=(57688,3000,55426)\,\text{m}\end{cases} \tag{8.1.15}$$

由式 (8.1.1) 可知：

$$\begin{cases}y_0^{(k)}=3000\text{m}, \theta_0^{(k)}=\theta_0^{(k)}(t_0)=0, \quad k=1,2,3 \\ \boldsymbol{\Psi}_0^{(1)}=\arctan z_1'(x_0^{(1)})=-45° \\ \boldsymbol{\Psi}_0^{(2)}=\arctan z_2'(x_0^{(2)})=-45.572° \\ \boldsymbol{\Psi}_0^{(3)}=\arctan z_3'(x_0^{(3)})=-46.145°\end{cases} \tag{8.1.16}$$

假设 $t_0=15\text{h}\ 31\text{min}\ 0\text{s}$，编队无人机以 $V^{(k)}=100\text{m/s}(k=1,2,3)$ 的速度开始飞往编队应用区域，此时的坐标和轨迹角如下：

$$\begin{cases} x_h^{(1)}=20000\text{m}, \quad y_h^{(1)}=600\text{m}, \quad z_h^{(1)}=10000\text{m} \\ \theta_h^{(1)}=20°, \quad \Psi_h^{(1)}=40° \\ x_h^{(2)}=21000\text{m}, \quad y_h^{(2)}=500\text{m}, \quad z_h^{(2)}=15000\text{m} \\ \theta_h^{(2)}=20°, \quad \Psi_h^{(2)}=45° \\ x_h^{(3)}=22000\text{m}, \quad y_h^{(3)}=700\text{m}, \quad z_h^{(3)}=25000\text{m} \\ \theta_h^{(3)}=20°, \quad \Psi_h^{(3)}=60° \end{cases} \tag{8.1.17}$$

基于上述初始数据，形成式（6.1.17）和式（6.1.18）类型的多项式，这些多项式描述编队每架无人机空间轨迹的投影 $\bar{y}_k(x)$ 和 $\bar{z}_k(x)(k=1,2,3)$。

一般情况下，这些多项式可写为

$$\begin{cases} \bar{y}_k(x)=\bar{C}_1^{(k)}x^3+\bar{C}_2^{(k)}x^2+\bar{C}_3^{(k)}x+\bar{C}_4^{(k)} \\ \bar{z}_k(x)=\hat{C}_1^{(k)}x^3+\hat{C}_2^{(k)}x^2+\hat{C}_3^{(k)}x+\hat{C}_4^{(k)}, \quad k=1,2,3 \end{cases} \tag{8.1.18}$$

为了使其中包含的系数值具体化，我们求取基于式（8.1.15）~式（8.1.17）中初始数据生成的线性方程（6.1.19）和方程（6.1.10）的解。

我们将会计算编队第 k 架无人机的控制向量 $\boldsymbol{u}_k(t)$。

对编队中的无人机 1 进行分析。计算系数 $\bar{C}_i^{(1)}(i=1,2,3,4)$ 的方程组可写为

$$\begin{cases} \bar{C}_1^{(1)}\times 20000^3+\bar{C}_2^{(1)}\times 20000^2+\bar{C}_3^{(1)}\times 20000+\bar{C}_4^{(1)}=600 \\ 3\bar{C}_1^{(1)}\times 20000^3+2\bar{C}_2^{(1)}\times 20000+\bar{C}_3^{(1)}=\tan 20° \\ \bar{C}_1^{(1)}\times 56568^3+\bar{C}_2^{(1)}\times 56568^2+\bar{C}_3^{(1)}\times 56568+\bar{C}_4^{(1)}=3000 \\ 3\bar{C}_1^{(1)}\times 56568^2+2\bar{C}_2^{(1)}\times 56568+\bar{C}_3^{(1)}=\tan 0° \end{cases}$$

使用文献［3］中的一种数值方法求解该方程组，可以得到下列值：

$$\bar{C}_1^{(1)}=1.740\times 10^{-10}, \quad \bar{C}_2^{(1)}=-2.496\times 10^{-5}$$

$$\bar{C}_3^{(1)}=1.154, \quad \bar{C}_4^{(1)}=-1.388\times 10^4$$

系数 $\hat{C}_i^{(1)}(i=1,2,3,4)$ 可由下列方程组计算得出：

$$\hat{C}_1^{(1)}\times 20000^3+\hat{C}_2^{(1)}\times 20000^2+\hat{C}_3^{(1)}\times 20000+\hat{C}_4^{(1)}=10000$$

$$3\hat{C}_1^{(1)}\times 20000^3+2\hat{C}_2^{(1)}\times 20000+\hat{C}_3^{(1)}=\tan 40°$$

$$\hat{C}_1^{(1)}\times 56568^3+\hat{C}_2^{(1)}\times 56568^2+\hat{C}_3^{(1)}\times 56568+\hat{C}_4^{(1)}=56568$$

$$3\hat{C}_1^{(1)}\times 56568^2+2\hat{C}_2^{(1)}\times 56568+\hat{C}_3^{(1)}=\tan(-45°)$$

该方程组的根为

$$\hat{C}_1^{(1)}=-2.025\times 10^{-9},\quad \hat{C}_2^{(1)}=2.074\times 10^{-4}$$

$$\hat{C}_3^{(1)}=-5.028,\quad \hat{C}_4^{(1)}=4.379\times 10^{-4}$$

因此，当 $k=1$ 时，式（8.1.18）可具体写为

$$\begin{cases}\bar{y}_1(x)=1.740\times 10^{-10}x^3-2.496\times 10^{-5}x^2+1.154x-1.388\times 10^4\\ \bar{z}_1(x)=-2.025\times 10^{-9}x^3+2.074\times 10^{-4}x^2-5.028x+4.379\end{cases}$$

当 $x\in[20000,56568]$ m 时，这些函数的示意图见图 8－1。

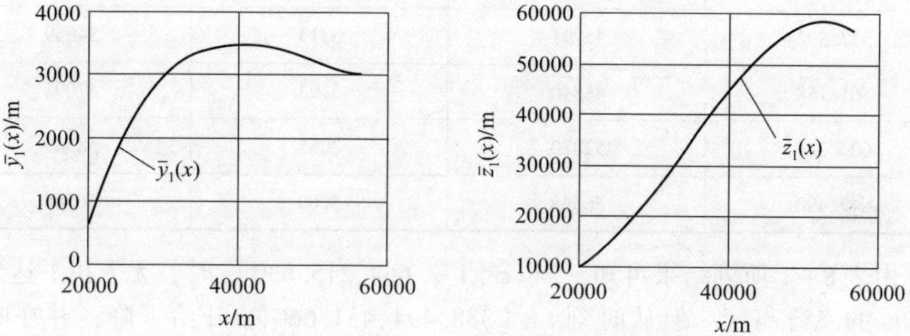

图 8－1　函数 $\bar{y}_1(x)$ 和 $\bar{z}_1(x)$ 的示意图

当 $k=1$ 时，在式（8.1.5）类型的下列初始条件下：

$$x^{(1)}(0)=20000\text{m},\quad y^{(1)}(0)=600\text{m},\quad z^{(1)}(0)=10000\text{m}$$

通过求解微分方程组（8.1.3）得到无人机 1 空间飞行轨迹的参数表示 $x^{(1)}(t)$、$y^{(1)}(t)$ 和 $z^{(1)}(t)$ 如表 8－1 和图 8－2 所示，间隔时间为 $\Delta t=43.166$s。

表 8－1　无人机 1 空间飞行轨迹的参数

t/s	$x^{(1)}(t)$/m	$y^{(1)}(t)$/m	$z^{(1)}(t)$/m
0	20000	600	10000

续表

t/s	$x^{(1)}(t)$/m	$y^{(1)}(t)$/m	$z^{(1)}(t)$/m
43.166	22807	1511	12988
86.332	25206	2126	16411
129.498	27372	2564	20044
172.664	29399	2883	23796
215.830	31342	3114	27616
258.996	33241	3277	31475
302.162	35128	3385	35349
345.328	37035	3446	39219
388.494	38995	3467	43064
431.660	41054	3450	46858
474.826	43280	3398	50554
517.992	45791	3313	54059
561.158	48840	3193	57095
604.324	52820	3055	58509
647.490	56568	3000	56568

由表 8－1 所列结果可知，当 $t\in[172.664,215.830]$s 时，无人机 1 达到超 3000m 的飞行高度，但从时刻 $t\in[388.494,431.660]$s 开始下降，并在时刻 $\tau_1=647.490$s 降低至编队运动开始所需的高度。

需注意，此刻无人机 1 的其他坐标是由式（8.1.15）给定的值。

图 8－2 所示为无人机 1 飞往编队飞行区域的空间运动轨迹。使用式（8.1.17），可以计算出无人机飞往编队飞行区域的运动开始时间：

$$T_1=15\text{h}\ 31\text{min}\ 00\text{s}-647.490\text{s}$$
$$=15\text{h}\ 31\text{min}\ 00\text{s}-00\text{h}\ 10\text{min}\ 48\text{s}=15\text{h}\ 20\text{min}\ 12\text{s}$$

接下来形成控制函数 $P_1(t)$、$\alpha_1(t)$ 和 $\gamma_1(t)$，其中 $t\in[0,647.490]$s。

当 $k=1$ 时，为了求方程组（8.1.9），在 $t\in[0,647.490]$s 的情况下，根据式（8.1.12）初步计算无人机 1 随时间变化的轨迹倾斜角 $\theta^{(1)}(t)$ 和旋转角 $\Psi^{(1)}(t)$ 及其导数（表 8－2）。

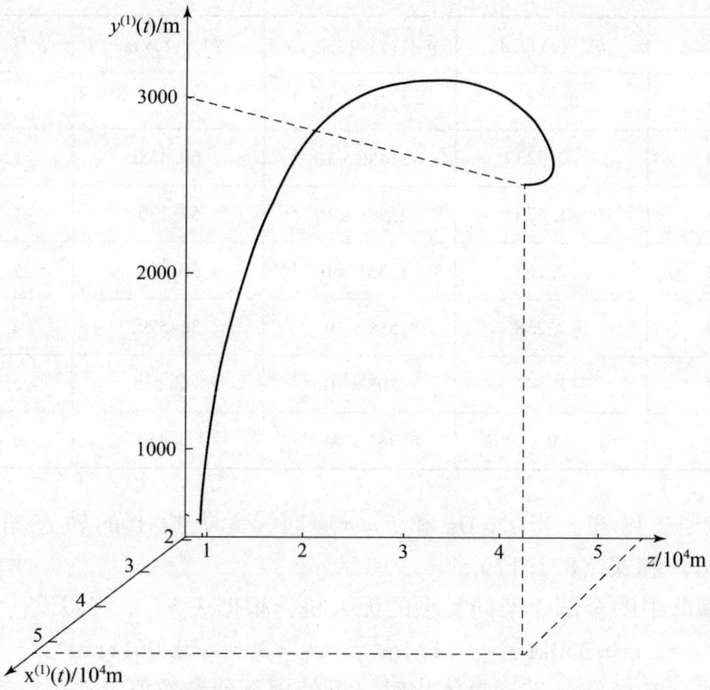

图 8－2　无人机 1 的空间飞行轨迹

表 8－2　无人机 1 的轨迹倾斜角和旋转角及其导数

t/s	$\theta^{(1)}(t)$/rad	$\dot{\theta}^{(1)}(t)$/(rad/s)	$\Psi^{(1)}(t)$/rad	$\dot{\Psi}^{(1)}(t)$/(rad/s)
0	20	-1.846×10^{-3}	40	7.260×10^{-3}
43.166	15.990	-1.433×10^{-3}	51.862	3.119×10^{-3}
86.332	12.785	-1.177×10^{-3}	57.490	1.644×10^{-3}
129.498	10.106	-9.994×10^{-4}	60.616	9.569×10^{-4}
172.664	7.807	-8.647×10^{-4}	62.460	5.647×10^{-4}
215.830	5.808	-7.555×10^{-4}	63.513	3.006×10^{-4}
258.996	4.057	-6.623×10^{-4}	63.992	9.235×10^{-5}
302.162	2.523	-5.795×10^{-4}	63.982	-1.008×10^{-4}
345.328	1.186	-5.024×10^{-4}	63.478	-3.126×10^{-4}

续表

t/s	$\theta^{(1)}(t)$/rad	$\dot{\theta}^{(1)}(t)$/(rad/s)	$\Psi^{(1)}(t)$/rad	$\dot{\Psi}^{(1)}(t)$/(rad/s)
388.494	0.037	-4.269×10^{-4}	62.385	-5.869×10^{-4}
431.660	−0.923	-3.480×10^{-4}	60.458	-1.006×10^{-3}
474.826	−1.675	-2.568×10^{-4}	57.130	-1.774×10^{-3}
517.992	−2.167	-1.331×10^{-4}	50.889	-3.547×10^{-3}
561.158	−2.258	8.558×10^{-5}	36.599	-9.231×10^{-3}
604.324	−1.542	5.208×10^{-4}	−3.675	-2.300×10^{-2}
647.490	0	6.461×10^{-4}	−45	-9.632×10^{-3}

由表8－2可知，当 $t=0$s 和 $t=\tau_1$s 时，无人机1的轨迹角满足条件式（8.1.16）和式（8.1.17）。

对于编队中的全部3架同类型的无人机，根据表5－1将假设：

$$m=350\text{kg},\quad s=1.4\text{m}^2,\quad \varphi_{\text{d}}=3.5^\circ=0.0611\text{rad}$$

在对式（8.1.11）进行具体化时，可使用下列参数值：

$$\alpha_0=-0.401^\circ=-0.007\text{rad},\quad A=0.0759$$

$$c_0=0.017,\quad c_1=0.025,\quad d_0=4.312,\quad d_1=1.292$$

此时，编队第 k 架无人机的气动系数公式如下：

$$\begin{cases} c_x^{(k)}(t)=\left(0.017+\dfrac{0.025V^{(k)}}{340-0.004y^{(k)}(t)}\right) \\ \qquad\qquad +\left(1.188+\dfrac{0.356V^{(k)}}{340-0.004y^{(k)}(t)}\right)(\alpha^{(k)}(t)+0.007)^2 \\ c_y^{(k)}(t)=\left(4.312+\dfrac{1.291V^{(k)}}{340-0.004y^{(k)}(t)}\right)(\alpha^{(k)}(t)+0.007)^2,\quad k=1,2,3 \end{cases} \tag{8.1.19}$$

当 $k=1$ 时，在间隔为 $\Delta t_1=43.166$s 的时间区间[0,647.490]s内求解方程组（8.1.9），此时初始近似值为

$$P_{1,0}=1000\text{N},\quad \alpha_{1,0}=1^\circ,\quad \gamma_{1,0}=1^\circ$$

我们发现方程组（8.1.9）的根与初始近似值无关，这意味着该方程组的解具有唯一性。

函数 $P_1(t)$、$\alpha_1(t)$、$\gamma_1(t)$ 类型方程组的求解结果如表8－3和图8－3所示。

表 8-3　函数 $P_1(t)$、$\alpha_1(t)$ 和 $\gamma_1(t)$ 在 $t\in[0,647.490]$ s 内的求解结果

t/s	$P_1(t)$/N	$\alpha_1(t)$/rad	$\gamma_1(t)$/rad
0	1454.319	4.098	4.320
43.166	1222.471	4.687	1.850
86.332	1038.364	5.136	0.973
129.498	882.941	5.484	0.565
172.664	749.128	5.755	0.333
215.830	632.368	6.965	0.177
258.996	529.869	6.123	0.054
302.162	439.867	6.238	−0.059
345.328	361.297	6.314	−0.184
388.494	293.687	6.357	−0.344
431.660	237.221	6.371	−0.590
474.826	193.068	6.356	−1.039
517.992	164.452	6.319	−2.074
561.158	160.807	6.281	−5.373
604.324	210.621	6.348	−12.879
647.490	296.307	6.157	−5.573

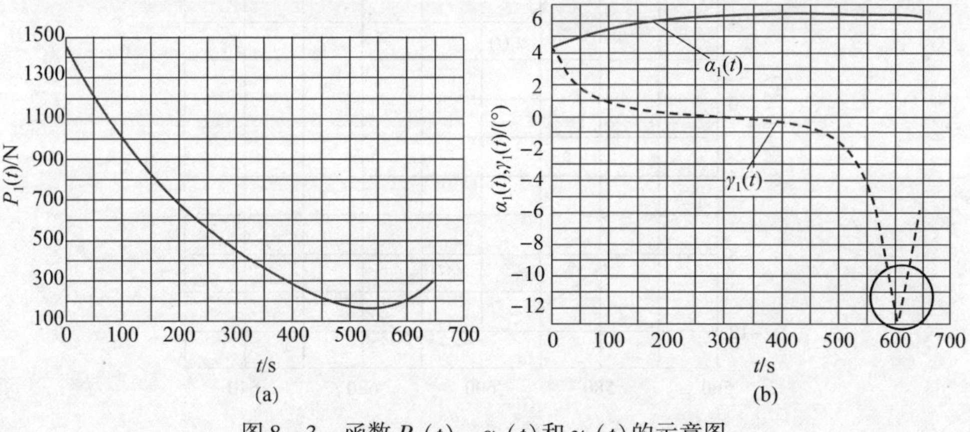

图 8-3　函数 $P_1(t)$、$\alpha_1(t)$ 和 $\gamma_1(t)$ 的示意图

(a) 函数 $P_1(t)$；(b) 函数 $\alpha_1(t)$ 和 $\gamma_1(t)$。

如图 8-3（b）所示，倾斜角 $\gamma_1(t)$ 变化的“拐点”在值 $t=600$s 附近，因此我们将在时间区间 $[561.155, 604.321]$ s 内以更小的时间间隔 $\Delta t_1=4.317$s 进行分析。

从表 8-4 和图 8-4 所示的数据来看，控制函数 $P_1(t)$、$\alpha_1(t)$、$\gamma_1(t)$ 在所研究的范围内具有单调性。

表 8-4　函数 $P_1(t)$、$\alpha_1(t)$ 和 $\gamma_1(t)$ 在 $t\in[561.155, 604.321]$ s 内的求解结果

t/s	$P_1(t)$/N	$\alpha_1(t)$/rad	$\gamma_1(t)$/rad
561.155	160.807	6.281	-5.373
569.788	165.223	6.283	-6.740
578.421	172.288	6.295	-8.453
587.054	182.422	6.317	-10.389
595.688	195.534	6.342	-12.104
604.321	210.621	6.348	-12.879
612.954	226.496	6.319	-12.280
647.487	242.936	6.268	-10.653
595.688	260.169	6.219	-8.721
600.004	278.076	6.182	-6.976
604.321	296.307	6.157	-5.573

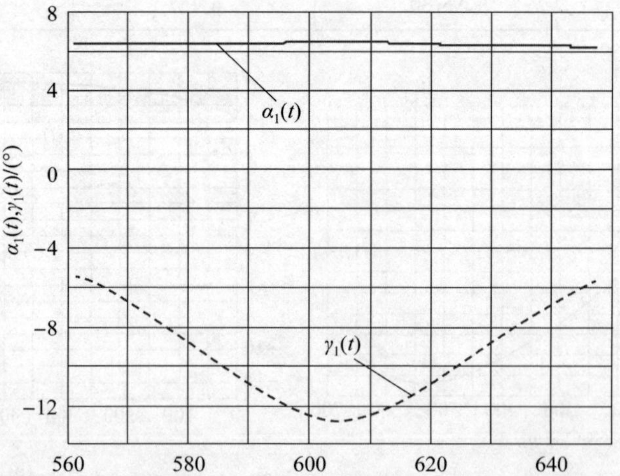

图 8-4　函数 $\alpha_1(t)$ 和 $\gamma_1(t)$ 在 $t\in[0, 647.487]$ s 内的图示

我们发现，在无人机 1 飞往编队集中区域的时间区间内，表 5－1 所示的控制函数 $P_1(t)$、$\alpha_1(t)$、$\gamma_1(t)$ 的限制条件式（8.1.14）成立。

对于该编队中的无人机 2，完成上面的操作，可以得到式（8.1.18）类型的无人机轨迹投影公式，如下：

$$\begin{cases} \bar{y}_2(x) = 1.728\times10^{-10}x^3 - 2.529\times10^{-5}x^2 + 1.197x - 1.510\times10^4 \\ \bar{z}_2(x) = -1.754\times10^{-9}x^3 + 1.776\times10^{-4}x^2 - 4.139x + 3.984\times10^4 \end{cases}$$

当 $k=2$ 时，由方程组（8.1.3）的积分结果可知，$\tau_2 = 604.579\text{s}$，此时时间间隔 $\Delta t = 40.305\text{s}$，如表 8－5 所列。

表 8－5　无人机 2 的运动轨迹参数

t/s	$x^{(2)}(t)$/m	$y^{(2)}(t)$/m	$z^{(2)}(t)$/m
0	2.100×10^4	500	1.500×10^4
40.305	2.350×10^4	1323	1.789×10^4
80.610	2.575×10^4	1922	2.107×10^4
120.915	2.784×10^4	2371	2.442×10^4
161.220	2.983×10^4	2710	2.785×10^4
201.525	3.176×10^4	2965	3.135×10^4
241.830	3.367×10^4	3151	3.488×10^4
282.135	3.558×10^4	3281	3.842×10^4
322.440	3.753×10^4	3362	4.194×10^4
362.745	3.954×10^4	3399	4.543×10^4
403.050	4.167×10^4	3396	4.885×10^4
443.355	4.399×10^4	3355	5.215×10^4
483.660	4.663×10^4	3277	5.518×10^4
523.965	4.985×10^4	3163	5.758×10^4
564.270	5.376×10^4	3043	5.811×10^4
604.575	5.713×10^4	3000	5.600×10^4
0	2.100×10^4	500	1.500×10^4
40.305	2.350×10^4	1323	1.789×10^4
80.610	2.575×10^4	1922	2.107×10^4

此时，无人机 2 飞往其纵队起点的运动开始时间可根据式（8.1.17）计算，将等于：

$$T_2 = 15\text{h}\ 31\text{min}\ 00\text{s} - 604.575\text{s}$$
$$= 15\text{h}\ 31\text{min}\ 00\text{s} - 00\text{h}\ 10\text{min}\ 05\text{s} = 15\text{h}\ 20\text{min}\ 55\text{s}$$

由此可知，无人机 1 开始运动后，过了 42s，无人机 2 也开始运动。

当 $t \in [0, 604.575]$ s 时，表 8-6 所列的值 $\theta^{(2)}(t)$、$\dot{\theta}^{(2)}(t)$、$\Psi^{(2)}(t)$ 和 $\dot{\Psi}^{(2)}(t)$ 与式（8.1.19）共同用于求解方程组（8.1.9），此时 $k=2$。

表 8-6　无人机 2 的轨迹倾斜角和旋转角及其导数

t/s	$\theta^{(2)}(t)$/rad	$\dot{\theta}^{(2)}(t)$/(rad/s)	$\Psi^{(2)}(t)$/rad	$\dot{\Psi}^{(2)}(t)$/(rad/s)
0	20	-1.690×10^{-3}	45	4.459×10^{-3}
40.305	16.444	-1.408×10^{-3}	52.492	2.335×10^{-3}
80.610	13.434	-1.208×10^{-3}	56.637	1.363×10^{-3}
120.915	10.826	-1.056×10^{-3}	59.112	8.270×10^{-4}
161.220	8.534	-9.329×10^{-4}	60.601	4.830×10^{-4}
201.525	6.503	-8.282×10^{-4}	61.410	2.279×10^{-4}
241.830	4.700	-7.357×10^{-4}	61.681	9.029×10^{-4}
282.135	3.100	-6.510×10^{-4}	61.452	-2.100×10^{-4}
322.440	1.690	-5.705×10^{-4}	60.682	-4.664×10^{-4}
362.745	0.465	-4.900×10^{-4}	59.227	-8.160×10^{-4}
403.050	-0.570	-4.040×10^{-4}	56.758	-1.373×10^{-3}
443.355	-1.389	-3.019×10^{-4}	52.516	-2.428×10^{-3}
483.660	-1.933	-1.585×10^{-4}	44.494	-4.918×10^{-3}
523.965	-2.036	9.915×10^{-5}	26.213	-1.200×10^{-2}
564.270	-1.335	5.000×10^{-4}	-14.031	-1.900×10^{-2}
604.575	0	6.060×10^{-4}	-45.572	-8.439×10^{-3}

所得的控制值 $P_2(t)$、$\alpha_2(t)$ 和 $\gamma_2(t)$ 如表 8-7 和图 8-5 所示。

表 8-7　函数值 $P_2(t)$、$\alpha_2(t)$ 和 $\gamma_2(t)$

t/s	$P_2(t)$/N	$\alpha_2(t)$/rad	$\gamma_2(t)$/rad
0	1455.444	4.055	2.652
40.305	1250.491	4.579	1.385
80.610	1076.516	5.003	0.806
120.915	925.190	5.347	0.489
161.220	791.723	5.625	0.285
201.525	673.151	5.847	0.134
241.830	567.557	6.021	0
282.135	473.698	6.151	-0.124
322.440	390.856	6.243	-0.274
362.745	318.815	6.300	-0.479
403.050	257.995	6.325	-0.805
443.355	209.893	6.321	-1.423
483.660	178.432	6.294	-2.876
523.965	174.970	6.281	-7.099
564.270	220.812	6.290	-11.033
604.575	295.892	6.147	-4.889

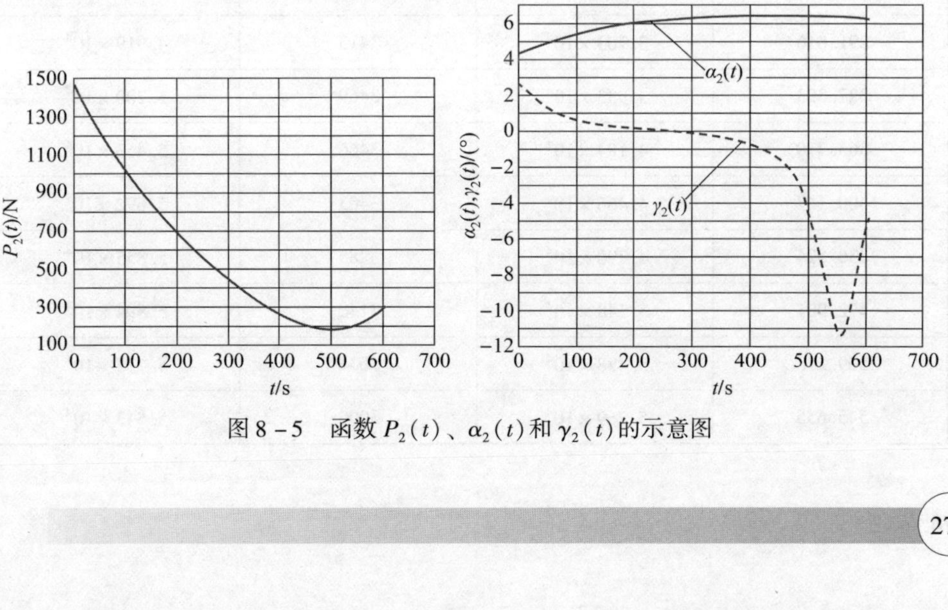

图 8-5　函数 $P_2(t)$、$\alpha_2(t)$ 和 $\gamma_2(t)$ 的示意图

对于编队中的无人机3，所形成的空间轨迹投影式（8.1.18）如下：

$$\begin{cases}\bar{y}_3(x)=1.758\times10^{-10}x^3-2.611\times10^{-5}x^2+1.258x-1.640\times10^4\\ \bar{z}_3(x)=-7.960\times10^{-10}x^3+5.630\times10^{-5}x^2+0.411x-2.807\times10^3\end{cases}$$

间隔为 $\Delta t_3=36.377\text{s}$ 时，无人机3运动轨迹的参数表示如表8-8所列。由该表可知，无人机3的运动时间等于：

$$\tau_3=545.655\text{s}$$

由此，无人机飞往纵队形成区域的运动开始时间将等于：

$$\begin{aligned}T_3&=15\text{h}\ 31\text{min}\ 00\text{s}-545.655\text{s}\\&=15\text{h}\ 31\text{min}\ 00\text{s}-00\text{h}\ 09\text{min}\ 06\text{s}=15\text{h}\ 21\text{min}\ 54\text{s}\end{aligned}$$

表8-8　无人机3的运动轨迹参数

t/s	$x^{(3)}(t)$/m	$y^{(3)}(t)$/m	$z^{(3)}(t)$/m
0	2.200×10^4	700	2.500×10^4
36.377	2.372×10^4	1282	2.799×10^4
72.754	2.546×10^4	1789	3.101×10^4
109.131	2.724×10^4	2223	3.407×10^4
145.508	2.906×10^4	2588	3.713×10^4
181.885	3.093×10^4	2887	4.020×10^4
218.262	3.287×10^4	3123	4.325×10^4
254.639	3.489×10^4	3298	4.625×10^4
291.016	3.703×10^4	3413	4.919×10^4
327.393	3.933×10^4	3469	5.200×10^4
363.770	4.184×10^4	3466	5.463×10^4
400.147	4.466×10^4	3403	5.692×10^4
436.524	4.790×10^4	3285	5.855×10^4
472.901	5.148×10^4	3140	5.894×10^4
509.278	5.488×10^4	3034	5.722×10^4
545.655	5.769×10^4	3000	5.543×10^4

当 $t\in[0,545.655]$ s 时，角 $\theta^{(3)}(t)$、$\Psi^{(3)}(t)$ 及其导数的动态如表 8-9 所列。

表 8-9　无人机 3 的轨迹倾斜角和旋转角及其导数

t/s	$\theta^{(3)}(t)$/rad	$\dot{\theta}^{(3)}(t)$/(rad/s)	$\Psi^{(3)}(t)$/rad	$\dot{\Psi}^{(3)}(t)$/(rad/s)
0	20	-1.243×10^{-3}	60	8.844×10^{-5}
36.377	17.347	-1.215×10^{-3}	60.084	-8.084×10^{-6}
72.754	14.941	-1.179×10^{-3}	59.963	-1.092×10^{-4}
109.131	12.526	-1.136×10^{-3}	59.621	-2.210×10^{-4}
145.508	10.208	-1.086×10^{-3}	59.029	-3.512×10^{-4}
181.885	8.003	-1.029×10^{-3}	58.137	-5.116×10^{-4}
218.262	5.925	-9.642×10^{-4}	56.863	-7.210×10^{-4}
254.639	3.990	-8.912×10^{-4}	55.075	-1.012×10^{-3}
291.016	2.217	-8.076×10^{-4}	52.548	-1.444×10^{-3}
327.393	0.634	-7.081×10^{-4}	48.875	-2.141×10^{-3}
363.770	-0.716	-5.813×10^{-4}	43.264	-3.369×10^{-3}
400.147	-1.753	-4.022×10^{-4}	34.062	-5.724×10^{-3}
436.524	-2.322	-1.214×10^{-4}	18.021	-9.981×10^{-3}
472.901	-2.177	2.665×10^{-4}	-6.946	-1.300×10^{-3}
509.278	-1.288	5.524×10^{-4}	-31.061	-9.396×10^{-3}
545.655	0	6.625×10^{-4}	-46.145	-5.418×10^{-3}

在这个时间区间内，控制函数 $P_3(t)$、$\alpha_3(t)$ 和 $\gamma_3(t)$ 的计算结果如表 8-10 所列。这些函数的示意图见图 8-6。

表 8-10　控制函数 $P_3(t)$、$\alpha_3(t)$ 和 $\gamma_3(t)$ 的计算结果

t/s	$P_3(t)$/N	$\alpha_3(t)$/rad	$\gamma_3(t)$/rad
0	1453.867	4.159	0.052
36.377	1306.634	4.529	0

续表

t/s	$P_3(t)$/N	$\alpha_3(t)$/rad	$\gamma_3(t)$/rad
72.754	1162.739	4.878	−0.065
109.131	1023.066	5.199	−0.131
145.508	888.529	5.488	−0.208
181.885	760.062	5.741	−0.302
218.262	638.626	5.953	−0.425
254.639	525.262	6.123	−0.597
291.016	421.219	6.249	−0.851
327.393	328.204	6.329	−1.260
363.770	248.938	6.365	−1.979
400.147	188.432	6.361	−3.354
436.524	156.630	6.334	−5.819
472.901	167.404	6.286	−7.547
509.278	219.789	6.194	−5.442

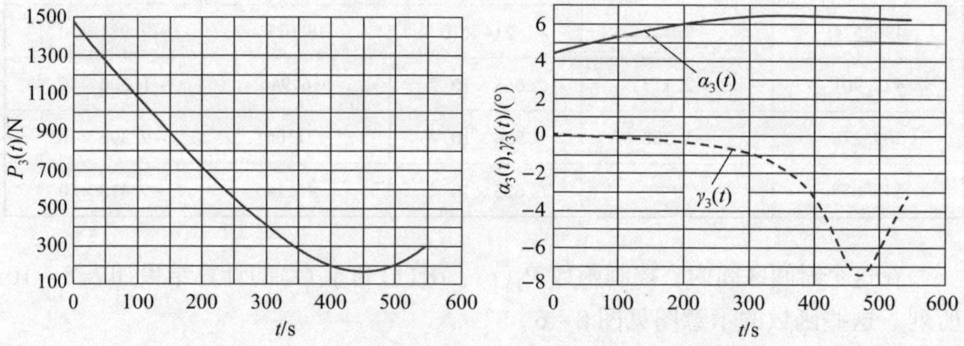

图 8－6　控制函数 $P_3(t)$、$\alpha_3(t)$ 和 $\gamma_3(t)$ 的示意图

由所得模拟结果和表 5－1 所示数据可知，当满足攻角和倾斜角的限制条件时，无人机 1、无人机 2 和无人机 3 在进入其编队飞行区域的最初时刻，违反了条件式（8.1.14）中关于发动机推力的第一个限制条件。

通过改变编队中第 k 架无人机的初始相位向量（$x_H^{(k)}$，$y_H^{(k)}$，$z_H^{(k)}$，$\theta_H^{(k)}$，$\Psi_H^{(k)}$，

$V_H^{(k)}$)的值，可消除这一不足。

由表 8－3、表 8－7 和表 8－10 可知，当无人机的初始相位向量值为

$(x_H^{(1)}, y_H^{(1)}, z_H^{(1)}, \theta_H^{(1)}, \Psi_H^{(1)}, V_H^{(1)}) = (25206\mathrm{m}, 2126\mathrm{m}, 16411\mathrm{m}, 12.785°, 57.490°, 100\mathrm{m/s})$

$(x_H^{(2)}, y_H^{(2)}, z_H^{(2)}, \theta_H^{(2)}, \Psi_H^{(2)}, V_H^{(2)}) = (25750\mathrm{m}, 1922\mathrm{m}, 21070\mathrm{m}, 13.434°, 56.637°, 100\mathrm{m/s})$

$(x_H^{(3)}, y_H^{(3)}, z_H^{(3)}, \theta_H^{(3)}, \Psi_H^{(3)}, V_H^{(3)}) = (25460\mathrm{m}, 1789\mathrm{m}, 31010\mathrm{m}, 14.941°, 59.963°, 100\mathrm{m/s})$

时（这些值是基于表 8－1、表 8－2、表 8－5、表 8－6、表 8－8 和表 8－9 的数据得到的），条件式 $P_k(t) \leqslant P_{\max,k} = 1208.65\mathrm{N}(k=1,2,3)$ 成立。

在纵队初始飞行状态下，该无人机编队沿给定轨迹 $z = \sqrt{80000^2 - x^2}$ 在高度 $\bar{y}_3(t_0) = 3000\mathrm{m}$ 上运动的空间轨迹如图 8－7 所示。

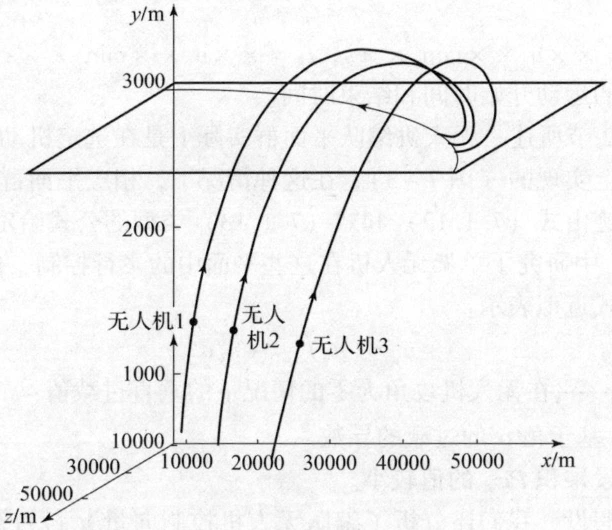

图 8－7　无人机编队的空间运动轨迹

本节所阐述的无人机编队间接程序控制 $\boldsymbol{u}_k(t) = (P_k(t), \alpha_k(t), \gamma_k(t))$ $(k=1,2,\cdots,N)$ 的确定方法，可用于使无人机进入各种编队飞行的初始状态，以及完成指定的空间机动动作。

8.2　无人机群的控制

在 7.1 节中我们已经分析了无序队形（“群”）的 $N \geqslant 2$ 架无人机的形成和运动问题。

假设通过8.1节所述方法形成的程序控制，使编队中每架无人机在时间点 $t=t_0$ 到达其在无人机群中的初始运动点。

本节将解决控制向量 $\boldsymbol{u}_k(t)(k=1,2,\cdots,N)$ 的求取问题，该向量确保平面和空间群中的每 k 架无人机在给定的时间范围 $[t_0,t_K]$ 内沿需要的轨迹运动。

假设无人机群中无人机的飞行速度是固定的，即满足条件：

$$V^{(k)}(t)=V^{(k)}=\text{常数},\quad k=1,2,\cdots,N \tag{8.2.1}$$

因此，在使用控制运动的逆问题理论方法[3,20]形成程序控制向量 $\boldsymbol{u}_k(t)$ $(k=1,2,\cdots,N)$ 时，当前时间 t 应用单位“s”表示，我们将对辅助变化区间 $[0,\tau]$s 进行分析。

根据下列公式计算数值 τ：

$$\tau=t_K-t_0 \tag{8.2.2}$$

其中，$t_0=\times\times\text{h}\ \times\times\text{min}\ \times\times\text{s}$，$t_K=\times\times\text{h}\ \times\times\text{min}\ \times\times\text{s}$ 是给定的无人机群中无人机的运动开始时间和结束时间。

正如7.1.2节所述，无人机编队平面群实际上是在选定机动坐标系的水平面和垂直平面上实现的（图7-3）。在这种情况下，相应平面群中每架无人机所需的飞行轨迹由式（7.1.12）和式（7.1.13）类型的公式给定。

文献［3］中研究了单架无人机在这些平面中的飞行控制，假设过载 n_y 可以用线性关系式近似表示：

$$n_y=(n_y)_{\alpha=0}+n_y^{\alpha}\alpha$$

式中　$(n_y)_{\alpha=0}$——在无人机攻角为零的情况下的垂直过载值；

$n_y^{\alpha}\alpha$——基于角 α 的过载的导数。

此外，假设乘积 $P\varphi_{\text{d}}$ 的值较小。

排除这些假设，我们还分析了编队无人机控制向量 $\boldsymbol{u}_k(t)(k=1,2,\cdots,N)$ 的另一种形成方法。

方程（8.1.9）可以改写为下列形式：

$$P_k(t)-X_k(\alpha_k(t),y^{(k)}(t),V^{(k)}(t))-m_k g\sin\theta^{(k)}(t)-m_k\dot{V}^{(k)}(t)=0 \tag{8.2.3}$$

$$\begin{aligned}&[P_k(t)(\alpha_k(t)+\varphi_{\text{d}}^{(k)})+Y_k(\alpha_k(t),y^{(k)}(t),V^{(k)}(t))]\cos\gamma_k(t)-\\&m_k g\cos\theta^{(k)}(t)-m_k V^{(k)}(t)\dot{\theta}^{(k)}(t)=0\end{aligned} \tag{8.2.4}$$

$$\begin{aligned}&[P_k(t)(\alpha_k(t)+\varphi_{\text{d}}^{(k)})+Y_k(\alpha_k(t),y^{(k)}(t),V^{(k)}(t))]\sin\gamma_k(t)-\\&m_k V^{(k)}(t)\cos\theta^{(k)}(t)\dot{\Psi}^{(k)}(t)=0\end{aligned} \tag{8.2.5}$$

在这些方程的基础上形成方程组，以求取无人机在垂直平面和水平面上编

队飞行的控制向量 $\boldsymbol{u}_k(t)$。

由文献 [3] 可知，当无人机在垂直面上飞行时应满足条件：

$$\gamma_k(t)=0,\quad \Psi^{(k)}(t)=0,\quad \dot{\Psi}^{(k)}(t)=0,\quad k=1,2,\cdots,N$$

其控制向量将变为

$$\boldsymbol{u}_k(t)=(P_k(t),\alpha_k(t)),\quad k=1,2,\cdots,N \tag{8.2.6}$$

将上述条件代入式（8.2.3）~式（8.2.5）中，可以发现，最后一个方程将变为恒等式，可以不作考虑。

此时，“垂直无人机群”的控制向量［式（8.2.6）］是 N 个非线性二次参数方程组的解：

$$\begin{cases}P_k(t)-X_k(\alpha_k(t),y^{(k)}(t),V^{(k)}(t))-m_k g\sin\theta^{(k)}(t)-m_k\dot{V}^{(k)}(t)=0\\ P_k(t)(\alpha_k(t)+\varphi_{\mathrm{d}}^{(k)})+Y_k(\alpha_k(t),y^{(k)}(t),V^{(k)}(t))-m_k g\cos\theta^{(k)}(t)-\\ m_k V^{(k)}(t)\dot{\theta}^{(k)}(t)=0,\quad k=1,2,\cdots,N,\quad t\in[0,\tau]\end{cases} \tag{8.2.7}$$

求解这些方程时，可使用前面分析过的表达式：

$$\begin{cases}\theta^{(k)}(t)=\arctan y_k'(x^{(k)}(t))\\ \dot{\theta}^{(k)}(t)=\dfrac{V^{(k)}y_k''(x^{(k)}(t))}{\sqrt{1+y_k'(x^{(k)}(t))}},\quad t\in[0,\tau],\quad k=1,2,\cdots,N\end{cases} \tag{8.2.8}$$

式（8.2.7）和式（8.2.8）中包含的函数 $x^{(k)}(t)$ 和 $y^{(k)}(t)$，通过在时间区间 $(0,\tau)$ 内求解 N 个微分方程组来确定：

$$\begin{cases}\dot{x}^{(k)}=\dfrac{V^{(k)}}{\sqrt{1+y'^2_k(x^{(k)})}}\\ \dot{y}^{(k)}=\dfrac{V^{(k)}y_k'(x^{(k)})}{\sqrt{1+y'^2_k(x^{(k)})}},\quad k=1,2,\cdots,N\end{cases} \tag{8.2.9}$$

其初始条件为

$$x^{(k)}(0)=x_0^{(k)},\quad y^{(k)}(0)=y_0^{(k)},\quad k=1,2,\cdots,N$$

当无人机编队在高度为 h 的水平面上运动时，其飞行条件如下：

$$\theta^{(k)}(t)=0,\quad \dot{\theta}^{(k)}(t)=0,\quad y^{(k)}(t)=h,\quad k=1,2,\cdots,N$$

而其控制向量包括下列分量[3]：

$$\boldsymbol{u}_k(t)=(P_k(t),\alpha_k(t),\gamma_k(t)),\quad k=1,2,\cdots,N \tag{8.2.10}$$

在这种情况下，式（8.2.3）可写作：

$$P_k(t)-X_k(\alpha_k,h,V^{(k)}(t))-m_k\dot{V}^{(k)}(t)=0 \tag{8.2.11}$$

方程（8.2.4）和式（8.2.5）可表示如下：

$$[P_k(t)(\alpha_k(t)+\varphi_{\mathrm{d}}^{(k)})+Y_k|(\alpha_k(t),h,V^{(k)}(t))|]\cos\gamma_k(t)=m_k g \tag{8.2.12}$$

$$[P_k(t)(\alpha_k(t)+\varphi_{\mathrm{d}}^{(k)})+Y_k(\alpha_k(t),h,V^{(k)}(t))]\sin\gamma_k(t)=m_k V^{(k)}(t)\dot{\Psi}^{(k)}(t) \tag{8.2.13}$$

将这些方程中的第二个方程除以第一个方程，可以得到：

$$\tan\gamma_k(t)=\frac{V^{(k)}(t)}{g}\dot{\Psi}^{(k)}(t) \tag{8.2.14}$$

因此，编队中第 k 架无人机的倾斜角所需变化的计算方式如下：

$$\gamma_k(t)=\arctan\left(\frac{V^{(k)}(t)}{g}\dot{\Psi}^{(k)}(t)\right),\quad k=1,2,\cdots,N \tag{8.2.15}$$

值得一提的是，式（8.2.15）与文献［3］中的公式完全一致。

使用式（8.2.14）和关系式：

$$\cos\gamma_k(t)=\frac{1}{\sqrt{1+\tan^2\gamma_k(t)}}=\frac{g}{\sqrt{g^2+V^{(k)2}(t)\dot{\Psi}^{(k)2}(t)}}$$

方程（8.2.12）可改写为

$$\frac{[P_k(t)(\alpha_k(t)+\varphi_{\mathrm{d}}^{(k)})+Y_k(\alpha_k(t),h,V^{(k)}(t))]g}{\sqrt{g^2+V^{(k)^2}(t)\dot{\Psi}^{(k)^2}(t)}}=mg$$

经简单变换，可以得到：

$$[P_k(t)(\alpha_k(t)+\varphi_{\mathrm{d}}^{(k)})+Y_k(\alpha_k(t),h,V^{(k)}(t))]-m\sqrt{g^2+V^{(k)^2}(t)\dot{\Psi}^{(k)^2}(t)}=0 \tag{8.2.16}$$

替换方程（8.2.13）中的：

$$\sin\gamma_k(t)=\frac{\tan\gamma_k(t)}{\sqrt{1+\tan^2\gamma_k(t)}}=\frac{V^{(k)}(t)\dot{\Psi}^{(k)}(t)}{\sqrt{g^2+V^{(k)^2}(t)\dot{\Psi}^{(k)^2}(t)}}$$

经过简单变换后，可以得到与式（8.2.16）完全一致的结果。

因此，为了形成式（8.2.10）类型的水平无人机群的控制，必须确定控制函数 $P_k(t)$ 和 $\alpha_k(t)(k=1,2,\cdots,N)$，同时求解 N 个非线性二次参数方程组（8.2.11）和式（8.2.16）。在这种情况下，对于编队中的每 k 架无人机，控制函数 $\gamma_k(t)$ 可根据式（8.2.15）来计算。

在这些表达式中，导数 $\dot{\Psi}^{(k)}(t)$ 可根据下式来计算：

$$\dot{\Psi}^{(k)}(t)=\frac{V^{(k)}z_k''(x^{(k)}(t))}{\sqrt{1+z'^2_k(x^{(k)}(t))}},\quad k=1,2,\cdots,N \tag{8.2.17}$$

其中，$x^{(k)}(t)$ 是下式在时间区间 $[0,\tau]$ 内的积分结果：

$$\begin{cases}\dot{x}^{(k)}=\dfrac{V^{(k)}}{\sqrt{1+z'^2_k(x^{(k)})}}\\ \dot{z}^{(k)}=\dfrac{V^{(k)}z'_k(x^{(k)})}{\sqrt{1+z'^2_k(x^{(k)})}},\quad k=1,2,\cdots,N\end{cases} \tag{8.2.18}$$

其初始条件为

$$x^{(k)}(0)=x_0^{(k)},\quad z^{(k)}(0)=z_0^{(k)},\quad k=1,2,\cdots,N$$

我们发现，在形成平面无人机群的控制向量［式（8.2.6）和式（8.2.10）］时，可使用8.1节中用过的式（8.1.10）~式（8.1.12）。

例 8.2

假设3架无人机在时间区间[0,400]s内在垂直面上编队飞行，其控制向量具有例7.3中式（7.1.46）~式（7.1.48）所描述的初始数据。

利用式（7.1.20），我们可以确定无人机群中每架无人机所需的速度值，如下：

$$V^{(1)}=97.50\text{m/s},\quad V^{(2)}=165.82\text{m/s},\quad V^{(3)}=192.50\text{m/s}$$

在 $k=(1,2,3)$ 和这些速度值下，当 $t\in[0,400]$s 且间隔 $\Delta t=40$s 时，方程组（8.1.18）的积分结果如表8-11所列。

表 8-11　方程组（8.1.18）的积分结果

t/s	$x^{(1)}$/m	$y^{(1)}$/m	$x^{(2)}$/m	$y^{(2)}$/m	$x^{(3)}$/m	$y^{(3)}$/m
0	1000	2000	4000.00	1492.00	3000.00	5304.00
40	4900	2000	10599.88	2151.99	10690.39	4919.48
80	8800	2000	17199.76	2811.98	18380.79	4534.96
120	12700	2000	23799.65	3471.96	26071.18	4150.44
160	16600	2000	30399.53	4131.95	33761.57	3765.92
200	20500	2000	36999.41	4791.94	41451.96	3381.40
240	24400	2000	43599.30	5451.93	49142.36	2996.88
280	28300	2000	50199.18	6111.92	56832.75	2612.36
320	32200	2000	56799.06	6771.91	64523.14	2227.84
360	36100	2000	63398.94	7431.89	72213.54	1843.32
400	40000	2000	69998.83	8091.88	79903.93	1458.80

式（8.2.8）可具体化为

$$\theta^{(1)}(t)=0\text{rad},\quad \theta^{(2)}(t)=0.1\text{rad},\quad \theta^{(3)}(t)=-0.05\text{rad}$$

$$\dot{\theta}^{(1)}(t)=\dot{\theta}^{(2)}(t)=\dot{\theta}^{(3)}(t)=0\text{rad/s},\quad t\in[0,400]\text{s}$$

当时间间隔为 $\Delta t=40\text{s}$ 时，利用例 8.1 中所用的具体表达式，参数方程组（8.2.7）的解函数 $P_k(t)$ 和 $\alpha_k(t)(k=1,2,3)$ 如表 8－12 和图 8－8 所示。

表 8－12　函数 $P_k(t)$ 和 $\alpha_k(t)$ 的计算结果

t/s	无人机 1		无人机 2		无人机 3	
	$P_1(t)$/N	$\alpha_1(t)$/rad	$P_2(t)$/N	$\alpha_2(t)$/rad	$P_3(t)$/N	$\alpha_3(t)$/rad
0	292.782	5.793	980.306	1.496	476.818	1.637
40	292.782	5.793	946.885	1.623	495.542	1.561
80	292.782	5.793	915.879	1.760	516.764	1.487
120	292.782	5.793	887.162	1.905	538.907	1.417
160	292.782	5.793	860.618	2.060	562.001	1.349
200	292.782	5.793	836.141	2.225	586.078	1.283
240	292.782	5.793	813.632	2.400	611.170	1.220
280	292.782	5.793	793.000	2.588	637.311	1.159
320	292.782	5.793	774.160	2.787	664.537	1.101
360	292.782	5.793	757.037	3.000	692.883	1.044
400	292.782	5.793	741.561	3.226	722.390	0.990

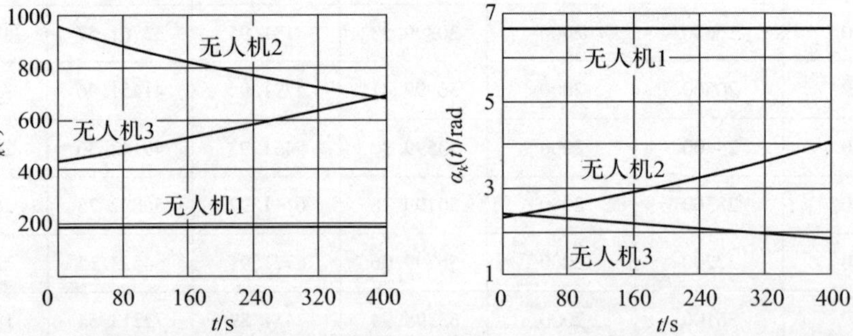

图 8－8　函数 $P_k(t)$ 和 $\alpha_k(t)$

在本案例中，利用上述假设[3]得到的方程组的计算试验中，可以得到以下结果：

- 无人机 1 的控制：

$$P_1(t)=183.846\text{N},\quad \alpha_1(t)=6.643°,\quad t\in[0,400]\text{s}$$

- 无人机 2 的控制：

$$\begin{cases}P_2(t)=\{951.894,916.042,882.452,\cdots,680.628\}\text{N}\\ \alpha_2(t)=\{2.324°,2.453°,2.590°,\cdots,4.070°\},\quad t\in[0,400]\text{s}\end{cases}$$

- 无人机 3 的控制：

$$\begin{cases}P_3(t)=\{443.785,465.612,488.279,\cdots,703.794\}\text{N}\\ \alpha_3(t)=\{2.453°,2.377°,2.303°,\cdots,1.806°\},\quad t\in[0,400]\text{s}\end{cases}$$

通过对比表 8－12 所示数据，可以发现，在时刻 $t\in[0,400]$s 数值不同的情况下，控制函数 $P_k(t)$ 和 $\alpha_k(t)(k=1,2,3)$ 的变化趋势保持不变。

基于由式（5.1.24）中的第二个公式计算得出的计算过载值 n_y，比较无人机 1 的推力和攻角。

当值 $P_1(t)=183.846$N 和 $\alpha_1(t)=6.643°$时，得出 $n_y=1.128$。

将值 $P_1(t)=295.517$N 和 $\alpha_1(t)=5.858°$代入表 8－12 中，可以得到值 $n_y=1$，这完全符合无人机水平飞行稳态模式的要求［图 5－8（a）］。后者意味着，本节所描述的平面型无人机群的控制形成方法比文献［3］中所述方法更为适用。

我们发现，上述方法由于具有一致性，可用于在不同类型的无人机平面编队飞行（纵队、队列）中形成控制。

由 $N\geqslant 2$ 架无人机组成的空间无人机群的形成问题可参阅 7.1.3 节。

由于编队中每架无人机必须沿所需的空间轨迹运动，其控制向量将用式（8.1.8）来描述。

这些向量的分量 $P_k(t)$、$\alpha_k(t)$、$\gamma_k(t)(k=1,2,\cdots,N)$ 可作为 N 个非线性参数方程组（8.1.9）在时间区间 $[0,\tau]$s 内的解，这些方程组一般可通过式（8.1.10）～式（8.1.13）、式（7.1.50）、式（7.1.51）、式（7.1.55）、式（7.1.56）具体化。对于由无人机线性轨迹组成的“无人机群”，除了式（8.1.10）～式（8.1.13）外，还可使用式（7.1.52）和式（7.1.58）。在这种情况下，辅助时间区间 $[0,\tau]$s 可通过式（8.2.2）确定，其中，$\tau=t_k-t_0$。

例 8.3

由 3 架无人机组成的空间无人机群（图 7－6）的控制请参阅例 7.4。

无人机群中每架无人机的初始坐标和最终坐标如下：

$$\{x_0^{(1)}, y_0^{(1)}, z_0^{(1)}\} = (1000, 2000, 10000)\,\text{m}$$

$$\{x_K^{(1)}, y_K^{(1)}, z_K^{(1)}\} = (40000, 2000, 60000)\,\text{m}$$

$$\{x_0^{(2)}, y_0^{(2)}, z_0^{(2)}\} = (4000, 1492, 20000)\,\text{m}$$

$$\{x_K^{(2)}, y_K^{(2)}, z_K^{(2)}\} = (70000, 8092, 90000)\,\text{m}$$

$$\{x_0^{(3)}, y_0^{(3)}, z_0^{(3)}\} = (3000, 5304, 50000)\,\text{m}$$

$$\{x_K^{(2)}, y_K^{(2)}, z_K^{(2)}\} = (80000, 1454, 40000)\,\text{m}$$

根据例7.2和例7.3，无人机轨迹的投影可用下列直线方程表示：

$$y_1(x) = 2000, \qquad z_1(x) = 1.282x + 8718$$

$$y_2(x) = 0.1x + 10924, \qquad z_2(x) = 1.061x + 15757$$

$$y_3(x) = -0.05x + 54538, \qquad z_3(x) = -0.130x + 50390$$

令无人机群所需的运动时间 $\tau = 600\text{s}$。此时，根据式（7.1.52）可计算出每架无人机的飞行速度值，分别为

$$V^{(1)} = 105.683\text{m/s}, \quad V^{(2)} = 160.755\text{m/s}, \quad V^{(3)} = 129.572\text{m/s}$$

式（7.1.55）形式的3个方程组的积分结果如表8-13所列。

表8-13 积分结果

t/s	$x^{(1)}$/m	$y^{(1)}$/m	$z^{(1)}$/m	$x^{(2)}$/m	$y^{(2)}$/m	$z^{(2)}$/m	$x^{(3)}$/m	$y^{(3)}$/m	$z^{(3)}$/m
0	1000	2000	10000.0	4000.0	1492.0	20000.0	3000.0	5304.0	50000.0
40	3600	2000	13333.2	8388.5	1930.8	24656.1	8133.2	5047.3	49332.7
80	6200	2000	16666.4	12776.9	2369.7	29312.3	13266.5	4790.7	48665.4
120	8800	2000	20000.0	17165.3	2808.5	33968.4	18399.7	4534.0	47998.0
160	11400	2000	23332.8	21553.8	3247.4	38624.6	23532.9	4277.4	47330.7
200	14000	2000	26666.0	25942.2	3686.2	43280.7	28666.1	4020.7	46663.4
240	16600	2000	30000.0	30330.7	4125.0	47936.9	33799.4	3764.0	45996.1
280	19200	2000	33332.4	34719.1	4564.0	52593.0	38932.6	3507.4	45328.8
320	21800	2000	36665.6	39107.6	5002.8	57249.2	44065.8	3250.8	44661.4
360	24400	2000	40000.0	43496.0	5441.6	61905.3	49199.0	2994.0	43994.1
400	27000	2000	43332.0	47884.5	5880.5	66561.5	54332.3	2737.4	43326.8
440	29600	2000	46665.2	52272.9	6319.3	71217.6	59465.5	2480.7	42659.5
480	32200	2000	50000.0	56661.4	6758.1	75873.7	64598.7	2224.1	41992.2
520	34800	2000	53332.6	61049.8	7197.0	80530.0	69732.0	1967.4	41324.8
560	37400	2000	56665.8	65438.3	7635.8	85186.0	74865.2	1710.7	40657.5
600	40000	2000	60000.0	70000.0	8092.0	90000.0	80000.0	1454.0	40000.0

在 $t \in [0,600]$ s 的情况下，根据式（8.1.12）计算无人机群中每架无人机的轨迹角及其导数为

$$\theta^{(1)}(t)=0,\quad \dot{\theta}^{(1)}(t)=0,\quad \Psi^{(1)}(t)=0,\quad \dot{\Psi}^{(1)}(t)=0$$

$$\theta^{(2)}(t)=0.1,\quad \dot{\theta}^{(2)}(t)=0,\quad \Psi^{(2)}(t)=0.815,\quad \dot{\Psi}^{(2)}(t)=0$$

$$\theta^{(3)}(t)=-0.05,\quad \dot{\theta}^{(3)}(t)=0,\quad \Psi^{(3)}(t)=-0.129,\quad \dot{\Psi}^{(2)}(t)=0$$

在这些结果中，所有角的单位为 rad，而其导数的单位为 rad/s。

通过求解三个非线性参数方程组（8.1.9）得到的控制函数 $P_k(t)$、$\alpha_k(t)$ 和 $\gamma_k(t)(k=1,2,3)$，如表 8－14 和图 8－9 所示。

表 8－14　控制函数 $P_k(t)$、$\alpha_k(t)$ 和 $\gamma_k(t)$ 的计算结果

t/s	无人机 1			无人机 2			无人机 3		
	$P_1(t)$/N	$\alpha_1(t)$/rad	$\gamma_1(t)$/rad	$P_2(t)$/N	$\alpha_2(t)$/rad	$\gamma_2(t)$/rad	$P_3(t)$/N	$\alpha_3(t)$/rad	$\gamma_3(t)$/rad
0	306.814	4.840	0	939.828	1.626	0	162.629	4.362	0
40	306.814	4.840	0	919.187	1.716	0	165.689	4.243	0
80	306.814	4.840	0	899.567	1.809	0	168.956	4.126	0
120	306.814	4.840	0	880.933	1.907	0	172.433	4.013	0
160	306.814	4.840	0	863.252	2.009	0	176.124	3.903	0
200	306.814	4.840	0	846.491	2.115	0	180.028	3.795	0
240	306.814	4.840	0	830.621	2.226	0	184.150	3.690	0
280	306.814	4.840	0	815.614	2.342	0	188.492	3.587	0
320	306.814	4.840	0	801.442	2.463	0	193.056	3.487	0
360	306.814	4.840	0	788.080	2.589	0	197.845	3.389	0
400	306.814	4.840	0	775.505	2.270	0	202.862	3.294	0
440	306.814	4.840	0	763.692	2.858	0	208.110	3.202	0
480	306.814	4.840	0	752.622	3.001	0	213.593	3.111	0
520	306.814	4.840	0	742.274	3.150	0	219.314	3.023	0
560	306.814	4.840	0	732.629	3.305	0	225.276	2.937	0
600	306.814	4.840	0	723.670	3.467	0	231.482	2.853	0

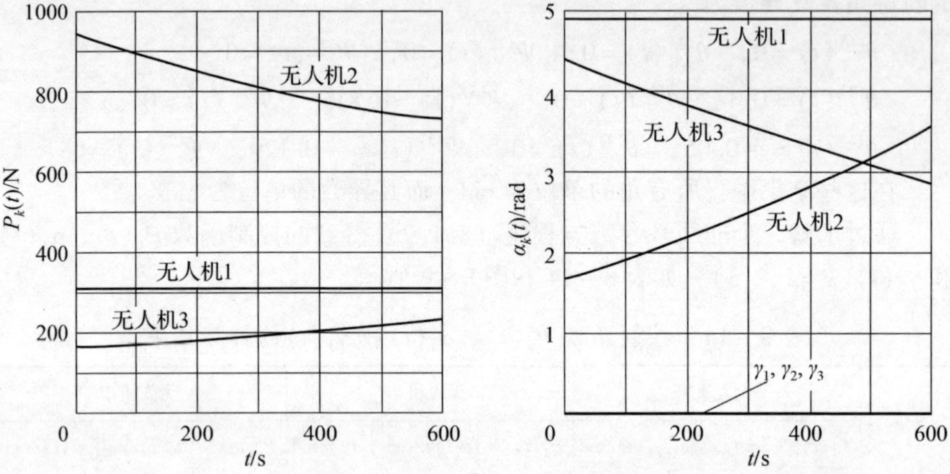

图 8-9　控制函数 $P_k(t)$、$\alpha_k(t)$ 和 $\gamma_k(t)$

当 $t \in [0,600]$ s 时，无人机群中第 k 架无人机当前倾斜角的最终值 $\gamma_k(t)=0$ $(k=1,2,3)$ 完全符合无人机沿线性空间轨迹运动的特点[46]。

我们发现，上述案例中无人机的所有控制满足如表 5-1 所列的限制条件。

8.3　无人机纵队的控制

7.2 节中分析了 $N \geqslant 2$ 架无人机编队以平面和空间纵队形式运动的组织问题。假设借助用 8.1 节所述方法确定的控制，这种无人机编队在指定时刻 t_0 进入初始状态。要求形成确保无人机纵队以给定恒速度沿指定轨迹运动的控制向量 $\boldsymbol{u}_k(t)(k=1,2,\cdots,N)$，以及纵队中编队每架无人机的飞行结束时刻。编队每架无人机的运动速度满足条件式（7.2.9），而纵队中僚机 $(k=2,3,\cdots,N)$ 的运动结束时刻可根据式（7.2.11）计算得出。

假设无人机纵队沿编队领航无人机的轨迹 $y=y_1(x)$ 在垂直平面内飞行，此时无人机控制向量可表示为

$$\boldsymbol{u}_k(t)=(P_k(t),\alpha_k(t)),\quad k=1,2,\cdots,N$$

建议在时间区间 $[0,\tau_k]$ 内从 N 个参数方程组（8.2.7）的解集中确定这些向量的分量，为此可使用式（8.2.8），该表达式可变形为

$$\begin{cases}\theta^{(k)}(t)=\arctan y_1'(x^{(k)}(t))\\ \dot{\theta}^{(k)}(t)=\dfrac{V^{(k)}y_1''(x^{(k)}(t))}{\sqrt{1+y_1'^2(x^{(k)}(t))}},\quad t\in[0,\tau_k],\quad k=1,2,\cdots,N\end{cases}\tag{8.3.1}$$

式（8.3.1）和式（8.2.7）中使用的纵队第 k 架无人机飞行轨迹 $x^{(k)}(t)$、$y^{(k)}(t)$ 的参数表示，是根据时间区间 $[0,\tau_k]$ 内 N 个微分方程组的解形成的：

$$\begin{cases}\dot{x}^{(k)}(t)=\dfrac{V^{(k)}}{\sqrt{1+y_1'^2(x^{(k)})}}\\ \dot{y}^{(k)}(t)=\dfrac{V^{(k)}y_1'(x^{(k)})}{\sqrt{1+y_1'^2(x^{(k)})}},\quad k=1,2,\cdots,N\end{cases}\tag{8.3.2}$$

其初始条件为

$$x^{(k)}(0)=x_0^{(k)},\quad y^{(k)}(0)=y_0^{(k)},\quad k=1,2,\cdots,N\tag{8.3.3}$$

式中　$x_0^{(k)}$、$y_0^{(k)}$——纵队中第 k 架无人机的初始位置坐标；

τ_k——纵队无人机的运动时间，与式（8.2.2）类似，计算方式如下：

$$\tau_k=t_k^{(k)}-t_0,\quad k=1,2,\cdots,N\tag{8.3.4}$$

其中，对于纵队的领航无人机（$k=1$），值 $\tau_1=t_k-t_0$。

编队每架无人机沿轨迹 $z=z_1(x)$ 在高度 h 的水平面上以速度 $V^{(1)}$（$V^{(1)}$ 为常数）飞行，其控制向量如下：

$$\boldsymbol{u}_k(t)=(P_k(t),\alpha_k(t),\gamma_k(t)),\quad t\in[0,\tau_k],\quad k=1,2,\cdots,N$$

其中，值 τ_k 可根据式（8.3.4）求出。

为了计算该控制向量，当 $V^{(k)}=V^{(1)}(k=2,3,\cdots,N)$ 时，我们将使用式（8.2.11）、式（8.2.16）及式（8.2.15）所描述的参数方程组。

在使用这些关系式时，可利用下式：

$$\dot{\boldsymbol{\Psi}}^{(k)}(t)=\frac{V^{(1)}z_1''(x^{(k)}(t))}{[1+z_1'^2(x^{(k)}(t))]^{3/2}},\quad t\in[0,\tau_k],\quad k=1,2,\cdots,N\tag{8.3.5}$$

其中，$x^{(k)}(t)$ 是方程组（7.2.13）在时间区间 $[0,\tau_k]$ 内的解，其初始条件为

$$x^{(k)}(0)=x_0^{(k)},\quad z^{(k)}(0)=z_0^{(k)},\quad k=1,2,\cdots,N\tag{8.3.6}$$

如果编队领航无人机的飞行轨迹 $z=z_1(x)$ 是线性轨迹，那么对于全部 $t\in[0,\tau_k]$ 都有 $\dot{\boldsymbol{\Psi}}^{(k)}(t)=0$。因此，根据式（8.2.15），编队每架无人机都满足等式：

$$\gamma_k(t)=0,\quad t\in[0,\tau_k],\quad k=1,2,\cdots,N$$

例 8.4

在本例中，我们将使用例 8.1 中形成的控制，形成进入起始点［坐标见式（8.1.15）］的 3 架无人机的控制。这些无人机之后将以 $V^{(1)}=100\text{m/s}$ 的速度在 $h=3000\text{m}$ 高度沿领航无人机的圆形运动轨迹飞行：

$$z_1(x)=\sqrt{80000^2-x^2} \tag{8.3.7}$$

表 8－15 所示为式（7.2.13）［其初始条件见式（8.3.6）］第三个方程组的积分结果，可具体写为

$$\begin{cases} x^{(1)}(0)=56568\text{m}, & z^{(1)}(0)=56568\text{m} \\ x^{(2)}(0)=57131\text{m}, & z^{(2)}(0)=56001\text{m} \\ x^{(3)}(0)=57688\text{m}, & z^{(3)}(0)=55426\text{m} \end{cases}$$

表 8－15　积分结果

t/s	$x^{(1)}$/m	$z^{(1)}$/m	t/s	$x^{(2)}$/m	$z^{(2)}$/m	t/s	$x^{(3)}$/m	$z^{(3)}$/m
0	56568.00	56568.00	0	57131.00	56001.00	0	57688.00	55426.00
25.74	54718.97	58358.44	26.54	55242.12	57865.13	27.34	55760.53	57364.70
51.78	52813.30	60088.47	53.08	53292.45	59665.58	54.68	53767.94	59236.40
77.22	50852.97	61756.31	79.62	51284.14	61400.38	82.08	51721.57	61038.94
102.96	48840.00	63360.22	106.16	49219.38	63067.61	109.36	49596.81	62770.19
128.70	46886.47	64898.54	132.70	47100.47	64665.44	136.70	47423.13	64428.14
154.44	44664.53	66369.69	159.24	44929.73	66192.10	164.04	45194.06	66010.86
180.18	42506.36	67772.14	185.78	42709.73	67645.93	191.38	42912.23	67516.49
205.92	40304.18	69104.44	26.54	40442.35	69025.32	218.72	40580.28	68943.27
231.66	38060.29	70365.20	238.86	38130.66	70328.74	246.06	38200.95	70289.54
257.40	35777.00	71553.13	265.40	35777.00	71554.78	273.40	35777.00	71553.74

在时间点 τ_k 前完成数值积分，此时满足编队每架无人机到达纵队运动终点的条件：

$$x^{(k)}(\tau_k)=35777\text{m},\quad z^{(k)}(\tau_k)=71554\text{m},\quad k=1,2,3$$

由表 8－15 可以得出纵队中每架无人机的飞行时间，如下：

$$\tau_1=257.39\text{s},\quad \tau_2=265.39\text{s},\quad \tau_3=273.39\text{s}$$

在确定控制函数 $P_k(t)$、$\alpha_k(t)$、$\gamma_k(t)\,(k=1,2,3)$ 时，式（8.2.15）和

式（8.2.16）中所包含的导数 $\dot{\Psi}^{(k)}(t)$ 的变化特点在其中起重要作用。

因此，编队全部无人机在定常模式（参阅 5.4 节）下，以 $V^{(1)}=100\text{m/s}$ 的速度沿半径为 $R=80000\text{m}$ 的圆形轨迹［式（8.3.7）］运动，由式（5.4.7）可得

$$\dot{\Psi}^{(k)}(t)=-\frac{V^{(1)}}{R}=-0.00125\text{rad/s},\quad t\in[0,\tau_k],\quad k=1,2,3 \tag{8.3.8}$$

式（8.3.8）的“－”表示无人机纵队向所选坐标系的起点方向运动。

值得一提的是，通过在式（8.3.5）中使用函数式（8.3.7）的导数 z_1' 和 z_1''，可得到式（8.3.8）。

将编队第 k 架无人机轨迹式（8.3.8）中旋转角导数的变化规律代入式（8.2.11）、式（8.2.16）和式（8.2.15）中，表明其与编队中无人机的编号 k、时刻 $t\in[0,\tau_k](k=1,2,\cdots,N)$ 无关。因此，在这种情况下可以确定领航无人机在时刻 $t=0$ 的控制向量 $\boldsymbol{u}_1(0)=(P_1(0),\alpha_1(0),\gamma_1(0))$，并将这些结果扩展到编队全部无人机及其纵队飞行的相应时刻。

使用上述关系式，可以得到控制作用的值如下：

$$P_1(0)=292.102\text{N},\quad \alpha_1(0)=6.152°,\quad \gamma_1(0)=-0.730°$$

因此，纵队中 3 架同类型无人机沿轨迹式（8.3.7）的运动由下列控制作用保证：

$$\begin{cases}P_1(0)=296.102\text{N},\quad \alpha_1(0)=6.152°,\quad \gamma_1(0)=-0.730°,\quad t\in[0,257.39]\\P_2(0)=296.102\text{N},\quad \alpha_2(0)=6.152°,\quad \gamma_2(0)=-0.730°,\quad t\in[0,265.39]\\P_3(0)=296.102\text{N},\quad \alpha_3(0)=6.152°,\quad \gamma_3(0)=-0.730°,\quad t\in[0,273.39]\end{cases} \tag{8.3.9}$$

将这些数据与例 8.1 的结果进行比较。

根据表 8－3、表 8－7 和表 8－10 可知，编队每架无人机在进入纵队运动初始状态（图 8－7）的最终时刻，其推力、攻角和倾斜角的值分别为

$$P_1(647)=296.307\text{N}$$

$$\alpha_1(647.49)=6.157°,\quad \gamma_1(647.49)=-5.573°$$

$$P_2(604.58)=295.892\text{N}$$

$$\alpha_2(604.58)=6.147°,\quad \gamma_2(604.58)=-4.889°$$

$$P_3(545.65)=295.459\text{N}$$

$$\alpha_3(545.65)=6.137°,\quad \gamma_3(545.65)=-3.141°$$

将这些值转换为控制式（8.3.9），需要对编队每架无人机的推力和攻角值作小幅调整，并改变其倾斜角，基于此实现纵队沿指定圆形轨迹

[式 (8.3.7)] 的飞行。

无人机在空间中完成纵队飞行的控制向量如下：

$$\boldsymbol{u}_k(t)=(P_k(t),\alpha_k(t),\gamma_k(t)),\quad k=1,2,\cdots,N \tag{8.3.10}$$

这些向量是由 N 个参数方程组 (8.1.9) 在时间区间 $[0,\tau_k]$ $(k=1,2,\cdots,N)$ 内的解确定的。在将这些值具体化时，可使用式 (8.1.10) ~ 式 (8.1.13)，同时用导数 y_1'、y_1''、z_1'、z_1'' 代替式 (8.1.12) 中的 $\bar{y}_k'$、$\bar{y}_k''$、$\bar{z}_k'$、$\bar{z}_k''$。

通过对具有下列初始条件：

$$x^{(k)}(0)=x_0^{(k)},\quad y^{(k)}(0)=y_0^{(k)},\quad z^{(k)}(0)=z_0^{(k)},\quad k=1,2,\cdots,N \tag{8.3.11}$$

的 N 个微分方程组 (7.2.23) 进行积分来确定纵队中每架无人机的飞行时间 τ_k，直到满足条件：

$$x^{(k)}(\tau_k)=x_K^{(1)},\quad y^{(k)}(\tau_k)=y_K^{(1)},\quad z^{(k)}(\tau_k)=z_K^{(1)},\quad k=1,2,\cdots,N \tag{8.3.12}$$

式中 $(x_0^{(k)},y_0^{(k)},z_0^{(k)})$——纵队中第 k 架无人机初始状态的坐标，$k=1,2,\cdots,N$；

$(x_K^{(1)},y_K^{(1)},z_K^{(1)})$——纵队领航无人机飞行终点的坐标。

例 8.5

已知 3 架无人机，需要形成式 (8.3.10) 形式的控制，以确保它们以空间纵队的形式运动，初始数据如下：

(1) 当相邻无人机之间的距离为 500m 时，纵队运动速度必须为 200m/s；

(2) 纵队领航无人机的运动起点和终点由以下坐标和轨迹角给出：

$$\begin{cases}(x_0^{(1)},y_0^{(1)},z_0^{(1)})=(2000,6000,15000)\,\mathrm{m}\\(x_K^{(1)},y_K^{(1)},z_K^{(1)})=(40000,1000,80000)\,\mathrm{m}\\\theta_0^{(1)}=\theta_K^{(1)}=0°,\quad \Psi_0^{(1)}=30°,\quad \Psi_K^{(1)}=80°\end{cases} \tag{8.3.13}$$

所需的纵队空间运动轨迹可利用式 (6.1.19) 和式 (6.1.10) 形式的方程组求出，可用多项式描述：

$$\begin{cases}y_1(x)=1.882\times10^{-10}x^3-1.148\times10^{-5}x^2+0.044x+5957\\z_1(x)=1.958\times10^{-9}x^3-5.636\times10^{-5}x^2+0.780x+13650\end{cases}$$

编队无人僚机的初始坐标可使用式 (7.2.20) 和式 (7.2.22) 得到，如下：

$$(x_0^{(2)},y_0^{(2)},z_0^{(2)})=(1571,5998,14740)\,\mathrm{m} \tag{8.3.14}$$

$$(x_0^{(3)},y_0^{(3)},z_0^{(3)})=(1149,5992,14470)\,\mathrm{m} \tag{8.3.15}$$

用于求取纵队中第 k 架无人机飞行时间 τ_k 的条件式 (8.1.12) 可具体写为

$$x^{(k)}(\tau_k)=40000\text{m},\quad y^{(k)}(\tau_k)=1000\text{m}$$
$$z^{(k)}(\tau_k)=80000\text{m},\quad k=1,2,3 \tag{8.3.16}$$

当 $k=1$，且具备初始数据式（8.3.13）中的初始条件时，可通过对方程组（7.2.23）求积分得到纵队领航无人机运动轨迹的参数，如表 8－16 所列。

表 8－16　领航无人机运动轨迹的参数

t/s	$x^{(1)}$/m	$y^{(1)}$/m	$z^{(1)}$/m
0	2000	6000	15000
41.075	9699.30	5467.40	17697.39
82.150	17300.65	4221.91	20411.07
123.225	23187.53	3070.16	25841.98
164.300	27299.90	3202.17	32777.36
205.375	30393.19	1797.12	40268.42
246.450	32893.08	1459.25	48014.97
287.525	35009.93	1236.02	55905.09
328.600	36858.33	1096.88	63885.24
369.675	38506.95	1022.55	71924.22
410.750	40000	1000	80000

将条件式（8.3.16）用于积分结果中，得到纵队中该无人机的运动时间值：

$$\tau_1=410.75\text{s}$$

利用函数 $y_1(x)$、$z_1(x)$ 和 $x^{(1)}(t)$ 计算所得的角 $\theta^{(1)}(t)$、$\Psi^{(1)}(t)$ 及其导数如表 8－17 所列。由表 8－16 可知，在领航无人机的飞行起点和终点，轨迹角式（8.3.13）的要求得以满足。

表 8－17　无人机航迹倾斜角 $\theta^{(1)}(t)$ 和旋转角 $\Psi^{(1)}(t)$ 及其导数

t/s	$\theta^{(1)}(t)$/rad	$\dot{\theta}^{(1)}(t)$/(rad/s)	$\Psi^{(1)}(t)$/rad	$\dot{\Psi}^{(1)}(t)$/(rad/s)
0	0	-3.598×10^{-3}	30.015	−0.012
41.075	−7.269	-2.346×10^{-3}	13.446	2.289×10^{-4}

续表

t/s	$\theta^{(1)}(t)$/rad	$\dot{\theta}^{(1)}(t)$/(rad/s)	$\Psi^{(1)}(t)$/rad	$\dot{\Psi}^{(1)}(t)$/(rad/s)
82.150	−10.752	-6.613×10^{-4}	30.459	0.011
123.225	−11.021	2.726×10^{-4}	52.955	6.857×10^{-3}
164.300	−9.963	5.701×10^{-4}	64.336	3.330×10^{-3}
205.375	−8.482	6.725×10^{-4}	70.222	1.873×10^{-3}
246.450	−6.845	7.128×10^{-4}	73.741	1.193×10^{-3}
287.525	−5.146	7.282×10^{-4}	76.080	8.283×10^{-4}
328.600	−3.426	7.318×10^{-4}	77.753	6.106×10^{-4}
369.675	−1.707	7.287×10^{-4}	79.013	4.702×10^{-4}
410.750	2.17×10^{-4}	7.215×10^{-4}	80.000	3.742×10^{-4}

表 8－18 和图 8－10 所示为 $t\in[0,410.75]$ s 时纵队领航无人机控制向量分量的求取结果。

表 8－18　$t\in[0,410.75]$ s 时纵队领航无人机的控制向量

t/s	$P_1(t)$/N	$\alpha_1(t)$/rad	$\gamma_1(t)$/rad
0	659.80	1.512	−14.303
16.43	468.97	1.492	−11.049
32.86	314.57	1.437	−3.855
49.29	207.47	1.390	4.324
65.72	147.86	1.352	10.859
82.15	129.24	1.298	13.407
98.58	141.05	1.221	12.087
115.01	172.46	1.147	9.366
131.44	214.89	1.088	6.930
147.87	262.89	1.041	5.148
164.30	313.46	1.004	3.907

续表

t/s	$P_1(t)$/N	$\alpha_1(t)$/rad	$\gamma_1(t)$/rad
205.38	442.28	0.939	2.158
246.45	568.27	0.897	1.374
287.53	689.04	0.870	0.954
328.60	804.14	0.852	0.703
369.68	913.67	0.842	0.541
410.75	1017.85	0.837	0.431

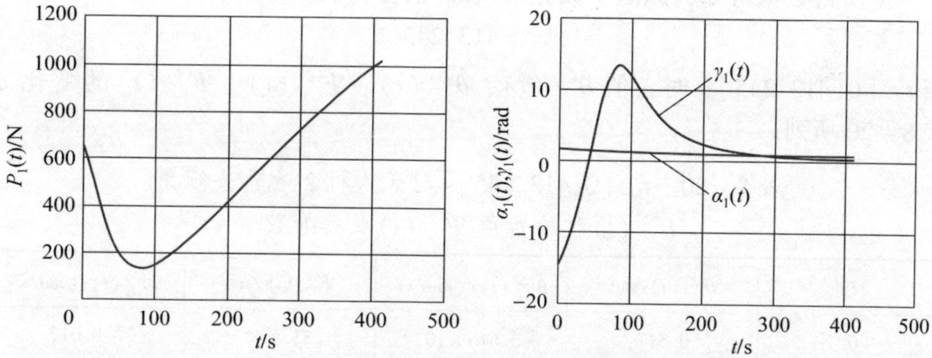

图 8－10　$t \in [0, 410.75]$ s 时纵队领航无人机控制向量的示意图

值得一提的是，所得的控制向量完全满足如表 5－1 所列的限制条件。

表 8－19 所列为利用方程组（7.2.23）和边界条件式（8.3.14）、式（8.3.16）得到的编队无人机 2 的轨迹结果。

表 8－19　编队无人机 2 的轨迹参数

t/s	$x^{(1)}$/m	$y^{(1)}$/m	$z^{(1)}$/m
0	1570.75	5998.07	14743.65
41.324	9264.91	5521.62	17593.50
82.649	16959.45	4285.46	20215.61
123.973	22978.73	3110.84	25568.81
165.298	27171.09	2324.85	32511.00

续表

t/s	$x^{(1)}$/m	$y^{(1)}$/m	$z^{(1)}$/m
206.622	30309.07	1809.70	40035.37
247.947	32837.20	1465.98	47823.78
289.271	34973.77	1239.29	55759.39
330.596	36836.96	1098.16	63786.88
371.920	38497.24	1022.84	71874.24
413.245	40000	1000	80000

由所得数据可知，纵队中该无人机的飞行时间为

$$\tau_2 = 413.245\text{s}$$

当 $t \in [0, 413.245]$ s 时，值 $\theta^{(2)}(t)$、$\dot{\theta}^{(2)}(t)$、$\Psi^{(2)}(t)$、$\dot{\Psi}^{(2)}(t)$ 的变化如表 8-20 所列。

表 8-20 $t \in [0, 413.245]$ s 时无人机 2 的轨迹倾角 $\theta^{(2)}(t)$ 和旋转角 $\Psi^{(2)}(t)$ 及其导数

t/s	$\theta^{(2)}(t)$/rad	$\dot{\theta}^{(2)}(t)$/(rad/s)	$\Psi^{(2)}(t)$/rad	$\dot{\Psi}^{(2)}(t)$/(rad/s)
0	0.517	-3.616×10^{-3}	31.678	-0.012
41.324	-6.960	-2.441×10^{-3}	13.476	-7.030×10^{-4}
82.649	-10.672	-7.323×10^{-4}	29.155	0.011
123.973	-11.047	2.504×10^{-4}	52.256	7.082×10^{-3}
165.298	-10.012	5.641×10^{-4}	64.046	3.410×10^{-3}
206.622	-8.530	6.706×10^{-4}	70.087	1.902×10^{-3}
247.947	-6.886	7.122×10^{-4}	73.672	1.205×10^{-3}
289.271	-5.177	7.281×10^{-4}	76.044	8.334×10^{-4}
330.596	-3.448	7.318×10^{-4}	77.735	6.127×10^{-4}
371.920	-1.718	7.287×10^{-4}	79.006	4.709×10^{-4}
413.245	1.684×10^{-6}	7.215×10^{-4}	80.000	3.742×10^{-4}

由表 8 - 20 可知，角 $\theta^{(2)}(0)$、$\Psi^{(2)}(0)$ 的值与 $\theta^{(1)}(0)$、$\Psi^{(1)}(0)$ 区别不大。

图 8 - 11 和表 8 - 21 所示为无人机 2 在时间区间[0,413.245]s 内的控制向量分量 $P_2(t)$、$\alpha_2(t)$ 和 $\gamma_2(t)$。

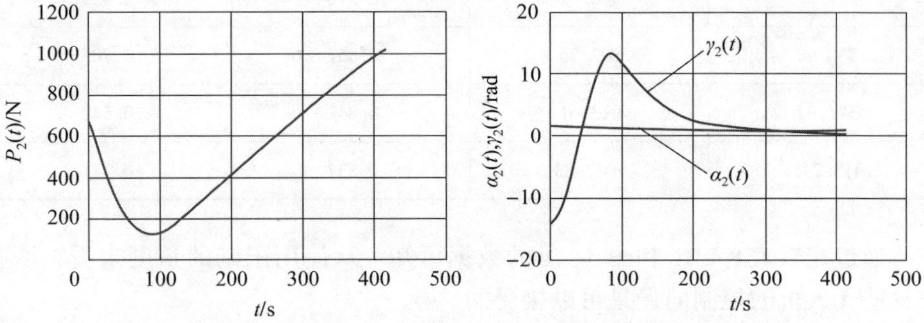

图 8 - 11　无人机 2 在时间区间[0,413.245]s 内的控制向量分量

表 8 - 21　无人机 2 在时间区间[0,413.245]s 内的控制向量分量计算结果

t/s	$P_2(t)$/N	$\alpha_2(t)$/rad	$\gamma_2(t)$/rad
0	690.77	1.510	−14.349
12.40	541.54	1.507	−12.986
24.80	408.85	1.474	−8.850
37.19	300.21	1.431	−2.968
49.59	218.99	1.396	3.283
61.99	165.17	1.369	8.733
74.38	136.56	1.335	12.282
86.78	129.25	1.288	13.257
99.18	138.44	1.229	12.175
111.58	159.43	1.172	10.187
123.97	188.18	1.121	8.177
165.30	308.77	1.007	3.933
206.62	438.37	0.941	2.191

续表

t/s	$P_2(t)$/N	$\alpha_2(t)$/rad	$\gamma_2(t)$/rad
247.95	565.24	0.898	1.388
289.27	686.82	0.870	0.959
330.60	802.76	0.852	0.705
371.92	913.01	0.842	0.542
413.245	1017.83	0.837	0.431

通过比较表 8-21 和图 5-1 的数据可知，从使用限制的角度来看，所得的这些无人机的控制向量是可以接受的。

当 $k=3$ 时，通过使用方程组（7.2.23）和边界条件式（8.3.15），纵队中第 2 架无人机轨迹的参数结果如表 8-22 所列。

表 8-22　纵队中无人机 2 的轨迹参数

t/s	$x^{(1)}$/m	$y^{(1)}$/m	$z^{(1)}$/m
0	1149.14	5992.37	14474.96
41.574	8830.49	5573.43	17488.87
83.149	16613.97	4350.29	20027.97
124.723	22766.75	3152.30	25298.50
166.298	27041.11	2347.85	32245.71
207.872	30224.59	1822.41	39803.02
249.447	32781.26	1472.76	47633.26
291.021	34937.70	1242.57	55614.42
332.596	36815.74	1099.44	63689.33
374.170	38487.71	1023.13	71825.17
415.745	40000	1000	80000

由表 8 - 22 可知，纵队中无人机 3 的飞行时间为

$$\tau_3 = 415.745\text{s}$$

无人机 3 在飞行过程中的轨迹角及其导数见表 8 - 23。

表 8 - 23　无人机 3 在飞行过程中的轨迹角及其导数

t/s	$\theta^{(3)}(t)$/rad	$\dot{\theta}^{(3)}(t)$/(rad/s)	$\Psi^{(3)}(t)$/rad	$\dot{\Psi}^{(3)}(t)$/rad
0	1.035	-3.625×10^{-3}	33.339	−0.012
41.574	−6.639	-2.535×10^{-3}	13.627	-1.633×10^{-3}
83.149	−10.584	-8.054×10^{-4}	27.863	0.011
124.723	−11.071	2.272×10^{-4}	51.534	7.314×10^{-3}
166.298	−10.060	5.578×10^{-4}	63.749	3.494×10^{-3}
207.872	−8.578	6.687×10^{-4}	69.950	1.932×10^{-3}
249.447	−6.927	7.115×10^{-4}	73.602	1.217×10^{-3}
291.021	−5.209	7.279×10^{-4}	76.008	8.385×10^{-4}
332.596	−3.469	7.318×10^{-4}	77.717	6.148×10^{-4}
374.170	−1.728	7.288×10^{-4}	79.000	4.716×10^{-4}
415.745	-1.183×10^{-6}	7.215×10^{-4}	80.000	3.742×10^{-4}

纵队的无人机 3 在时间区间[0,415.745]s 内运动时的控制向量如图 8 - 12 和表 8 - 24 所示。

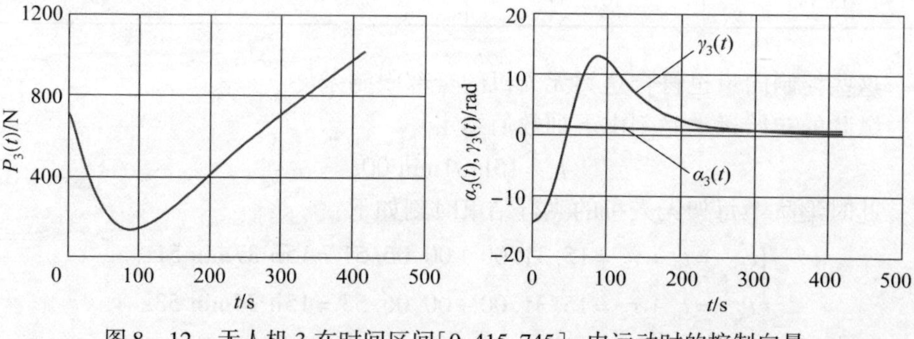

图 8 - 12　无人机 3 在时间区间[0,415.745]s 内运动时的控制向量

表 8-24　无人机 3 在时间区间[0,415.745]s 内运动时的控制向量

t/s	$P_3(t)$/N	$\alpha_3(t)$/rad	$\gamma_3(t)$/rad
0	722.03	1.506	-14.293
12.47	569.72	1.511	-13.482
24.95	432.33	1.481	-9.811
37.42	318.14	1.439	-4.113
49.89	231.37	1.401	2.200
62.36	172.52	1.372	7.905
74.83	139.70	1.341	11.858
87.31	129.18	1.296	13.264
99.78	136.15	1.238	12.496
112.25	155.76	1.180	10.496
124.72	183.78	1.128	8.444
166.30	304.11	1.010	4.029
207.87	434.46	0.942	2.226
249.45	562.24	0.899	1.401
291.02	684.72	0.871	0.965
332.60	801.39	0.853	0.708
374.17	912.36	0.842	0.543
415.745	1018.30	0.837	0.431

这些控制向量也符合这类无人机的全部限制条件。

纵队的初始运动时刻由下列数值给定：

$$t_0 = 15\text{h}\ 31\text{min}\ 00\text{s}$$

此时编队中每架无人机的飞行结束时刻如下：

$$\begin{cases} t_K^{(1)} = t_0 + \tau_1 = 15.31.00 + 00.06.51 = 15\text{h}\ 37\text{min}\ 51\text{s} \\ t_K^{(2)} = t_0 + \tau_2 = 15.31.00 + 00.06.53 = 15\text{h}\ 37\text{min}\ 53\text{s} \\ t_K^{(3)} = t_0 + \tau_3 = 15.31.00 + 00.06.56 = 15\text{h}\ 37\text{min}\ 56\text{s} \end{cases}$$

8.4　无人机队形的飞行控制

$N \geqslant 2$ 架无人机组成的编队所需队形的形成方法及其以给定恒速飞行的模拟结果可参阅 7.3.2 节。

无人机在给定时刻 t_0 进入初始队形状态时的控制可通过 8.1 节所列方法实现。当无人机组以队列形式在高度为 h 的水平面上飞行时，其控制如下：

$$\boldsymbol{u}_k(t) = (P_k(t), \alpha_k(t), \gamma_k(t)), \quad k = 1, 2, \cdots, N \tag{8.4.1}$$

在这种情况下，对于用式（7.3.38）和式（7.3.39）描述的无人机线性运动轨迹，如上所述，无人机所有飞行时刻的控制函数为 $\gamma_k(t) = 0$ $(k = 1, 2, \cdots, N)$。

第 k 架无人机的函数 $P_k(t)$ 和 $\alpha_k(t)$ 可通过在 $\dot{\Psi}^{(k)}(t) = 0$，$V^{(k)}(t) = V^{(1)} =$ 常数，$\dot{V}^{(k)}(t) = 0 (k = 1, 2, \cdots, N)$ 情况下求解 N 个非线性参数式（8.2.11）、式（8.2.16）来确定。

正如 7.3.2 节所述，无人机编队应以指定队形飞越距离 $[X_H, X_K]$。

编队第 k 架无人机飞越这段距离的初始时刻和最终时刻可计算如下：

$$\begin{cases} t_H^{(k)} = t_0 + \dfrac{\sqrt{1 + a_1^2}}{V^{(1)}}(X_H - x_0^{(k)}) \\ t_K^{(k)} = t_0 + \dfrac{\sqrt{1 + a_1^2}}{V^{(1)}}(X_K - x_0^{(k)}), \quad k = 1, 2, \cdots, N \end{cases} \tag{8.4.2}$$

式中　$a_1 = \tan \Psi^{(1)}$、$V^{(1)}$——编队领航无人机的轨迹参数和飞行速度；

$x_0^{(k)}$——在编队以指定队形开始运动的时刻 t_0，第 k 架无人机初始位置的坐标，$k = 1, 2, \cdots, N$。由此可知，N 个方程组（8.2.11）、式（8.2.16）应在时间范围 $[t_0, t_K^{(k)}] (k = 1, 2, \cdots, N)$ 内求解。

式（7.3.48）中包含的数值 t_H 和 t_K 可利用式（8.4.2）来确定，如下：

$$t_H = \min_{k=1,2,\cdots,N} \{t_H^{(k)}\}, \quad t_K = \max_{k=1,2,\cdots,N} \{t_K^{(k)}\}, \quad T^{(k)} = t_K^{(k)} - t_0 = \frac{\sqrt{1 + a_1^2}}{V^{(1)}}(X_K - x_0^{(k)}) \tag{8.4.3}$$

如果编队中包含相同类型的无人机，那么只求解领航无人机的方程组（8.2.11）和式（8.2.16），然后使用条件式：

$$\boldsymbol{u}_k(t) = \boldsymbol{u}_1(t), \quad t \in [t_0, t_K^{(k)}]; \quad k = 1, 2, \cdots, N \tag{8.4.4}$$

当控制无人机在垂直平面上沿线性轨迹以给定队形实现编队飞行时，所求的控制向量如下：

$$\boldsymbol{u}_k(t)=(P_k(t),\alpha_k(t)),\quad k=1,2,\cdots,N \tag{8.4.5}$$

当 $V^{(k)}=V^{(1)}=$ 常数时，可利用由 N 个方程组（8.2.7）确定该向量：

$$\begin{cases}\dot{V}^{(k)}(t)=0\\ \theta^{(k)}(t)=\arctan c_1\\ \dot{\theta}^{(k)}(t)=0,\quad k=1,2,\cdots,N\end{cases}$$

式中　c_1——编队领航无人机的轨迹参数：

$$y_1(x)=c_1x+d_1 \tag{8.4.6}$$

编队第 k 架无人机的轨迹参数可通过式（8.4.6）和方程组（8.2.9）得到，如下：

$$\begin{cases}x^{(k)}(t)=x_0^{(k)}+\dfrac{V^{(1)}}{\sqrt{1+c_1^2}}(t-t_0)\\ y^{(k)}(t)=y_0^{(k)}+\dfrac{c_1V^{(1)}}{\sqrt{1+c_1^2}}(t-t_0),\quad t\in[t_0,t_K^{(k)}],\quad k=1,2,\cdots,N\end{cases} \tag{8.4.7}$$

其中，$(x_0^{(k)},y_0^{(k)})$ 是编队中第 k 架无人机在 $t=t_0$ 时刻的初始位置坐标，其中 $k=1,2,\cdots,N$；$t_K^{(k)}$ 是基于式（8.4.2），将 a_1 替换成 c_1 计算出的时间点。

例 8.6

形成对 4 架无人机编队的控制，应根据飞行任务，基于例 7.11 中的线性轨迹，在高 $h=500$m 的水平面上以 150m/s 的恒速在距离范围 $[X_H,X_K]=[20000,40000]$m 内实现“编队队形”飞行：

$$\begin{cases}z_1(x)=2x+4000\\ z_2(x)=2x+6236\\ z_3(x)=2x+8472\\ z_4(x)=2x+10708\end{cases}$$

假设无人机编队将在以下坐标点形成（见例 7.11）：

$$\begin{aligned}&x_0^{(1)}=10400\text{m},\quad z_0^{(1)}=24800\text{m}\\ &x_0^{(2)}=9506\text{m},\quad z_0^{(2)}=25247\text{m}\\ &x_0^{(3)}=8611\text{m},\quad z_0^{(3)}=25694\text{m}\\ &x_0^{(4)}=7717\text{m},\quad z_0^{(1)}=26142\text{m}\end{aligned}$$

在 $V^{(1)}=150$m/s，$a_1=2$，$t_0=0$ 的情况下使用这些初始条件和式（7.3.47），可以得出编队中每架无人机的轨迹参数表示。

第 k 架无人机飞入和飞出给定距离范围 $[X_H, X_K]$ 的时间点 $t_H^{(k)}$ 和 $t_K^{(k)}$，可根据以下条件式确定：

$$x^{(k)}(t_H^{(k)}) = 20000\text{m},\quad x^{(k)}(t_K^{(k)}) = 40000\text{m},\quad k = 1,2,\cdots,N$$

它们分别等于：

$$t_H^{(1)} = 143.11\text{s},\quad t_K^{(1)} = 441.25\text{s}$$
$$t_H^{(2)} = 156.50\text{s},\quad t_K^{(2)} = 454.58\text{s}$$
$$t_H^{(3)} = 169.11\text{s},\quad t_K^{(1)} = 467.92\text{s}$$
$$t_H^{(4)} = 183.10\text{s},\quad t_K^{(1)} = 481.25\text{s}$$

这些结果完全符合基于式（8.4.2）得出的计算结果。

对于编队中的领航无人机，方程组（8.2.11）和式（8.2.16）的解为

$$P_1(t) = 564.83\text{N},\quad \alpha_1(t) = 1.80°,\quad \gamma_1(t) = 0,\quad t \in [0, 441.25]\text{s}$$

此时，使用条件式（8.4.4），我们可以得到编队无人僚机的控制，如下：

$$P_2(t) = 564.83\text{N},\quad \alpha_2(t) = 1.80°,\quad \gamma_2(t) = 0,\quad t \in [0, 454.58]\text{s}$$
$$P_3(t) = 564.83\text{N},\quad \alpha_3(t) = 1.80°,\quad \gamma_3(t) = 0,\quad t \in [0, 467.92]\text{s}$$
$$P_4(t) = 564.83\text{N},\quad \alpha_4(t) = 1.80°,\quad \gamma_4(t) = 0,\quad t \in [0, 481.25]\text{s}$$

对于用函数 $z_k(x)$ 和 $y_k(x)$ 给定的编队无人机在相应飞行平面上的非线性编队运行轨迹，式（8.4.1）和式（8.4.5）形式的控制可在时间区间 $[t_0, t_K^{(k)}]$ $(k = 1,2,\cdots,N)$ 内从参数方程组（分别用表达式（8.2.11）、式（8.2.15）、式（8.2.16）和式（8.2.7）描述）的解中确定。在这种情况下，为了便于计算线性和非线性轨迹，可能过渡到辅助时间区间 $[0, \tau_k]$，其中 $\tau_k = t_K - t_0$ $(k = 1,2,\cdots,N)$。

例 8.7

形成对由 4 架无人机组成的编队的控制，“四机编队”应以 172.222m/s（620km/h）的恒定速度在高 $h = 1000$m 的水平面上以“菱形”队形飞行。

根据示例 7.14，我们假设无人机编队将在距离区间 $[X_H, X_K] = [1000, 10000]$m 内生成队形并进行编队飞行。此时无人机 1 在编队中沿轨迹 $z_1(x)$ 运动，无人机 2 和无人机 4 沿轨迹 $z_2(x)$ 运动，无人机 3 沿轨迹 $z_3(x)$ 运动，其中：

$$\begin{cases} z_1(x) = -0.101 \times 10^{-6}x^3 + 1.952 \times 10^{-3}x^2 - 3.024x + 16172.4 \\ z_2(x) = -0.102 \times 10^{-6}x^3 + 1.662 \times 10^{-3}x^2 + 0.493x + 15217.19 \\ z_3(x) = -0.094 \times 10^{-6}x^3 + 1.241 \times 10^{-3}x^2 + 4.010x + 16733.56 \end{cases} \tag{8.4.8}$$

无人机编队在下列坐标点形成这种队形：

$$\begin{cases} x_0^{(1)} = 3000\text{m}, & z_0^{(1)} = 21941\text{m} \\ x_0^{(2)} = 2290\text{m}, & z_0^{(2)} = 23842\text{m} \\ x_0^{(3)} = 1060\text{m}, & z_0^{(3)} = 22267\text{m} \\ x_0^{(4)} = 1702\text{m}, & z_0^{(1)} = 20368\text{m} \end{cases} \tag{8.4.9}$$

在这种情况下，我们假设 $t_0 = 0$。

无人机编队的最终坐标如下：

$$\begin{aligned} x_K^{(1)} &= 10000\text{m}, & z_K^{(1)} &= 80000\text{m} \\ x_K^{(2)} &= 9330\text{m}, & z_K^{(2)} &= 81844\text{m} \\ x_K^{(3)} &= 8000\text{m}, & z_K^{(3)} &= 80343\text{m} \\ x_K^{(4)} &= 8731\text{m}, & z_K^{(1)} &= 78483\text{m} \end{aligned} \tag{8.4.10}$$

请注意，上述关于无人机轨迹和坐标的全部初始数据采用例 7.14 中的数据，以“m”为单位。当 $k = 1, 2, 3, 4$ 时，使用函数式（8.4.8）的导数、数值 $V^{(1)} = 172.222\text{m/s}$ 和极限条件式（8.4.9）、式（8.4.10），在时间区间 $[0, t_K^{(k)}]$s 内对式（7.3.54）形式的方程求积分（表 8-25），可以得到编队中每架无人机的飞行时间值，如下：

$$t_K^{(1)} = 339.555\text{s}, \quad t_K^{(2)} = 339.323\text{s}$$
$$t_K^{(3)} = 339.677\text{s}, \quad t_K^{(4)} = 339.959\text{s}$$

表 8-25　编队 4 架无人机在飞行时间区间内的轨迹参数

第 1 架无人机			第 2 架无人机		
t/s	$x^{(1)}$/m	$z^{(1)}$/m	t/s	$x^{(2)}$/m	$z^{(2)}$/m
0	3000	21941	0	2290	23842
33.956	3854.00	27725.92	33.932	3092.71	29630.34
67.911	4576.76	33528.91	67.865	3791.35	35432.28
101.867	5235.86	39339.52	101.797	4437.39	41240.34
135.822	5861.93	45153.79	135.729	5056.72	47051.31
169.777	6473.92	50969.56	169.662	5666.64	52863.28
203.733	7086.92	56785.23	203.594	6281.91	58674.69
237.688	7716.24	62599.15	237.526	6918.72	64483.77

续表

第 1 架无人机			第 2 架无人机		
t/s	$x^{(1)}$/m	$z^{(1)}$/m	t/s	$x^{(2)}$/m	$z^{(2)}$/m
271. 644	8381. 82	68409. 01	271. 458	7599. 70	70287. 82
305. 599	9117. 10	74210. 42	305. 391	8366. 21	76081. 12
339. 555	10000	80000	339. 323	9330	81844. 23
第 3 架无人机			第 4 架无人机		
t/s	$x^{(3)}$/m	$z^{(3)}$/m	t/s	$x^{(4)}$/m	$z^{(4)}$/m
0	1060	22267	0	17020	20368
33. 968	1882. 98	28058. 63	33. 996	2628. 79	26148. 48
67. 935	2595. 85	33864. 97	67. 992	3381. 80	31954. 61
101. 903	3252. 64	39677. 96	101. 988	4056. 43	37770. 43
135. 871	3879. 99	45494. 21	135. 984	4690. 43	43590. 84
169. 839	4495. 18	51311. 76	169. 979	5305. 24	49413. 31
203. 806	5112. 40	57129. 09	203. 975	5916. 71	55236. 13
237. 774	5746. 34	62944. 62	237. 971	6539. 81	61057. 72
271. 742	6416. 15	68756. 12	271. 967	7192. 64	66876. 04
305. 709	7153. 54	74559. 38	305. 963	7903. 40	72687. 54
339. 677	8000	80343. 02	339. 959	8731	78483. 38

数值 $t_K^{(k)}$（$k=1,2,3,4$）存在细微差别，是因为编队无人机的轨迹式（8.4.7）近似于线性轨迹（图 7 – 25）。表 8 – 26 中的数据证实了轨迹 $z_k(x)(k=1,2,\cdots,N)$的这一特性。

表 8 – 26　编队 4 架无人机在飞行时间区间内的轨迹角及其导数

第 1 架无人机			第 2 架无人机		
t/s	$\Psi^{(1)}(t)$/rad	$\dot{\Psi}^{(1)}(t)$/(rad/s)	t/s	$\Psi^{(2)}(t)$/rad	$\dot{\Psi}^{(2)}(t)$/(rad/s)
0	80. 47	0. 093	0	81. 26	0. 067
33. 956	82. 42	0. 035	33. 932	82. 74	0. 029

续表

第 1 架无人机			第 2 架无人机		
t/s	$\Psi^{(1)}(t)$/rad	$\dot{\Psi}^{(1)}(t)$/(rad/s)	t/s	$\Psi^{(2)}(t)$/rad	$\dot{\Psi}^{(2)}(t)$/(rad/s)
67.911	83.28	0.018	67.865	83.45	0.015
101.867	83.73	0.009	101.797	83.82	0.008
135.822	83.95	0.004	135.729	83.99	0.003
169.777	84.01	−0.000	169.662	84.01	−0.002
203.733	83.93	−0.005	203.594	83.88	−0.006
237.688	83.68	−0.010	237.526	83.57	−0.012
271.644	83.20	−0.019	271.458	82.98	−0.024
305.599	82.25	−0.039	305.391	81.79	−0.051
339.555	80	−0.112	339.323	78.54	−0.184
第 3 架无人机			第 4 架无人机		
t/s	$\Psi^{(3)}(t)$/rad	$\dot{\Psi}^{(3)}(t)$/(rad/s)	t/s	$\Psi^{(4)}(t)$/rad	$\dot{\Psi}^{(4)}(t)$/(rad/s)
0	81.02	0.071	0	79.25	0.146
33.968	82.59	0.030	33.996	82.01	0.046
67.935	83.33	0.016	67.992	83.08	0.022
101.903	83.73	0.008	101.988	83.63	0.011
135.871	83.93	0.003	135.984	83.91	0.005
169.839	83.98	−0.000	169.979	84.01	−0.000
203.806	83.89	−0.005	203.975	83.87	−0.003
237.774	83.64	−0.010	237.971	83.78	−0.008
271.742	83.16	−0.019	271.967	83.37	−0.016
305.709	82.25	−0.037	305.963	82.60	−0.032
339.677	80.18	−0.100	339.959	80.90	−0.078

由上述计算结果可知，航向角 $\Psi^{(k)}(t)$的最大变化不会超过 2°，而导数 $\dot{\Psi}^{(k)}(t)$的最大变化不会超过 0.18rad/s，$t\in[0,t_K^{(k)}]$ $(k=1,2,3,4)$。

当 $t \in [0, t_K^{(k)}]$ $(k=1,2,3,4)$ 时，对于编队中的每架无人机，求解式（8.2.11）、式（8.2.16）的计算实验（计算离散度为 $\Delta t_1 = 33.956$s，$\Delta t_2 = 33.932$s，$\Delta t_3 = 33.968$s，$\Delta t_4 = 33.996$s）表明了其推力 $P_k(t)$ 和攻角 $\alpha_k(t)$ 值在这些时间区间内的实际一致性。区间 $t \in [0, t_K^{(k)}]$ 内 3 个点的计算结果如下：

$$P_1(0) = 723.667\text{N},\quad P_1(169.777) = 723.656\text{N}$$

$$P_1(339.555) = 723.650\text{N},\quad \alpha_1(t) = 1.287°,\quad t \in [0, 339.555]\text{s}$$

$$P_2(0) = 723.651\text{N},\quad P_2(169.662) = 723.647\text{N}$$

$$P_2(339.323) = 723.650\text{N},\quad \alpha_2(t) = 1.287°,\quad t \in [0, 339.323]\text{s}$$

$$P_3(0) = 723.654\text{N},\quad P_3(169.839) = 723.648\text{N}$$

$$P_2(339.677) = 723.645\text{N},\quad \alpha_3(t) = 1.287°,\quad t \in [0, 339.667]\text{s}$$

$$P_4(0) = 723.712\text{N},\quad P_4(169.979) = 723.681\text{N}$$

$$P_4(339.959) = 723.665\text{N},\quad \alpha_4(t) = 1.287°,\quad t \in [0, 339.959]\text{s}$$

根据表 8-26 中的数据，使用式（8.2.15）可以确定无人机编队的轨迹角 $\gamma_k(t), t \in [0, t_K^{(k)}]$ $(k=1,2,3,4)$ 的变化规律，如图 8-13 和表 8-27 所示。

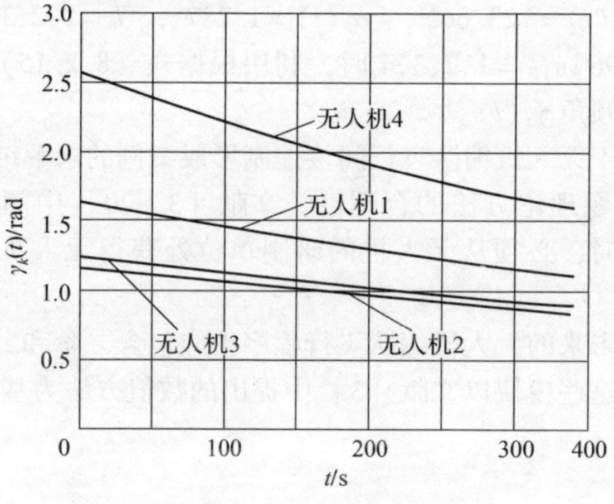

图 8-13　无人机编队的轨迹倾角 $\gamma_k(t)$

表 8-27　无人机编队的轨迹倾角 $\gamma_k(t)$ 的计算结果

t/s	$\gamma_1(t)$/rad	t/s	$\gamma_2(t)$/rad	t/s	$\gamma_3(t)$/rad	t/s	$\gamma_4(t)$/rad
0	1.637	0	1.171	0	1.244	0	2.570
33.956	1.570	33.932	1.131	33.968	1.201	33.996	2.433
67.911	1.507	67.865	1.093	67.935	1.160	67.992	2.308

续表

t/s	$\gamma_1(t)$/rad	t/s	$\gamma_2(t)$/rad	t/s	$\gamma_3(t)$/rad	t/s	$\gamma_4(t)$/rad
101.867	1.448	101.797	1.057	101.903	1.121	101.988	2.193
135.822	1.393	135.729	1.023	135.871	1.084	135.984	2.087
169.777	1.341	169.662	0.990	169.839	1.049	169.979	1.989
203.733	1.292	203.594	0.959	203.806	1.016	203.975	1.898
237.688	1.245	237.526	0.930	237.774	0.984	237.971	1.813
271.644	1.201	271.458	0.902	271.742	0.954	271.967	1.734
305.599	1.160	305.391	0.875	305.709	0.925	305.963	1.661
339.555	1.120	339.323	0.849	339.677	0.898	339.959	1.592

由所得的结果可以得出结论，在控制 4 架无人机编队以“菱形”队形运动时，其推力和攻角值是固定的：

$$P_k(t)=723.66\text{N},\quad \alpha_k(t)=1.287°,\quad k=1,2,3,4$$

而当 $t\in[0,339.96]\text{s}, k=1,2,3,4$ 时，利用根据式（8.2.15）和式（8.2.17）计算的数值控制倾角 $\gamma_k(t)$。

上述大量关于无人机编队飞行间接控制形成案例的求解结果证实了使用动态目标控制逆问题理论方法的合理性，文献［3，20］中阐述了该方法的原理。使用该方法时，必须从无人机的研制单位处获得无人机的空气动力试验数据。

本章总结：未来的无人机编队飞行程序中应包含二阶和三阶非线性参数方程组求解模块。这些模块以文献［3］中提出的数值方法为基础。

第9章 固定翼无人机编队飞行的直接程序控制

对图 5.1 中所示类型的无人机程序控制问题的文献分析表明，目前完全缺乏针对无人机执行机构生成直接控制作用的方法和算法，这些控制作用应确保无人机沿预定轨迹飞行。根据式（1.8），对于式（1.7）中编队第 k 架无人机的广义间接控制向量，此类控制作用包括涡轮喷气发动机或螺旋桨发动机组的转数变化规律 $\delta_{\mathrm{P}}^{(k)}(t)=n^{(k)}(t)$，以及无人机的升降舵、副翼和方向舵偏转角变化规律 $\delta_{\mathrm{V}}^{(k)}(t)$、$\delta_{\mathrm{E}}^{(k)}(t)$、$\delta_{\mathrm{N}}^{(k)}(t)(k=1,2,...,N)$。

正是无人机自动化控制系统中使用的这些定律，决定了完成目标任务所需的编队无人机飞行控制程序。

文献［3］中提出了式（1.9）形式的编队无人机通用控制定律的形成方法。

第 8 章中指出，第 k 架无人机的间接控制向量包括这些分量，如发动机的推力 $P_k(t)$、无人机飞行时刻 t 的攻角 $\alpha_k(t)$ 和侧倾角 $\gamma_k(t)(k=1,2,\cdots,N)$。

对于这种情况，在式（1.9）类型的第 k 架无人机的直接控制定律中，不包括描述滑移角随时间变化的分量 $\beta_k(t)$，但完全保留向量式（1.8）的结构。

本章在描述编队中每架无人机动力装置和操纵面控制定律的确定方法时，为了直观地表示所描述的材料，在得到最终的计算关系式前，将省略式中的指数“k”。

9.1 编队无人机的推力控制

本节将对确定无人机发动机轴所需转数 $n(t)$ 的方法进行分析，确保得出用第 8 章所述方法确定的推力值 $P(t)$，$t\in[t_0,t_K]$。

在飞行器飞行动力学的实际问题中，发动机推力可用高度 – 速度性能来描述，如下：

$$P=P(Ma_P,h,\bar{n}) \tag{9.1.1}$$

式中 $Ma_P=V/a(h)$——飞行马赫数，其中 V 为碰到的空气流的速度，$a(h)$ 为高度 h 上的声速；

$\bar{n}$——发动机涡轮（轴）的相对转数，用小数或其最大值 n_{max} 的百分比表示。

目前，在无人机引擎的技术文档中，式（9.1.1）可以用图形或表格的形式呈现[3]。

例 8.1 ~ 例 8.7 中探讨了无人机涡轮喷气发动机的部分高度 – 速度性能，如表 9 – 1 所列。

表 9 – 1　无人机涡轮喷气发动机的部分高度 – 速度性能

$h=0$m，$\bar{n}=100\%$								
Ma_P	0	0.1	0.2	0.3	0.4	0.5	0.6	0.7	0.8
P/N	1163.15	1124.90	1112.83	1118.69	1146.61	1166.94	1194.17	1208.65	—
$h=0$m，$\bar{n}=75\%$									
Ma_P	0	0.1	0.2	0.3	0.4	0.5	0.6	0.7	0.8
P/N	352.19	316.62	286.02	260.33	233.89	213.97	—	—	—
$h=2000$m，$\bar{n}=75\%$									
Ma_P	0	0.1	0.2	0.3	0.4	0.5	0.6	0.7	0.8
P/N	909.26	879.68	869.43	873.57	897.80	941.68	996.07	1049.05	1098.95
$h=2000$m，$\bar{n}=95\%$									
Ma_P	0	0.1	0.2	0.3	0.4	0.5	0.6	0.7	0.8
P/N	729.54	699.25	687.18	687.18	704.92	738.53	781.83	848.72	939.36
$h=3000$m，$\bar{n}=100\%$									
Ma_P	0	0.1	0.2	0.3	0.4	0.5	0.6	0.7	0.8
P/N	800.70	774.63	766.07	770.35	790.98	826.38	872.69	950.90	1011.54

续表

$h=3000\text{m}$，$\bar{n}=95\%$									
Ma_P	0	0.1	0.2	0.3	0.4	0.5	0.6	0.7	0.8
P/N	642.28	616.60	605.32	605.32	619.71	649.90	690.14	748.12	825.94
$h=5000\text{m}$，$\bar{n}=100\%$									
Ma_P	0	0.1	0.2	0.3	0.4	0.5	0.6	0.7	0.8
P/N	615.17	594.51	588.72	588.72	604.08	631.80	670.34	724.76	797.31
$h=6000\text{m}$，$\bar{n}=100\%$									
Ma_P	0	0.1	0.2	0.3	0.4	0.5	0.6	0.7	0.8
P/N	536.08	517.42	511.82	513.69	526.54	550.12	583.23	633.21	694.98
$h=6000\text{m}$，$\bar{n}=95\%$									
Ma_P	0	0.1	0.2	0.3	0.4	0.5	0.6	0.7	0.8
P/N	429.72	411.16	404.44	404.44	414.24	431.99	461.30	503.52	546.62
$h=7000\text{m}$，$\bar{n}=95\%$									
Ma_P	0	0.1	0.2	0.3	0.4	0.5	0.6	0.7	0.8
P/N	372.82	357.06	350.55	350.55	358.69	374.99	399.07	430.21	472.77
$h=7000\text{m}$，$\bar{n}=90\%$									
Ma_P	0	0.1	0.2	0.3	0.4	0.5	0.6	0.7	0.8
P/N	293.33	276.31	266.53	262.18	264.54	275.58	295.86	320.85	355.07
$h=9000\text{m}$，$\bar{n}=75\%$									
Ma_P	0	0.1	0.2	0.3	0.4	0.5	0.6	0.7	0.8
P/N	106.14	95.47	85.94	77.91	70.38	63.86	—	—	—

一般情况下，利用式（9.1.1），确保产生推力 $P(t)$ 的无人机发动机转速 $\bar{n}(t)$ 的变化规律可通过求解下列参数方程来确定：

$$P(Ma(t),y(t),\bar{n}(t))-P(t)=0,\quad t\in[t_0,t_K] \tag{9.1.2}$$

式中　$Ma(t)=V(t)/a(y(t))$——无人机在 $t\in[t_0,t_K]$ 时刻的飞行马赫数；

$y(t)$——无人机此刻的飞行高度[47]。

对于用百分比表示的发动机涡轮（轴）的相对转数 $\bar{n}$，发动机实际转数可通过下式确定[48]：

$$n(t)=\frac{\bar{n}(t)}{100}n_{\max} \tag{9.1.3}$$

我们将对活塞发动机单引擎无人机的发动机转数 $n(t)$ 变化规律的确定方法进行分析。这种发动机的推力的通用公式可参阅文献［46］。利用文献［47］使这个公式具体化，我们可以获得单引擎无人机的高度－速度性能，如下：

$$P=\frac{\alpha_P(V,h)n^2D^4}{0.0288\times10^6}$$

式中　α_P——无人机螺旋桨发动机的推力系数，以图形（列线图）的形式给出，它取决于无人机飞行速度 V、飞行高度 h 及螺旋桨的轮廓和安装角；

D——螺旋桨的直径。

在这种情况下，方程（9.1.2）可描述为

$$\frac{\alpha_P(V(t),y(t))D^4n^2(t)}{0.0288\times10^6}-P(t)=0,\quad t\in[t_0,t_K]$$

该方程的解是活塞发动机轴转数的绝对值，可以写为

$$n(t)=\frac{169.705}{D^2}\sqrt{\frac{P(t)}{\alpha_P(V(t),y(t))}},\quad t\in[t_0,t_K] \tag{9.1.4}$$

我们发现，为了应用此公式，必须用无人机飞行速度和高度函数形式表示系数 $\alpha_P(V,h)$。

在文献［3］中，对于配备有涡轮喷气发动机的无人机，提出了一种基于每个飞行时刻 t 该发动机所需高度－速度性能段的线性插值（表 9.1）计算涡轮转数 $n(t)$ 的方法。该方法搜索每个飞行时刻 t 高度－速度性能表中的必要段，并形成和求解三阶线性方程组。对于具备 $P_k(t)$、$y_k(t)$ 和 $V^{(k)}$（$k=1,2,\cdots,N$）特性的无人机编队运动轨迹，该方法难度非常大。

我们考虑使用另一种方法，利用喷气发动机的高度－速度性能近似值，根据上述特性直接计算 $\bar{n}(t)$ 的值。

这种方法的本质是基于涡轮喷气发动机的高度－速度性能表构建关系式：

$$\bar{n}=\bar{n}(P,Ma,h)$$

与方程（9.1.2）需要多次求解不同，它直接用于确定无人机推力的控制定律。

这种关系式的构建问题与复杂多变量函数近似法的使用有关[49]。

下面将介绍并分析以一种更简单的技术方法来解决该问题的可能性。这种方法使用实践中广泛应用的最小二乘法，从而得到回归关系式形式的试验研究结果解析表达式[50]。在这里的案例中，就是形成发动机的高度 - 速度性能。

我们考虑将以下函数作为基于无人机高度 - 速度性能［式（9.1.1）］构建的涡轮喷气发动机涡轮轴所需转数的解析表达式：

（1）线性关系式：

$$\bar{n} = aP + b \cdot Ma + dh + c \tag{9.1.5}$$

（2）三个变量（正数）的幂函数：

$$\bar{n} = cP^{a} \cdot Ma^{b} \cdot h^{d} \tag{9.1.6}$$

（3）三元二次多项式：

$$\bar{n} = a_0 + a_1 P + a_2 \cdot Ma + a_3 h + a_4 P^2 + a_5 \cdot Ma^2 + a_6 h^2 + a_7 P \cdot Ma + a_8 Ph + a_9 \cdot Mah \tag{9.1.7}$$

构建此类关系式的目的是通过最小二乘法确定其中包含的系数值[34,50]。

在无人机固定飞行高度对应的性能段，通过式（9.1.5）~式（9.1.7）来评估无人机涡轮喷气发动机高度 - 速度性能近似值的准确性。

假设高度 - 速度性能表格中的这一片段用数据数组 $\{P_s, Ma_s, \bar{n}_s \mid s = 1, 2, \cdots, S\}$ 描述。

对于式（9.1.5）中 h 为常数的情况，我们假设 $d = 0$，并且为了确定参数 a、b、c 的剩余值，可以使用最小二乘法求解优化问题：

$$J = \sum_{s=0}^{S} (\bar{n}_s - aP_s - b \cdot Ma_s - c)^2 \rightarrow \min \tag{9.1.8}$$

使用函数 $J = J(a, b, c)$ 的极值必要条件[19]，可以得到以下方程组，用于确定所求的参数值：

$$\begin{cases} \dfrac{\partial J}{\partial a} = -2 \displaystyle\sum_{s=0}^{S} (\bar{n}_s - aP_s - b \cdot Ma_s - c) P_s = 0 \\ \dfrac{\partial J}{\partial b} = -2 \displaystyle\sum_{s=0}^{S} (\bar{n}_s - aP_s - b \cdot Ma_s - c) Ma_s = 0 \\ \dfrac{\partial J}{\partial b} = -2 \displaystyle\sum_{s=0}^{S} (\bar{n}_s - aP_s - b \cdot Ma_s - c) = 0 \end{cases}$$

经过简单变换，可以得到一个标准的三次方程组：

$$\begin{cases} a\sum_{s=0}^{S}P_s^2 + b\sum_{s=0}^{S}Ma_s \cdot P_s + c\sum_{s=0}^{S}P_s = \sum_{s=0}^{S}\bar{n}_s P_s \\ a\sum_{s=0}^{S}Ma_s \cdot P_s + b\sum_{s=0}^{S}Ma_s^2 + c\sum_{s=0}^{S}Ma_s = \sum_{s=0}^{S}\bar{n}_s \cdot Ma_s \\ a\sum_{s=0}^{S}P_s + b\sum_{s=0}^{S}Ma_s + c(S+1) = \sum_{s=0}^{S}\bar{n}_s \end{cases} \tag{9.1.9}$$

该线性代数方程组的数值解可以通过文献［3］所述方法求出。

例 9.1

从附录 3 中所给的高度－速度性能表中选择一个与飞行高度 $h=3000\mathrm{m}$ 相对应的部分，并生成后续计算实验的初始数据，见表 9－2 中的前四列。

在图 9－1 中，这些数据以坐标空间$(\bar{n},Ma,P)$中的平面表示。

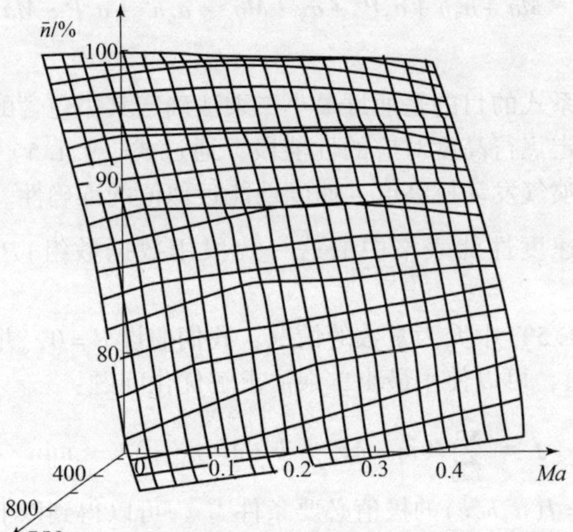

图 9－1　坐标空间$(\bar{n},Ma,P)$及其平面表示

对于给定的初始数据，求解方程组（9.1.9），可以得到下列系数值：

$$a=0.040,\quad b=3.310,\quad c=68.749$$

在这种情况下，式（9.1.5）可具体写为

$$\bar{n}=0.040P+3.310Ma+68.749 \tag{9.1.10}$$

根据该公式计算 P_s 和 $Ma_s(s=0,1,\cdots,35)$，结果如表 9－2 所列。

表 9－2　计算结果

s	P_s/N	Ma_s	$\overline{n}_s$/%	$\overline{n}_{s,\text{count}}$/%	$\Delta\overline{n}_s$/%	$\delta\overline{n}_s$/%
0	800. 703	0	100	100. 907	−0. 907	−0. 907
1	774. 633	0. 1	100	100. 191	−0. 191	−0. 191
2	766. 073	0. 2	100	100. 178	−0. 178	−0. 178
3	770. 353	0. 3	100	100. 681	−0. 681	−0. 681
4	790. 075	0. 4	100	101. 804	−1. 804	−1. 804
5	826. 384	0. 5	100	103. 593	−3. 593	−3. 593
6	642. 282	0	95	94. 544	0. 456	0. 480
7	616. 601	0. 1	95	93. 844	1. 156	1. 217
8	605. 317	0. 2	95	93. 722	1. 278	1. 345
9	605. 317	0. 3	95	94. 053	0. 947	0. 997
10	619. 714	0. 4	95	94. 962	0. 038	0. 040
11	648. 897	0. 5	95	96. 465	−1. 465	−1. 542
12	504. 302	0	90	89. 003	0. 997	1. 108
13	475. 660	0. 1	90	88. 183	1. 817	2. 018
14	458. 907	0. 2	90	87. 842	2. 158	2. 398
15	450. 801	0. 3	90	87. 847	2. 153	2. 392
16	456. 205	0. 4	90	88. 395	1. 605	1. 783
17	477. 551	0. 5	90	89. 583	0. 417	0. 463
18	395. 576	0	85	84. 636	0. 364	0. 428
19	366. 566	0. 1	85	83. 802	1. 198	1. 410
20	347. 651	0. 2	85	83. 373	1. 627	1. 914
21	332. 519	0. 3	85	83. 096	1. 904	2. 239
22	326. 845	0. 4	85	83. 200	1. 800	2. 118
23	326. 845	0. 5	85	83. 531	1. 469	1. 729

续表

s	P_s/N	Ma_s	$\bar{n}_s$/%	$\bar{n}_{s,\text{count}}$/%	$\Delta\bar{n}_s$/%	$\delta\bar{n}_s$/%
24	307.011	0	80	81.079	-0.079	-1.349
25	280.552	0.1	80	80.347	-0.347	-0.434
26	258.373	0.2	80	79.788	0.212	0.265
27	241.253	0.3	80	79.431	0.569	0.711
28	227.634	0.4	80	79.215	0.785	0.981
29	219.643	0.5	80	79.218	0.782	0.978
30	241.889	0	75	78.464	-3.464	-4.618
31	218.480	0.1	75	77.854	-2.854	-3.806
32	197.365	0.2	75	77.337	-2.337	-3.116
33	179.032	0.3	75	76.932	-1.932	-2.576
34	161.816	0.4	75	76.572	-1.572	-2.095
35	147.514	0.5	75	76.328	-1.328	-1.771

表9-2的后两列所示为数值 $\bar{n}$ 的实际值与计算值的绝对差 $\Delta n_s = \bar{n}_{s,\text{count}} - \bar{n}_s$ 和相对差 $\delta\bar{n}_s = (\Delta n_s \times 100\%)/n_s$。

需注意，当 $P_{10} = 619.714\text{N}$，$Ma_{10} = 0.4$，$\bar{n}_{10} = 95\%$ 时，最小差值等于 $\delta\bar{n}_{10} = 0.040\%$；而当 $P_{30} = 241.889\text{N}$，$Ma_{30} = 0$，$\bar{n}_{30} = 75\%$ 时，最大差值 $\delta\bar{n}_{30} = -4.618\%$。此外，当 $P_0 = 800.703\text{N}$，$Ma_0 = 0$ 时，值 $\bar{n}_{\text{count}} = 100.907\%$，即比 $\bar{n}_{\max} = 100\%$ 约大1%。

当 h 为常数时，式（9.1.6）采用下列形式：

$$\bar{n} = cP^a \cdot Ma^b \tag{9.1.11}$$

按照现有的方法，在使用最小二乘法时，对该表达式的两边求对数，即

$$\ln\bar{n} = \ln c + a\ln P + b\ln Ma$$

以简化系数 a、b、c 的计算过程。

如果进行以下赋值操作：

$$\bar{n} := \ln\bar{n}, \quad c := \ln c, \quad P := \ln P, \quad Ma := \ln Ma \tag{9.1.12}$$

那么借助方程组（9.1.9），通过求解最小值问题［式（9.1.8）］可得到所求的参数值 a、b、c。

最终得出：

$$a=a^*,\quad b=b^*,\quad c=\exp c^* \tag{9.1.13}$$

其中，a^*、b^*、c^* 是方程组（9.1.9）的根。

例 9.2

已知无人机在高度 $h=3000\text{m}$ 的水平面上飞行，构建式（9.1.11）形式的关系式。

使用例 9.1 中的初始数据，赋值式（9.1.12）并求解式（9.1.19）形式的方程组，可以得到：

$$a^*=0.189,\quad b^*=0.013,\quad c^*=3.358$$

利用式（9.1.13），将所求的式（9.1.11）表示为

$$\bar{n}=28.741P^{0.189}Ma^{0.013} \tag{9.1.14}$$

根据初始数据 P_s、Ma_s，$\bar{n}_s(s=0,1,\cdots,29)$，表 9-3 中的第五列给出了式（9.1.14）的计算结果。

表 9-3　初始数据 P_s、Ma_s 和 $\bar{n}_s(s=0,1,\cdots,29)$

s	P_s/N	Ma_s	$\bar{n}_s$/%	$\bar{n}_{s,\text{count}}$/%	$\Delta\bar{n}_s$/%	$\delta\bar{n}_s$/%
0	774.633	0.1	100	98.039	0.961	1.961
1	766.073	0.2	100	98.739	0.261	1.261
2	770.353	0.3	100	99.378	0.622	0.622
3	790.075	0.4	100	100.236	−0.236	−0.236
4	826.384	0.5	100	101.392	−1.392	−1.392
5	616.601	0.1	95	93.900	1.100	1.158
6	605.317	0.2	95	94.439	0.561	0.591
7	605.317	0.3	95	94.950	0.050	0.053
8	619.714	0.4	95	95.738	−0.738	−0.777
9	648.897	0.5	95	96.862	−1.862	−1.960
10	475.660	0.1	90	89.404	0.596	0.663

续表

s	P_s/N	Ma_s	$\bar{n}_s$/%	$\bar{n}_{s,\text{count}}$/%	$\Delta\bar{n}_s$/%	$\delta\bar{n}_s$/%
11	458.907	0.2	90	89.622	0.378	0.420
12	450.801	0.3	90	89.804	0.196	0.218
13	456.205	0.4	90	90.351	−1.351	−0.390
14	477.551	0.5	90	91.407	−1.407	−1.563
15	366.566	0.1	85	85.107	−0.107	−0.126
16	347.651	0.2	85	85.039	−0.039	−0.046
17	332.519	0.3	85	84.783	0.217	0.256
18	326.845	0.4	85	84.831	0.169	0.199
19	326.845	0.5	85	83.083	−0.083	−0.098
20	280.552	0.1	80	80.911	−0.911	−1.139
21	258.373	0.2	80	80.399	−0.399	−0.499
22	241.253	0.3	80	79.793	0.207	0.259
23	227.634	0.4	80	79.224	0.776	0.970
24	219.643	0.5	80	78.912	1.088	1.360
25	218.480	0.1	75	77.175	−2.175	−2.900
26	197.365	0.2	75	76.407	−1.407	−1.877
27	179.032	0.3	75	75.418	−0.418	−0.557
28	161.816	0.4	75	74.273	0.727	0.969
29	147.514	0.5	75	73.202	1.798	2.397

图9－2所示为函数式（9.1.14）描述的平面。

对发动机涡轮转数的实际值和计算值的绝对差$\Delta\bar{n}_s$和相对差$\delta\bar{n}_s$的分析表明，当$s=29$时，达到最大差值（2.397%），在$s=19$时达到最小值（−0.098%）。此外，当$s=4$时，发现计算值比实际值$\bar{n}_4=100\%$大1.392%。

当h为常数时，多项式（9.1.7）可改写为更简单的形式，如下：

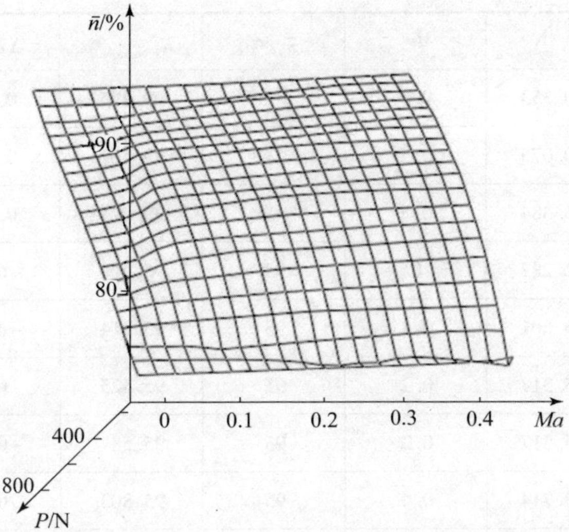

图 9－2　函数 $\bar{n}=28.741P^{0.189}Ma^{0.013}$ 描述的平面

$$\bar{n}=aP+bMa+cP^2+dMa^2+ePMa+f \qquad (9.1.15)$$

利用上述方法，通过求解下列优化问题确定系数值 $a,b,\cdots,f$：

$$J=\sum_{s=1}^{S}(\bar{n}_s-aP_s-bMa_s-cP_s^2-dMa_s^2-eP_sMa_s-f)^2\rightarrow\min$$

运用函数 $J(a,b,\cdots,f)$ 的必要极值条件[19]：

$$\frac{\partial J}{\partial a}=0,\quad \frac{\partial J}{\partial b}=0,\quad \frac{\partial J}{\partial c}=0,\quad \frac{\partial J}{\partial d}=0,\quad \frac{\partial J}{\partial e}=0,\quad \frac{\partial J}{\partial f}=0$$

可以得到六次线性代数方程组。

利用表 9－4 中前四列的初始数据求解该方程组，得出：

$$a=0.081,\quad b=23.798,\quad c=-3.517\times10^{-5}$$

$$d=-17.596,\quad e=-0.022,\quad f=58.185$$

表 9－4　初始数据 P_s、Ma_s 和 $\bar{n}_s(s=0,1,\cdots,35)$

s	P_s/N	Ma_s	$\bar{n}_s$/%	$\bar{n}_{s,\text{count}}$/%	$\Delta\bar{n}_s$/%	$\delta\bar{n}_s$/%
0	800.703	0	100	100.128	−0.128	−0.128
1	774.633	0.1	100	99.960	0.040	0.040
2	766.073	0.2	100	99.907	0.093	0.093

续表

s	P_s/N	Ma_s	$\overline{n}_s$/%	$\overline{n}_{s,\text{count}}$/%	$\Delta\overline{n}_s$/%	$\delta\overline{n}_s$/%
3	770. 353	0. 3	100	99. 795	0. 205	0. 205
4	790. 075	0. 4	100	99. 567	0. 433	0. 433
5	826. 384	0. 5	100	99. 071	0. 929	0. 929
6	642. 282	0	95	95. 408	−0. 408	−0. 429
7	616. 601	0. 1	95	95. 314	−0. 314	−0. 330
8	605. 317	0. 2	95	95. 425	−0. 425	−0. 448
9	605. 317	0. 3	95	95. 584	−0. 584	−0. 615
10	619. 714	0. 4	95	95. 803	−0. 803	−0. 845
11	648. 897	0. 5	95	95. 951	−0. 951	−1. 001
12	504. 302	0	90	89. 858	0. 142	0. 158
13	475. 660	0. 1	90	89. 688	0. 312	0. 346
14	458. 907	0. 2	90	89. 762	0. 238	0. 265
15	450. 801	0. 3	90	89. 905	0. 095	0. 105
16	456. 205	0. 4	90	90. 269	−0. 269	−0. 299
17	477. 551	0. 5	90	90. 836	−0. 836	−0. 929
18	395. 576	0	85	84. 542	0. 458	0. 539
19	366. 566	0. 1	85	84. 375	0. 625	0. 736
20	347. 651	0. 2	85	84. 450	0. 550	0. 647
21	332. 519	0. 3	85	84. 423	0. 577	0. 678
22	326. 845	0. 4	85	84. 559	0. 441	0. 518
23	326. 845	0. 5	85	84. 631	0. 369	0. 434
24	307. 011	0	80	79. 597	0. 403	0. 503
25	280. 552	0. 1	80	79. 595	0. 405	0. 506

续表

s	P_s/N	Ma_s	$\bar{n}_s$/%	$\bar{n}_{s,\mathrm{count}}$/%	$\Delta\bar{n}_s$/%	$\delta\bar{n}_s$/%
26	258.373	0.2	80	79.558	0.442	0.553
27	241.253	0.3	80	79.521	0.479	0.599
28	227.634	0.4	80	79.383	0.617	0.772
29	219.643	0.5	80	79.235	0.765	0.956
30	241.889	0	75	75.609	−0.609	−0.812
31	218.480	0.1	75	75.823	−0.823	−1.097
32	197.365	0.2	75	75.892	−0.892	−1.190
33	179.032	0.3	75	75.843	−0.843	−1.124
34	161.816	0.4	75	75.566	−0.566	−0.755
35	147.514	0.5	75	75.166	−0.166	−0.222

此时式（9.1.15）具体表示为

$$\bar{n}=0.081P+23.798Ma-3.517\times10^{-5}P^2-17.596Ma^2-0.022PMa+58.185 \tag{9.1.16}$$

这个公式的计算结果，以及 $\bar{n}$ 的计算值和实际值的绝对差和相对差在表 9－4 的第 5～7 列中给出。

由表 9－4 可知，当 $s=1$ 时，计算值 $\bar{n}_{s,\mathrm{count}}$ 比实际值 $\bar{n}_s$ 大 0.128%。这些数值相对差的最小值和最大值分别为 $\delta\bar{n}_2=0.04\%$ 和 $\delta\bar{n}_{32}=-1.19\%$。

这些差值远小于式（9.1.10）和式（9.1.14）的类似值。后者意味着，式（9.1.16）能够更准确地描述 $h=3000$m 时的高度－速度性能。

图 9－3 所示为式（9.1.16）所描述的平面。

对于例 8.4 中计算出的推力值 $P_k(t)\,(k=1,2,3)$，可借助式（9.1.16）确定 $\bar{n}$ 和 n 的值。

当由 $N=3$ 架无人机组成的纵队以 $V=100$m/s 的速度在高 $h=3000$m 的水平面上沿圆形轨迹运动时，全部无人机的涡轮喷气发动机推力值：

$$P_k(t)=296.102\mathrm{N},\quad k=1,2,3$$

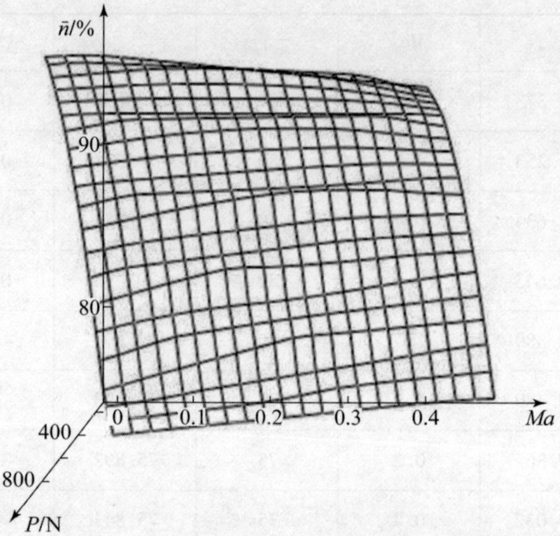

图9-3　式（9.1.16）所描述的平面

将该值及无人机编队飞行的马赫数 $Ma=0.305$ 代入式（9.1.16）中，可以得到：

$$\bar{n}=0.81\times296.102+23.798\times0.305-3.517\times10^{-5}\times296.102^2$$
$$-17.596\times0.305^2-0.022\times296.102\times0.305+58.185=82.734\%$$

当 $n_{\max}=60000\mathrm{r/min}$ 时，根据式（9.13）得出，无人机发动机涡轮转数如下时：

$$n_k=49640.4\mathrm{r/min},\quad k=1,2,3$$

该纵队所有无人机的推力可达到计算值。

下面继续探讨式（9.1.7）形式的关系式。

和上面一样，通过求解最小化问题可确定该关系式中的系数 $a_i(i=1,2,\cdots,9)$，即

$$J=\sum_{s=1}^{S}(\bar{n}_s-a_0-a_1P_s-a_2Ma_s-a_3h_s-a_4P_s^2-a_5Ma_s^2$$
$$-a_6h_s^2-a_7P_sMa_s-a_8P_sh_s-a_9Ma_sh_s)^2\rightarrow\min$$

利用函数 $J(a_0,a_1,\cdots,a_9)$ 的极值必要条件：

$$\frac{\partial J}{\partial a_i}=0,\quad i=0,1,\cdots,9$$

可以得到下列十次线性代数方程组，一般可表示为

$$
\begin{cases}
\sum_{s=1}^{S} A_s(a_0,a_1,\cdots,a_9) = 0 \\
\sum_{s=1}^{S} A_s(a_0,a_1,\cdots,a_9)\cdot Ma_s = 0 \\
\sum_{s=1}^{S} A_s(a_0,a_1,\cdots,a_9)h_s = 0 \\
\sum_{s=1}^{S} A_s(a_0,a_1,\cdots,a_9)P_s^2 = 0 \\
\sum_{s=1}^{S} A_s(a_0,a_1,\cdots,a_9)\cdot Ma_s^2 = 0 \\
\sum_{s=1}^{S} A_s(a_0,a_1,\cdots,a_9)h_s^2 = 0 \\
\sum_{s=1}^{S} A_s(a_0,a_1,\cdots,a_9)P_s\cdot Ma_s = 0 \\
\sum_{s=1}^{S} A_s(a_0,a_1,\cdots,a_9)P_s h_s = 0 \\
\sum_{s=1}^{S} A_s(a_0,a_1,\cdots,a_9)\cdot Ma_s\cdot h_s = 0
\end{cases}
\tag{9.1.17}
$$

式中　A_s——所求参数 a_0，a_1，…，a_9 的线性函数，即

$$
\begin{aligned}
A_s(a_0,a_1,\cdots,a_9) = \bar{n}_s &- a_0 - a_1P_s - a_2\cdot Ma_s - a_3h_s \\
&- a_4P_s^2 - a_5\cdot Ma_s^2 - a_6h_s^2 - a_7P_s\cdot Ma_s \\
&- a_8P_sh_s - a_9\cdot Ma_s\cdot h_s,\quad s=1,S
\end{aligned}
\tag{9.1.18}
$$

将式（9.1.17）展开，并将式（9.1.18）代入其中，得到标准的线性方程组，用于确定所求的参数 a_0，a_1，…，a_9。

这个十次方程组运用文献［3］中所述的数值法求解。

将式（9.1.7）变成通用公式，以计算编队第 k 架无人机涡轮喷气发动机轴在每个飞行时刻 t 的相对转数，即

$$
\begin{aligned}
\bar{n}_k(t) = a_0 + a_1P_k(t) + a_2\frac{V^{(k)}(t)}{340-0.004y^{(k)}(t)} \\
+ a_3y^{(k)}(t) + a_4P_k^2(t) + a_5\left(\frac{V^{(k)}(t)}{340-0.004y^{(k)}(t)}\right)^2
\end{aligned}
$$

$$+a_6\left(y^{(k)}(t)\right)^2+a_7\frac{P_k(t)V^{(k)}(t)}{340-0.004y^{(k)}(t)}$$

$$+a_8P_k(t)y^{(k)}(t)+a_9\frac{V^{(k)}(t)y^{(k)}(t)}{340-0.004y^{(k)}(t)},\quad k=1,2,\cdots,N \tag{9.1.19}$$

式中　$P_k(t)$、$V_k(t)$、$y_k(t)$——在由 N 架无人机组成的编队中，第 k 架无人机沿给定轨迹运动的推力、速度和飞行高度。

例 9.3

已知无人机飞行高度范围为 $h\in(0,4000)$m，基于式（9.1.1）形式的涡轮喷气发动机的高度－速度性能，构建式（9.1.7）形式的关系式（见附录3）。

利用该表中的数据组 h_s、Ma_s、P_s、$\bar{n}_s(s=0,1,\cdots,269)$，同时求解基于这些数据形成的方程组（9.1.17）和式（9.1.18），可以得到函数式（9.1.7）的系数值，如下：

$$\begin{gathered}a_0=61.760,\quad a_1=0.041,\quad a_2=26.318,\quad a_3=7.561\times10^{-4}\\a_4=-4.708\times10^{-6},\quad a_5=-13.303,\quad a_6=1.185\times10^{-7}\\a_7=-0.023,\quad a_8=2.831\times10^{-6},\quad a_9=-1.841\times10^{-3}\end{gathered} \tag{9.1.20}$$

在这些系数值下，附录 3 中表 1 的第 6 列给出了发动机涡轮转速的计算值 $\bar{n}_{s,\text{count}}(s=0,1,\cdots,269)$，而第 7 列、第 8 列是实际转数和计算转数的绝对差值和相对差值：

$$\Delta\bar{n}_s=\bar{n}_s-\bar{n}_{s,\text{count}},\quad \delta\bar{n}_s=(\Delta\bar{n}_s\times100\%)/\bar{n}_s,\quad s=0,1,\cdots,269$$

在这种情况下，当 $s=264$ 时，得到最大值 $\delta\bar{n}_s=-4.278\%$，而当 $s=170$ 时，达到最小值（$-2.296\times10^{-3}\%$）。

利用创建的式（9.1.19）确定无人机燃气涡轮发动机转数，其在 $h\in[0,3000]$m高度的编队飞行问题请参阅第 8 章。

已知由 3 架无人机组成的无人机编队，以 $V=100$m/s 的速度进入 $h=3000$m 高度的水平面，下面将对无人机编队的飞行段进行分析。

由例 8.1 可知，无人机 1 在时间 $t\in[172.663,647.487]$s 时完成该飞行阶段。

对于式（9.1.20）中的系数值以及表 8－1 和表 8－3 中该时间区间内的值 $y^{(1)}(t)$、$P_1(t)$，运用式（9.1.19）及 $n_{\max}=60000$r/min［见式（9.1.3）］，可以得到所求的 $\bar{n}_1(t)$和 $n_1(t)$，如表 9－5 和图 9－4 所示。

表 9 - 5　无人机 1 在时间区间 $t \in [172.663, 647.487]$ s 内的值 $y^{(1)}(t)$、$P_1(t)$、$\bar{n}_1(t)$ 和 $n_1(t)$

t/s	$y^{(1)}(t)$/m	$P_1(t)$/N	$\bar{n}_1(t)$/%	$n_1(t)$/(r/min)
172. 663	2883	756. 055	99. 248	59548. 97
215. 829	3114	638. 420	95. 691	57414. 64
258. 995	3277	535. 072	92. 245	55347. 19
302. 160	3385	444. 267	88. 983	53389. 56
345. 326	3446	364. 957	85. 959	51575. 56
388. 492	3467	296. 685	83. 228	49936. 75
431. 658	3450	239. 649	80. 849	48509. 40
474. 823	3398	195. 041	78. 910	47346. 03
517. 989	3313	166. 125	77. 573	46543. 52
561. 155	3193	162. 433	77. 243	46345. 95
604. 321	3055	212. 770	79. 103	47461. 53
647. 487	3000	299. 243	82. 480	49488. 02

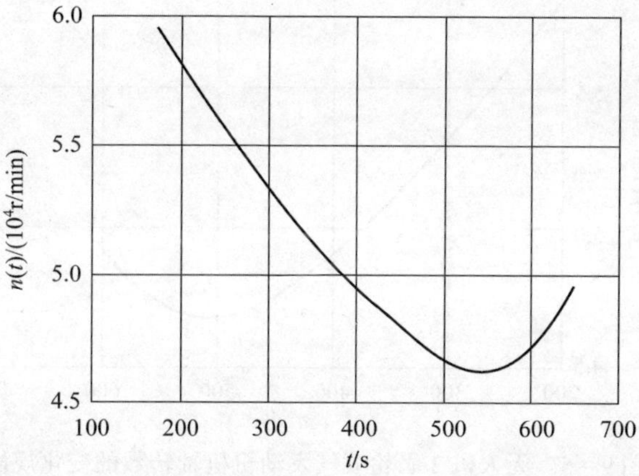

图 9 - 4　无人机 1 涡轮喷气发动机机轴转数的变化规律

对于该编队中的无人机 2，运用表 8 - 5 和表 8 - 7 中的数据，在时间区间 [201. 526, 604. 579] s 内构建的这些关系式见表 9 - 6 和图 9 - 5。

表 9-6　无人机 2 在时间区间 $t \in [201.526, 604.579]$ s 内的值 $y^{(2)}(t)$、$P_2(t)$、$\bar{n}_2(t)$ 和 $n_2(t)$

t/s	$y^{(2)}(t)$/m	$P_2(t)$/N	$\bar{n}_2(t)$/%	$n_2(t)$/(r/min)
201.526	2965	679.474	96.770	58061.71
241.832	3151	573.041	93.363	56018.03
282.137	3281	478.374	90.074	54044.62
322.442	3362	394.772	86.975	52184.88
362.747	3399	322.040	84.132	50479.11
403.053	3396	260.617	81.621	48972.40
443.358	3355	212.027	79.547	47728.33
483.663	3277	180.240	78.107	46863.99
523.968	3163	176.739	77.791	46674.76
564.274	3043	223.046	79.500	47699.82
604.579	3000	298.819	82.463	49477.94

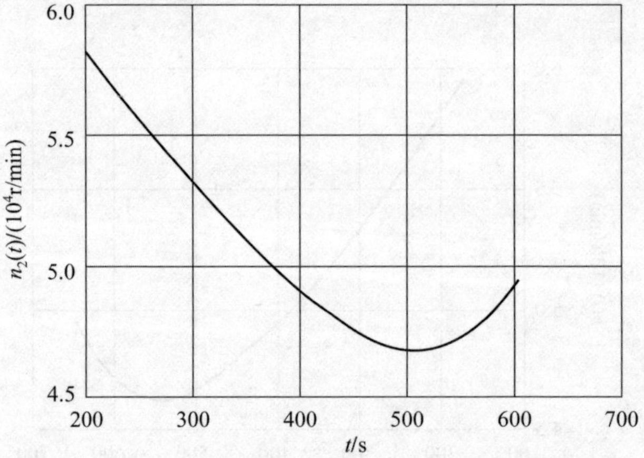

图 9-5　无人机 2 涡轮喷气发动机机轴转数的变化规律

当 $t \in [181.883, 545.648]$ s 时，基于表 8-9 和表 8-11 中的数据构建的无人机 3 涡轮喷气发动机机轴转数的相对变化规律和绝对变化规律如表 9-7 和图 9-6 所示。

表9-7　无人机3在时间区间 $t\in[181.883,545.648]$ s 的值 $y^{(3)}(t)$、$P_3(t)$、$\bar{n}_3(t)$ 和 $n_3(t)$

t/s	$y^{(3)}(t)$/m	$P_3(t)$/N	$\bar{n}_3(t)$/%	$n_3(t)$/(r/min)
181.883	2887	767.073	99.647	59788.39
218.259	3123	644.727	95.948	57568.96
254.636	3298	530.421	92.119	55271.67
291.012	3413	425.441	88.303	52981.74
327.389	3469	331.538	84.655	50792.76
363.765	3466	251.483	81.367	48820.20
400.142	3403	190.360	78.722	47233.33
436.518	3285	158.226	77.202	46321.26
472.895	3140	169.098	77.443	46465.68
509.271	3034	221.981	79.442	47665.42
545.648	3000	298.377	82.446	49467.43

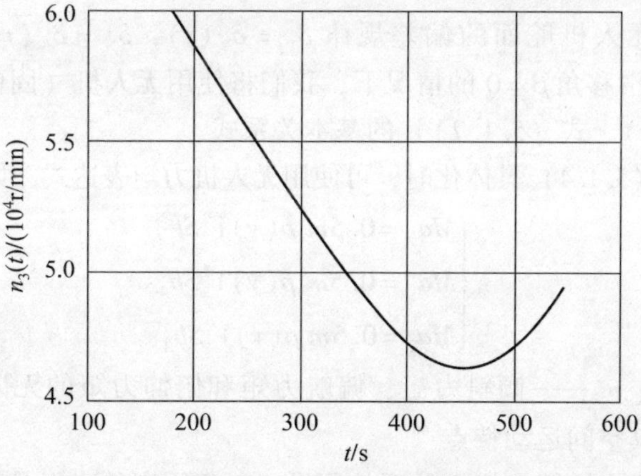

图9-6　无人机3涡轮喷气发动机机轴转数的变化规律

在案例 8.4 中，由 $N=3$ 架无人机组成的无人机纵队以 $V=100\text{m/s}$ 的速度在 $h=3000\text{m}$ 的水平面上飞行，经分析得出其推力将是固定的，且在相应的时间区间内其值为

$$P_1(t)=P_2(t)=P_3(t)=296.102\text{N}$$

当 $y^{(1)}(t)=y^{(2)}(t)=y^{(3)}(t)=3000\text{m}$ 且 $V^{(k)}(t)=100\text{m/s}(k=1,2,3)$ 时，将上式中的值代入含有式（9.1.20）中系数的式（9.1.19）中，可以得出编队无人机发动机的转数为

$$\bar{n}_1(t)=\bar{n}_2(t)=\bar{n}_3(t)=82.356\%$$

$$n_1(t)=n_2(t)=n_3(t)=49413.3\text{r/min}$$

假设 4 架无人机组成的编队呈“菱形”队形以 $V=172.22\text{m/s}$ 的速度在 $h=1000\text{m}$ 的高空飞行，可得出：

$$P_1(t)=P_2(t)=P_3(t)=P_4(t)=725.094\text{N}$$

进行上述操作，可以得出，要达到这些推力值，编队第 k 架无人机的转数应为

$$\bar{n}_k=92.476\%,\quad n_k(t)=55485.8\text{r/min},\quad k=1,2,3,4$$

由于缺少相应的数学方法和算法，对区间 $[h_{\min},h_{\max}]$ 和 $[V_{\min},V_{\max}]$ 内的高度－速度特性表进行分析描述，是一项计算量相当大的任务[49]。

9.2 无人机空间编队飞行时的舵面控制

为了确定无人机舵面的偏差规律 $\delta_V=\delta_V(t)$，$\delta_N=\delta_N(t)$，$\delta_E=\delta_E(t)$，$t\in[t_0,t_K]$，在滑移角 $\beta=0$ 的情况下，我们将使用无人机（固体）空间运动模型［式（5.1.1）～式（5.1.7）］的基本关系式。

在使方程（5.1.4）具体化时，可使用无人机力矩表达式，如下（图 5－1）：

$$\begin{cases}Ma_x=0.5m_x\rho(y)V^2Sl\\ Ma_y=0.5m_y\rho(y)V^2Sb_A\\ Ma_z=0.5m_z\rho(y)V^2Sb_A\end{cases}\tag{9.2.1}$$

式中　m_x、m_y、m_z——倾斜力矩、偏航力矩和俯仰力矩的无因次系数，取决于无人参数及其空间运动特点[46]。

利用无人机力矩特点线性关系的假设，对于固定的飞行马赫数，这些系数可以用下式表示[46]：

$$\begin{cases} m_x = m_{x0} + m_x^{\delta_N}\delta_N + m_x^{\delta_E}\delta_E + m_x^{\bar{\omega}_y}\dfrac{l\omega_y}{2V} + m_x^{\bar{\omega}_x}\dfrac{l\omega_y}{2V} + m_{xP} \\ m_y = m_y^{\delta_N}\delta_N + m_y^{\delta_E}\delta_E + m_y^{\bar{\omega}_y}\dfrac{l\omega_y}{2V} + m_y^{\bar{\omega}_x}\dfrac{l\omega_y}{2V} + m_{yP} \\ m_z = m_{z0} + m_z^{\alpha}\alpha + m_z^{\bar{\dot{\alpha}}}\dfrac{\dot{\alpha}b_A}{V} + m_z^{\delta_V}\delta_V + m_z^{\bar{\omega}_z}\dfrac{b_A\omega_y}{V} + m_{zP} \end{cases} \tag{9.2.2}$$

式中　m_{x0}、m_{z0}——$\alpha=0$ 和 $\beta=0$ 情况下的倾斜力矩和俯仰力矩系数；

$m_x^{\delta_N}$，…，$m_z^{\delta_V}$，$m_x^{\bar{\omega}_z}$——系数 m_x、m_y、m_z 基于相应变量的偏导数；

m_{xP}、m_{yP}、m_{zP}——无人机巡航发动机的力矩系数，之后该系数可忽略不计。

式（9.2.2）中使用了角速度的无因次偏导数，其计算方式如下[46]：

$$\bar{\omega}_x = \frac{\omega_x l}{2V},\quad \bar{\omega}_y = \frac{\omega_y l}{2V},\quad \bar{\omega}_z = \frac{\omega_z b_A}{V},\quad \bar{\dot{\alpha}} = \frac{\alpha b_A}{V}$$

式中　V——无人机当前的飞行速度。

需注意，式（9.2.2）右部包含的所有系数应基于特定无人机样机在气动力风洞中的风洞试验结果确定。

例 9.4

对于第 8 章案例中所分析的无人机，我们将给出式（9.2.2）中所包含系数的试验值。

基于空气动力试验结果，无人机倾斜力矩的系数 m_x 可用下列数值表示：

$$m_{x0} = -0.003,\quad m_x^{\delta_N} = -0.014\text{rad}^{-1},\quad m_x^{\delta_E} = -0.12\text{rad}^{-1}$$

根据无人机风洞试验的结果可以确定，这些系数在数值 Ma 的运行区段内是固定的。

系数 $m_x^{\bar{\omega}_x}$ 和 $m_x^{\bar{\omega}_y}$ 与数值 $Ma\in[0.2,0.8]$ 的关系如下：

$$\begin{cases} m_x^{\bar{\omega}_x} = m_x^{\bar{\omega}_x}(Ma) = -0.438 + 0.184Ma - 0.428Ma^2(\text{rad}^{-1}) \\ m_x^{\bar{\omega}_y} = m_x^{\bar{\omega}_y}(Ma) = -0.108(\text{rad}^{-1}) \end{cases}$$

无人机偏航力矩系数 m_y 的导数可通过下列值确定：

$$m_y^{\bar{\omega}_N} = -0.079\text{rad}^{-1},\quad m_y^{\bar{\omega}_E}(Ma) = 0.008\text{rad}^{-1}$$

$$m_y^{\bar{\omega}_y} = -1.1\text{rad}^{-1},\quad m_y^{\bar{\omega}_x} = -0.11\text{rad}^{-1}$$

根据空气动力试验结果可以确定，这些系数值也与数值 Ma 无关。

当 $Ma \in [0.5, 0.7]$ 时，形成无人机俯仰力矩系数 m_z 时可以得到以下值：

$$m_{z0} = 0.025,\quad m_z^{\alpha} = -0.636\text{rad}^{-1},\quad \alpha \in [-2°, 8°]$$

当 $Ma \in [0.35, 0.82]$ 且 $\delta_V \in [-2°, 8°]$ 时，系数 $m_z^{\delta_V}$ 保持固定值：

$$m_z^{\delta_V} = -1.146\text{rad}^{-1}$$

导数 $m_z^{\bar{\omega}_z}$ 和 $m_z^{\bar{\dot{\alpha}}}$ 与数值 $Ma \in [0.2, 0.8]$ 的关系式如下：

$$\begin{cases} m_z^{\bar{\omega}_z} = m_z^{\bar{\omega}_z}(Ma) = -0.179 + 0.025Ma - 0.072Ma^2\,(\text{rad}^{-1}) \\ m_z^{\bar{\dot{\alpha}}} = m_z^{\bar{\dot{\alpha}}}(Ma) = -0.074 + 0.053Ma - 0.152Ma^2\,(\text{rad}^{-1}) \end{cases}$$

将式（9.2.1）和式（9.2.2）运用到方程（5.1.4）中，可以得到无人机绕质心运动的特点与控制定律 $\delta_V = \delta_V(t)$、$\delta_N = \delta_N(t)$、$\delta_E = \delta_E(t)$（其中 $t \in [t_0, t_K]$）的关系，如下：

$$\begin{cases} J_x\dot{\omega}_x + (J_z - J_y)\omega_y\omega_z = 0.5\rho(y)V^2Sl\left(m_{x0} + m_x^{\delta_N}\delta_N + m_x^{\delta_E}\delta_E + m_x^{\bar{\omega}_y}\dfrac{l\omega_y}{2V} + m_x^{\bar{\omega}_x}\dfrac{l\omega_x}{2V}\right) \\ J_y\dot{\omega}_y + (J_x - J_z)\omega_x\omega_z = 0.5\rho(y)V^2Sb_A\left(m_y^{\delta_N}\delta_N + m_y^{\delta_E}\delta_E + m_y^{\bar{\omega}_y}\dfrac{l\omega_y}{2V} + m_y^{\bar{\omega}_x}\dfrac{l\omega_x}{2V}\right) \\ J_z\dot{\omega}_z + (J_y - J_x)\omega_y\omega_x = 0.5\rho(y)V^2Sb_A\left(m_{z0} + m_z^{\alpha}\alpha + m_z^{\bar{\dot{\alpha}}}\dfrac{\dot{\alpha}b_A}{V} + m_z^{\bar{\omega}_V}\delta_V + m_z^{\bar{\omega}_z}\dfrac{b_A\omega_x}{V}\right) \end{cases} \tag{9.2.3}$$

文献［46］中指出，式（5.1.5）形式的微分方程是在下式的基础上形成的：

$$\begin{cases} \omega_x = \dot{\gamma} + \dot{\psi}\sin\vartheta \\ \omega_y = \dot{\psi}\cos\gamma\cos\vartheta + \dot{\vartheta}\sin\gamma \\ \omega_z = \dot{\vartheta}\cos\gamma - \dot{\psi}\cos\vartheta\sin\gamma \end{cases} \tag{9.2.4}$$

式中　ϑ、ψ——无人机的俯仰角和偏航角。

由文献[46]可知，在无人机空间运动过程中，角 α 和 β 取决于倾斜角 γ 和角 θ、ϑ、Ψ、ψ 的当前值。

当 $\beta = 0$ 时，这些关系式可表示为

$$\alpha = \vartheta - \theta,\quad 0 = \psi - \Psi + \alpha\sin\gamma$$

由此可以得到下列表达式，用于计算无人机的俯仰角和偏航角：

$$\vartheta = \alpha + \theta,\quad \psi = \Psi + \alpha\sin\gamma \tag{9.2.5}$$

当无人机在时间区间 $[t_0, t_K]$ 内沿给定的轨迹运动时，将利用第 8 章所述方法确定的函数代入这些表达式中，由此得出这些角的数值变化规律：

$$\alpha=\alpha(t),\quad \theta=\theta(t),\quad \gamma=\gamma(t),\quad \Psi=\Psi(t) \tag{9.2.6}$$

在这种情况下，有

$$\begin{cases}\vartheta(t)=\alpha(t)+\theta(t)\\ \psi(t)=\Psi(t)+\alpha(t)\sin\gamma(t)\end{cases} \tag{9.2.7}$$

利用式（9.2.4）、式（9.2.6）和式（9.2.7）计算所需的无人机角速度的变化规律，如下：

$$\begin{cases}\omega_x(t)=\dot{\gamma}(t)+\dot{\psi}(t)\sin\vartheta(t)\\ \omega_y(t)=\dot{\psi}(t)\cos\gamma(t)\cos\vartheta(t)+\dot{\vartheta}(t)\sin\gamma(t)\\ \omega_z(t)=\dot{\vartheta}(t)\cos\gamma(t)-\dot{\psi}(t)\cos\vartheta(t)\sin\gamma(t)\end{cases} \tag{9.2.8}$$

式（9.2.6）~式（9.2.8）中包括函数 $\alpha(t)$ 和 $\gamma(t)$，对于编队每架无人机来说，它们是参数方程组（8.1.9）的数值解。由于这些函数以表格的形式给出，导数 $\dot{\alpha}(t)$ 和 $\dot{\gamma}(t)$ 必须使用已知的数值微分公式来计算[40]，该公式可简化为

$$\dot{\alpha}(t)=\frac{\alpha(t)-\alpha(t-\Delta t)}{\Delta t},\quad \dot{\gamma}(t)=\frac{\gamma(t)-\gamma(t-\Delta t)}{\Delta t}$$

式中　Δt——变量 $t\in[t_0,t_K]$ 变化的步长。

在步长为 Δt 的单个时间计算网格上，通过求解式（8.1.3）形式的方程组，为编队中每架无人机建立其轨迹 $(x(t),y(t),z(t))$ 的参数表示，基于式（8.1.12）计算轨迹角 $\theta(t)$、$\Psi(t)$ 的值及其导数 $\dot{\theta}(t)$、$\dot{\Psi}(t)$ $(t\in[t_0,t_K])$，并求解方程组（8.1.9）。

在这个网格上，应根据式（9.2.7）进行计算，对所得的函数 $\vartheta(t)$ 和 $\psi(t)$ 进行数值微分，并借助式（9.2.8）形成函数 $\omega_x(t)$、$\omega_y(t)$、$\omega_z(t)$ $(t\in[t_0,t_K])$。方程（9.2.3）中包含的这些角速度的导数也可以通过数值微分（步长为 Δt）计算得出。

这里我们会介绍一种更简单的方法，用相应次数的多项式逼近函数 $\alpha(t)$、$\gamma(t)$、$\theta(t)$、$\Psi(t)$，这种多项式的一般形式如下：

$$W=a_0+a_1+a_2t^2+\cdots+a_nt^n \tag{9.2.9}$$

在所选的幂值 n 下，这些多项式的系数 $a_i(i=0,1,\cdots,n)$ 将采用最小二乘法通过解决下列优化问题来确定[34,50]：

$$J(a_0,a_1,\cdots,a_n)=\sum_{r=1}^{N}(W_r-a_0-a_1t_r-a_2t_r^2-\cdots-a_nt_r^n)^2\rightarrow\min$$

式中　W_r——上述函数在 t_r 时刻的值，其中 $r=1,2,\cdots,N$；

N——这些函数的样本量（数据点个数）。

使用目标函数[40]的必要极值条件[19]：

$$\frac{\partial J}{\partial a_i}=0,\quad i=0,1,\cdots,n$$

简单变形后可以得到 $n+1$ 次线性方程组，用于确定多项式（9.2.9）的系数：

$$\begin{cases}\sum_{r=1}^{N}(-a_0-a_1t_r-a_2t_r^2-\cdots-a_nt_r^n)=\sum_{r=1}^{N}W_r\\ \sum_{r=1}^{N}(-a_0t_r-a_1t_r^2-a_2t_r^3-\cdots-a_nt_r^{n+1})=\sum_{r=1}^{N}W_rt_r\\ \vdots\\ \sum_{r=1}^{N}(-a_0t_r^n-a_1t_r^{n+1}-a_2t_r^{n+2}-\cdots-a_nt_r^{2n})=\sum_{r=1}^{N}W_rt_r^n\end{cases}\tag{9.2.10}$$

该方程组可使用文献［3］中所列的其中一种数值法求解。

请注意，多项式（9.2.9）阶次 $n\geqslant1$ 的选择，要使表值 a_r、γ_r、θ_r、Ψ_r 与计算值 $a(t_r)$、$\gamma(t_r)$、$\theta(t_r)$、$\Psi(t_r)$ 的偏差最小，其中 $r=1,2,\cdots,N$。

使用这种方法时，可以得到解析形式的上述导数。

将式（9.2.3）转换为线性参数方程组：

$$0\times\delta_V(t)+m_x^{\delta_N}\delta_N(t)+m_x^{\delta_E}\delta_E(t)=c_1(t)\tag{9.2.11}$$

$$0\times\delta_V(t)+m_y^{\delta_N}\delta_N(t)+m_y^{\delta_E}\delta_E(t)=c_2(t)\tag{9.2.12}$$

$$m_z^{\delta_N}\delta_N(t)+0\times\delta_N(t)+0\times\delta_E(t)=c_3(t)\tag{9.2.13}$$

该方程组的右边可具体化为

$$c_1(t)=\frac{2\lfloor J_x\dot{\omega}_x(t)+(J_z-J_y)\omega_y(t)\omega_z(t)\rfloor}{\rho(y(t))V^2(t)Sl}-m_{x0}-m_x^{\bar{\omega}_y}\frac{l\omega_y(t)}{2V(t)}-m_x^{\bar{\omega}_x}\frac{l\omega_x(t)}{2V(t)}\tag{9.2.14}$$

$$c_2(t)=\frac{2\lfloor J_y\dot{\omega}_y(t)+(J_x-J_z)\omega_z(t)\omega_z(t)\rfloor}{\rho(y(t))V^2(t)Sb_A}-m_y^{\bar{\omega}_y}\frac{l\omega_y(t)}{2V(t)}-m_y^{\bar{\omega}_x}\frac{l\omega_x(t)}{2V(t)}\tag{9.2.15}$$

$$c_3(t)=\frac{2\lfloor J_z\dot{\omega}_z(t)+(J_y-J_x)\omega_y(t)\omega_x(t)\rfloor}{\rho(y(t))V^2(t)Sb_A}-m_{z0}-m_z^{\alpha}\alpha(t)-m_z^{\bar{\dot{\alpha}}}\frac{b_A\dot{\alpha}(t)}{V(t)}-m_z^{\bar{\omega}_z}\frac{b_A\omega_z(t)}{V(t)}\tag{9.2.16}$$

形成公式用于计算编队中每架无人机的舵面控制。

由方程（9.2.13）可得

$$\delta_{\mathrm{V}}(t) = -\frac{c_3(t)}{m_z^{\delta_{\mathrm{V}}}}, \quad t \in [t_0, t_K] \tag{9.2.17}$$

使用克莱默法求解方程组（9.2.11）和式（9.2.12）[19]，可以得到：

$$\delta_{\mathrm{N}}(t) = \frac{m_x^{\delta_{\mathrm{E}}} c_1(t) - m_y^{\delta_{\mathrm{E}}} c_2(t)}{m_y^{\delta_{\mathrm{N}}} m_x^{\delta_{\mathrm{E}}} - m_y^{\delta_{\mathrm{E}}} m_x^{\delta_{\mathrm{N}}}} \tag{9.2.18}$$

$$\delta_{\mathrm{E}}(t) = \frac{m_y^{\delta_{\mathrm{N}}} c_2(t) - m_x^{\delta_{\mathrm{N}}} c_1(t)}{m_y^{\delta_{\mathrm{N}}} m_x^{\delta_{\mathrm{E}}} - m_y^{\delta_{\mathrm{E}}} m_x^{\delta_{\mathrm{N}}}}, \quad t \in [t_0, t_K] \tag{9.2.19}$$

在这种情况下，基于式（9.2.17）~式（9.2.19）得到的控制定律应满足下列限制条件：

$$\begin{cases} \delta_{\mathrm{V,min}} \leqslant \delta_{\mathrm{V}}(t) \leqslant \delta_{\mathrm{V,max}} \\ \delta_{\mathrm{N,min}} \leqslant \delta_{\mathrm{N}}(t) \leqslant \delta_{\mathrm{N,max}} \\ \delta_{\mathrm{E,min}} \leqslant \delta_{\mathrm{E}}(t) \leqslant \delta_{\mathrm{E,max}} \end{cases} \tag{9.2.20}$$

运用式（9.2.9）的近似关系式计算式（9.2.14）~式（9.2.19）时，为了表示函数式（9.2.6）及其导数，必须与式（9.2.8）一样，构建描述导数 $\dot{\omega}_x$、$\dot{\omega}_y$、$\dot{\omega}_z$ 的分析式。

式（9.2.8）对时间 t 求微分，有

$$\begin{cases} \dot{\omega}_x(t) = \ddot{\gamma}(t) + \ddot{\psi}(t)\sin\vartheta(t) + \dot{\psi}(t)\dot{\vartheta}(t)\cos\vartheta(t) \\ \dot{\omega}_y(t) = \ddot{\psi}(t)\cos\gamma(t)\cos\vartheta(t) - \ddot{\psi}(t)\gamma(t)\sin\gamma(t)\cos\vartheta(t) \\ \qquad - \dot{\psi}(t)\dot{\vartheta}(t)\cos\gamma(t)\sin\dot{\vartheta}(t) + \ddot{\vartheta}(t)\sin\gamma(t) \\ \qquad + \dot{\vartheta}(t)\dot{\gamma}(t)\cos\gamma(t) \\ \dot{\omega}_z(t) = \ddot{\vartheta}(t)\cos\gamma(t) - \dot{\vartheta}(t)\dot{\gamma}(t)\sin\gamma(t) \\ \qquad - \ddot{\psi}(t)\cos\vartheta(t)\sin\gamma(t) + \dot{\psi}(t)\dot{\vartheta}(t)\sin\vartheta(t)\sin\gamma(t) \\ \qquad - \dot{\psi}(t)\dot{\gamma}(t)\cos\gamma(t)\sin\gamma(t) \end{cases} \tag{9.2.21}$$

用 $a_i^{(1)}$、$a_i^{(2)}$、$a_i^{(3)}$、$a_i^{(4)}$ $(i = 0, 1, \cdots, 9)$ 表示与式 $\alpha(t)$、$\gamma(t)$、$\theta(t)$、$\Psi(t), t \in [t_0, t_K]$ 近似的多项式的系数，并且通过求解式（9.2.10）形式的方程组来确定这些系数值，将这些值代入式（9.2.7）后可以得到描述俯仰角 ϑ、偏航角 ψ 与无人机当前飞行时间的显性关系式。记下这些函数的一阶导数和二阶导数，同时使用相应的多项式，可以得到式（9.2.8）和式（9.2.21）的具体解析形式，和其他的初始数据一样，它们都用于计算编队中无人机的控制定律。

上面给出的无人机舵面控制定律的通用形成方法用式（9.2.8）~

式（9.2.19）描述，以形成编队每 k 架无人机沿给定非线性轨迹飞行时的控制 $\delta_{\mathrm{V}}^{(k)}(t)$、$\delta_{\mathrm{E}}^{(k)}(t)$、$\delta_{\mathrm{N}}^{(k)}(t)$。

例 9.5

求编队领航无人机 1 在高度为 $h=3000\mathrm{m}$ 的水平面上飞行的控制定律 $\delta_{\mathrm{V}}(t)$、$\delta_{\mathrm{N}}(t)$、$\delta_{\mathrm{E}}(t)$（请参见示例 8.1）。根据例 9.1，该无人机在时间区间 [172，663；647.487]s 内以 $V=100\mathrm{m/s}$ 的速度在这个飞行段上飞行。

将多项式（9.2.9）作为计算所需的近似关系式，在固定的阶数 n 下，其系数通过求解式（9.2.10）描述的方程组来确定。

当 $t\in[172.663, 647.487]$s 时，使用表 8－2 中 $\theta(t)$ 和 $\Psi(t)$ 的值（单位为弧度），得出无人机 1 轨迹角的近似关系式，如下：

$$\begin{cases}\theta(t)=0.405-2.460\times10^{-3}t+7.085\times10^{-6}t^2-1.224\times10^{-8}t^3+8.570\times10^{-12}t^4\\ \Psi(t)=-1.096+0.029t-1.390\times10^{-4}t^2+2.841\times10^{-7}t^3-2.131\times10^{-10}t^4\end{cases}$$

请注意，这些多项式的幂值对应于在 $n=1, 2, 3, \cdots$ 时，计算数据和表格数据相对偏差的最大值中的最小值。

图 9－7 所示为近似结果。

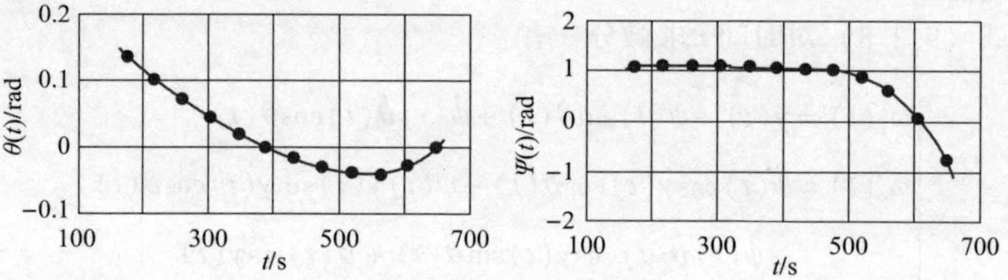

图 9－7　近似结果

通过近似表 8－3 中以 rad 表示的值 $\alpha(t)$ 和 $\gamma(t)$，可以得到以下形式的多项式：

$$\begin{cases}\alpha(t)=0.070+3.137\times10^{-4}t-8.765\times10^{-7}t^2+1.108\times10^{-9}t^3-5.530\times10^{-13}t^4\\ \gamma(t)=-2.837\times10^{-5}t+2.813\times10^{-9}t^2+3.602\times10^{-7}t^3\\ \qquad+4.754\times10^{-5}t^4+3.925\times10^{-3}t^5-3.571\times10^{-5}t^6\\ \qquad+1.185\times10^{-7}t^7-1.704\times10^{-10}t^8+8.983\times10^{-14}t^9\end{cases}$$

这些关系式的示意图及其相应数据如图 9－8 所示。

将上述多项式及其导数代入式（9.2.7）、式（9.2.8）和式（9.2.21）中，同时使用例 9.4 中的力矩系数及无人机 1 的下列特征值（表 5－1）：

$$J_x=2.1\mathrm{kg\cdot m\cdot s^2},\quad J_y=31\mathrm{kg\cdot m\cdot s^2},\quad J_z=30\mathrm{kg\cdot m\cdot s^2}$$

$$S=1.4\mathrm{m}^2,\quad l=2.64\mathrm{m},\quad b_A=0.546\mathrm{m}$$

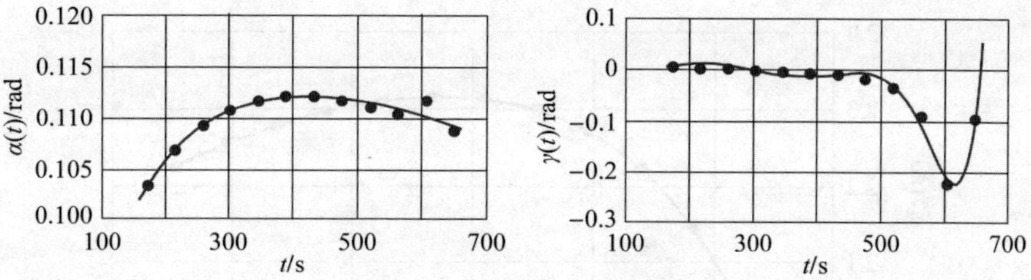

图 9－8　关系式 $\alpha(t)$ 和 $\gamma(t)$ 的示意图

基于式（9.2.14）~式（9.2.19）可以得到无人机 1 的舵面偏离规律，如表 9－8 和图 9－9 所示。

表 9－8　无人机 1 的舵面偏离规律

t/s	δ_V/rad	δ_N/rad	δ_E/rad
172.663	2.033	−2.206	0.229
215.829	2.147	−2.203	0.240
258.995	2.223	−2.201	0.251
302.160	2.271	−2.200	0.261
345.326	2.298	−2.200	0.268
388.492	2.310	−2.201	0.269
431.658	2.312	−2.202	0.267
474.824	2.306	−2.200	0.274
517.989	2.295	−2.193	0.306
561.155	2.278	−2.183	0.379
604.321	2.255	−2.180	0.487
647.487	2.222	−2.217	0.489

请注意，在计算时使用了表 9－5 中无人机 1 的飞行高度值的近似多项式，如下：

$$\gamma(t)=1.151\times10^{-3}+14.176t-0.027t^2+1.395\times10^{-5}t^3,$$
$$t\in[172.663,647.487]\,\mathrm{s}$$

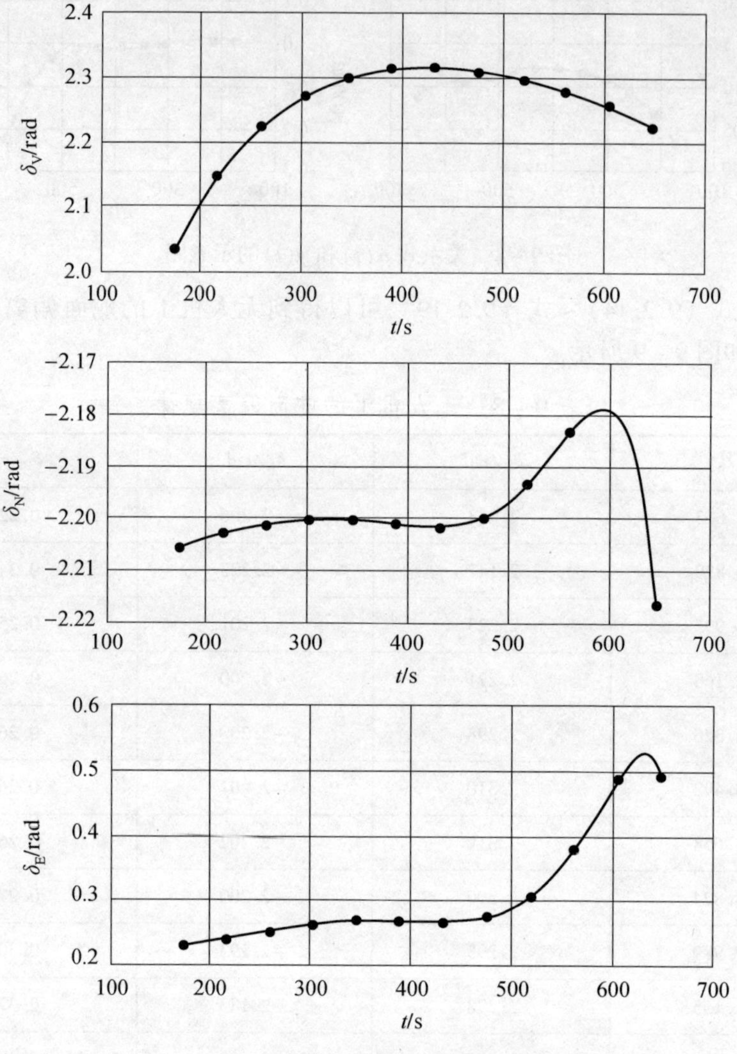

图 9 - 9　无人机 1 的舵面偏离规律

这个多项式可用于计算空气密度 $\rho(y(t))$ 和力矩系数值 $m_x^{\bar{\omega}_x}$、$m_z^{\bar{\omega}_z}$、$m_z^{\bar{\dot{\alpha}}}$（参见例 9.4）。在这些系数相应的公式中，马赫数可用下列表达式表示：

$$Ma = Ma(t) = \frac{100}{340 - 0.004y(t)}$$

对于本示例和后续示例中所研究的无人机类型，式（9.2.20）形式的无人机舵的偏转角范围的限制条件为

$$-20° \leqslant \delta_{\mathrm{V}} \leqslant 20°$$
$$-20° \leqslant \delta_{\mathrm{N}} \leqslant 20°$$
$$-20° \leqslant \delta_{\mathrm{E}} \leqslant 20°$$

由表9-8可知，编队中的无人机1满足全部条件。

用类似的方式计算编队中无人机2和无人机3的控制定律 $\delta_{\mathrm{V}}(t)$、$\delta_{\mathrm{N}}(t)$、$\delta_{\mathrm{E}}(t)$。

我们发现，在计算中使用式（9.2.9）形式的回归关系式，可以删除其中误差较大的一阶导数和二阶导数的数值计算程序[19]，并形成控制定律 $\delta_{\mathrm{V}}(t)$、$\delta_{\mathrm{N}}(t)$、$\delta_{\mathrm{E}}(t), t \in [t_0, t_K]$，具备在编队无人机相应的自动化控制系统中实现所需的离散度 Δt。

接下来将对无人机编队沿所需的线性轨迹空间飞行的情况进行分析。在这种飞行条件下，编队每架无人机的式（9.2.6）如下所示：

$$\begin{gathered}\alpha = \alpha(t), \quad \gamma(t) = 0, \quad \theta(t) = \theta_z = 常数 \\ \Psi(t) = \Psi_z = 常数, \quad t \in [t_0, t_K]\end{gathered} \tag{9.2.22}$$

式中　θ_z、Ψ_z——无人机倾斜角和旋转（航向）角的给定值。

考虑到这一点，根据式（9.2.7）得出，每架无人机的俯仰角和偏航角值随时间的变化可表示如下：

$$\vartheta(t) = \alpha(t) + \theta_z, \quad \psi(t) = \Psi_z \tag{9.2.23}$$

使用式（9.2.22）和式（9.2.23）得出：

$$\dot{\gamma}(t) = 0, \quad \dot{\psi}(t) = 0, \quad \dot{\vartheta}(t) = \dot{\alpha}(t)$$

则式（9.2.8）可采用以下形式：

$$\omega_x(t) = 0, \quad \omega_y(t) = 0, \quad \omega_z(t) = \dot{\alpha}(t), \quad t \in [t_0, t_K]$$

由此可得

$$\dot{\omega}_x(t) = 0, \quad \dot{\omega}_y(t) = 0, \quad \dot{\omega}_z(t) = \ddot{\alpha}(t)$$

根据后面两个关系式，式（9.2.14）~式（9.2.16）可具体表示为

$$c_1(t) = -m_{x0}, \quad c_2(t) = 0$$

$$c_3(t) = \frac{2J_z\ddot{\alpha}(t)}{\rho(y(t))V^2(t)Sb_A} - m_{z0} - m_z^{\alpha}\alpha(t) - m_z^{\bar{\alpha}}\frac{b_A\dot{\alpha}(t)}{V(t)} - m_z^{\bar{\omega}_z}\frac{b_A\dot{\alpha}(t)}{V(t)} \tag{9.2.24}$$

此时，基本的计算式（9.2.17）~式（9.2.19）将采用以下形式：

$$\begin{gathered}\delta_{\mathrm{V}}(t) = -\frac{c_3(t)}{m_z^{\delta_{\mathrm{V}}}}, \quad \delta_{\mathrm{N}}(t) = -\frac{m_x^{\delta_{\mathrm{E}}}m_{x0}}{m_y^{\delta_{\mathrm{N}}}m_x^{\delta_{\mathrm{E}}} - m_y^{\delta_{\mathrm{E}}}m_x^{\delta_{\mathrm{N}}}} \\ \delta_{\mathrm{E}}(t) = \frac{m_x^{\delta_{\mathrm{N}}}m_{x0}}{m_y^{\delta_{\mathrm{N}}}m_x^{\delta_{\mathrm{E}}} - m_y^{\delta_{\mathrm{E}}}m_x^{\delta_{\mathrm{N}}}}, \quad t \in [t_0, t_K]\end{gathered} \tag{9.2.25}$$

需注意，基于这些公式计算的控制定律应满足限制条件式（9.2.20）。

9.3 无人机编队飞行平面轨迹的舵面控制

当无人机编队在垂直面上飞行时，形成其控制规律 $\delta_{\mathrm{V}}(t)$、$\delta_{\mathrm{N}}(t)$、$\delta_{\mathrm{E}}(t)$ 的初始关系式（9.2.6）可具体写为

$$\begin{gathered}\alpha=\alpha(t),\quad \theta=\theta(t)\\ \gamma(t)=0,\quad \Psi(t)=0,\quad t\in[t_0,t_K]\end{gathered}\tag{9.3.1}$$

因此，式（9.2.7）采用以下形式：

$$\vartheta(t)=\alpha(t)+\theta(t),\quad \psi(t)=0\tag{9.3.2}$$

将式（9.3.1）和式（9.3.2）代入式（9.2.8）中，有

$$\omega_x(t)=0;\quad \omega_y(t)=0;\quad \omega_z(t)=\dot{\alpha}(t)+\dot{\theta}(t)\tag{9.3.3}$$

此时得到：

$$\dot{\omega}_x(t)=0;\quad \dot{\omega}_y(t)=0,\quad \dot{\omega}_z(t)=\ddot{\alpha}(t)+\ddot{\theta}(t)\tag{9.3.4}$$

将式（9.3.3）和式（9.3.4）用到式（9.2.14）~式（9.2.16）中，得出下列结果：

$$c_1(t)=-m_{x0},\quad c_2(t)=0$$

$$c_3(t)=\frac{2J_z(\ddot{\alpha}(t)+\ddot{\theta}(t))}{\rho(y(t))V^2(t)Sl}-m_{z0}-m_z^{\alpha}\alpha(t)-m_z^{\bar{\alpha}}\frac{b_A\dot{\alpha}(t)}{V(t)}-m_z^{\bar{\omega}_z}\frac{b_A\dot{\alpha}(t)+\dot{\theta}(t)}{V(t)}\tag{9.3.5}$$

考虑到这一点，所求的控制定律［式（9.2.17）~式（9.2.19）］可具体化为

$$\begin{gathered}\delta_{\mathrm{V}}(t)=-\frac{c_3(t)}{m_z^{\delta_{\mathrm{V}}}},\ \delta_{\mathrm{N}}(t)=-\frac{m_x^{\delta_{\mathrm{E}}}m_{x0}}{m_y^{\delta_{\mathrm{N}}}m_x^{\delta_{\mathrm{E}}}-m_y^{\delta_{\mathrm{E}}}m_x^{\delta_{\mathrm{N}}}}\\ \delta_{\mathrm{E}}(t)=-\frac{m_x^{\delta_{\mathrm{N}}}m_{x0}}{m_y^{\delta_{\mathrm{N}}}m_x^{\delta_{\mathrm{E}}}-m_y^{\delta_{\mathrm{E}}}m_x^{\delta_{\mathrm{N}}}},\quad t\in[t_0,t_K]\end{gathered}\tag{9.3.6}$$

需注意，式（9.3.6）的计算结果应满足条件式（9.2.20）。

例 9.6

求 3 架无人机组成的编队的舵面控制定律，已知这些无人机在时间区间 [0,400]s 内沿直线轨迹在垂直面上飞行，飞行速度如下：

$$V^{(1)}=97.50\mathrm{m/s},\quad V^{(2)}=165.82\mathrm{m/s},\quad V^{(3)}=192.50\mathrm{m/s}$$

由例 8.2 可知，编队无人机的轨迹倾斜角分别为

$\theta^{(1)}(t)=0\text{rad}$，$\theta^{(2)}(t)=0.1\text{rad}$，$\theta^{(3)}(t)=-0.05\text{rad}$，$t\in[0,400]\text{s}$

由此可知：

$$\dot{\theta}^{(k)}(t)=0,\quad \ddot{\theta}^{(k)}(t)=0,\quad k=1,2,3,\quad t\in[0,400]\text{s}$$

表 8-12 中编队第 k 架无人机飞行高度的变化如表 9-9 所列。

表 9-9　编队第 k 架无人机飞行高度的变化

t/s	$y^{(1)}$/m	$y^{(2)}$/m	$y^{(3)}$/m
0	2000	1492	5304
40	2000	2152	4919
80	2000	2812	4535
120	2000	3472	4150
160	2000	4132	3766
200	2000	4792	3381
240	2000	5452	2997
280	2000	6112	2612
320	2000	6772	2228
360	2000	7432	1843
400	2000	8092	1459

由表 8-13 可知，由于无人机 1 在 $t\in[0,400]\text{s}$ 的飞行高度恒定，攻角和倾斜角的值如下：

$$\alpha_1(t)=5.858°=0.102\text{rad},\quad \gamma_1(t)=0°=0\text{rad}$$

此时，使用含有例 9.4 中初始数据的式（9.3.5）和式（9.3.6），可以得到无人机 1 的控制值，如下：

$$\delta_{\text{V}}^{(1)}(t)=2.001°,\quad \delta_{\text{N}}^{(1)}(t)=-2.202°$$

$$\delta_{\text{E}}^{(1)}(t)=0.257°,\quad t\in[0,400]\text{s}$$

求表 8-13 中 $\alpha_2(t)$ 的近似值（以弧度为单位），可以得到一次多项式：

$$\alpha_2(t)=0.026+7.648\times10^{-5}t,\quad t\in[0,400]\text{s}$$

图 9-10 所示为该角度变化的近似准确性评估。

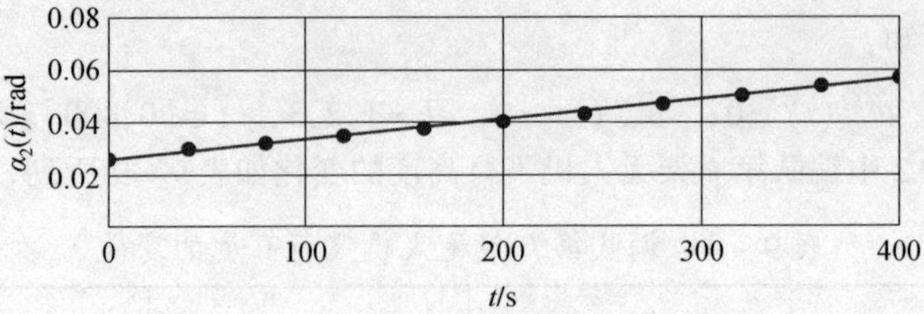

图 9-10　角度 $\alpha_2(t)$ 变化的近似准确性评估

在 $\dot{\alpha}_2(t)=7648\times10^{-5}$ rad/s, $\ddot{\alpha}_2(t)=0$rad/s 的情况下，运用例 9.4 和例 9.5 中含有初始数据的式（9.3.5）和式（9.3.6），给出编队无人机 2 的控制规律，如表 9-10 所列。

表 9-10　编队无人机 2 的控制规律

t/s	$\delta_V^{(2)}$/rad	$\delta_N^{(2)}$/rad	$\delta_E^{(2)}$/rad
0	-0.427	-2.202	0.257
40	-0.329	-2.202	0.257
80	-0.232	-2.202	0.257
120	-0.135	-2.202	0.257
160	-0.038	-2.202	0.257
200	0.060	-2.202	0.257
240	0.157	-2.202	0.257
280	0.254	-2.202	0.257
320	0.351	-2.202	0.257
360	0.449	-2.202	0.257
400	0.546	-2.202	0.257

由于 $\delta_N^{(2)}$ 和 $\delta_E^{(2)}$ 为常数，$t\in[0,400]$s，因此图 9-11 所示仅为 $\delta_V^{(2)}=\delta_V^{(2)}(t)$的示意图。

对于无人机 3 而言，值 $\alpha_3(t)$（以弧度为单位）的近似值具有以下形式（图 9-12）：

$$\alpha_3(t)=0.029-2.808\times10^{-5}t,\quad t\in[0,400]\text{s}$$

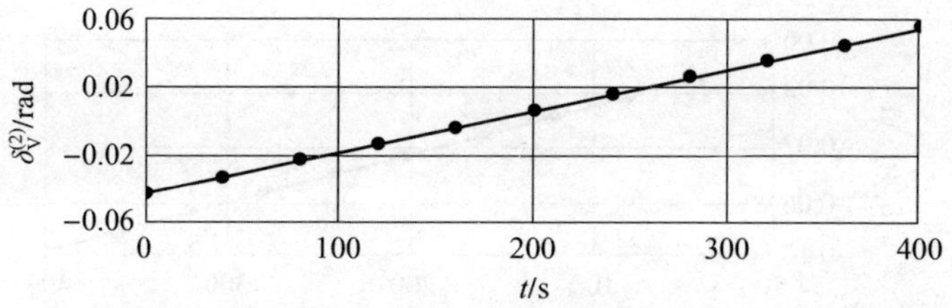

图 9－11　$\delta_V^{(2)} = \delta_V^{(2)}(t)$ 的示意图

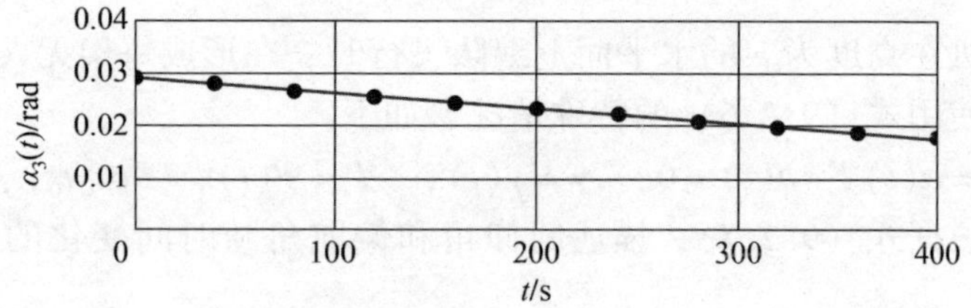

图 9－12　$\alpha_3(t)$ 的示意图

执行类似上述的操作，可以得到编队无人机 3 的控制规律，如表 9－11 所列。

表 9－11　无人机 3 的控制规律

t/s	$\delta_V^{(3)}$/rad	$\delta_N^{(3)}$/rad	$\delta_E^{(3)}$/rad
0	−0.333	−2.202	0.257
40	−0.369	−2.202	0.257
80	−0.404	−2.202	0.257
120	−0.440	−2.202	0.257
160	−0.476	−2.202	0.257
200	−0.511	−2.202	0.257
240	−0.547	−2.202	0.257
280	−0.583	−2.202	0.257
320	−0.619	−2.202	0.257
360	−0.654	−2.202	0.257
400	−0.690	−2.202	0.257

在本例中，无人机 3 的控制规律（图 9－13）同样满足式（9.2.20）形式的限制条件，即全部所得的 $\delta_V^{(2)}(t)$、$\delta_N^{(2)}(t)$、$\delta_E^{(2)}(t)(k=1,2,3)$ 的值都位于区间［－20°，20°］内。

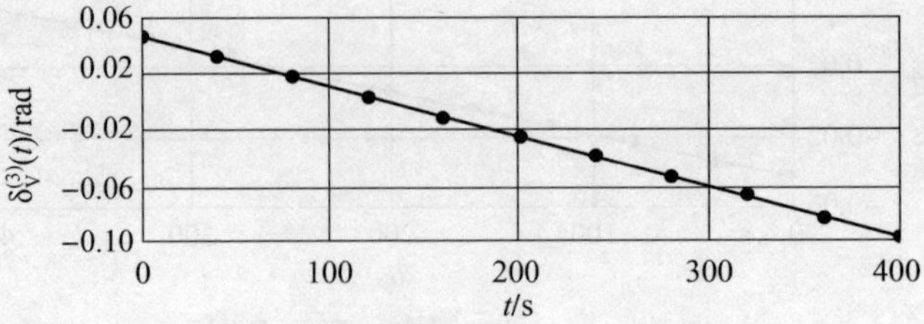

图 9-13　编队无人机 3 的控制规律

当无人机在高度为 h 的水平面上编队飞行时，在形成每架无人机的舵面控制定律时可使用式（9.2.6）的特殊情况，如下：

$$\alpha=\alpha(t),\quad \theta(t)=0,\quad \gamma=\gamma(t),\quad \Psi=\Psi(t),\quad t\in[t_0,t_K] \tag{9.3.7}$$

这时，根据式（9.2.7），描述俯仰角和偏航角随时间变化的表达式将具有以下形式：

$$\vartheta(t)=\alpha(t),\quad \psi(t)=\Psi(t)+\alpha(t)\sin\gamma(t),\quad t\in[t_0,t_K] \tag{9.3.8}$$

在计算无人机角速度的动态时，式（9.3.8）和式（9.2.8）中使用的这些角的导数可写为

$$\begin{cases}\dot{\vartheta}(t)=\dot{\alpha}(t)\\ \dot{\psi}(t)=\dot{\Psi}(t)+\dot{\alpha}(t)\sin\gamma(t)+\alpha(t)\dot{\gamma}(t)\cos\gamma(t)\end{cases} \tag{9.3.9}$$

如果用近似多项式（9.2.9）表示样本数量给定的函数（9.3.7），运用式（9.3.8）和式（9.3.9），则函数 $\omega_x(t)$、$\omega_y(t)$、$\omega_z(t)$ 的导数可根据式（9.2.11）计算得出。

一般情况下，可使用式（9.2.14）~式（9.2.19）形成编队中每架无人机的控制定律 $\delta_V(t)$、$\delta_N(t)$、$\delta_E(t)$，将其中的函数 $y(t)$ 替换成常数 h。

我们分析了固定模式下，无人机在水平面上编队飞行这一特殊情况（请参见 5.4 节）。

当每架无人机以 V（V 为常数）的速度直线飞行时，式（9.3.7）具有以下形式：

$$\alpha=\text{常数},\quad \theta(t)=0,\quad \gamma(t)=0,\quad \Psi=\text{常数}$$

此时，式（9.3.9）可写为：

$$\dot{\vartheta}(t)=0,\quad \dot{\psi}(t)=0$$

相应地，由式（9.2.8）和式（9.2.11）可知：

$$\begin{cases}\omega_x(t)=\omega_y(t)=\omega_z(t)=0\\ \dot{\omega}_x(t)=\dot{\omega}_y(t)=\dot{\omega}_z(t)=0\end{cases}$$

此时，式（9.2.14）~式（9.2.19）经简单变换后，可以得到下式：

$$\begin{cases}\delta_{\mathrm{V}}(t)=\dfrac{m_{z0}+m_z^{\alpha}}{m_z^{\delta_{\mathrm{V}}}}\\ \delta_{\mathrm{N}}(t)=-\dfrac{m_{x0}m_x^{\delta_{\mathrm{V}}}\alpha}{m_y^{\delta_{\mathrm{N}}}m_x^{\delta_{\mathrm{E}}}-m_y^{\delta_{\mathrm{E}}}m_x^{\delta_{\mathrm{N}}}}\\ \delta_{\mathrm{E}}(t)=-\dfrac{m_{x0}m_x^{\delta_{\mathrm{N}}}\alpha}{m_y^{\delta_{\mathrm{N}}}m_x^{\delta_{\mathrm{E}}}-m_y^{\delta_{\mathrm{E}}}m_x^{\delta_{\mathrm{N}}}}\end{cases}\tag{9.3.10}$$

例 9.7

令"两架"无人机以 $V^{(1)}=175.17\mathrm{m/s}$ 的速度在高度 $h_1=2800\mathrm{m}$ 上飞行，以及以 $V^{(2)}=140.95\mathrm{m/s}$ 的速度在 $h_2=6133\mathrm{m}$ 的高度上直线飞行。

使用第 8 章所述方法计算该编队中无人机 1 和无人机 2 的间接控制，可以得到推力、攻角和倾斜角的值，如下：

$$P_1(t)=720.39\mathrm{N},\quad \alpha_1(t)=2.9°,\quad \gamma_1(t)=0$$

$$P_2(t)=330.96\mathrm{N},\quad \alpha_1(t)=3.7°,\quad \gamma_2(t)=0$$

使用式（9.3.10）和例 9.4 中这些无人机的力矩特点，我们计算出无人机 1 和无人机 2 的舵面偏向角为

$$\delta_{\mathrm{V}}^{(1)}(t)=0.006\mathrm{rad}=0.34°,\quad \delta_{\mathrm{V}}^{(2)}(t)=0.014\mathrm{rad}=0.82°$$

$$\delta_{\mathrm{N}}^{(1)}(t)=-0.038\mathrm{rad}=-2.15°,\quad \delta_{\mathrm{N}}^{(2)}(t)=-0.038\mathrm{rad}=-2.15°$$

$$\delta_{\mathrm{E}}^{(1)}(t)=-0.0044\mathrm{rad}=0.25°,\quad \delta_{\mathrm{E}}^{(2)}(t)=0.0044\mathrm{rad}=0.25°$$

当编队中每架无人机以 V（V 为常数）的速度、沿半径为 R 的圆形轨迹运动时，有

$$\alpha(t)=\text{常数},\quad \theta(t)=0,\quad \gamma(t)=\text{常数},\quad \Psi=\Psi(t),\quad t\in[t_0,t_K]$$

在这种情况下，根据式（5.4.7），无人机航向角的导数为

$$\dot{\Psi}(t)=\frac{V}{R}=\text{常数}$$

对该等式求积分，得到关系式：

$$\Psi(t)=\Psi_0+\frac{V}{R}(t-t_0)$$

式中　Ψ_0——无人机在坐标为(x_0,z_0)的飞行起点处的航向角。

无人机的俯仰角和偏航角为

$$\begin{cases}\vartheta(t)=\alpha\\ \psi(t)=\Psi_0+\dfrac{V}{R}(t-t_0)+\alpha\sin\gamma\end{cases}\tag{9.3.11}$$

这时，导数式（9.3.9）将有以下形式：

$$\vartheta(t)=0,\quad \dot{\psi}(t)=\frac{V}{R} \tag{9.3.12}$$

将式（9.3.11）和式（9.3.12）用到式（9.2.8）中，可以得到：

$$\begin{cases}\omega_x(t)=\dfrac{V}{R}\sin\alpha=\text{常数}\\ \omega_y(t)=\dfrac{V}{R}\cos\gamma\cos\alpha=\text{常数}\\ \omega_z(t)=-\dfrac{V}{R}\cos\alpha\sin\gamma=\text{常数}\end{cases}$$

对第5章的小攻角值进行替换：$\sin\alpha\approx\alpha$；$\cos\alpha\approx1$。此时，上面的公式经变形得到：

$$\omega_x(t)=\frac{V}{R}\alpha,\quad \omega_y(t)=\frac{V}{R}\cos\gamma,\quad \omega_z(t)=-\frac{V}{R}\sin\gamma \tag{9.3.13}$$

由该表达式可得

$$\dot{\omega}_x(t)=\dot{\omega}_y(t)=\dot{\omega}_z(t)=0,\quad t\in[t_0,t_K] \tag{9.3.14}$$

将式（9.3.13）和式（9.3.14）代入式（9.2.14）~式（9.2.16）中，得到如下表达式：

$$\begin{cases}c_1=\dfrac{2(J_z-J_y)\cos\gamma\sin\gamma}{R^2\rho(h)Sl}-m_{x0}-m_x^{\bar{\omega}_y}\dfrac{l\cos\gamma}{2R}-m_x^{\bar{\omega}_x}\dfrac{l\alpha}{2R}\\ c_2=\dfrac{2(J_x-J_z)\alpha\sin\gamma}{R^2\rho(h)Sb_A}-m_y^{\bar{\omega}_y}\dfrac{l\cos\gamma}{2R}-m_x^{\bar{\omega}_x}\dfrac{l\alpha}{2R}\\ c_3=\dfrac{2(J_y-J_x)\alpha\cos\gamma}{R^2\rho(h)Sb_A}-m_{z0}-m_z^{\alpha}\alpha+m_z^{\bar{\omega}_z}\dfrac{b_A\sin\gamma}{R}\end{cases} \tag{9.3.15}$$

将这些表达式用于式（9.2.17）~式（9.2.19）中，可以计算出编队中每架无人机的 δ_V、δ_N、δ_E。

例 9.8

形成由3架无人机组成的纵队中领航无人机1的控制定律，该纵队以 $V^{(1)}=V^{(2)}=V^{(3)}=100\text{m/s}$ 的速度，在 $h=3000\text{m}$ 的高度上沿半径 $R=80000\text{m}$ 的圆形轨迹飞行（见例8.4）。

根据例8.4的结果，无人机在时间区间 $[0,257.39]$ s内完成飞行任务，其攻角和倾斜角分别为

$$\alpha_1(t)=6.152°,\quad \gamma_1(t)=-0.703°$$

基于式（9.3.15）计算参数 c_1、c_2、c_3 的值，并将其代入式（9.2.17）~式（9.2.19）中，得到编队领航无人机的舵偏转角值，如下：

$\delta_V^{(1)}(t)=2.164°$，　$\delta_N^{(1)}(t)=-2.2°$，　$\delta_E^{(1)}(t)=0.275°$，　$t\in[0,257.39]$s

值得一提的是，计算时使用了例 9.4 和例 9.5 中的数据。

由于编队中包含相同类型的无人机，则无人僚机 2 和无人僚机 3 的控制将具有以下形式：

$\delta_V^{(2)}(t)=2.164°$，　$\delta_N^{(2)}(t)=-2.2°$，　$\delta_E^{(2)}(t)=0.275°$，　$t\in[0,265.39]$s

$\delta_V^{(3)}(t)=2.164°$，　$\delta_N^{(3)}(t)=-2.2°$，　$\delta_E^{(3)}(t)=0.275°$，　$t\in[0,273.39]$s

例 9.5 中确定了无人机在飞至纵队运动水平面时的舵控制值（表 9－8）：

$$\begin{cases}\delta_V(647.487)=2.222°\\ \delta_N(647.487)=-2.217°\\ \delta_E(647.487)=0.489°\end{cases}$$

这些值与上面所求得的控制之间的差值为

$$\begin{cases}\Delta\delta_V=2.222°-2.164°=0.058°\\ \Delta\delta_N=-2.217°+2.2°=-0.017°\\ \Delta\delta_E=0.489°-0.275°=0.214°\end{cases}$$

由此可知，在无人机 1 的组合飞行时间区间[172.663,904.877]s 内，其在时间点 $t=647.489$s 的控制具有断层[19]，如图 9－14 所示。

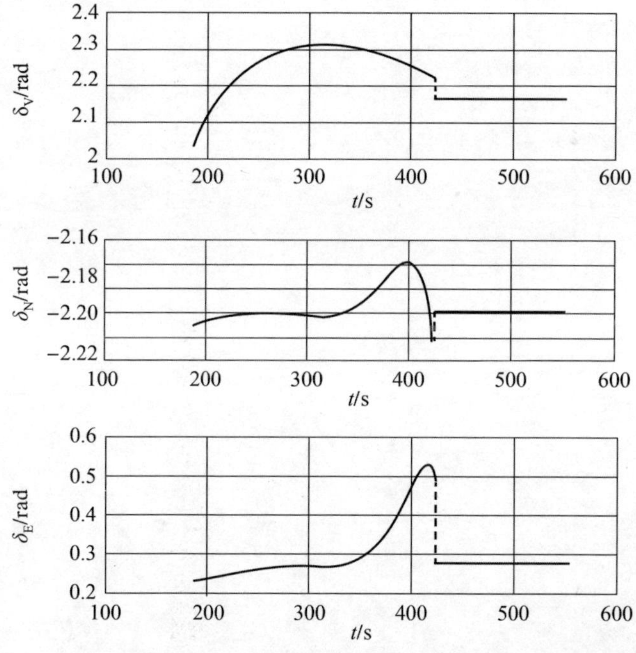

图 9－14　无人机 1 在飞行时间区间[172.663,904.877]s 内的控制示意图

如果假设无人机 1 的升降舵和方向舵在这个点的偏差不大，那么在该无人机进入圆形轨迹时，其副翼控制应修正0. 214°。

需注意，使用形成编队每架无人机间接（直接）控制的方法时，必须根据所使用的动力装置的类型（活塞发动机、电动机、涡轮喷气发动机）及其结构设计（“鸭式”“无尾式”“飞行翼”）进行修正。

结　语

本书尝试使用综合性（系统性）的方法解决当前最受关注的无人航空技术装备的编队应用问题。应该强调的是，目前专门针对无人机编队应用中某些特定问题的文献尚属空白，与之形成对比的是，现有关于无人机编队飞行控制的文献数量颇为庞大。

我们认为，无人机编队应用问题在不同军用任务和民用任务中的进一步实现方向，与解决下列实践和理论问题密不可分：

- 明确无人分队在无人航空技术军用领域和民用领域中的层次结构；
- 研究无人分队的组织架构；
- 研究不同类型无人机的编队应用方法，如飞机和直升机型的信息无人机、仿真无人机和辅助无人机；
- 将高科技信息技术引入无人分队的活动实践中，用于规划和组织不同类型的无人机编队应用；
- 开发构建各种无人机编队空间结构的数学方法和算法；
- 制定无人机飞行单一轨迹和编队轨迹的描述方法；
- 基于活塞发动机和电动发动机，研制无人机动力装置推力控制方法和算法，以及非传统构型（“鸭式”“无尾式”“飞行翼”等）无人机的舵面控制方法和算法；
- 制定直升机型无人机沿指定的编队轨迹运动时的控制定律形成方法和算法。

本书的主要任务在于引起科技专家对无人机编队在军用领域和民用领域应用问题的重视。如果该目的达到，那么作者就完成了自身的使命。

参考文献

[1] *Павлушенко М. И.*, *Ефстафьев Г. М.*, *Макаренко И. К.* Беспилотные летательные аппараты: история, применение, угроза распространения и перспективы развития. М.: Изд – во ПИАР – центра, 2005. 610 с.

[2] *Моисеев В. С.* Основы теории эффективного примене – ния беспилотных летательных аппаратов: монография. Ка – зань: РИЦ《Школа》, 2015. 444 с. (Серия《Современная при – кладная математика и информатика》).

[3] *Моисеев В. С.* Прикладная теория управления беспи – лотными летательными аппаратами: монография. Казань: Республиканский центр мониторинга качества образования, 2013. 768 с. (Серия《Современная прикладная математика и информатика》).

[4] *Моисеев В. С.*, *Гущина Д. С.*, *Моисеев Г. В.* Основы тео – рии создания и применения информационных беспилотных авиационных комплексов: монография. Казань: Изд – во МОиН РТ, 2010. 196 с. (Серия《Современная прикладная математика и информатика》).

[5] *Моисеев В. С.*, *Моисеев Г. В.* Основы теории создания и применения имитационных беспилотных авиационных ком – плексов: монография. Казань: Республиканский центр мони – торинга качества образования, 2013. 208 с. (Серия《Совре – менная прикладная математика и информатика》).

[6] *Кадем Р. К.* Компонентный анализ беспилотных лета – тельных аппаратов // Електроніка та система управліния, 2010, № 2 (24). С. 45 – 51.

[7] *Моисеев Г. В.* Экстремальное проектирование беспилот – ных авиационных комплексов // Проблемы и перспективы раз – вития авиации, наземного транспорта и энергетики: Ⅷ Ме – ждународная научно – техническая конференция (АНТЭ – 2015): сборник докладов. – Казань: Изд – во《Бриг》, 2015. С. 46 – 51.

[8] *Макаров И. В.* Оценка пропускной способности систе – мы связи беспилотного летательного аппарата для решения задач управления. http//uavsiberia. com/docs/Analysis of capacity. pdf.

[9] *Слюсар В.* Передача данных с борта БПЛА: стандарты НАТО // Электроника: наука, технология, бизнес (НТБ), 2010, № 3. С. 80 – 86.

[10] *Кофман А.*, *Крюон Р.* Массовое обслуживание. Теория и приложения. М.: Мир, 1965. 302 с.

[11] *Вентцель Е. С.* Исследование операций. М.: Сов. Ра – дио, 1972. 632 с.

[12] *Подиновский В. В.*, *Ногин В. Д.* Паретооптимальные ре – шения многокритериальных задач. М.: Наука, 1982. 255 с.

[13] *Сигал И. Х.*, *Иванова А. П.* Введение в прикладное дис – ретное программирование. М.: Физматлит, 2007. 304 с.

[14] *Колеманов В. А.* Теория вероятностей и математиче – ская статистика. М.: Высш. шк. 1991. 328 с.

[15] *Борзов Г. Е.*, *Моисеев В. С.* Применение беспилотных разведывательно – корректировочных вертолетов в разведыва – теельно – огневых комплексах артиллерии тактического звена. – Казань: КВВКУ (военный институт), 2009. 148 с.

[16] Компьютер и задачи выбора. М.: Наука, 1989. 208 с.

[17] *Кристофидес Н.* Теория графов. Алгоритмический подход. М.: Мир, 1979. 432 с.

[18] *Клочков В. В.*, *Никитова А. К.* Методы прогнозирова – ния спроса на беспилотные летательные аппараты и работы по воздушному патрулированию. // http: //www. ecfor. ru/pdf. php? id = 2007/6/10.

[19] *Корн Г.*, *Корн Т.* Справочник по математике для науч – ных работников и инженеров. М.: Наука, 1984. 631 с.

[20] *Гимадеев Р. Г.*, *Моисеев В. С.*, *Арутюнова Н. К.* Обрат – ные задачи управления беспилотными летательными аппара – тами артиллерийской разведки: монография. Казань: Респуб – ликанский центр мониторинга качества образования, 2013. 240 с. (Серия《Современная прикладная математика и ин – форматика》).

[21] Надежность технических систем. Справочник / Под ред. И. А. Ушакова. М.: Радио и связь, 1985. 606 с.

[22] *Меркулов В. И.*, *Миляков Д. А.*, *Самодов И. О.* Оптими – зация алгоритма группового управления БЛА в составе ло – кальной сети // Известия ЮФУ. Технические науки, 2013, № 3. С. 157 – 166.

[23] *Гайдук А. Р.*, *Капустян С. Г.* Концепция построения систем коллективного управления БЛА // Информационно – измерительные и управляющие системы, 2012, № 7. С. 8 – 16.

[24] *Меркулов В. И.*, *Харьков В. П.*, *Шамаров Н. Н.* Оптимиза – ция коллективного управления группой БЛА // Информацион – но – измерительные и управляющие системы, 2012, № 7. С. 3 – 8.

[25] *Харьков В. П.*, *Меркулов В. И.* Синтез алгоритма иерар – хического управления группой БЛА // Информационно – изме – рительные и управляющие системы, 2012, № 8. С. 61 – 67.

[26] *Гайдук А. Р.* Управление группой БЛА с ограничением на управление и переменные состояния // Мехатроника, авто – матизация и управление, № 7, 2012. С. 52 – 57.

[27] *Каляев И. А.*, *Гайдук А. Р.*, *Капустян С. Г.* Управление группой БЛА в задаче формирования строя // Робототехника и техническая кибернетика, № 4 (5), 2014. С. 28 – 39.

[28] *Усачев Л. Ж.*, *Иванов Д. В.* Выбор целей движения при изменении строя в группе БЛА. Материалы XII Всероссий – ского совещания по проблемам управления (ВСПУ – 2014), М. 2014. С. 2015 – 2020.

[29] *Дьяченко А. А.* Задача формирования строя в группе БЛА // Известия ЮФУ. Технические науки, 2012, № 3. С. 22 – 30.

[30] *Ефанов В. И.*, *Мизин С. В.*, *Неретина В. В.* Управление полетом БПЛА в строю на основе координации взаимодейст – вия группы летательных аппаратов // Вестник УГАТУ, 2014, № 1. С. 114 – 121.

[31] *Баранов Н. А.* Оптимизация параметров строя группы ЛА по условиям безопасности при преодолении ПВО // По – лет, 2007, № 9. С. 21 – 25.

[32] *Терентьев В. М.* Задача управления полетом ДПЛА в групповых порядках и способы и средства ее решения // Авиакосмическое приборостроение, 2009, № 1. С. 10 – 25.

[33] *Ким Н. В.*, *Крылов И. Г.* Групповое применение беспи – лотного ЛА в задачах наблюдения // Электронный журнал《Труды МАИ》, вып. № 62.

[34] *Вентцель Е. С.* Теория вероятностей: М.: КноРус, 2016. 664 с.

[35] *Денисов В. Г.*, *Онищенко В. Ф.* Инженерная психология в авиации и космонавтике. М.: Машиностроение, 1972. 316 с.

[36] *Рахматуллин А. И.*, *Моисеев В. С.* Математические мо – дели и методы оптимизации нестационарных систем обслу – живания. Казань: Школа, 2006. 212 с. (Серия《Современная прикладная математика и информатики》).

[37] *Что такое логистика*? // http: // big. spb. ru/publications/ other/logistics/logistics. shtml.

[38] *Фролов М. А.* Военная логистика: проблемы и решения // http: www. science – forum. ru/2014/474/ 6422.

[39] *Авто Транс Инфо.* Информация о грузоперевозках и для грузоперевозок // http: ati. su/Trance/ Default. aspx.

[40] *Хедли Дж.*, *Уайтин Т.* Анализ систем управления за – пасами. М.: Мир, 1969. 224 с.

[41] *Стечкин С. Б.*, *Субботин Ю. Н.* Сплайны в вычисли – тельной математике. М.: Наука, 1976, 248 с.

[42] *Гобзенко В. Е.*, *Лыткина Е. М.* Использование эквиди – стант для решения прикладных задач управления техниче – скими системами. Иркутск: ИрГУПС, 2010. 188 с.

[43] *Утешев А. Ю.* Эквидистанта и не только. // http: //pmp. ru/vf4/dets/discrim/equidist.

[44] *Тарг С. М.* Краткий курс теоретической механики: учебник. М.: Высш. шк., 2010. 416 с.

[45] *Крутько П. Д.* Обратные задачи динамики управляе – мых систем. Нелинейные модели. М.: Наука, 1988. 328 с.

[46] *Лебедев А. А.*, *Чернобровкин Л. С.* Динамика полета беспилотных летательных аппаратов. М.: Машиностроение, 1973. 616 с.

[47] *Миеле А.* Механика полета. Т. 1 Теория траекторий по – лета. М.: Наукв, 1965. 408 с.

[48] *Александров В. Л.* Воздушные винты. М.: Оборонгиз, 1951. 493 с.

[49] *Бутырский Е. Ю.*, *Кувалдин И. А.*, *Чалкин В. П.* Аппрок – симация многомерных функций // Научное приборостроение, 2010, т. 20, №2. С. 82 – 92.

[50] *Себер Дж.* Линейный регрессионный анализ. М.: Мир, 1980. 456 с.

附　　录

附录1　包含积分的非线性方程的数值解法

在一般情况下，包含积分（取决于未知参数 x）的非线性方程可以写为

$$\psi(x) + \int_{\alpha(x)}^{\beta(x)} \varphi(x,w)\,\mathrm{d}w = 0 \tag{1}$$

其中，$\psi(x)$、$\alpha(x)$、$\beta(x)$、$\varphi(x,w)$是自变量的给定连续函数。

方程（1）的特点在于它包含了超积分项中的未知参数 x、积分范围和被积函数。

尽管依赖于参数的积分性质已在文献［1］中探讨过，但是在现有的文献中，还没有具体求解这种积分方程的数值方法。

我们将对方程（1）的特殊情况进行分析。

假设在所探讨的情况中，函数 $\psi(x) = -A =$ 常数，而被积函数 φ 与参数 x 无关。$\alpha(x)$和$\beta(x)$在每种情况下的积分范围等于 x 和已知常数，使方程（1）中的第二项被加数变为具有积分上限和积分下限的特定积分[1]。

因此，在这些情况下，待求解的方程可写为

$$\int_a^x f(w)\,\mathrm{d}w - A = 0 \tag{2}$$

$$\int_x^b f(w)\,\mathrm{d}w - A = 0 \tag{3}$$

其中，a、b 和 A 是给定的常数。

如果使用特定积分的几何含义[2]，那么求解这些方程可以确定 x 的值，此时受曲线$f(w)$限制的曲边梯形的面积将等于给定值 A。这一事实可用图 1 来描述。

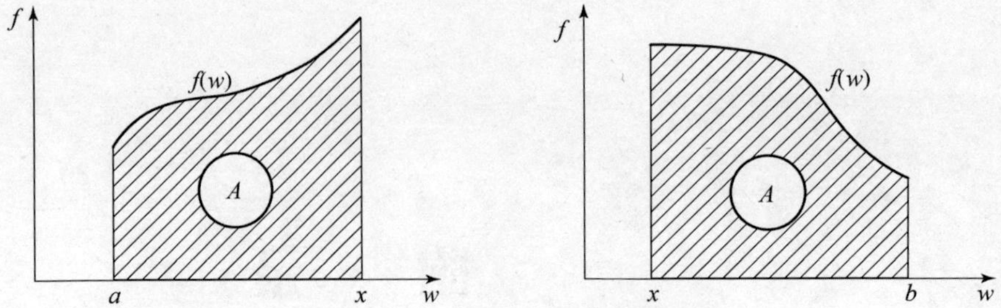

图1　2个待求解方程的示意图

在相应的公式中使用积分限变量时，对于方程（2）和方程（3）类型的物理问题、机械问题和技术问题，请参考文献［2］。

我们将对方程（2）的求解方法进行分析。

当积分中的被积函数可积（即存在原函数 $F(x)$）时，利用牛顿－莱布尼茨公式计算积分，会得到非线性方程：

$$F(x) = F(a) + A$$

该方程通常可使用数值法求解。

我们将在下面的示例中阐述所得的公式。

例 1

令，在方程（2）中，函数$f(w)$具有以下形式：

$$f(w) = w$$

其参数 a 和 A 取下列值：

$$a = 1, \quad A = 16$$

计算函数$f(w)$的不定积分，有

$$F(w) = \frac{w^2}{2}$$

在这种情况下，上述方程可具体化为

$$\frac{x^2}{2} = \frac{1}{2} + 16$$

求解该方程，我们得到下列根值：

$$x_1^* = -\sqrt{33} = -5.745, \quad x_2^* = \sqrt{33} = 5.745$$

在无法得到显性函数 $F(x)$时，为了求出方程（2）的根，必须使用下列数值法。

众所周知，非线性方程的根具有快速收敛性：

$$\Phi(x) = 0 \tag{4}$$

因此可以使用牛顿法，其计算方式如下[3]：

$$x_j = x_{j-1} - \frac{\Phi(x_{j-1})}{\Phi'(x_{j-1})}, \quad j = 1,2,3,\cdots \tag{5}$$

在给定所求根的初始近似值 x_0 时，继续基于回归公式（5）进行计算，直至满足值 $j = N$，此时满足条件：

$$|x_N - x_{N-1}| \leqslant \varepsilon \tag{6}$$

式中 ε——方程（4）的根所需的计算精度；

当该不等式成立时，可选择值 x_N 作为所求的根值 x^*。

在求解方程（2）时，函数 Φ 将具有以下形式：

$$\Phi(x) = \int_a^x f(w)\,\mathrm{d}w - A \tag{7}$$

使用可变上限积分的求导法则[1]，可以得到：

$$\Phi'(x) = \frac{\mathrm{d}}{\mathrm{d}x}\left[\int_a^x f(w)\,\mathrm{d}w - A\right] = f(x) \tag{8}$$

将式（7）和式（8）代入式（5）中，有

$$x_j = x_{j-1} - \frac{1}{f(x_{j-1})}\left[\int_a^{x_{j-1}} f(w)\,\mathrm{d}w - A\right], \quad j = 1,2,3,\cdots \tag{9}$$

为了在第 j 步计算公式中的积分值，必须使用数值法[2]。使用过程中必须在积分区间 $[a, x_j]$ 内构建 n 个变量 w 的网格：

$$a = w_0 < w_1 < \cdots < w_k < \cdots < w_n = x_j \tag{10}$$

间距为

$$h_j = \frac{x_j - a}{n} \tag{11}$$

式中 n——相当大的一个数值。

考虑到式（11），这个网格的节点可根据下式确定：

$$w_k = a + kh_j, \quad k = 0,1,\cdots,n \tag{12}$$

在这些点中，式（9）中被积函数的值可计算如下：

$$f_k = f(w_k) = f(a + kh_j), \quad k = 0,1,\cdots,n \tag{13}$$

采用最容易实现的矩形数值法[2]，这种方法的示意图如图 2 所示。

$$\int_a^x f(w)\,\mathrm{d}w = h_j \sum_{k=0}^{n-1} f(a + kh_j)$$

在式（3）中使用表达式（11），我们得到下列关系式：

$$\int_a^x f(w)\,\mathrm{d}w \approx \frac{x_j - a}{n} \sum_{k=0}^{n-1} f\left(a + \frac{k}{n}(x_j - a)\right) \tag{14}$$

这时，使用式（14）求解方程（2）的计算方案式（9）的最终形式如下：

$$x_j = x_{j-1} - \frac{1}{f(x_{j-1})}\left[\frac{x_{j-1}-a}{n}\sum_{k=0}^{n-1} f\left(a+\frac{k}{n}(x_{j-1}-a)\right) - A\right], j = 1,2,3,\cdots \tag{15}$$

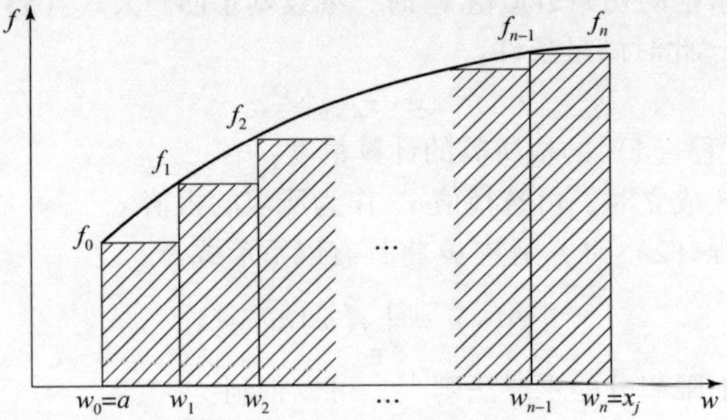

图 2　矩形数值法求解示意图

例 2

在例 1 中的初始数据下，利用所给的准确度为 $\varepsilon = 0.001$ 的数值法，求解式（2）类型的方程。

式（15）形式的计算方案可具体化为

$$x_j = x_{j-1} - \frac{1}{x_{j-1}}\left[\frac{x_{j-1}-1}{n}\sum_{k=0}^{n-1}\left(1+\frac{k}{n}(x_{j-1}-1)\right) - 16\right],\quad j = 1,2,3,\cdots$$

当初始近似值 $x_0 = 1$ 时，使用该表达式的计算结果如表 1 所列。

表 1　上式的计算结果

j	0	1	2	3	4	5	6
x_j	1.0000	17.0000	9.4723	6.4796	5.7875	5.7451	5.7449
$\lvert x_j - x_{j-1}\rvert$	—	16.0000	7.5277	2.9927	0.6921	0.0424	0.0002

当 $n = 5000$ 时，由表 1 可知，在第 6 次迭代时可达到所需的计算准确度 ε。在这种情况下，选择值 $x_6 = 5.7449$ 作为方程根。

对于初始近似值 $x_0 = -1$，经过同样次数的迭代后可以得到第二个根值 $x_6 = -5.7453$。

将所得的结果与示例 1 的结果进行对比，发现结果是一致的，精确到 3 个有效数字。

请注意，对于更精确的梯形法[2]，式（9）中的近似积分表示可写为

$$\int_a^{x_j} f(w)\,\mathrm{d}w \approx \frac{x_j - a}{n}\left[f(a) + f(x_j) + 2\sum_{k=1}^{n-1} f\left(a + \frac{k}{n}(x_j - a)\right)\right]$$

在求解以式（4）的形式表示的方程（3）时，函数 Φ 将具有以下形式：

$$\Phi(x) = \int_x^b f(w)\,\mathrm{d}w - A \tag{16}$$

包含可变下限积分的这个表达式的导数为[1]：

$$\Phi'(x) = \frac{\mathrm{d}}{\mathrm{d}x}\left(\int_x^b f(w)\,\mathrm{d}w - A\right) = -f(x)$$

此时，计算方案（5）采用下列形式：

$$x_j = x_{j-1} + \frac{\Phi(x_{j-1})}{f(x_{j-1})},\quad j = 1,2,3,\cdots \tag{17}$$

其中，$\Phi(x_j)$可根据式（16）计算，如下：

$$\Phi(x_j) = \int_{x_j}^b f(w)\,\mathrm{d}w - A \tag{18}$$

为了计算这个积分，在区间［x_j，b］上引入与式（10）和式（11）类似的网格：

$$x_j = w_0 < w_1 < \cdots < w_k < \cdots < w_n = b$$

间距为

$$h_j = \frac{b - x_j}{n} \tag{19}$$

在该网格中，变量 w 的值将根据下式确定：

$$w_k = x_j + kh_j,\quad k = 0,1,\cdots,n \tag{20}$$

此时，在上述网格中，式（18）中的被积函数可使用式（20）来计算，如下：

$$f_k = f(w_k) = f\left(x_j + \frac{k}{n}(b - x_j)\right),\quad k = 0,1,\cdots,n \tag{21}$$

使用上述矩形法，式（18）可用下式表示：

$$\Phi(x_j) = \frac{b - x_j}{n}\sum_{k=0}^{n-1} f\left(x_j + \frac{k}{n}(b - x_j)\right) - A$$

利用该表达式，我们得到求解式（3）类方程的最终计算公式：

$$x_j = x_{j-1} - \frac{1}{f(x_{j-1})}\left[\frac{b - x_{j-1}}{n}\sum_{k=0}^{n-1} f\left(x_{j-1} + \frac{k}{n}(b - x_{j-1})\right) - A\right],\quad j = 1,2,3,\cdots \tag{22}$$

如上所述，在求解式（3）类型的方程时，运用式（22），选定所求根的初始近似值 x_0、所需的计算精度 ε 和值 n。然后在迭代过程的每个步骤检查是否满足条件式（6）。如果满足，那么方程（3）的解的搜索过程中止，取值为最后一次迭代的结果。

例 3

这里将分析本附录中的方程（3）。

令具备用下列表达式描述的曲线：

$$y(w)=0.2w^2+3w+1$$

其长度为 $A=25$。

已知其右边界点坐标为 $b=10$。需要确定曲线 $y(w)$ 左边界点的坐标 x，使其长度等于给定值 A。

在解决这个问题时，我们将使用已知的公式来计算连续曲线的长度[2-3]：

$$L=\int_{w_1}^{w_2}\sqrt{1+y'^2(w)}\,\mathrm{d}w$$

此时，当 $y'(w)=0.4w+3$ 时，方程（3）可具体化为

$$\int_x^{10}\sqrt{1+(0.4w+3)^2}\,\mathrm{d}w-25=0$$

其中函数 $f(w)$ 具有以下形式：

$$f(w)=\sqrt{1+(0.4w+3)^2}$$

为了以 $\varepsilon=0.0001$ 的精度求解该方程，我们将使用式（22）形式的计算方案，根据上述关系式对计算方案进行简化，得到：

$$x_j=x_{j-1}+\frac{1}{\sqrt{1+y'^2(x_{j-1})}}\left[\frac{10-x_{j-1}}{n}\right.$$

$$\left.\times\sum_{k=0}^{n-1}\sqrt{1+y'^2\left(x_{j-1}+\frac{k}{n}(10-x_{j-1})\right)}-25\right],\quad j=1,2,3,\cdots$$

当 $x_0=0$ 和 $n=1000$ 时，该回归公式六次迭代的应用结果如下：

$$x_1=8.2300,\quad x_2=6.1734,\quad x_3=6.0234$$

$$x_4=6.0228,\quad x_5=6.0222,\quad x_6=6.0221$$

分析每次迭代中条件式（6）的满足情况，可以得出，所求根为

$$x^*=x_6=6.0221$$

该值的收敛过程如图 3 所示。

需注意，式（2）和式（3）形式的非线性方程可能具有多个根。因此在求解这些方程时必须给定几个不同的值 x_0。

用牛顿法求解一般方程（1）的计算方案可运用式（5），其中：

$$\Phi(x_j)=\psi(x_j)+\int_{\alpha(x_j)}^{\beta(x_j)}\varphi(x_j,w)\,\mathrm{d}w \tag{23}$$

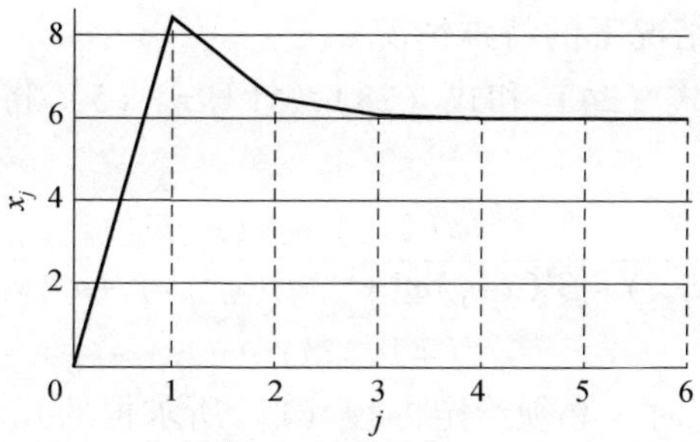

图3 x_j 值的收敛过程

$$\Phi'(x_j) = \psi'(x_j) + \int_{\alpha(x_j)}^{\beta(x_j)} \varphi'_w(x_j, w)\,\mathrm{d}w + \beta'(x_j)\varphi(x_j, \beta(x_j)) - \alpha'(x_j)\varphi(x_j, \alpha(x_j)) \quad (24)$$

式（24）可通过文献［1］中所述的方程（1）中包含的积分参数的一般微分规则得到。在该公式中，$\varphi'_w(x,w)$ 表示基于变量 w 的被积函数 $\varphi_w(x,w)$ 的偏导数。

编写计算公式，使用矩形法来计算式（23）和式（25）中包含的积分。为此我们引入下列变量：

$$\begin{cases} J_1(x_j) = \int_{\alpha(x_j)}^{\beta(x_j)} \varphi(x_j, w)\,\mathrm{d}w \\ J_2(x_j) = \int_{\alpha(x_j)}^{\beta(x_j)} \varphi'_w(x_j, w)\,\mathrm{d}w \end{cases} \quad (25)$$

为了提高计算准确度，如上所述，在积分变量 w 的网格中设置一个足够大的数值 n：

$$a(x_j) = w_0 < w_1 < \cdots < w_k < \cdots < w_n = \beta(x_j)$$

该网格的每个值都可根据下式确定：

$$w_k = \alpha(x_j) + kh_j, \quad k = 0, 1, \cdots, n \quad (26)$$

其间距为 h_j，当 x_j 值固定时，间距可通过下式计算：

$$h_j = \frac{\beta(x_j) - \alpha(x_j)}{n}, \quad j = 0, 1, 2, 3, \cdots \quad (27)$$

使用后两个关系式，积分计算式（25）可表示为

$$\begin{cases} J_1(x_j) = \frac{\beta(x_j) - \alpha(x_j)}{n} \sum_{k=0}^{n-1} \varphi\left\{x_j; \alpha\left[x_j + \frac{k}{n}(\beta|(x_j) - \alpha(x_j)\right]\right\} \\ J_2(x_j) = \frac{\beta(x_j) - \alpha(x_j)}{n} \sum_{k=0}^{n-1} \varphi'\left\{x_j; \alpha\left[x_j + \frac{k}{n}(\beta(x_j) - \alpha(x_j)\right]\right\} \end{cases} \quad (28)$$

需指出，式（11）和式（19）是式（27）在 $\alpha(x) = a$、$\beta(x) = x$ 和

$\alpha(x)=x$、$\beta(x)=b$ 情况下的特殊情况。

利用式（23）、式（24）和式（28），计算式（5）将具有以下形式：

$$x_j = x_{j-1} - \frac{\psi(x_{j-1})+J_1(x_{j-1})}{\psi'(x_{j-1})+J_2(x_{j-1})+\beta'(x_{j-1})\varphi(x_{j-1},\beta(x_{j-1}))-\alpha'(x_{j-1})\varphi(x_{j-1},\alpha(x_{j-1}))},\quad j=1,2,3,\cdots \tag{29}$$

在使用式（29）时，必须给定方程（1）所求根的几个初始近似值 x_0，以及所需的计算准确度 ε，并且对于每个 x_0，根据式（28）和式（29）实现迭代过程，检查每个步骤是否满足条件（6）。

例 4

当函数：

$$\psi(x)=-x,\quad \alpha(x)=x,\quad \beta(x)=2x,\quad \varphi(x,w)=x+w \tag{30}$$

时，方程（1）可写为

$$-x+\int_x^{2x}(x+w)\,\mathrm{d}w=0 \tag{31}$$

求该方程的解析解。对式（31）进行积分，可以得到：

$$-x+\left.\frac{(x+w)^2}{2}\right|_x^{2x}=0$$

代入积分限和简单变形后，得到关于所求参数 x 的二次方程，如下：

$$-x+\frac{5}{2}x^2=0$$

由此得出方程（31）的两个根为

$$x_1^*=0,\quad x_2^*=0.4$$

使用计算式（29），以 $\varepsilon=0.0001$ 的准确度求解方程（31）。

通过函数（30）使表达式（25）具体化，得到：

$$\begin{cases} J_1(x_j)=\displaystyle\int_{x_j}^{2x_j}(x_j+w)\,\mathrm{d}w=\frac{5}{2}x_j^2=2.5x_j^2 \\ J_2(x_j)=\displaystyle\int_{x_j}^{2x_j}\mathrm{d}w=x_j \end{cases} \tag{32}$$

形成计算方案（29）所需的导数和函数可写为

$$\begin{gathered} \psi'(x_j)=-1,\quad \alpha'(x_j)=1,\quad \beta'(x_j)=2,\quad \varphi'_w(x_j,w)=1 \\ \varphi(x_j,\beta(x_j))=x_j+2x_j+3x_j \\ \varphi(x_j,\alpha(x_j))=x_j+x_j+2x_j \end{gathered} \tag{33}$$

将式（32）和式（33）代入式（29）的右部，经简单变形后得到下式：

$$x_j = x_{j-1} - \frac{2.5x_{j-1}^2 - x_{j-1}}{5x_{j-1} - 1}, \quad j = 1, 2, 3, \cdots \tag{34}$$

假设 $x_0 = 0.25$，通过计算式（34）可以得到所求根的近似值，如下：

$$x_1 = 0.6252, \quad x_2 = 0.4623$$

$$x_3 = 0.4074, \quad x_4 = 0.4002, \quad x_5 = 0.4001$$

因此，通过条件（6），可以得出：

$$x_1^* = x_5 = 0.4001$$

当 $x_0 = -1$ 时，根据式（33）可以得到下列值：

$$x_1 = -0.4172, \quad x_2 = -0.1411, \quad x_3 = -0.0294$$

$$x_4 = -1.845 \times 10^{-3}, \quad x_5 = -8.433 \times 10^{-6}, \quad x_6 = -1.778 \times 10^{-10}$$

方程（31）的第二个根为

$$x_1^* = x_6 = -1.778 \times 10^{-10}$$

我们发现，通过计算式（34）得到的根值 x^*，与在要求的精度范围内通过分析法获得的值完全一致。迭代过程式（34）向方程（31）的根值收敛的图形描述请参见图4。

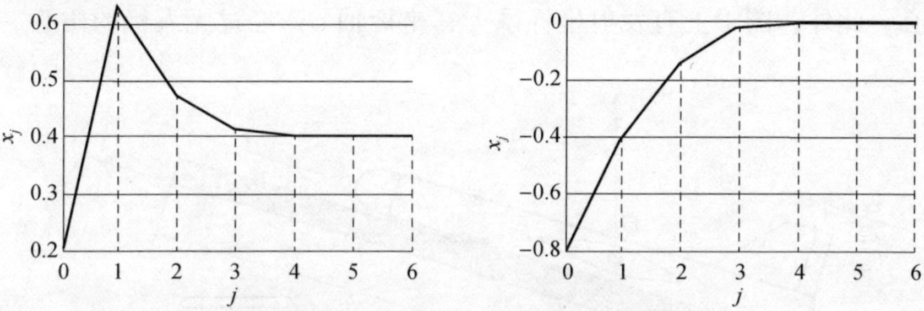

图4 迭代过程向根值收敛的图形描述

借助文献中广泛用数值法表示的、收敛速度更快的计算方案，以及更精确的特定积分计算方法，可以优化完善这种非线性方程的求解方法。

参考文献

[1] *Фихтенгольц Г. М.* Курс дифференциального и инте – грального исчисления. М.：ФИЗМАТЛИТ，2001. т. 3 – 662 с.

[2] *Бронштейн И. Н.*，*Семендяев К. А.* Справочник по мате – матике для инженеров и студентов ВТУЗов. М.：Наука，1981. – 723 с.

[3] *Корн Г.*，*Корн Т.* Справочник по математике для науч – ных работников и инженеров. М.：Лань，2003. – 832 с.

附录2　使用起飞助推器模拟无人机起飞过程

8.1节中描述了无人机编队从地面不同点起飞时的形成过程。无人航空系统中的中型无人机编队应包括机动发射装置，而无人机本身安装了起飞助推器[1]。

本附录中研究的起飞形式通过基于越野汽车底盘（卡马、乌拉尔、乌阿斯等）的机动发射装置实现，可以沿崎岖地形移动至无人机的起飞点[1]。底盘上安装长度为 l_N 的导杆，导杆与地面的倾斜角 θ_N 可调节。借助无人航空系统的装弹运输车，机动发射装置的导杆上放置了处于发射前状态的无人机。无人机的机体（机身）上有专门的元件（环箍），使其固定在机动发射装置的导杆上，并确保其在无人机起飞过程中沿导杆运动[1]。

图1为安装了无人机的机动发射装置的结构图。在其以 $V=V(t)$ 的速度沿导杆运动的过程中，第 i 组无人机的环箍上产生摩擦力 F_i 和正常反作用力 N_i，参数 l_b 表示距无人机第一组环箍的距离，而符号“O”表示准备起飞的无人机的质心。此外，图1上有发射坐标系[1]，坐标轴 Oy_f 经过无人机的质心。

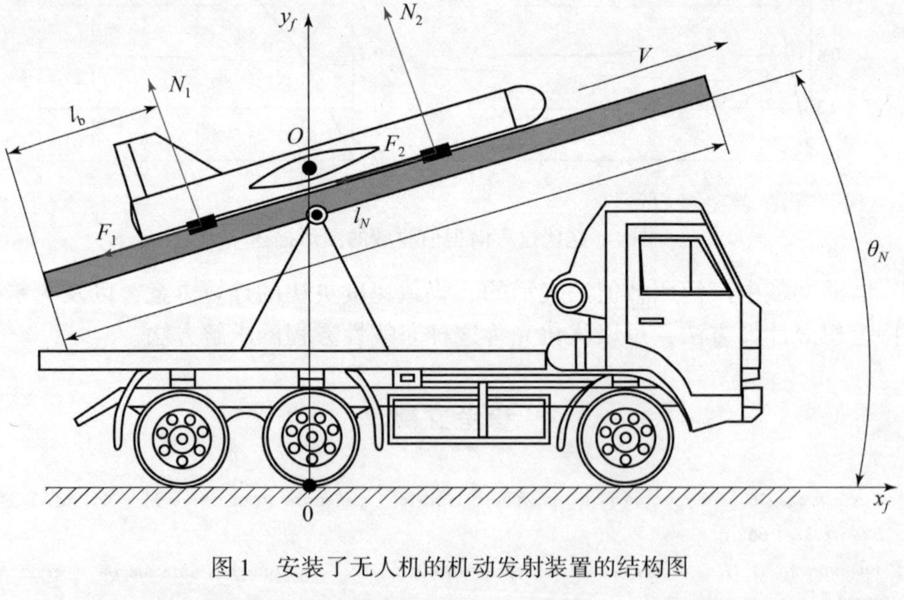

图1　安装了无人机的机动发射装置的结构图

无人机可使用固体燃料发动机作为起飞助推器，助推器悬挂在无人机机身，并在其弹药燃烧后抛出[1]。

配备起飞助推器的无人机的起飞过程包括下列阶段[1]：

（1）在无人机起飞助推器和主发动机推力的作用下，无人机沿机动发射装置的导杆运动。

（2）在起飞助推器和主发动机工作状态下，无人机从机动发射装置的导杆脱离后飞向空中。

（3）起飞助推器抛出后，无人机在主发动机推力的作用下飞行。

模拟无人机在这些阶段的运动时，我们将其看成是质量变量 $m(t)$ 的质点，并借助速度 $V(t)$、轨迹倾斜角 $\theta(t)$ 和起始坐标系中的坐标值 $x(t)$，来描述每个时刻 t 无人机质心在起飞垂直面上的运动。在下述模型中，带有无人机起飞阶段编号的指数会赋予这些特征。

这个模型的另一个特点是其中运用了主发动机的最大推力值和等于零的无人机攻角值。

1. 无人机沿机动发射装置导杆运动的模型

起动机在无人机起飞的第一阶段中发挥主要作用，它具有推力 $\boldsymbol{P}_s$ 及相对无人机的基准轴转动角 φ_s 的喷管。以这样的方式选择这个角度和起动机的布局，是为了使推力向量 $\boldsymbol{P}_s$ 经过无人机的质心。

无人机起飞阶段 1 和阶段 2 所考虑的推力 $\boldsymbol{P}_s$ 如图 2 所示。

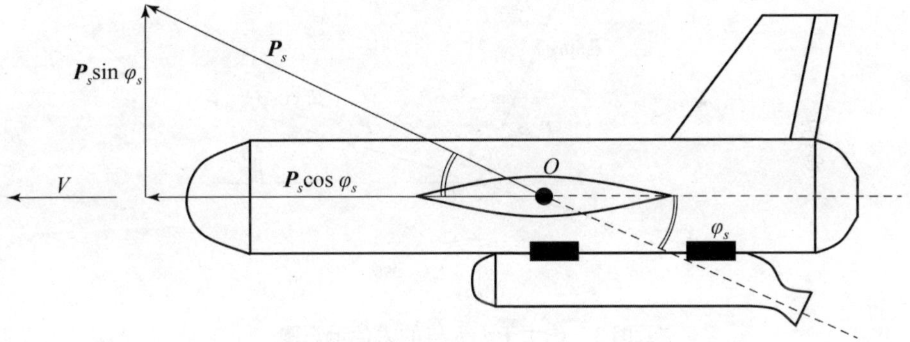

图 2　无人机起飞阶段的推力 $\boldsymbol{P}_s$

此时，“无人机 + 起动机”的质量将基于下列规律随时间变化：

$$m(t)=m+m_{\mathrm{k}}+m_{\mathrm{z}}-\mu t,\quad t\in[0,\tau] \tag{1}$$

式中　m——无人机的质量；

m_{k}——起动机机体的质量（kg）；

m_{z}——起动机弹药的质量（kg）；

μ——弹药燃烧的质量速度（kg/s）；

τ——起动机的工作时间（s）。

我们将根据图 1 和图 2，使用微分方程组[1] 来描述无人机在时间区间 $[0,t_1]$ 内的运动，如下：

$$\begin{cases} \dot{V}_1 = \dfrac{\boldsymbol{P}_m + \boldsymbol{P}_s\cos\varphi_s - F_n - X(0,V_1,y_1)}{m(t)} - g\sin\theta_N \\ \dot{L}_1 = V_1 \\ \dot{x}_1 = V_1\cos\theta_N \\ \dot{y}_1 = V_1\sin\theta_N, \quad t\in[0,t_1] \end{cases} \tag{2}$$

式中　$\boldsymbol{P}_m$——无人机主发动机的最大推力（N）；

$L_1 = L_1(t)$——无人机在 t_m 时刻沿导杆运动的路径长度；

$x_1 = x_1(t), y_1 = y_1(t)$——无人机质心在 t_m 时刻的坐标；

$F_n = F_n(t)$——无人机在 $t(N)$ 时刻的总摩擦力；

$X(0,V_1,y_1)$——在攻角为零的情况下，无人机在高度 y_1 上以 V_1 的速度运动时的正面阻力。

为了计算力 F_n，我们将对无人机沿机动发射装置的导杆运动时，作用于无人机的力的示意图（图 3）进行分析。

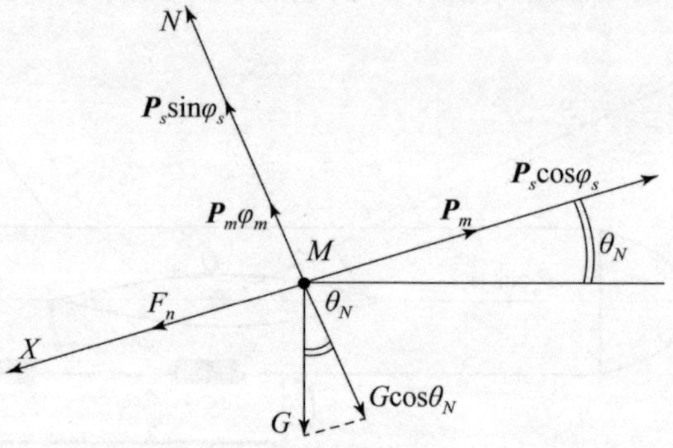

图 3　作用于无人机的力的示意图

图 3 中使用了下列符号：N——无人机机动发射装置导杆的反作用力（N）；φ_m——无人机主发动机的安装角（rad）；$G = G(t)$——“无人机 + 起动机”在 t 时刻的重力（N）。

假设无人机的所有环箍都是由同一种材料制造的，则摩擦力 F_n 可计算如下：

$$F_n = fN \tag{3}$$

式中　f——环箍沿无人机机动发射装置的导杆滑动的摩擦系数。

由图 3 可知：

$$N(t)=\boldsymbol{P}_m\varphi_m+\boldsymbol{P}_s\sin\varphi_s-G(t)\cos\theta_N \tag{4}$$

计算重力：

$$G(t)=m(t)g$$

并将式（4）代入式（3）中，可得

$$F_n(t)=f(\boldsymbol{P}_m\varphi_m+\boldsymbol{P}_s\sin\varphi_s-m(t)g\cos\theta_N \tag{5}$$

其中，质量 $m(t)$的当前值可根据式（1）计算。

方程组（2）的第一个方程中包含的正面阻力 $X(0,V_1,y_1)$可用下式表示：

$$X(0,V_1,y_1)=0.5c_{x0}(V_1,y_1)\rho(y_1)V_1^2S \tag{6}$$

式中 $c_{x0}(V_1,y_1)$——无人机攻角为零的情况下的正面阻力系数；

$\rho(y_1)$——高度 y_1 上的空气密度；

S——无人机机翼的面积。

无人机攻角值为零的情况下，系数 c_{x0}与其自变量的关系为

$$c_x(V_1,y_1)=c_0+\frac{c_1V_1}{a_0-a_0y_1} \tag{7}$$

式中 c_0、c_1、a_0、a_1——经验系数；

A——系数，取决于无人机机翼的几何特点。

至于空气密度与无人机飞行高度的关系，可以使用下列近似公式[1]描述：

$$\rho(y_1)=\rho_0\mathrm{e}^{-ky_1},\quad y_1\geqslant 0 \tag{8}$$

式中 ρ_0——地平面的空气密度；

k——经验系数。

将式（1）和式（5）~式（8）代入方程组（2）中，在以下初始条件下：

$$V_1(0)=0,\quad L_1(0)=0,\quad x_1(0)=0,\quad y_1(0)=y_O \tag{9}$$

在时间区间$[0,t_1]$内对方程组求积分，其中，ρ_0 为发射前位于机动发射装置导杆上的无人机的质心高度（图 1）。

无人机起飞阶段 1 的结束时刻 t_1 可由下式确定：

$$L_1(t_1)=l \tag{10}$$

式中 $l=l_{\mathrm{N}}-l_{\mathrm{b}}$——无人机在脱离机动发射装置的导杆前应该经过的距离。

在解决问题式（2）和式（9）的过程中得到式（10）时，便记录下所得的值$V_1(t_1)$、$x_1(t_1)$、$y_1(t_1)$，这些值将用于模拟无人机的第 2 个起飞阶段。

2. 无人机脱离机动发射装置的导杆后的飞行模型

在第 2 个起飞阶段，无人机在主发动机和起动机推力的作用下在时间区间$[t_1,\tau]$内飞行。无人机这个运动阶段的数学模型将有[1]

$$\begin{cases}\dot{V}_2 = \dfrac{\boldsymbol{P}_{\mathrm{m}} + \boldsymbol{P}_{\mathrm{s}}\cos\varphi_{\mathrm{s}} - X(0,V_2,y_2)}{m(t)} - g\sin\theta_2 \\ \dot{\theta}_2 = \dfrac{\boldsymbol{P}_{\mathrm{m}}\varphi_{\mathrm{m}} + \boldsymbol{P}_{\mathrm{s}}\sin\varphi_{\mathrm{s}} + Y(0,V_2,y_2)}{m(t)V_2} - \dfrac{g}{V_2}\cos\theta_2 \\ \dot{x}_2 = V_2\cos\theta_2 \\ \dot{y}_2 = V_2\sin\theta_2, \quad t\in[t_1,\tau]\end{cases} \tag{11}$$

在这个方程组中，用 $Y(0,V_2,y_2)$ 表示在攻角为零、速度为 V_2 的情况下，无人机在飞行高度 y_2 上作用的升力。

根据文献［1］，此升力的计算方式如下：

$$Y(0,V_2,y_2) = 0.5c_y(V_2,y_2)\rho(y_2)V_2^2S \tag{12}$$

在这种情况下，升力系数 c_y 可根据下式计算[1]：

$$c_y(V_2,y_2) = \left(d_0 + \frac{d_1V_2}{a_0 - a_1y_2}\right)\alpha_0 \tag{13}$$

方程组（11）的前两个方程的右部可借助式（1）、式（6）~式（8）实现具体化，将式中的变量(V_1,y_1)替换成(V_2,y_2)。据此，微分方程（11）在固定的时间区间$[t_1,\tau]$内求积分，其初始条件如下：

$$V_2(t_1) = V_1(t_1),\quad \theta_2(t_1) = \theta_N,\quad x_2(t_1) = x_1(t_1),\quad y_2(t_1) = y_1(t_1) \tag{14}$$

以确保无人机起飞阶段 1 和阶段 2 的联系。

无人机在起动机工作结束时刻 τ 的速度 $V_2(\tau)$、轨迹倾斜角 $\theta_2(\tau)$、坐标 $x_2(\tau)$和质心坐标 $y_2(\tau)$作为模拟无人机最后起飞阶段（阶段 3）的初始条件。

3. 起动机分离后的无人机飞行模型

无人机的这个起飞阶段在时间区间$[\tau,t_3]$内实现，直到其轨迹倾斜角达到零值，即满足下列条件：

$$\theta_3(t_3) = 0 \tag{15}$$

假设时间值 t_3 对应无人机飞向飞行任务区域所需的飞行加速或减速水平段的起点。

无人机在第 3 阶段的运动模型具有以下形式[1]：

$$\begin{cases}\dot{V}_3 = \dfrac{P_{\mathrm{m}} - X(0,V_3,y_3)}{m} - g\sin\theta_3 \\ \dot{\theta}_3 = \dfrac{P_{\mathrm{m}}\varphi_{\mathrm{m}} + Y(0,V_3,y_3)}{mV_3} - \dfrac{g}{V_3}\cos\theta_3 \\ \dot{x}_3 = V_3\cos\theta_3 \\ \dot{y}_3 = V_3\cos\theta_3, \quad t\in[\tau,t_3]\end{cases} \tag{16}$$

该方程组的初始条件可写为

$$V_3(\tau)=V_2(\tau),\quad \theta_3(\tau)=\theta_2(\tau),\quad x_3(\tau)=x_2(\tau),\quad y_3(\tau)=y_2(\tau) \tag{17}$$

该无人机起飞阶段的结束时刻 t_3 可在问题式（16）、式（17）的解决过程中使用变量 t 的当前值来确定，此时条件式（15）成立。

由上述模拟结果可知，在使用起动加速器时，无人机从机动发射装置起飞的时间为

$$t_v=t_3 \tag{18}$$

4. 无人机起飞过程模拟的初始数据

带有机动发射装置的未来无人驾驶航空系统的参数和特点如图 1 所示。

无人驾驶航空系统中无人机的质量：

$$m=350\text{kg}$$

无人机机翼的面积：

$$S=1.4\text{m}^2$$

无人机平衡攻角：

$$\alpha_0=0.4°=0.007\text{rad}$$

系数 A 的值：

$$A=0.0759$$

无人机阻力和升力计算式（7）和式（13）中的经验系数如下：

$$c_0=0.017,\quad c_1=0.250,\quad d_0=0.3271,\quad d_1=0.098$$

起动机机身的质量：

$$m_k=50\text{kg}$$

起动机弹药的质量：

$$m_z=30\text{kg}$$

弹药燃烧的质量速度：

$$u=7.5\text{kg/s}$$

起动机的工作时间：

$$\tau=(3.5\sim4)\text{s}$$

起动机的推力：

$$\boldsymbol{P}_s=16000\text{N}$$

起动机喷管的旋转角：

$$\varphi_s=18°=0.314\text{rad}$$

无人机主发动机的最大推力：

$$\boldsymbol{P}_d=1208.65\text{N}$$

无人机主发动机的安装角：

$$\varphi_{\mathrm{d}}=3.5°=0.061\mathrm{rad}$$

移动发射装置导杆倾斜角的极限值：

$$\theta_{N\min}=20°=0.349\mathrm{rad},\quad \theta_{N\max}=35°=0.611\mathrm{rad}$$

无人机发射前的质心坐标：

$$(x_O,y_O)=(0,1.5)\mathrm{m}$$

无人机环箍沿机动发射装置导杆滑动的摩擦系数：

$$f=0.15-0.2=-0.05$$

发射时，无人机沿机动发射装置的导杆滑动的长度（请参见图1）：

$$l=l_N-l_{\mathrm{b}}=4.0\mathrm{m}$$

在15℃的温度下，式（8）中空气密度参数为

$$\rho_0=1.2250\mathrm{kg/m^3},\quad k=0.0001$$

在声速与无人机飞行高度 $y(t)$ 的关系式中［见式（7）和式（13）］，系数 a_1 和 a_2 的值分别为

$$a_1=340\mathrm{m/s},\quad a_2=0.004$$

5. 无人机起飞过程的模拟结果

在上面的初始数据下，对于配备起动加速器和无人航空系统机动发射装置的无人机，3个起飞阶段的模拟过程通过数值求解描述这些阶段的微分方程（2）、方程（11）和方程（16）实现，这些微分方程的初始和边界条件用式（9）、式（10）、式（14）、式（17）和式（15）表示。

模拟的目的是对无人机沿机动发射装置的导杆运动时，环箍滑移摩擦力的影响程度进行评估，并计算无人机起飞所耗费的时间。

阶段1：无人机沿机动发射装置的导杆运动。已知倾斜角 $\theta_N=28°$，当无人机发射环沿无人航空系统机动发射装置的导杆运动时，在不同的滑动摩擦系数值 f 下，对无人机的第1个起飞阶段进行分析。

对于值 $f=0$，在初始条件和限制条件式（9）、式（10）下，方程组（2）与其中所用的式（1）、式（5）~式（8）的积分结果如表1所列。由该表可知，无人机从机动发射装置的导杆脱离的时间为 $t_1^{(0)}=0.468\mathrm{s}$。在这种情况下，无人机获得速度 $V_1^{(0)}=17.134\mathrm{m/s}$。

表1　积分结果

t/s	V_1/(m/s)	L_1/m	x_1/m	y_1/m
0	0	0	0	1.5
0.029	1.066	0.016	0.014	1.507

续表

t/s	V_1/(m/s)	L_1/m	x_1/m	y_1/m
0.058	2.133	0.062	0.055	1.529
0.088	3.200	0.140	0.124	1.566
0.117	4.268	0.249	0.220	1.617
0.146	5.337	0.390	0.344	1.683
0.175	6.406	0.561	0.496	1.764
0.205	7.476	0.764	0.675	1.859
0.234	8.546	0.998	0.882	1.969
0.263	9.618	1.264	1.116	2.093
0.292	10.689	1.561	1.378	2.233
0.322	11.762	1.889	1.668	2.387
0.351	12.835	2.248	1.985	2.555
0.380	13.909	2.639	2.330	2.739
0.409	14.983	3.061	2.703	2.937
0.438	16.058	3.515	3.103	3.150
0.468	17.134	4	3.532	3.378

当 f=0.15，0.2 时，无人机的运动模拟结果如表 2 和表 3 所列。

表 2　f=0.15 时无人机的运动模拟结果

t/s	V_1/(m/s)	L_1/m	x_1/m	y_1/m
0	0	0	0	1.5
0.029	1.057	0.016	0.014	1.507
0.059	2.116	0.062	0.055	1.529
0.088	3.174	0.140	0.124	1.566
0.118	4.234	0.249	0.220	1.617
0.147	5.294	0.390	0.344	1.683

续表

t/s	V_1/(m/s)	L_1/m	x_1/m	y_1/m
0.177	6.354	0.561	0.496	1.764
0.206	7.416	0.764	0.675	1.859
0.236	8.478	0.998	0.882	1.969
0.265	9.540	1.264	1.116	2.093
0.295	10.603	1.561	1.378	2.233
0.324	11.667	1.889	1.668	2.387
0.354	12.731	2.248	1.985	2.555
0.383	13.796	2.639	2.330	2.739
0.413	14.862	3.061	2.703	2.937
0.442	15.928	3.515	3.104	3.150
0.471	16.995	4	3.532	3.378

表3　$f=0.2$ 时无人机的运动模拟结果

t/s	V_1/(m/s)	L_1/m	x_1/m	y_1/m
0	0	0	0	1.5
0.030	1.055	0.016	0.014	1.507
0.059	2.110	0.062	0.055	1.529
0.089	3.166	0.140	0.124	1.566
0.118	4.222	0.249	0.220	1.617
0.148	5.279	0.390	0.344	1.683
0.177	6.337	0.561	0.496	1.764
0.207	7.396	0.764	0.675	1.859
0.236	8.455	0.998	0.882	1.969
0.266	9.514	1.264	1.116	2.093

续表

t/s	V_1/(m/s)	L_1/m	x_1/m	y_1/m
0. 295	10. 574	1. 561	1. 378	2. 233
0. 325	11. 635	1. 889	1. 668	2. 387
0. 355	12. 697	2. 248	1. 985	2. 555
0. 384	13. 759	2. 639	2. 330	2. 739
0. 414	14. 821	3. 061	2. 703	2. 937
0. 443	15. 885	3. 516	3. 104	3. 150
0. 473	16. 949	4	3. 532	3. 378

由表 2 可得

$$t_1^{(0.15)} = 0.471\text{s}, \quad V_1^{(0.15)} = 16.995\text{m/s}$$

当 $f=0.2$ 时，可以得到下列结果（表 3）：

$$t_1^{(0.2)} = 0.473\text{s}, \quad V_1^{(0.2)} = 16.949\text{m/s}$$

将有摩擦力和无摩擦力情况下的模拟结果进行对比，得出了无人机脱离机动发射装置导杆的时间和速度的偏差估算值，如下：

$$\delta t_1^{(0.15)} = \frac{t_1^{(0.15)} - t_1^{(0)}}{t_1^{(0)}} \times 100\% = 0.64\%$$

$$\delta V_1^{(0.15)} = \frac{V_1^{(0.15)} - V_1^{(0)}}{V_1^{(0)}} \times 100\% = -0.81\%$$

$$\delta t_1^{(0.2)} = \frac{t_1^{(0.2)} - t_1^{(0)}}{t_1^{(0)}} \times 100\% = 1.07\%$$

$$\delta V_1^{(0.2)} = \frac{V_1^{(0.2)} - V_1^{(0)}}{V_1^{(0)}} \times 100\% = -1.08\%$$

当 $f=0.2$ 时，由于估算值较大，在模拟无人机后面的起飞阶段时，我们将考虑表 3 中的数据。

阶段 2：无人机脱离机动发射装置导杆后在空中的运动。

方程组（11）在时间区间[0.473,4]s 内的积分结果如表 4 所示，其初始条件为

$$V_2(0.473) = 16.949\text{m/s}, \quad \theta_2(0.473) = 28°$$
$$x_2(0.473) = 3.532\text{m}, \quad y_2(0.473) = 3.378\text{m}$$

表4　无人机在时间区间 [0.473, 4] s 内的飞行模拟结果

t/s	V_2/(m/s)	θ_2/(°)	x_2/m	y_2/m
0.473	16.949	28	3.533	3.378
0.693	25.038	30.532	7.564	5.651
0.914	33.091	32.469	13.023	9.007
1.134	41.121	34.070	19.859	13.500
1.355	49.137	35.452	28.028	19.178
1.575	57.143	36.683	37.495	26.079
1.795	65.144	37.802	48.222	34.240
2.016	73.139	38.836	60.178	43.694
2.236	81.132	39.804	73.331	54.472
2.457	89.121	40.719	87.649	66.603
2.677	97.106	41.591	103.102	80.115
2.898	105.088	42.429	119.660	95.033
3.118	113.064	43.239	137.292	111.383
3.339	121.034	44.025	155.966	129.190
3.559	128.955	44.792	175.652	148.478
3.780	136.947	45.544	196.318	169.268
4	144.886	46.282	217.930	191.584

基于起动机工作时间为4s的假设得出了这些结果。在这种情况下，这个飞行阶段的最终特点如下：

$$V_2(4)=144.886\text{m/s},\quad \theta_2(4)=46.282°$$

$$x_2(4)=217.930\text{m},\quad y_2(4)=191.584\text{m}$$

阶段3：启动加速器分离后无人机的飞行。

在该阶段，使用式（17）中的上述初始条件值对 $t\geqslant 4$s 情况下的方程组（16）进行求解。

由表5可知，当值：

$$t_3=17.859\text{s}$$

时，边界条件式（15）成立。

由表5可知，加速器分离后，在 $t=15.261$s 时刻前，无人机的速度下降，

然后在无人机主发动机最大推力的作用下，加速至：

$$V_3(17.859)=122.030\mathrm{m/s}=439.308\mathrm{km/h}$$

在这种情况下，起飞轨迹倾斜角 $\theta_3(t)$ 的当前值从 $\theta_3(4)=46.282°$ 单调递减至 $\theta_3(17.859)=-1.152\times10^{-7}\approx0°$。

该无人机从距离发射点 1716m 处、943m 的高度上起飞后，起飞过程经过约 18s 结束。

表 5　无人机在时间区间[4,17.859]s 内的飞行模拟结果

t/s	V_3/(m/s)	θ_3/(°)	x_3/m	y_3/m
4	144.886	46.282	217.930	191.584
4.486	140.664	44.539	304.705	279.667
5.732	136.722	42.625	391.683	362.497
6.599	133.074	40.536	479.039	440.057
7.465	129.739	38.267	566.943	512.318
8.331	126.736	35.815	655.557	579.242
9.197	124.090	33.181	745.034	640.780
10.063	121.824	30.369	835.524	696.873
10.930	119.962	27.387	927.167	747.454
11.796	118.531	24.249	1020.095	792.445
12.662	117.554	20.972	1114.431	831.758
13.528	117.051	17.581	1210.289	865.300
14.394	117.039	14.103	1307.770	892.973
15.261	117.530	10.572	1406.963	914.672
16.127	118.528	7.021	1507.944	930.295
16.993	120.031	3.486	1610.778	939.739
17.859	122.030	-1.152×10^{-7}	1715.515	942.907

参考文献

[1] *Моисеев В. С.* Прикладная теория управления беспилот－ными летательными аппаратами. Казань：РЦ МКО，2013. 768 с.

[2] *Тарг С. М.* Краткий курс теоретической механики：учебник. М.：Высш. шк.，2010. 415 с.

附录3 无人机涡轮喷气发动机在0~4000m高度范围内的高度-速度性能及其近似结果

表1是无人机在0~4000m高度飞行的相关数据，前5列是对表9-1的详细说明。后面几列则是涡轮发动机转数的计算值及其精度的估算值。

表1 无人机在0~4000m高度飞行的相关数据

s	h_s/m	Ma_s	P_s/N	$\overline{n}_s$/%	$\overline{n}_{s\ \mathrm{count}}$/%	$\Delta\overline{n}_s$/%	$\delta\overline{n}_s$/%
0	0	0	1.163×10^3	100	102.917	-2.917	-2.917
1	0	0.1	1.125×10^3	100	101.718	-1.718	-1.718
2	0	0.2	1.113×10^3	100	101.093	-1.093	-1.093
3	0	0.3	1.119×10^3	100	100.678	-0.678	-0.678
4	0	0.4	1.147×10^3	100	100.436	-0.436	-0.436
5	0	0.5	1.167×10^3	100	99.654	0.346	0.346
6	0	0.6	1.194×10^3	100	98.621	1.379	1.379
7	0	0.7	1.209×10^3	100	97.018	2.982	2.982
8	0	0.8	1.216×10^3	100	95	5	0
9	0	0	933.449	95	95.798	-0.798	-0.84
10	0	0.1	895.813	95	95.055	-0.055	-0.058
11	0	0.2	880.097	95	94.821	0.179	0.189
12	0	0.3	880.097	95	94.795	0.205	0.216
13	0	0.4	903.671	95	95.055	-0.055	-0.057
14	0	0.5	943.715	95	95.278	-0.278	-0.293
15	0	0.6	1.006×10^3	95	95.438	-0.438	-0.461
16	0	0.7	1.087×10^3	95	95.287	-0.287	-0.302
17	0	0.8	1.181×10^3	95	94.603	0.397	0.418

续表

s	h_s/m	Ma_s	P_s/N	$\overline{n}_s$/%	$\overline{n}_{s\ count}$/%	$\Delta\overline{n}_s$/%	$\delta\overline{n}_s$/%
18	0	0	732. 182	90	89. 153	0. 847	0. 941
19	0	0. 1	691. 494	90	88. 696	1. 304	1. 448
20	0	0. 2	667. 081	90	88. 633	1. 367	1. 519
21	0	0. 3	656. 145	90	88. 785	1. 215	1. 35
22	0	0. 4	663. 292	90	89. 183	0. 817	0. 908
23	0	0. 5	696. 643	90	89. 887	0. 113	0. 125
24	0	0. 6	742. 501	90	90. 419	−0. 419	−0. 465
25	0	0. 7	809. 847	90	90. 833	−0. 833	−0. 925
26	0	0. 8	899. 318	90	90. 951	−0. 951	−1. 057
27	0	0	573. 973	85	83. 661	1. 339	1. 575
28	0	0. 1	532. 78	85	83. 486	1. 514	1. 782
29	0	0. 2	504. 491	85	83. 622	1. 378	1. 621
30	0	0. 3	483. 647	85	83. 834	1. 166	1. 372
31	0	0. 4	475. 21	85	84. 209	0. 791	0. 93
32	0	0. 5	479. 139	85	84. 666	0. 334	0. 393
33	0	0. 6	501. 886	85	85. 265	−0. 265	−0. 312
34	0	0. 7	554. 962	85	86. 095	−1. 095	−1. 288
35	0	0. 8	621. 135	85	86. 614	−1. 614	−1. 899
36	0	0	443. 916	80	78. 971	1. 029	1. 287
37	0	0. 1	406. 197	80	79. 159	0. 841	1. 051
38	0	0. 2	375. 427	80	79. 468	0. 532	0. 665
39	0	0. 3	351. 108	80	79. 839	0. 161	0. 201
40	0	0. 4	331. 752	80	80. 192	−0. 192	−0. 239
41	0	0. 5	320. 253	80	80. 571	−0. 571	−0. 713

续表

s	h_s/m	Ma_s	P_s/N	$\overline{n}_s$/%	$\overline{n}_{s\ count}$/%	$\Delta\overline{n}_s$/%	$\delta\overline{n}_s$/%
42	0	0.6	315.269	80	80.893	−0.893	−1.116
43	0	0.7	323.954	80	81.273	−1.273	−1.591
44	0	0.8	352.013	80	81.725	−1.725	−2.156
45	0	0	352.19	75	75.566	−0.566	−0.755
46	0	0.1	316.622	75	76.007	−1.007	−1.343
47	0	0.2	286.017	75	76.498	−1.498	−1.997
48	0	0.3	260.332	75	77.008	−2.008	−2.677
49	0	0.4	233.889	75	77.34	−2.34	−3.12
50	0	0.5	213.967	75	77.698	−2.698	−3.598
51	0	0.6	0	75	72.761	2.239	2.985
52	0	0.7	0	75	73.664	1.336	1.782
53	0	0.8	0	75	74.3	0.7	0.933
54	1×10^3	0	1.03×10^3	100	102.637	−2.637	−2.637
55	1×10^3	0.1	996.745	100	101.564	−1.564	−1.564
56	1×10^3	0.2	985.125	100	101.01	−1.01	−1.01
57	1×10^3	0.3	989.34	100	100.678	−0.678	−0.678
58	1×10^3	0.4	1.015×10^3	100	100.612	−0.612	−0.612
59	1×10^3	0.5	1.064×10^3	100	100.661	−0.661	−0.661
60	1×10^3	0.6	1.103×10^3	100	100.018	−0.018	−0.018
61	1×10^3	0.7	1.142×10^3	100	98.912	1.088	1.088
62	1×10^3	0.8	1.185×10^3	100	97.405	2.595	2.595
63	1×10^3	0	827.397	95	95.562	−0.562	−0.591
64	1×10^3	0.1	794.664	95	94.897	0.103	0.108
65	1×10^3	0.2	779.848	95	94.676	0.324	0.341

续表

s	h_s/m	Ma_s	P_s/N	$\overline{n}_s$/%	$\overline{n}_{s\ \mathrm{count}}$/%	$\Delta\overline{n}_s$/%	$\delta\overline{n}_s$/%
66	1×10^3	0.3	779.848	95	94.693	0.307	0.323
67	1×10^3	0.4	798.799	95	94.96	0.04	0.043
68	1×10^3	0.5	835.322	95	95.303	−0.303	−0.319
69	1×10^3	0.6	890.451	95	95.608	−0.608	−0.64
70	1×10^3	0.7	965.91	95	95.752	−0.752	−0.792
71	1×10^3	0.8	1.058×10^3	95	95.5	−0.5	−0.526
72	1×10^3	0	649.295	90	89.018	0.982	1.091
73	1×10^3	0.1	612.967	90	88.574	1.426	1.585
74	1×10^3	0.2	591.064	90	88.501	1.499	1.665
75	1×10^3	0.3	580.38	90	88.61	1.39	1.544
76	1×10^3	0.4	587.831	90	89.03	0.97	1.078
77	1×10^3	0.5	615.408	90	89.686	0.314	0.349
78	1×10^3	0.6	658.866	90	90.325	−0.325	−0.361
79	1×10^3	0.7	717.993	90	90.814	−0.814	−0.905
80	1×10^3	0.8	793.555	90	91.036	−1.036	−1.151
81	1×10^3	0	508.177	85	83.622	1.378	1.622
82	1×10^3	0.1	472.405	85	83.469	1.531	1.801
83	1×10^3	0.2	445.481	85	83.51	1.49	1.753
84	1×10^3	0.3	428.556	85	83.729	1.271	1.495
85	1×10^3	0.4	420.864	85	84.04	0.96	1.13
86	1×10^3	0.5	423.728	85	84.419	0.581	0.684
87	1×10^3	0.6	443.514	85	84.959	0.041	0.049
88	1×10^3	0.7	490.815	85	85.782	−0.782	−0.92
89	1×10^3	0.8	547.291	85	86.291	−1.291	−1.519

续表

s	h_s/m	Ma_s	P_s/N	$\overline{n}_s$/%	$\overline{n}_{s\ count}$/%	$\Delta\overline{n}_s$/%	$\delta\overline{n}_s$/%
90	1×10^3	0	393.946	80	79.116	0.884	1.105
91	1×10^3	0.1	361.312	80	79.303	0.697	0.872
92	1×10^3	0.2	333.402	80	79.532	0.468	0.585
93	1×10^3	0.3	310.645	80	79.789	0.211	0.264
94	1×10^3	0.4	293.47	80	80.056	−0.056	−0.07
95	1×10^3	0.5	283.439	80	80.344	−0.344	−0.43
96	1×10^3	0.6	280.033	80	80.593	−0.593	−0.742
97	1×10^3	0.7	286.638	80	80.844	−0.844	−1.055
98	1×10^3	0.8	311.685	80	81.217	−1.217	−1.522
99	1×10^3	0	312.51	75	75.829	−0.829	−1.105
100	1×10^3	0.1	281.449	75	76.236	−1.236	−1.648
101	1×10^3	0.2	254.537	75	76.661	−1.661	−2.215
102	1×10^3	0.3	230.036	75	77.019	−2.019	−2.692
103	1×10^3	0.4	208.906	75	77.327	−2.327	−3.102
104	1×10^3	0.5	189.261	75	77.505	−2.505	−3.34
105	1×10^3	0.6	0	75	72.531	2.469	3.291
106	1×10^3	0.7	0	75	73.25	1.75	2.334
107	1×10^3	0.8	0	75	73.702	1.298	1.731
108	1×10^3	0	909.262	100	102.155	−2.155	−2.155
109	1×10^3	0.1	879.682	100	101.167	−1.167	−1.167
110	1×10^3	0.2	869.427	100	100.694	−0.694	−0.694
111	1×10^3	0.3	873.569	100	100.454	−0.454	−0.454
112	1×10^3	0.4	897.799	100	100.515	−0.515	−0.515
113	2×10^3	0.5	941.681	100	100.713	−0.713	−0.713

续表

s	h_s/m	Ma_s	P_s/N	$\overline{n}_s$/%	$\overline{n}_{s\ count}$/%	$\Delta\overline{n}_s$/%	$\delta\overline{n}_s$/%
114	2×10^3	0.6	996.066	100	100.677	−0.677	−0.677
115	2×10^3	0.7	1.049×10^3	100	100.071	−0.071	−0.071
116	2×10^3	0.8	1.099×10^3	100	98.877	1.123	1.123
117	2×10^3	0	729.536	95	95.15	−0.18	−0.19
118	2×10^3	0.1	699.245	95	94.522	0.478	0.503
119	2×10^3	0.2	687.176	95	94.376	0.624	0.657
120	2×10^3	0.3	687.176	95	94.419	0.581	0.612
121	2×10^3	0.4	704.925	95	94.744	0.256	0.27
122	2×10^3	0.5	738.528	95	95.169	−0.169	−0.178
123	2×10^3	0.6	781.834	95	95.414	−0.414	−0.435
124	2×10^3	0.7	848.732	95	95.716	−0.716	−0.754
125	2×10^3	0.8	939.385	95	95.875	−0.875	−0.921
126	2×10^3	0	573.759	90	88.889	1.111	1.234
127	2×10^3	0.1	540.391	90	88.419	1.581	1.757
128	2×10^3	0.2	521.744	90	88.37	1.63	1.811
129	2×10^3	0.3	511.93	90	88.445	1.555	1.728
130	2×10^3	0.4	518.8	90	88.843	1.157	1.286
131	2×10^3	0.5	542.354	90	89.446	0.554	0.616
132	2×10^3	0.6	578.666	90	90.023	−0.023	−0.025
133	2×10^3	0.7	632.237	90	90.585	−0.585	−0.65
134	2×10^3	0.8	704.083	90	91.011	−1.011	−1.123
135	2×10^3	0	449.648	85	83.713	1.287	1.514
136	2×10^3	0.1	417.084	85	83.517	1.483	1.744
137	2×10^3	0.2	394.241	85	83.566	1.434	1.688

续表

s	h_s/m	Ma_s	P_s/N	$\overline{n}_s$/%	$\overline{n}_{s\ count}$/%	$\Delta\overline{n}_s$/%	$\delta\overline{n}_s$/%
138	2×10^3	0. 3	377. 735	85	83. 676	1. 324	1. 558
139	2×10^3	0. 4	371. 059	85	83. 926	1. 074	1. 263
140	2×10^3	0. 5	374. 806	85	84. 271	0. 729	0. 857
141	2×10^3	0. 6	390. 842	85	84. 693	0. 307	0. 361
142	2×10^3	0. 7	430. 775	85	85. 413	-0. 413	0. 486
143	2×10^3	0. 8	482. 875	85	85. 962	-0. 962	1. 132
144	2×10^3	0	348. 889	80	79. 404	0. 596	0. 745
145	2×10^3	0. 1	317. 879	80	79. 47	0. 53	0. 663
146	2×10^3	0. 2	294. 367	80	79. 695	0. 305	0. 381
147	2×10^3	0. 3	274. 602	80	79. 895	0. 105	0. 132
148	2×10^3	0. 4	259. 504	80	80. 087	-0. 078	-0. 097
149	2×10^3	0. 5	249. 964	80	80. 244	-0. 244	-0. 304
150	2×10^3	0. 6	246. 809	80	80. 381	-0. 381	-0. 477
151	2×10^3	0. 7	252. 512	80	80. 518	-0. 518	-0. 648
152	2×10^3	0. 8	274. 204	80	80. 777	-0. 777	-0. 972
153	2×10^3	0	275. 581	75	76. 209	-1. 209	1. 613
154	2×10^3	0. 1	248. 474	75	76. 583	-1. 583	-2. 111
155	2×10^3	0. 2	224. 297	75	76. 924	-1. 924	-2. 565
156	2×10^3	0. 3	202. 126	75	77. 178	-2. 178	-2. 904
157	2×10^3	0. 4	184. 634	75	77. 429	-2. 429	-3. 239
158	2×10^3	0. 5	167. 197	75	77. 493	-2. 493	-3. 323
159	2×10^3	0. 6	0	75	72. 538	2. 462	3. 282
160	2×10^3	0. 7	0	75	73. 073	1. 927	2. 57
161	2×10^3	0. 8	0	75	73. 341	1. 659	2. 212

续表

s	h_s/m	Ma_s	P_s/N	$\overline{n}_s$/%	$\overline{n}_{s\ \mathrm{count}}$/%	$\Delta\overline{n}_s$/%	$\delta\overline{n}_s$/%
162	3×10^3	0	800.703	100	101.594	−1.594	−1.594
163	3×10^3	0.1	774.633	100	100.694	−0.694	−0.694
164	3×10^3	0.2	766.073	100	100.299	−0.299	−0.299
165	3×10^3	0.3	770.353	100	100.13	−0.13	−0.13
166	3×10^3	0.4	790.075	100	100.184	−0.184	−0.184
167	3×10^3	0.5	826.384	100	100.382	−0.382	−0.382
168	3×10^3	0.6	872.687	100	100.413	−0.413	−0.413
169	3×10^3	0.7	950.897	100	100.737	−0.737	−0.737
170	3×10^3	0.8	1.012×10^3	100	100.002	-2.296×10^3	-2.296×10^3
171	3×10^3	0	642.282	95	94.852	0.148	0.156
172	3×10^3	0.1	616.601	95	94.287	0.713	0.75
173	3×10^3	0.2	605.317	95	94.131	0.869	0.915
174	3×10^3	0.3	605.317	95	94.175	0.825	0.869
175	3×10^3	0.4	619.714	95	94.45	0.55	0.579
176	3×10^3	0.5	648.897	95	94.864	0.136	0.143
177	3×10^3	0.6	690.142	95	95.227	−0.227	−0.239
178	3×10^3	0.7	748.118	95	95.564	−0.564	−0.594
179	3×10^3	0.8	825.939	95	95.809	−0.809	−0.852
180	3×10^3	0	504.302	90	88.787	1.213	1.348
181	3×10^3	0.1	475.66	90	88.375	1.625	1.806
182	3×10^3	0.2	458.907	90	88.301	1.699	1.888
183	3×10^3	0.3	450.801	90	88.366	1.634	1.815
184	3×10^3	0.4	456.205	90	88.689	1.311	1.457
185	3×10^3	0.5	477.551	90	89.265	0.744	0.827

续表

s	h_s/m	Ma_s	P_s/N	$\overline{n}_s$/%	$\overline{n}_{s\ \mathrm{count}}$/%	$\Delta\overline{n}_s$/%	$\delta\overline{n}_s$/%
186	3×10^3	0.6	510.517	90	89.817	0.183	0.203
187	3×10^3	0.7	557.804	90	90.358	−0.358	−0.398
188	3×10^3	0.8	618.828	90	90.747	−0.747	−0.831
189	3×10^3	0	395.576	85	83.881	1.119	1.316
190	3×10^3	0.1	366.566	85	83.67	1.33	1.564
191	3×10^3	0.2	347.651	85	83.737	1.263	1.486
192	3×10^3	0.3	332.519	85	83.768	1.232	1.449
193	3×10^3	0.4	326.845	85	83.953	1.047	1.232
194	3×10^3	0.5	326.845	85	84.095	0.905	1.065
195	3×10^3	0.6	344.011	85	84.531	0.469	0.552
196	3×10^3	0.7	378.882	85	85.152	−0.152	−0.179
197	3×10^3	0.8	423.448	85	85.602	−0.602	−0.708
198	3×10^3	0	307.011	80	79.803	0.197	0.246
199	3×10^3	0.1	280.552	80	79.882	0.118	0.147
200	3×10^3	0.2	258.373	80	79.989	0.011	0.013
201	3×10^3	0.3	241.253	80	80.13	−0.13	−0.163
202	3×10^3	0.4	227.634	80	80.214	−0.214	−0.267
203	3×10^3	0.5	219.463	80	80.287	−0.287	−0.359
204	3×10^3	0.6	216.83	80	80.317	−0.317	−0.396
205	3×10^3	0.7	221.924	80	80.337	−0.337	−0.421
206	3×10^3	0.8	240.439	80	80.458	−0.458	−0.573
207	3×10^3	0	241.889	75	76.758	−1.758	−2.344
208	3×10^3	0.1	218.48	75	77.105	−2.105	−2.807
209	3×10^3	0.2	197.365	75	77.385	−2.385	−3.181

续表

s	h_s/m	Ma_s	P_s/N	$\overline{n}_s$/%	$\overline{n}_{s\ \mathrm{count}}$/%	$\Delta\overline{n}_s$/%	$\delta\overline{n}_s$/%
210	3×10^3	0.3	179.032	75	77.605	−2.605	−3.474
211	3×10^3	0.4	161.816	75	77.682	−2.682	−3.576
212	3×10^3	0.5	147.514	75	77.675	−2.675	−3.566
213	3×10^3	0.6	0	75	72.783	2.217	2.956
214	3×10^3	0.7	0	75	73.133	1.867	2.49
215	3×10^3	0.8	0	75	73.217	1.783	2.378
216	4×10^3	0	702.329	100	101.01	−1.01	−1.01
217	4×10^3	0.1	679.102	100	100.173	−0.173	−0.173
218	4×10^3	0.2	671.952	100	99.837	0.163	0.163
219	4×10^3	0.3	674.253	100	99.636	0.364	0.364
220	4×10^3	0.4	692.43	100	99.74	0.26	0.26
221	4×10^3	0.5	722.803	100	99.91	0.09	0.09
222	4×10^3	0.6	765.077	100	100.041	−0.041	−0.041
223	4×10^3	0.7	831.404	100	100.387	−0.387	−0.387
224	4×10^3	0.8	911.666	100	100.48	−0.48	−0.48
225	4×10^3	0	564.199	95	94.625	0.375	0.395
226	4×10^3	0.1	540.209	95	94.037	0.963	1.014
227	4×10^3	0.2	531.018	95	93.919	1.081	1.138
228	4×10^3	0.3	531.018	95	93.947	1.053	1.109
229	4×10^3	0.4	543.481	95	94.183	0.817	0.86
230	4×10^3	0.5	569.495	95	94.578	0.422	0.445
231	4×10^3	0.6	605.168	95	94.9	0.1	0.105
232	4×10^3	0.7	654.55	95	95.197	−0.197	−0.208
233	4×10^3	0.8	721.81	95	95.471	−0.471	−0.496

续表

s	h_s/m	Ma_s	P_s/N	$\overline{n}_s$/%	$\overline{n}_{s\ \mathrm{count}}$/%	$\Delta\overline{n}_s$/%	$\delta\overline{n}_s$/%
234	4×10^3	0	442.436	90	88.848	1.152	1.28
235	4×10^3	0.1	417.72	90	88.475	1.525	1.695
236	4×10^3	0.2	402.85	90	88.374	1.626	1.807
237	4×10^3	0.3	395.214	90	88.374	1.626	1.806
238	4×10^3	0.4	400.456	90	88.65	1.35	1.5
239	4×10^3	0.5	418.178	90	89.098	0.902	1.003
240	4×10^3	0.6	447.203	90	89.585	0.415	0.461
241	4×10^3	0.7	487.805	90	90.035	−0.035	−0.039
242	4×10^3	0.8	539.318	90	90.337	−0.337	−0.374
243	4×10^3	0	347.388	85	84.241	0.759	0.893
244	4×10^3	0.1	322.311	85	84.044	0.956	1.124
245	4×10^3	0.2	304.708	85	84.024	0.976	1.148
246	4×10^3	0.3	292.892	85	84.061	0.939	1.105
247	4×10^3	0.4	286.623	85	84.109	0.891	1.048
248	4×10^3	0.5	289.339	85	84.262	0.738	0.869
249	4×10^3	0.6	301.196	85	84.463	0.537	0.631
250	4×10^3	0.7	332.943	85	85.006	-6.268×10^3	-7.375×10^3
251	4×10^3	0.8	375.155	85	85.45	−0.45	−0.529
252	4×10^3	0	269.199	80	80.388	−0.388	−0.458
253	4×10^3	0.1	246.29	80	80.453	−0.453	−0.566
254	4×10^3	0.2	227.848	80	80.554	−0.554	−0.692
255	4×10^3	0.3	212.119	80	80.587	−0.587	−0.733
256	4×10^3	0.4	199.535	80	80.552	−0.552	−0.69
257	4×10^3	0.5	193.272	80	80.554	−0.554	−0.693

续表

s	h_s/m	Ma_s	P_s/N	$\overline{n}_s$/%	$\overline{n}_{s\ \mathrm{count}}$/%	$\Delta\overline{n}_s$/%	$\delta\overline{n}_s$/%
258	4×10^3	0. 6	190. 489	80	80. 446	-0. 446	-0. 558
259	4×10^3	0. 7	194. 332	80	80. 314	-0. 314	-0. 392
260	4×10^3	0. 8	210. 763	80	80. 302	-0. 302	-0. 378
261	4×10^3	0	213. 824	75	77. 624	-2. 624	-3. 499
262	4×10^3	0. 1	192. 891	75	77. 897	-2. 897	-3. 863
263	4×10^3	0. 2	173. 69	75	78. 075	-3. 075	-4. 1
264	4×10^3	0. 3	157. 634	75	78. 208	-3. 208	-4. 278
265	4×10^3	0. 4	142. 916	75	78. 202	-3. 202	-4. 269
266	4×10^3	0. 5	129. 364	75	78. 04	-3. 04	-4. 053
267	4×10^3	0. 6	0	75	73. 264	1. 736	2. 315
268	4×10^3	0. 7	0	75	73. 43	1. 57	2. 094
269	4×10^3	0. 8	0	75	73. 33	1. 67	2. 227
270	4×10^3	0	0	0	0	0	